New design

새로운 디자인

류문호 지음

노바출판사

작가 소개

　1952년 경상북도 의성군 춘산면 빙계리에서 태어난 저자는, 1970년 대구공업고등학교 방직과에 입학하여 섬유공부를 시작하였다.

　졸업 후에 삼성그룹 제일모직에 입사하여 현장에서부터 근무를 시작하여 1976년 군복무를 마치고 방모설계과에서 섬유 개발과 설계업무의 일을 계속하다가 1982년 퇴직하였다.

　그 후 개인 사업으로 모직물 제조업인 조그마한 공장을 신설하여 직접 주문을 받아 생산하였으며 외주 생산도 의뢰하였다. 그러나 여러 번의 부도로 인해 1988년에 회사를 정리하고, 현재 기업부설 기술연구소 고문 및 연구소장으로 직물개발 연구업무에 종사하고 있다.

　저자는 50년 가까이 직물조직학을 연구해 왔으며, 섬유산업 발전에 조금이라도 도움이 되고자 이제까지 연구한 이론을 정리하여 발표하게 되었다.

이에 저자는 직물조직학에 수리학과 기하학을 더하여 생산 실무에 유용하도록 논리를 정리하여 종이책과 전자책으로 편집하여 세상에 알리게 되었다.

　저서로는 2017년 8월에 출간한 종이책『직물조직이론』과『직물조직실무』가 있고, 2017년 12월에 출간한 전자책『새로운 직물조직』의 한국어판, 영국어판, 중국어판, 일본어판이 있다. 그리고 2018년 4월에 출간한 전자책『새로운 디자인』한국어판, 영국어판, 중국어판과 일본어판이 있다.

E-mail: app53@hanmail.net

Homepage: http://moonho.net

저자의 머리말

　저자는 50년 가까이 직물조직학을 연구하고, 그에 따른 이론을 정리해 왔습니다. 그러던 중 직물조직은 인류가 만든 어떤 구조물이나 예술의 분야보다 더 아름다운 구도를 가진 조형물임을 알았습니다. 직물조직의 구성 원리를 기하학이나 수리학적 측면에서 보면, 상하좌우로 안정을 이루면서 변화를 가지며, 불균형의 요소를 내재하면서 균형을 이루는 아름다운 구조물임을 알 수 있습니다.

　이에 저자는 직물조직 구도를 기반으로 다른 여러 design으로 활용하기 위해, 직물조직학에 수리학과 기하학을 더한, 새로운 개념의 design 의장이론과 그에 따른 작도법을 정리하여 『새로운 디자인』이라는 책으로 발표하게 되었습니다.

　- 도형은 일부를 삭제하면 작아지는 반면 직물조직은 일부를 삭제하면 커지면서 다양성을 가지게 된다. 직물조직은 도형의 집합체로 이루어져 있기에 삭제 후 순환 지점을 연결하면 수와 크기에 변화가 일어난다. 즉 잔류본수와 삭제본수의 합한 수와 motive design one repeat 본수와의 최소공배수가 삭제를 포함한 생성 design의 본수가 된다. Design의 기본이 되는 선(twil)에서 잔류와 삭제를 반복하면 새로운 design의 motive가 유도생성 되고, 생성된 design의 범위는 상상을 초월한 넓은 영역으로 확대된다. Design의 유형별 개수는 수리적 무한대를 이루며, design의 크기와 다양성 또한 무한 영역으로까지 증대된다. -

　위의 직물조직 이론을 바탕으로 창안된 본서의 논리는 이제까지 발표되지 않은 새로운 분야의 design 이론과 그에 따른 작도법으로 조경, 토목, 건축, 조선, 가구, 공예 등 모든 산업 분야에 장식 디자인으로써의 적용이 가능합니다. 또 이제까지의 무늬 구현보다 다른 분야의 무늬 design을 쉽게 작도하여 사용할 수 있도록 하였습니다. 그래서 이제까지의 상상을 뛰어넘는 새로운 design의 아름다운 환경이 전개되어 어지러운 세상에 질서를, 어두운 곳에 밝음이 될 것으로 기대됩니다.

　본서에서는 motive design이 크면 논리 이해의 표현이 높아지나, 좁은 지면의 사정으로 큰 design은 수록이 불가능하여 대체로 작은 motive design으로 설명하였으며, 생성된 design 중에서도 수록이 가능한 간단한 design을 발췌하여 실었습니다.

　이로써 본 책에 제시된 새로운 Design의 이론이 널리 이용되어 design 산업에 많은 기여가 되기를 바라마지 않습니다. 더불어 이 책을 읽는 독자들이 이를 더욱 발전시켜서 design 산업이 날로 번창하기를 기원합니다.

2018년 봄

저자 류문호

새로운 디자인 목차

제1장　새로운 디자인 유도법

01. 새로운 디자인 서론

　새로운 디자인 서론은 독자의 이해를 돕기 위하여 본론에서부터 design이 형성되는 결론에 이르기까지의 포괄적 설명이다.
　직물조직의 구성은 상하좌우로 변화를 가지면서 안정되고, 불균형의 요소를 내재하면서 균형과 조화를 가진 구조이다. 이를 세밀하게 분석하여 보면, 인류가 만든 어떤 구조물이나 예술의 분야보다 더 아름다운 구도를 가진 조형이라는 것을 알 수 있다.

　다음 그림은 gray 경사에 white 위사로 구성된 직물조직(design)의 예이다.

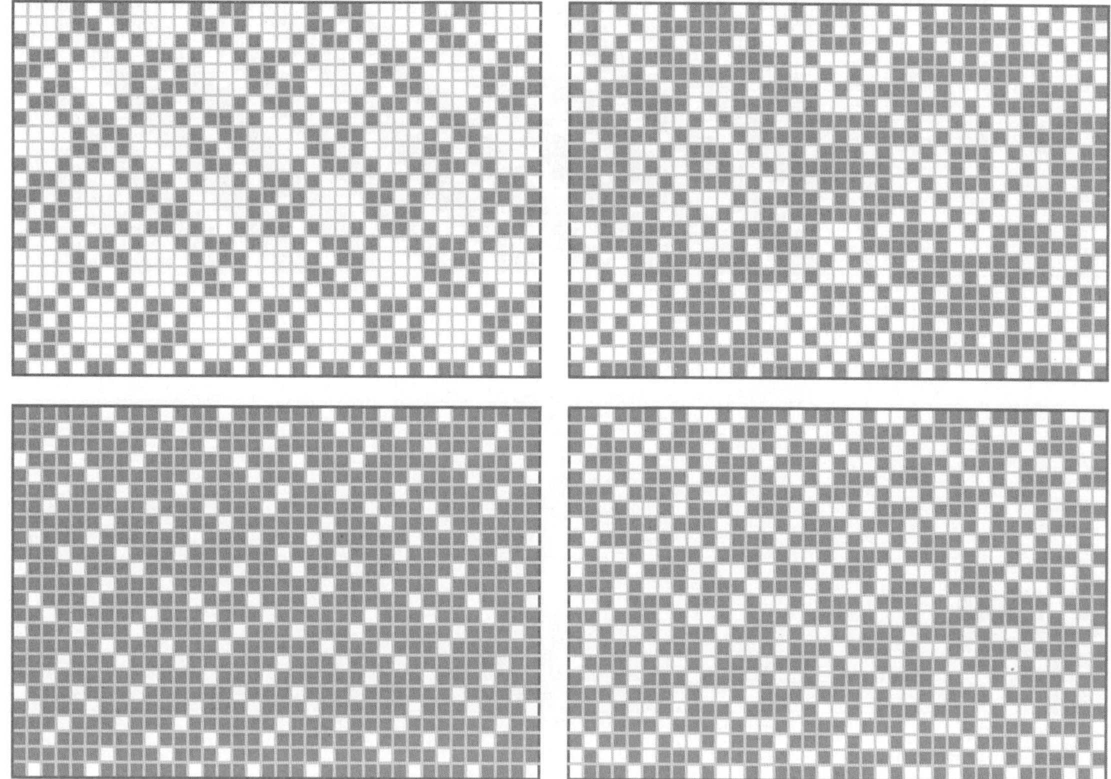

　이에 저자는 위 보기에서와 같은 직물조직 구도의 아름다움을, 직물이 아닌 일반 design으로 활용하기 위해, 직물조직에 수리학과 기하학을 더하는 방법 즉 새로운 개념으로 design을 작도하는 방법과 그에 관한 이론을 정립하여 발표하게 되었다.

　- 새로운 design은 motive line(twill)에서 잔류와 삭제를 반복하여 순환하는 지점까지 design을 확장하는 방법이다. 이때 design 증대의 범위는, 잔류본수와 삭제본수를 합한 수와 motive design one repeat 본수와의 최소공배수가 삭제를 포함한 생성 design의 본수가 되므로, 수리적 무한대까지 가능하다. -

　다음은 새로운 design의 작도 이론과 유도 방법에 대한 설명이다. 지면 사정상 큰 design은 수록이 불가하기에 가능한 범위 내의 motive line(twill)을 선정하였으며, 생성된 design 중에서도 수록이 가능한 간략한 design을 실었다.

01) 다음은 motive design one repeat 5본×5본인 twill line을 motive로 활용하여 잔류와 삭제를 반복하여 새로운 design으로 유도한 예이다.

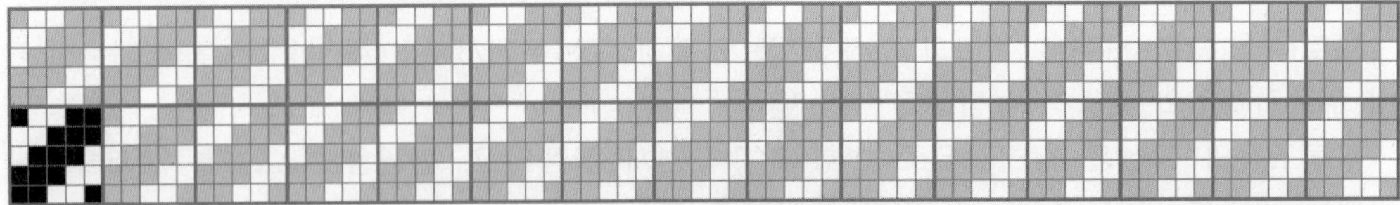

Motive design one repeat 5본×5본.

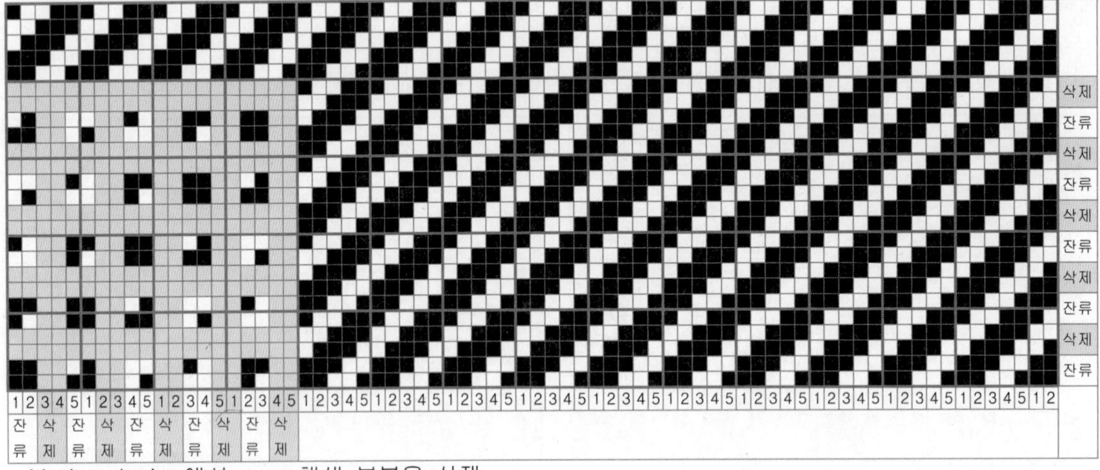

Motive design에서 gray 채색 부분을 삭제.

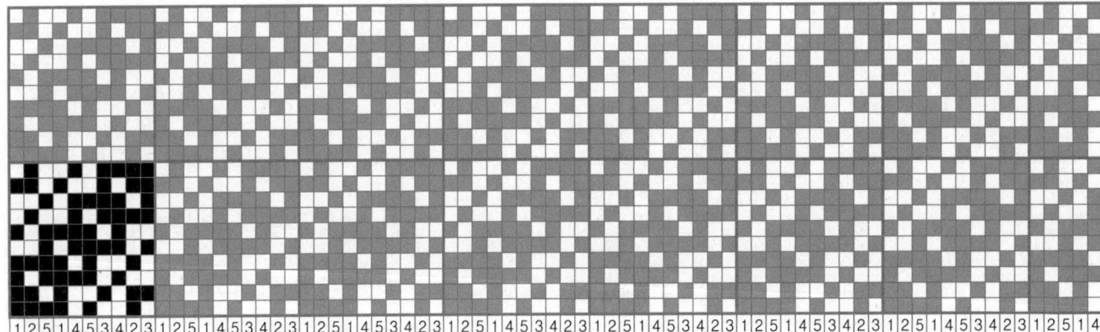

위의 motive design에서 가로 2잔류(white) 2삭제(gray), 세로 2잔류(white) 2삭제(gray)로 생성된 design, design one repeat 10본×10본.

위의 design을 herring bone형으로 합성한 design. 생성된 design one repeat 18본×10본.

　　　　제1장　새로운 디자인 서론

앞 page 2차 생성 design을 마름모형으로 합성한 design. 생성된 design one repeat 18본 × 18본.

02) 다음은 형태가 다른 5본 twill line을 활용하여 유도한 다른 예이다.

Motive design one repeat 5본 × 5본.

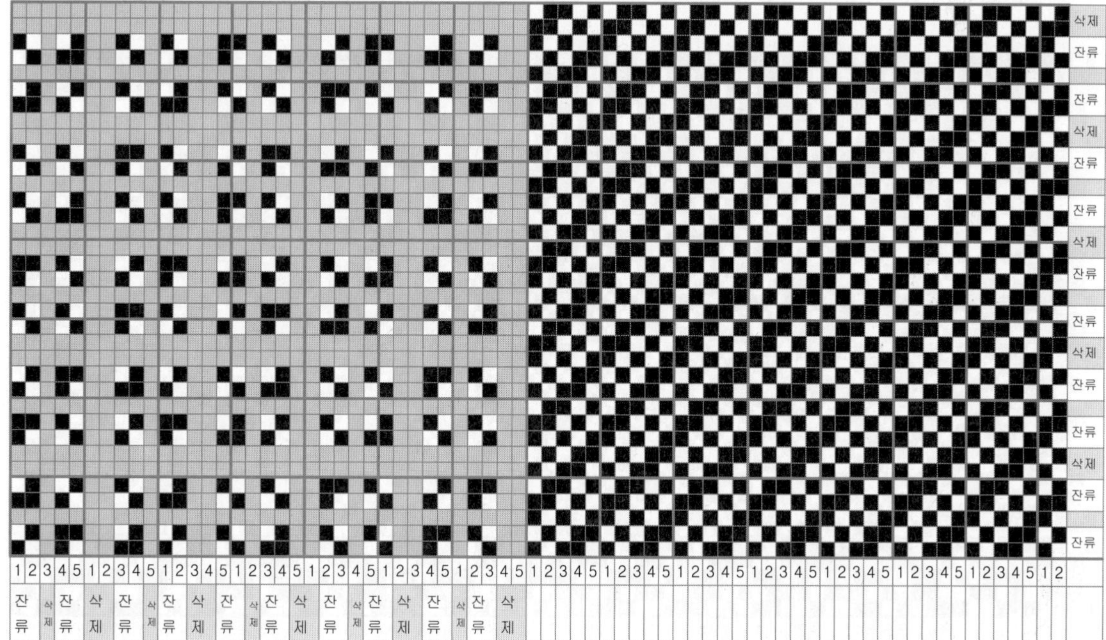

Motive design, design one repeat 5본 × 5본, white 잔류, gray 채색 부분을 삭제.

앞 page의 motive design에서 가로에 2잔류 1삭제, 2잔류 2삭제. 세로에 2잔류 1삭제, 2잔류 2삭제 후에 생성된 design, design one repeat 20본×20본.

위의 design을 herring bone형으로 합성한 유도 design, design one repeat 38본×20본.

앞 page의 design을 마름모형으로 합성한 유도 design, design one repeat 38본×38본.

03) 다음은 7본 twill line design을 motive로 활용하여 유도한 예이다.

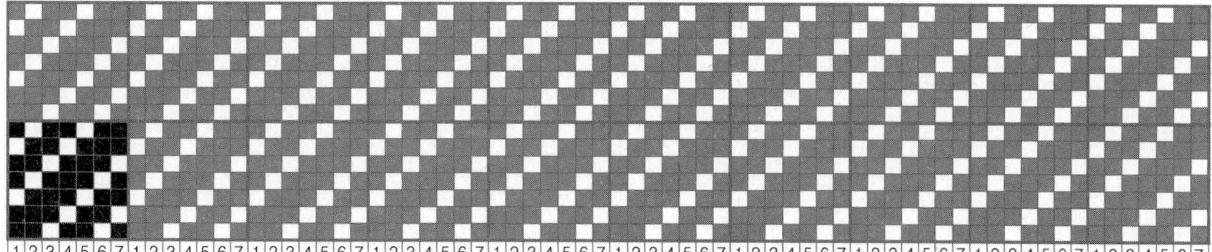

Motive design one repeat 7본 × 7본.

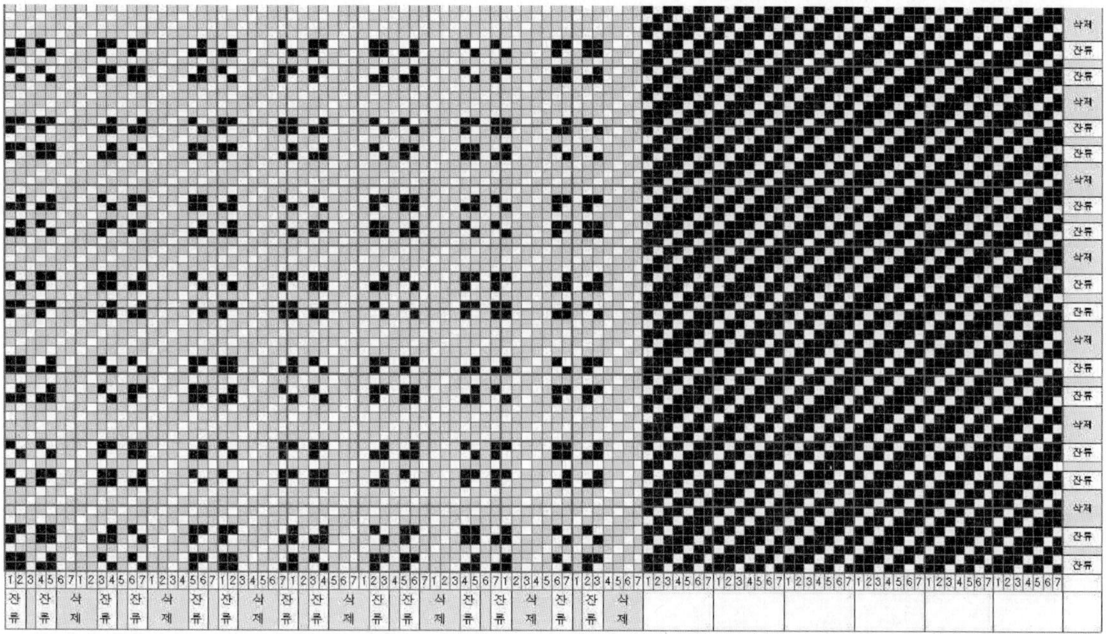

Motive design, design one repeat 7본 × 7본. Gray 채색 부분을 삭제.

위 motive design에서 가로 2잔류 1삭제 2잔류 4삭제, 세로 2잔류 1삭제 2잔류 4삭제를 반복하여
유도한 design, design one repeat 28본 × 28본.

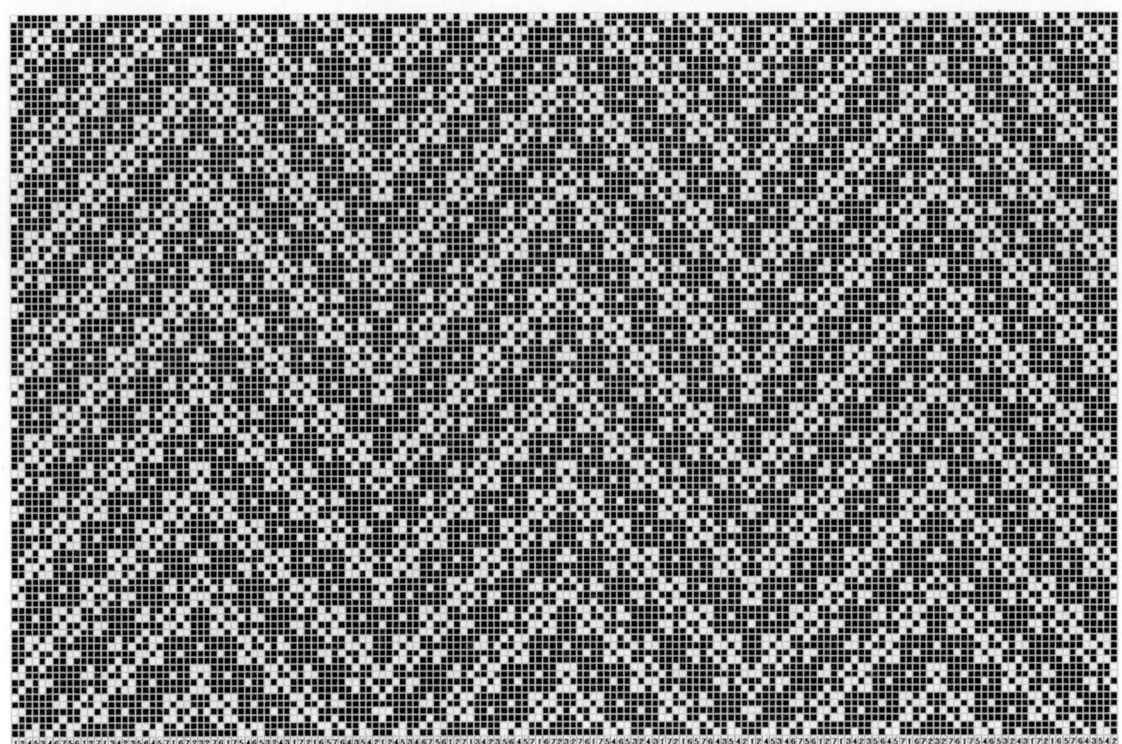

위의 design을 herring bone형으로 합성한 유도 design, design one repeat 54본 × 28본.

위의 design은 마름모형으로 합성한 유도 design, design one repeat 54본 × 54본.

04) 다음은 8본 motive design을 활용하여 유도한 다른 design의 예이다.

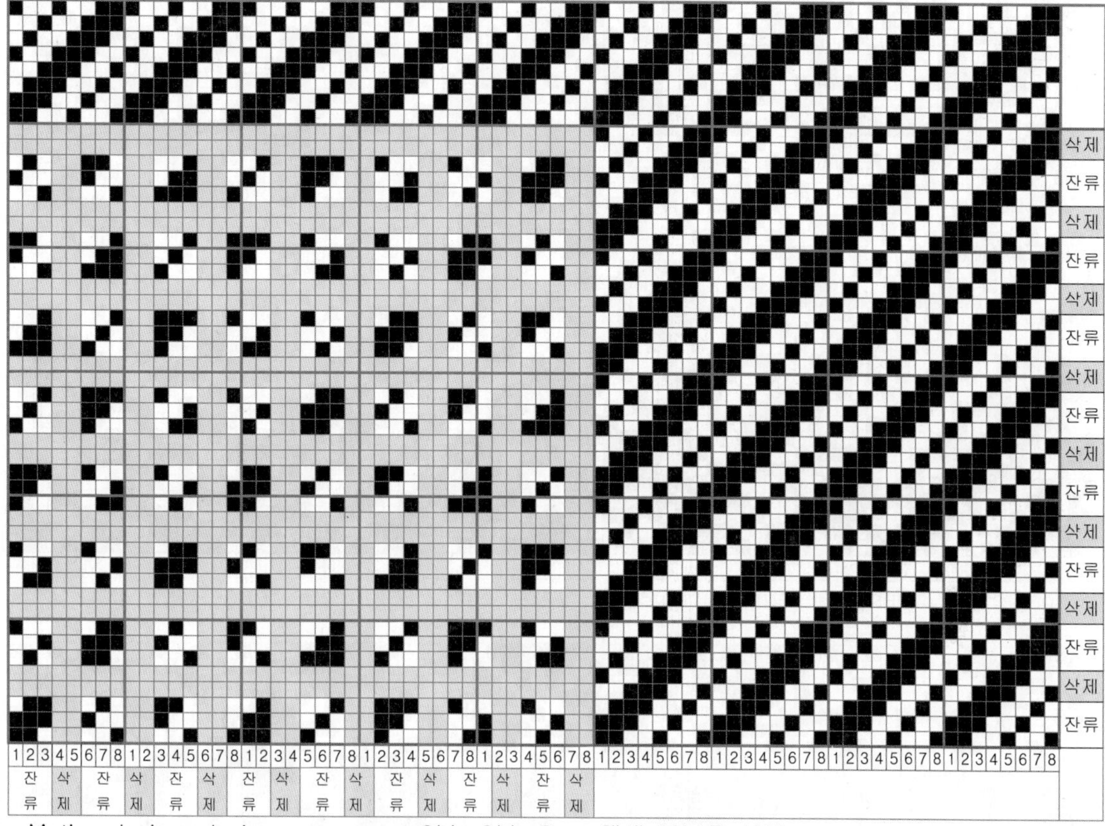

Motive design, design one repeat 8본 × 8본. Gray 채색 부분을 삭제.

위는 상단 motive design에서 가로 3잔류 2삭제, 세로 3잔류 2삭제를 반복하여 유도한 design. design one repeat 24본 × 24본.

앞 page의 유도 design을 herring bone형으로 합성한 조직. Design one repeat 46본×24본이다.

앞 page의 motive design에서 가로 3잔류 2삭제, 세로 3잔류 2삭제를 반복하여 유도한 후, 마름모형으로 합성한 design, design one repeat 46본×46본이다.

05) 다음은 4본 motive design을 활용하여 유도한 다른 design의 예이다.

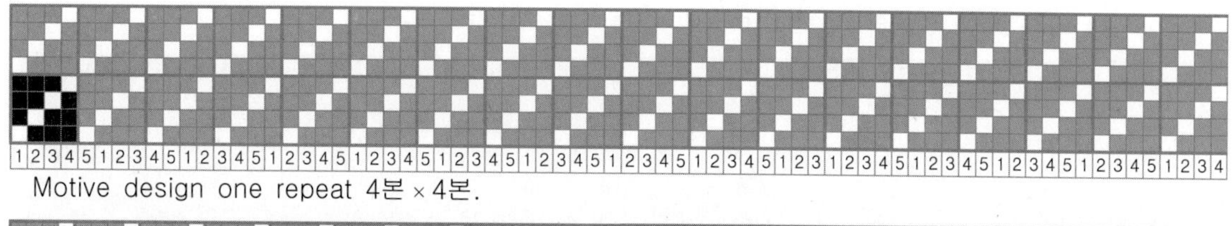

Motive design one repeat 4본 × 4본.

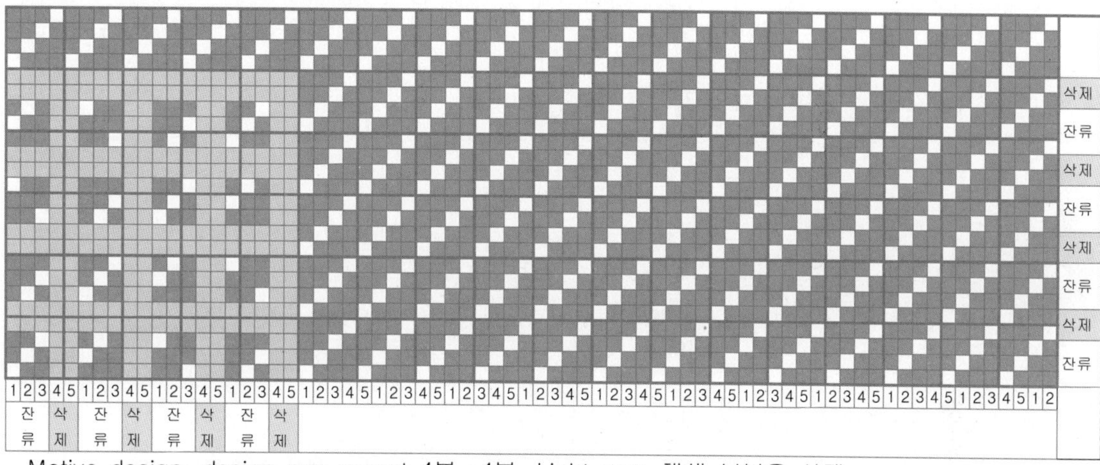

Motive design, design one repeat 4본 × 4본. Light gray 채색 부분을 삭제.

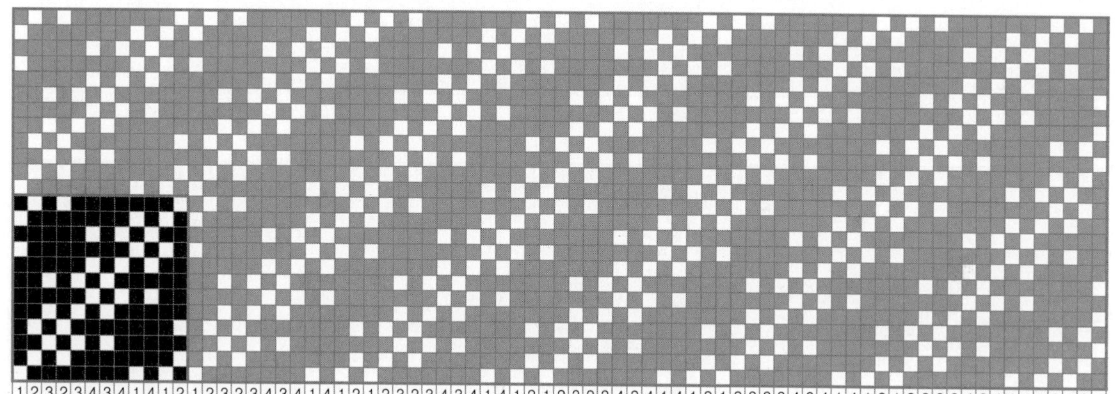

위 design에서 가로 세로 3잔류 2삭제를 반복하여 생성한 design, design one repeat 12본 × 12본.

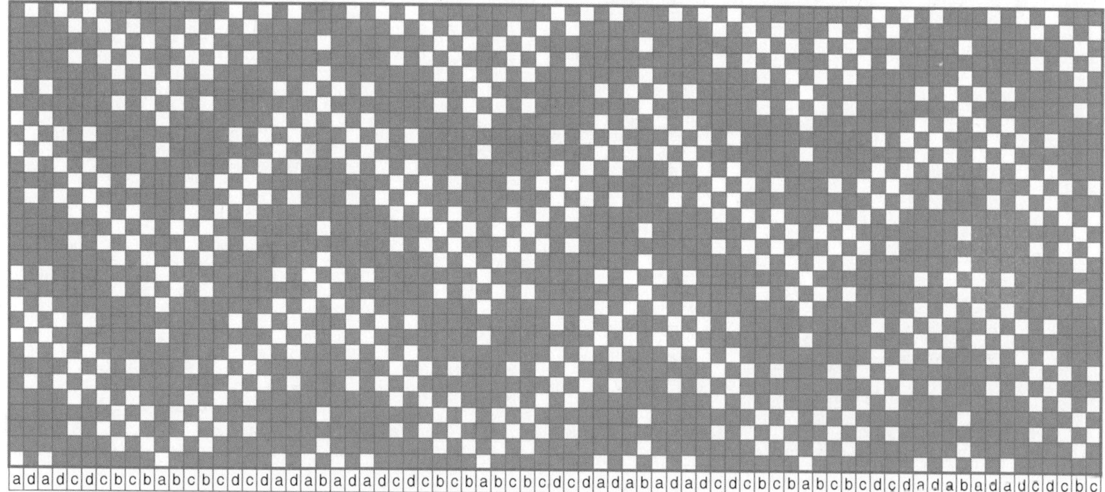

위 Motive design에서 herring bone형으로 합성한 design, design one repeat 22본 × 12본.

다음은 앞 page의 motive design에서 가로 3잔류 2삭제, 세로 3잔류 2삭제를 반복하여 생성된 design을 마름모형으로 합성한 design, design one repeat 22본×22본.

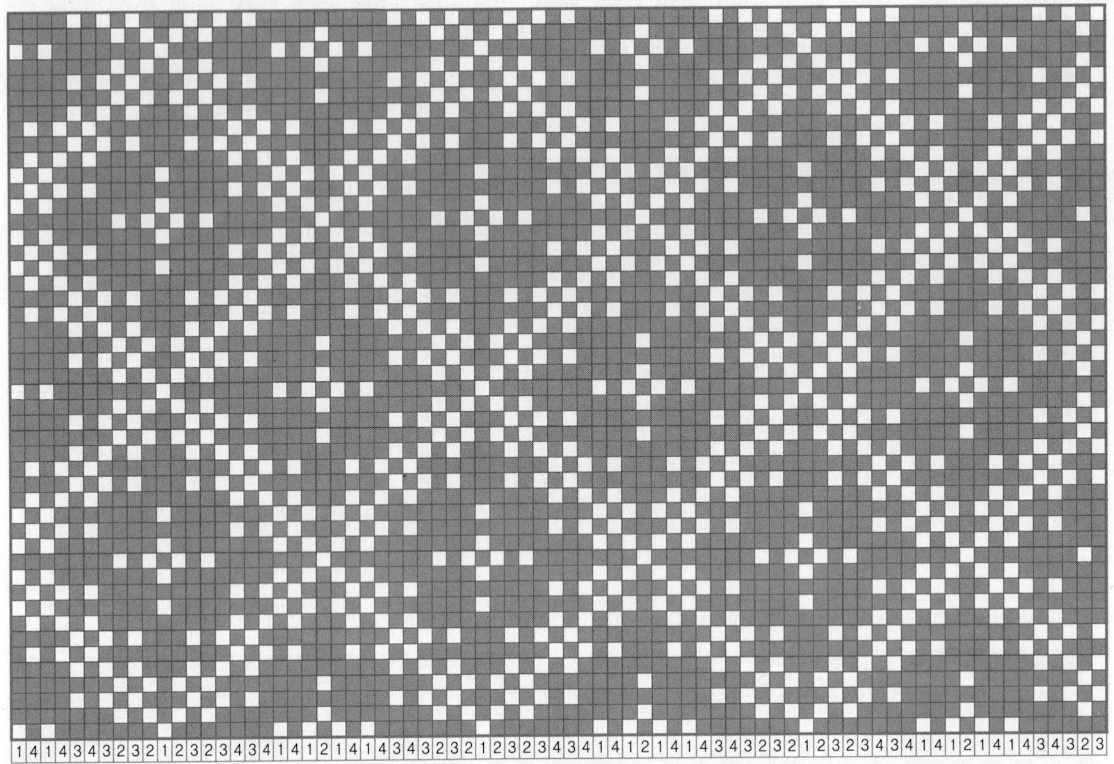

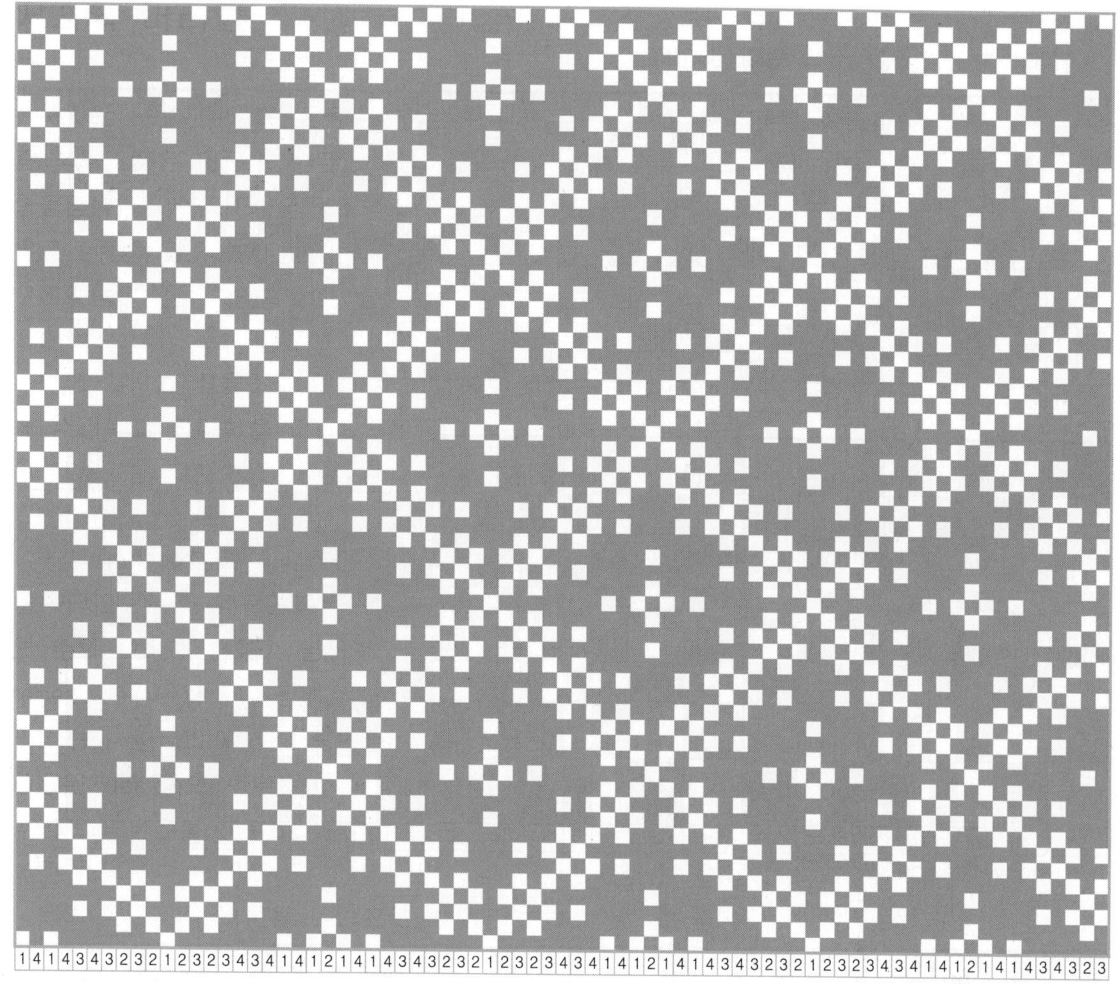

   Design 유도법으로 생성된 design의 유형별 개수 또한 수리적 무한대를 이룬다. 그 다양성은 이제까지의 상상을 초월할 정도의 영역까지 유도 생성된다. 본서에 창작 design 500여 점 가까이 수록이 가능한 것도 design 유도 이론에 의한 것이다.

   본서 제1장의 design 유도법은 창작 design을 무한의 크기와 무한의 개수로 작도할 수 있는 기법이다. 즉 누구나 본서의 논리를 활용하면 새로운 design을 쉽게 작도하여 산업 현장 적소에 바로 활용할 수 있게 된다. 이로써 이제까지의 상상을 초월한 새로운 design의 세계가 전개될 것으로 기대된다.

   제2장의 design 작도에서는 삽입, 삭제, 확장의 기법으로 design의 특성과 아름다움을 더욱 다양하도록 하였으며 design의 효과를 극대화하였다.

   제3장의 새로운 design 활용처에서는 산업 현장에 적용한 예를 들었다. 제4장의 새로운 디자인 자료집에는 독자가 직접 design을 유도하는데 필요한 디자인 의장 기준선(motive twill line) 164점과 산업 현장에서 직접 적용이 가능한 창작 design 300점을 수록하였다.

다음은 동일 면적 1:1x1:1의 기본이 되는 단순한 기초 design에서 면적 비를 달리하여
원근감을 부여한 design 작도의 예이다.

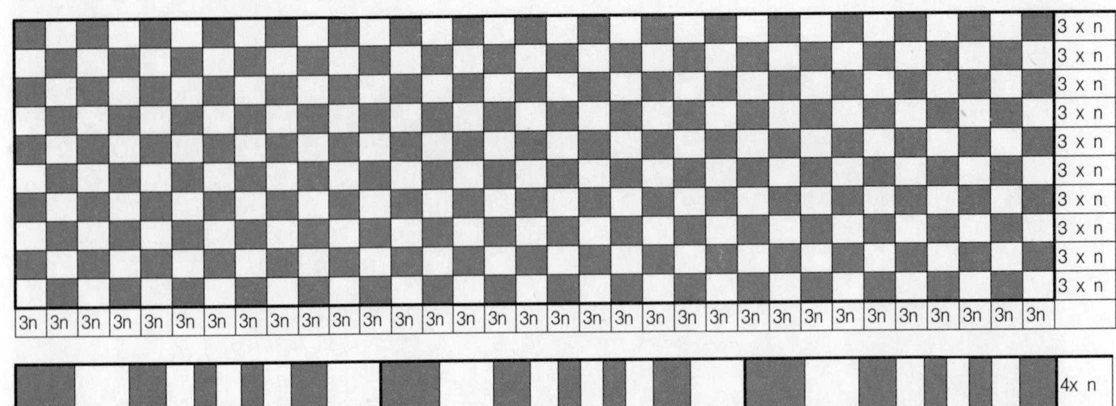

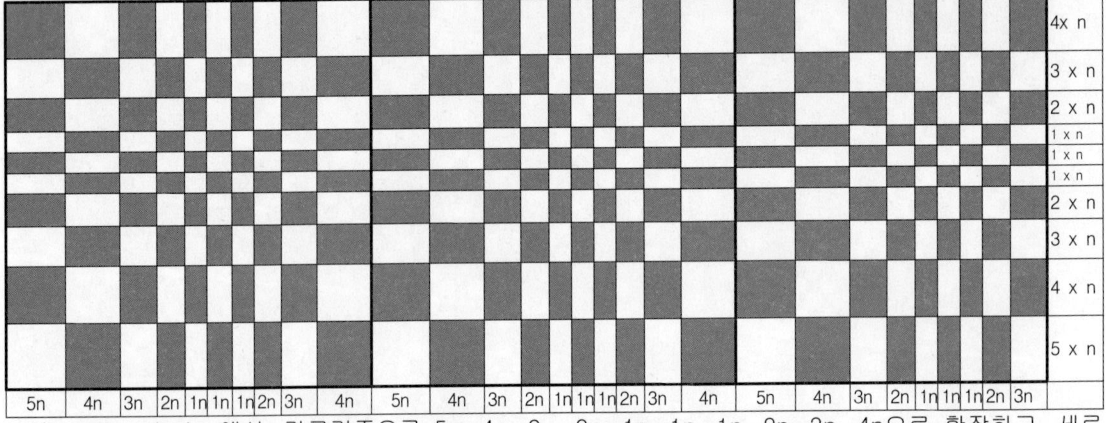

위 motive design에서, 가로기준으로 5n, 4n, 3n, 2n, 1n, 1n, 1n, 2n, 3n, 4n으로 확장하고. 세로
기준으로 5n, 4n, 3n, 2n, 1n, 1n, 1n, 2n, 3n, 4n으로 확장한 조직이다. (n=상수)

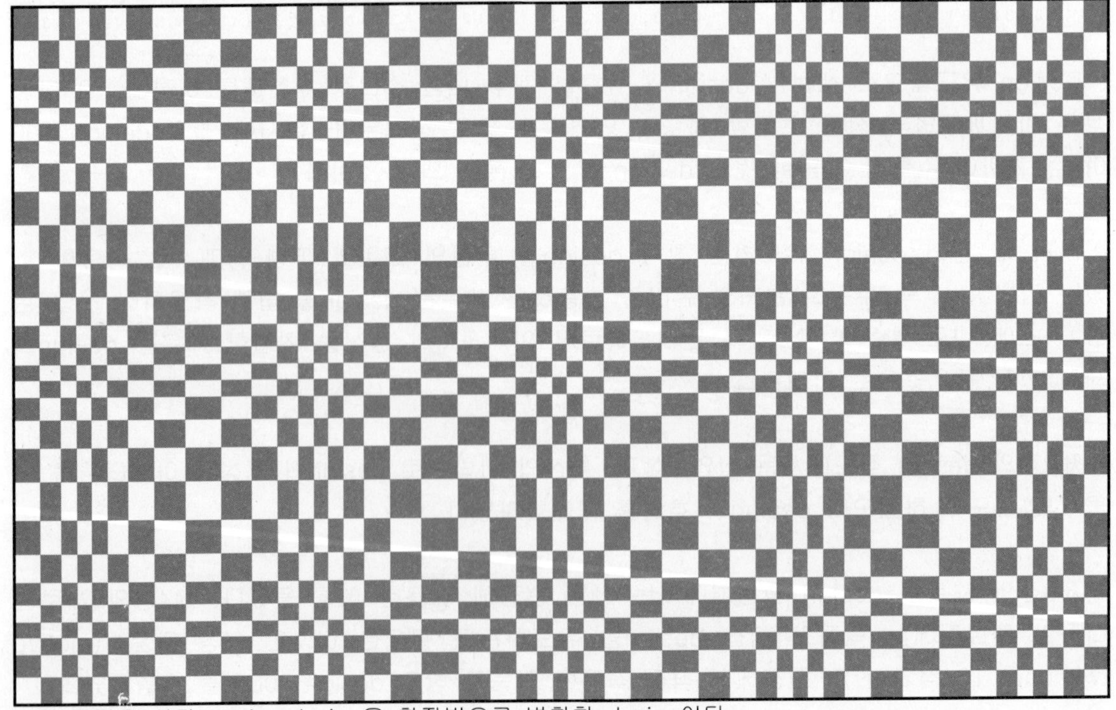

위 그림은 상단 motive design을 확장법으로 변환한 design이다.

Motive design에 부분적으로 확장과 축소의 변화를 주면 새로운 영역의 변화된 design이 생성된다.

Design 확장법에 따라 생성된 design은 형태의 변화 영역이 넓어지고 다양성이 증대되어 활용도가 더욱 커진다.

Motive design이 대칭을 이루는 design은 대칭의 기준이 되는 design선에서 좌우 대칭이 되도록 확장 또는 축소한다.

확장 또는 축소에 순환되는 수는 motive design의 약수 또는 배수로 선정하면 작도 효율이 높아진다.

다음은 design 삽입법과 확장법을 병행한 작도 기법과 유도 방법에 대한 설명이다.

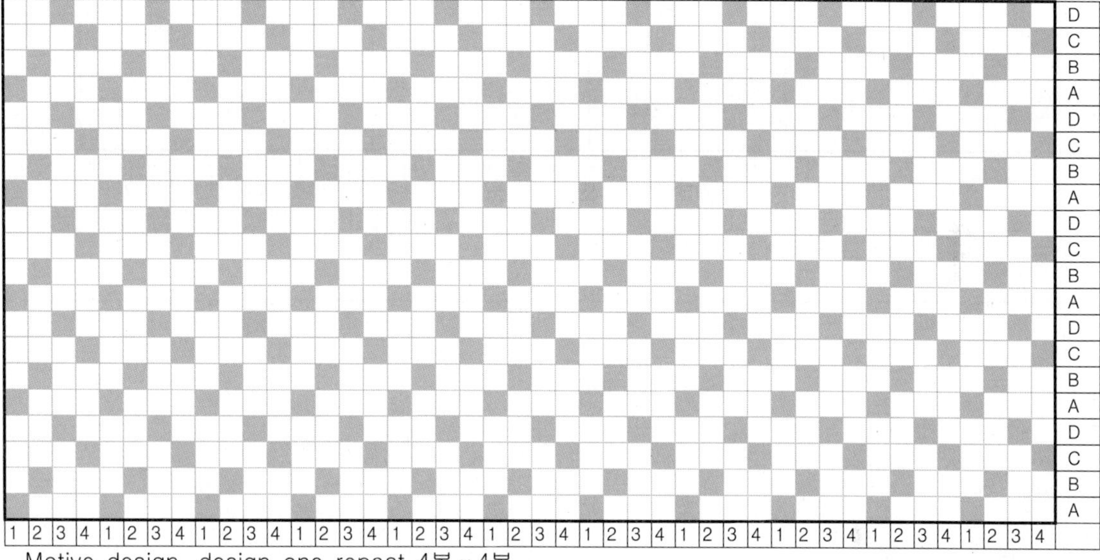

Motive design, design one repeat 4본 × 4본.

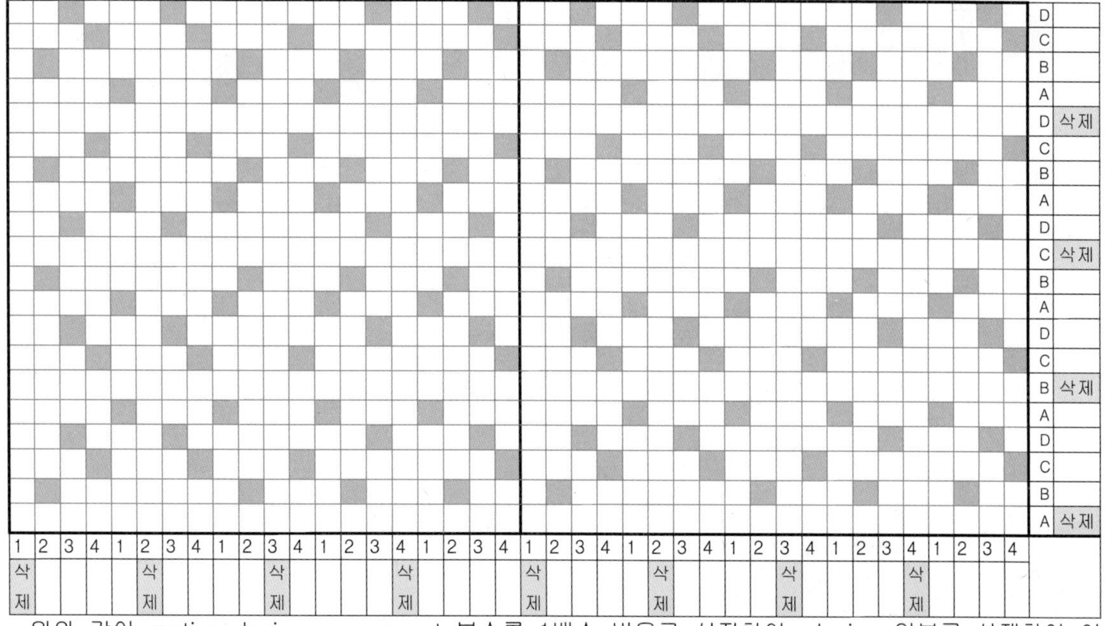

위와 같이 motive design one repeat 본수를 1배수 비율로 설정하여, design 일부를 삭제하여 여백으로 대입한 design.

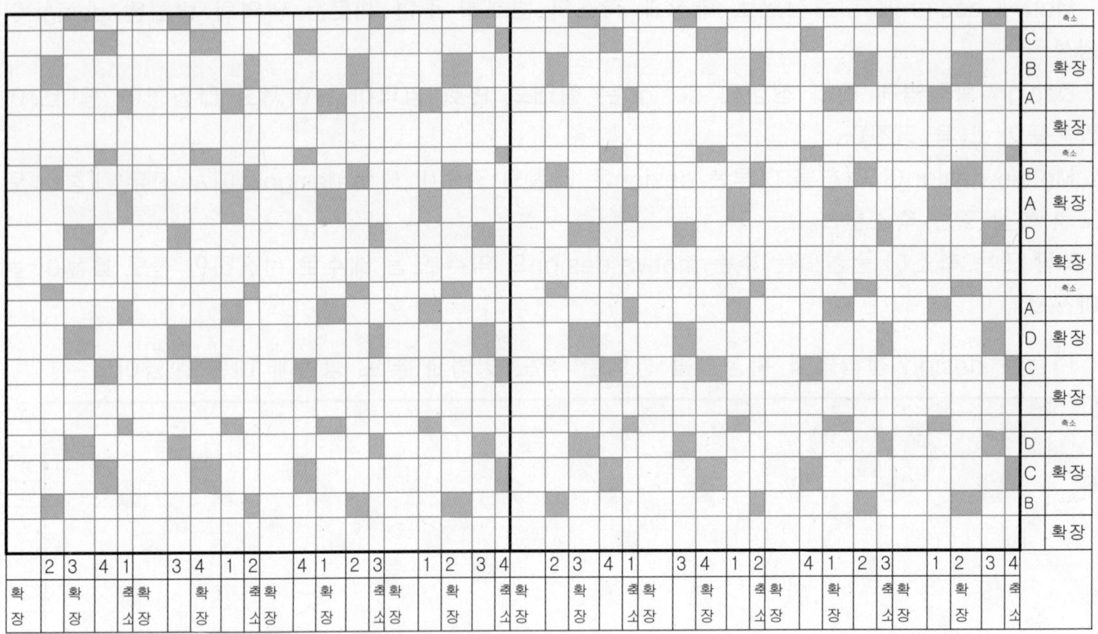

위는 design 일부를 확장 또는 축소한 design.

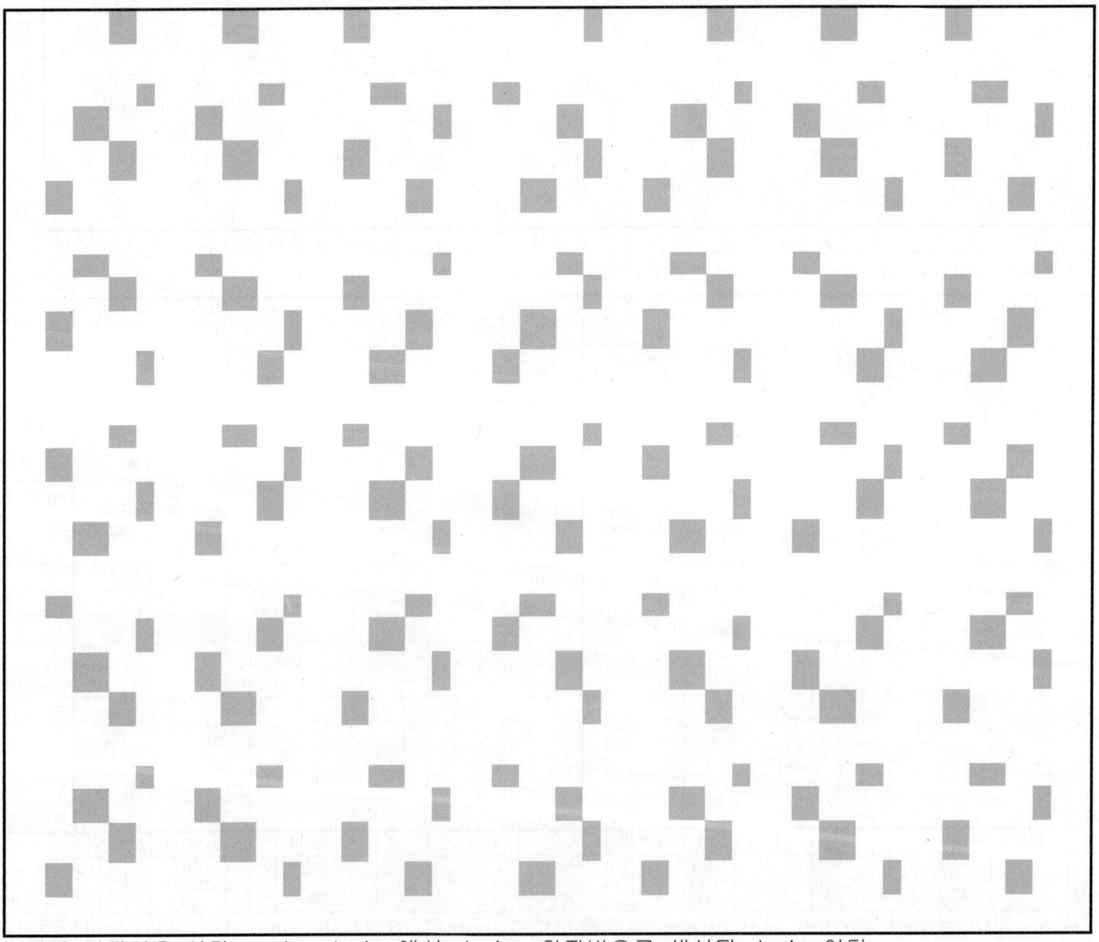

위의 디자인은 상단 motive design에서 design 확장법으로 생성된 design이다.

다음은 design 확장법의 작도 기법과 design 유도 방법에 대한 설명이다.

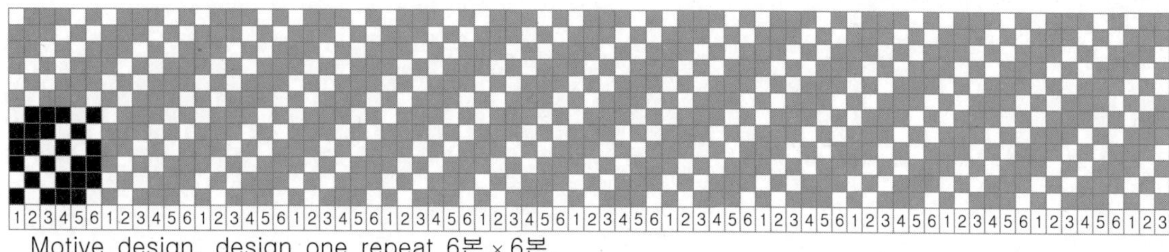

Motive design, design one repeat 6본 × 6본.

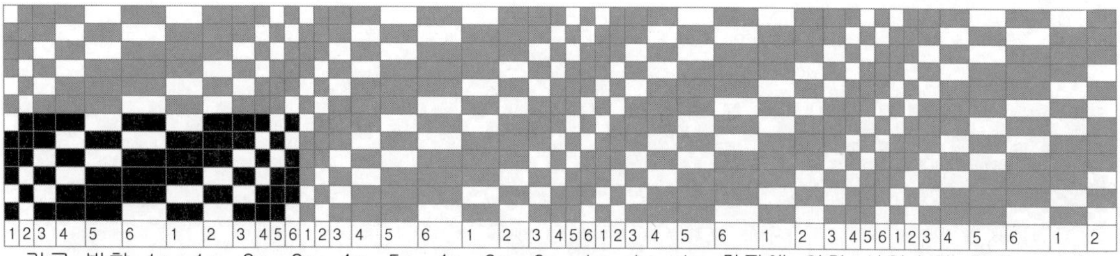

가로 방향 1n, 1n, 2n, 3n, 4n, 5n, 4n, 3n, 2n, 1n, 1n, 1n 확장에 의한 서열순환 확대, design one repeat 12본 × 6본

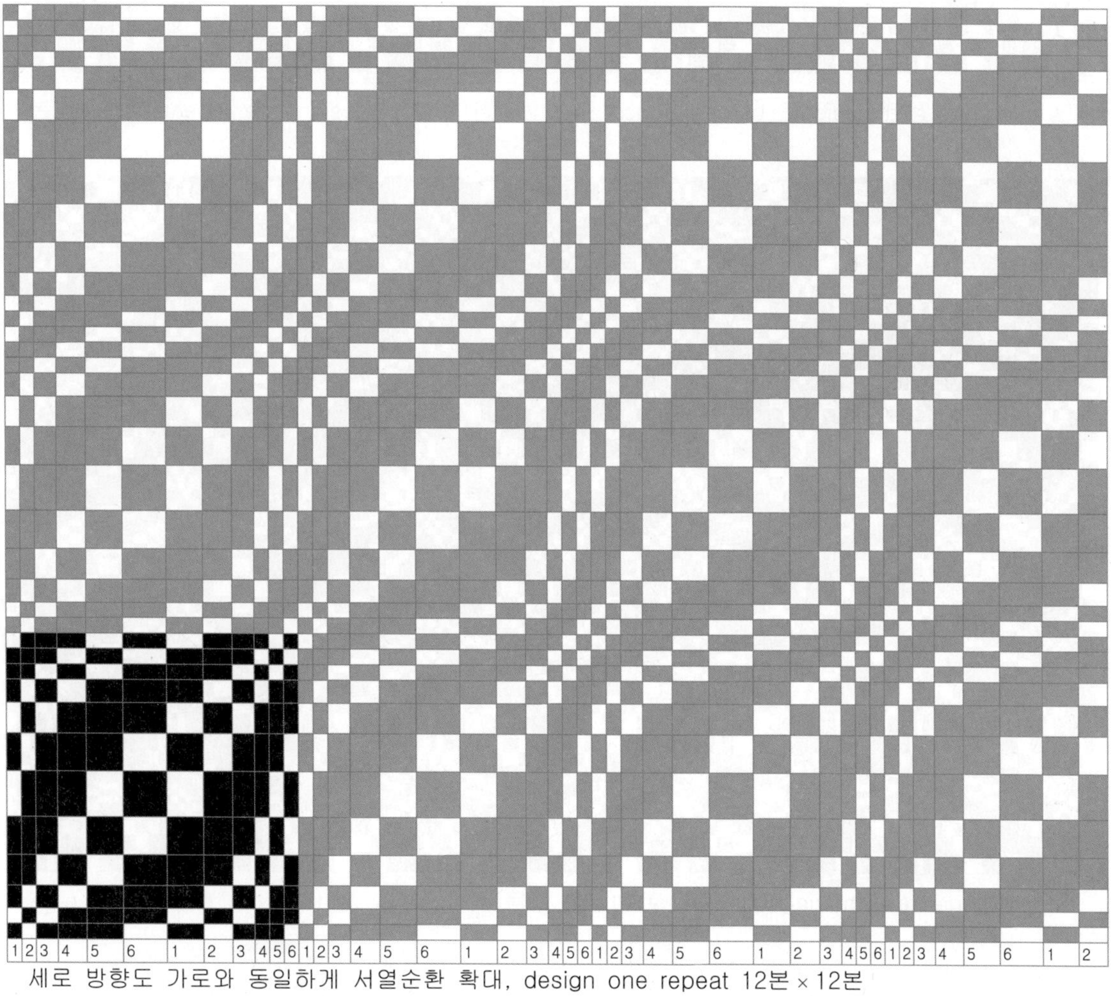

세로 방향도 가로와 동일하게 서열순환 확대, design one repeat 12본 × 12본

앞 page의 생성된 design을 herring bone형으로 연결하여 합성, design one repeat 22본×12본

위 생성된 design을 herring bone형으로 연결한 다음 design선을 제거한 그림, design one repeat 22본×12본

앞 page의 생성된 design을 마름모형으로 합성한 그림, design one repeat 22본 × 22본

위 생성된 design을 마름모형으로 합성한 다음 design선을 제거한 그림. One repeat 22본 × 22본

앞 page의 생성된 design을 수평으로 이동한 디자인

위 design에서 design 경계선을 제거한 그림, design one repeat 22본 × 22본

다음은 실무에 디자인을 능률적으로 적용하는 방법에 대한 설명이다

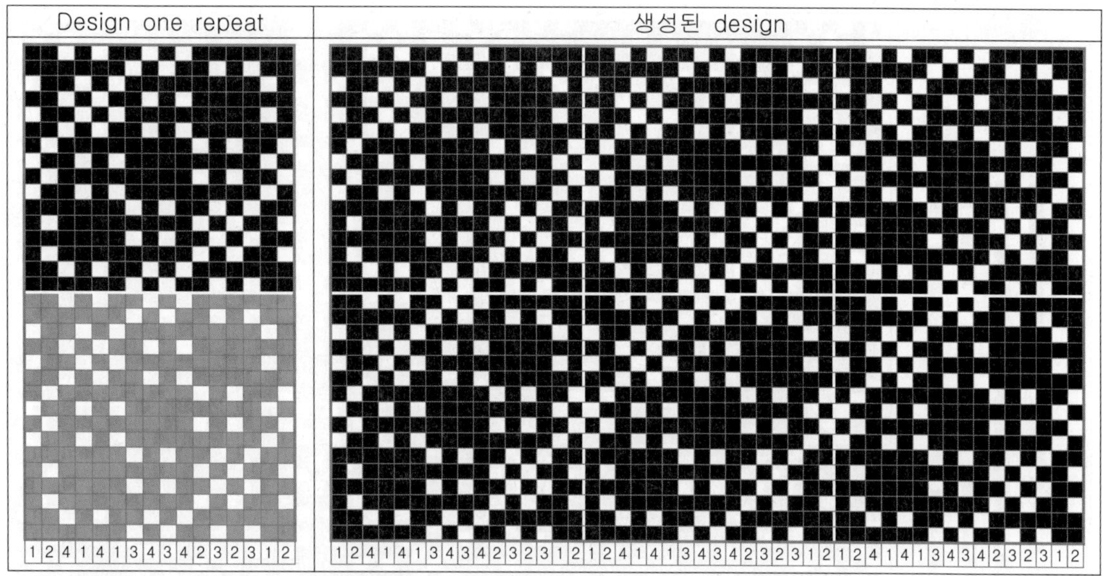

위 design은 좌측 1순환디자인(design one repeat)을 가로세로 방향으로 반복 순환하는
디자인으로 구성되었다. 그러므로 작업 시, 1순환디자인(design one repeat)을 기초단위로
활용하면 작업의 효율성을 올릴 수 있다.

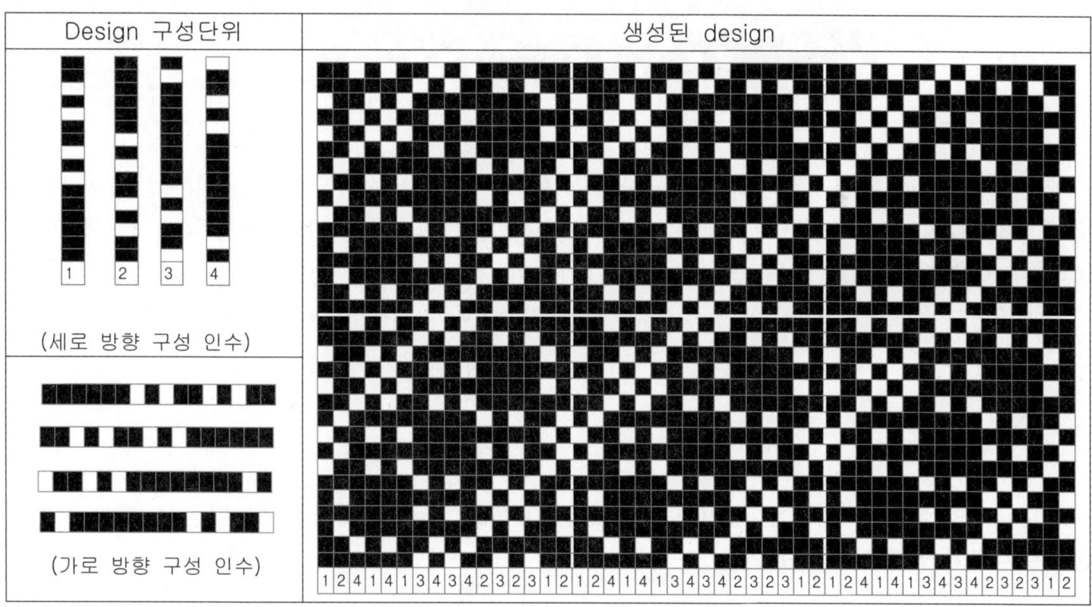

위 design을 세로 방향으로 보면, 좌측 design 구성단위 세로의 4개로 조합되어 우측과
같이 구성된 디자인임을 알 수 있다. 즉 좌측 4개의 design 구성단위를 1, 2, 4, 1, 4, 1,
3, 4, 3, 4, 2, 3, 2, 3, 1, 2의 순으로 나열하면 우측의 1순환디자인(design one repeat)을
얻을 수 있다.

또 가로 방향은, 좌측 design 구성단위의 가로 4개의 작은 디자인이 결합하여 우측과 같이
구성된 디자인임을 알 수 있다.

그러므로 작업 시, 좌측 4개의 기본 디자인 단위를 나열하면 우측의 1순환디자인(design
one repeat)의 구성이 가능하며 작도나 시공할 때 효율성을 올릴 수 있다.

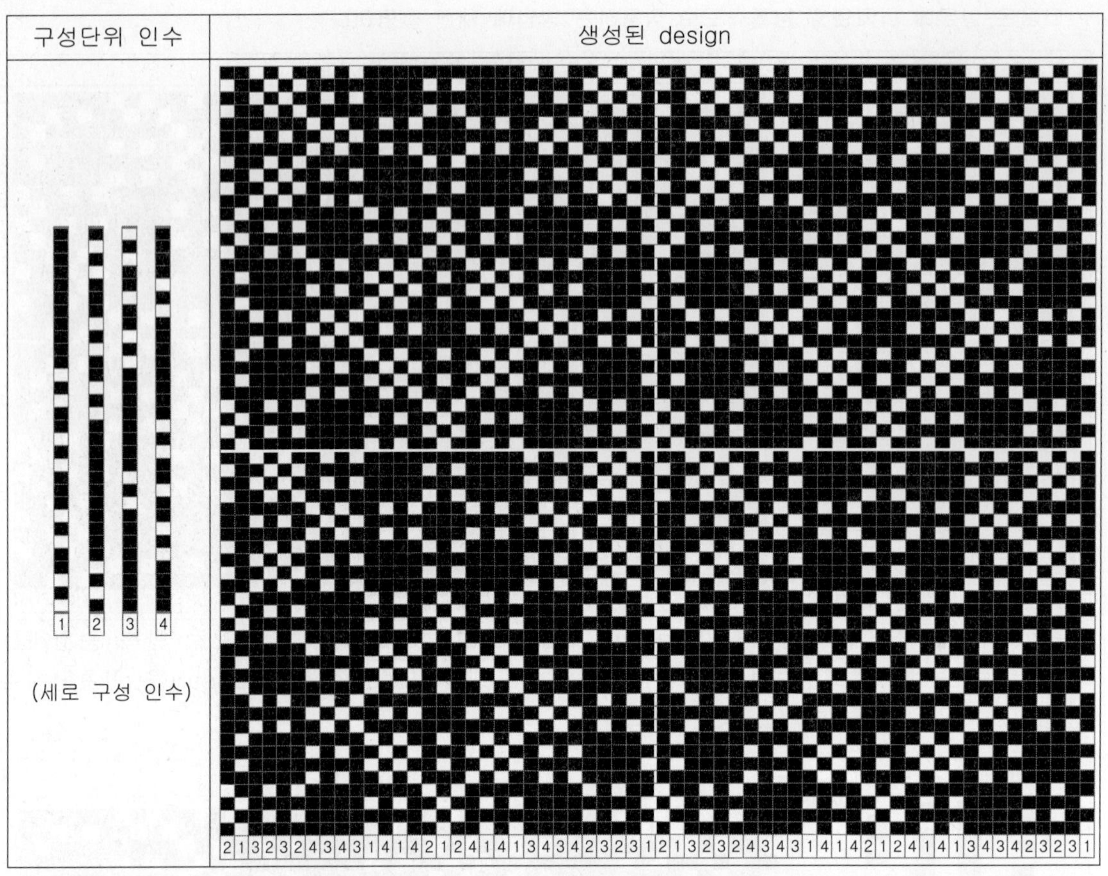

　위 디자인은 좌측 4개의 design 구성 인수를 2, 1, 3, 2, 3, 2, 4, 3, 4, 3, 1, 4, 1, 4, 2, 1, 2, 4, 1, 4, 1, 3, 4, 3, 4, 2, 3, 2, 3, 1 순으로 나열하면 우측의 1순환디자인(design one repeat)을 얻을 수 있다.

－ Design의 유형별 개수는 수리적 무한대를 이루며, design의 크기와 다양성 또한 무한의 영역으로까지 확장이 가능해진다. －

　위 문장은 저자가 쓴 책에서 종종 등장하는 내용이다. 독자의 편에서 보면 기분 좋은 메시지이다. 이 책에 수록되어 나타난 내용은 빙산의 일각이며, 대부분 거의 물 밑에 가려져 있다. 이는 독자들이 직접 발굴하고 쉽게 찾아서 사용할 수 있는 무한의 디자인 세계가 숨겨져 있다는 뜻이다.
　이 무한하고 엄청난 새로운 design의 이론이 널리 이용되어, 자연과 도시의 환경에 아름다운 질서가 더해지고 더불어 우리의 세상이 더욱 밝아질 것으로 기대하는 바이다.

02. 가로삭제 유도법

직물조직은 인류가 만든 어떤 구조물이나 어떤 예술 분야보다 더 아름다운 구도를 가진 조형물임을 알 수 있다. 직물조직의 구성 원리를 기하학이나 수리학적 측면에서 보면, 상하 좌우로 안정을 이루면서 변화를 가지며, 불균형의 요소를 내재하면서 균형을 이루는 아름다운 구조임을 알 수 있다.

다음은 직물조직 구도의 아름다움을 design으로 활용하기 위해, 직물조직학에 수리학과 기하학을 더한, 새로운 개념의 design 의장 이론과 그에 따른 작도법을 알아본다.

도형을 일부분 삭제하면 작아지는데, 직물조직을 일부분 삭제하면 무늬가 커지면서 다양성을 가지게 된다. 직물조직은 도형의 집합체로 이루어져 있기에 삭제 후 순환 지점을 연결하면 무늬가 커지면서 다양해진다. design의 기본이 되는 선(twil)l에서 잔류와 삭제를 반복하면 새로운 design의 motive가 유도 생성되고, 생성된 design의 범위는 상상을 초월한 넓은 영역으로 확대된다. Design의 유형별 개수는 수리적 무한대를 이루며, design의 크기와 다양성 또한 무한의 영역으로까지 확장이 일어난다.

다음은 가로삭제 유도법에 따른 design 생성 이론과 design 유도 방법에 대한 설명이다.

* 작도의 repeat 본수는, 잔류본수와 삭제본수를 합한 수와 motive design '원 리피트 본수'와의 최소공배수가 삭제를 포함한 생성 design의 '원 리피트 본수'가 된다. 따라서 생성 design의 크기는 무한으로 증대되며, 창작되는 design의 개수 또한 무한대를 이루게 된다.

* 삭제한 후의 design은 순차의 서열이 깨어져 단층효과가 증대하게 된다. 삭제한 수나 잔류시킨 수는, design one repeat 본수를 2로 나눈 수에 1을 줄인 수나 그에 근접한 수를 적용하면 깨어진 순차의 서열 변화가 가장 커지게 된다.

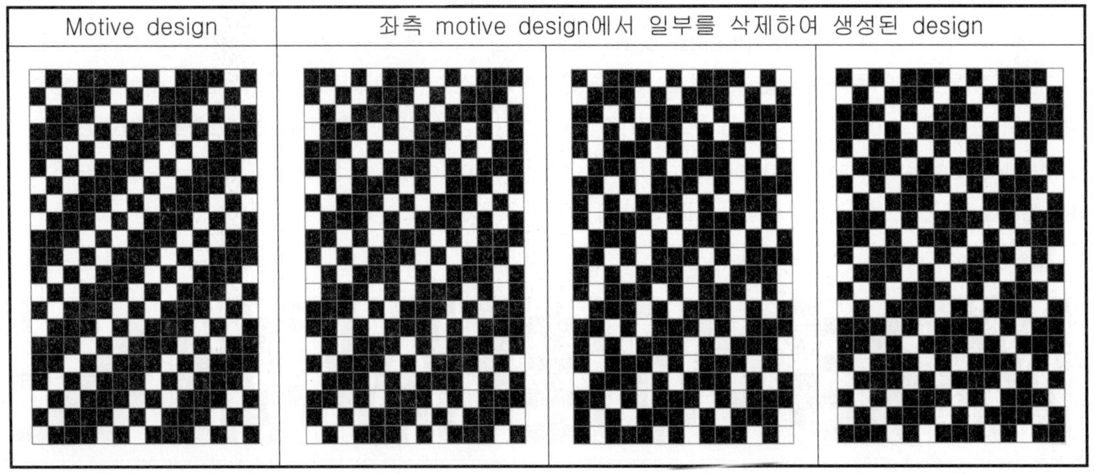

Motive design	좌측 motive design에서 일부를 삭제하여 생성된 design		

* 잔류본수와 삭제본수의 합이 motive design one repeat 본수와 일치하면 2차 생성 design이 연속성을 가지므로 이때는 design의 생성이 불안정하다.

6매 design	6매 design	7매 design	7매 design	8매 design	8매 design
1잔류/5삭제	3잔류/3삭제	3잔류/4삭제	2잔류/5삭제	2잔류/6삭제	3잔류/5삭제

* 삭제본수가 motive design의 기초 단위 본수와 동일하거나 배수이면, 생성 design이 상하로 연속성을 가진다.

6매 design	6매 design	8매 design	8매 design	8매 design	9매 design
1잔류/1삭제	1잔류/2삭제	1잔류/3삭제	1잔류/1삭제	1잔류/4삭제	1잔류/2삭제

* 잔류 1일 때, 삭제본수는 motive design one repeat 본수에 2로 나눈 수에 1을 줄인 수를 기준으로 2차 생성 design은 좌우로 대칭을 이룬다.

결과의 수가 자연수(motive design one repeat 본수가 짝수)이면 그 수를 기준으로 2차 생성 design은 좌우로 대칭을 이루고, 결과의 수가 소수(motive design one repeat 본수가 홀수)이면 기준 design 없이 소수의 좌우 자연수가 2차 생성 Design의 대칭을 이룬다.

Motive design one repeat 본수가 짝수(8매 design)일 때의 예. 8/2-1=3 즉 3삭제 design을 기준으로 2와 4삭제, 1과 5삭제, 0과 6삭제가 대칭을 이룬다.

1잔류/0삭제	1잔류/1삭제	1잔류/2삭제	1잔류/3삭제	1잔류/4삭제	1잔류/5삭제	1잔류/6삭제

Motive design one repeat 본수가 홀수(9매 design)일 때의 예. 9/2-1=3.5 기준 design 없이 소수의 좌우 자연수인 3과 4삭제, 2와 5삭제, 1과 6삭제가 대칭.

1잔류/1삭제	1잔류/2삭제	1잔류/3삭제	1잔류/4삭제	1잔류/5삭제	1잔류/6삭제

 * 잔류본수에 상관없이, 삭제본수가 motive design one repeat 본수와 동일하면 2차 생성 design은 motive design으로 환원되고, 삭제본수가 motive design one repeat 본수를 초과하면 motive design one repeat 본수를 나눈 나머지의 수로 환원된다.

다음은 7매 조직의 잔류와 삭제에 따른 2차 생성 design의 변화도이다. 삭제가 7본이면 7-7=0이 되어 삭제본수 0본, 즉 motive design으로 환원된다. 9본 삭제할 때 9-7=2가 되어 삭제본수 2본의 design과 동일한 design이 유도된다.

1잔류/0삭제	1잔류/1삭제	1잔류/2삭제	1잔류/3삭제	1잔류/4삭제	1잔류/5삭제	1잔류/6삭제
1잔류/7삭제 (7+0 삭제)	1잔류/8삭제 (7+1삭제)	1잔류/9삭제 (7+2 삭제)	1잔류/10삭제 (7+3 삭제)	1잔류/11삭제 (7+4 삭제)	1잔류/12삭제 (7+5 삭제)	1잔류/13삭제 (7+6 삭제)

 * 잔류본수와 삭제본수의 합이 motive design one repeat 본수의 약수이면, 생성되는 2차 조직은 motive design one repeat 본수 이하가 되며, 노출도의 격차가 발생하여 불안정한 생성 design을 이룬다.

"가로삭제 유도법"의 design 생성 이론과 design 유도 방법에 대한 설명은 가로 방향 design선을 삭제하여 2차 design으로 유도 생성하는 기법이며, 세로의 삭제에도 동일한 이론이 성립한다.
작도의 순서는 어느 쪽을 먼저 적용하든 가로세로 동시 적용하든 간에 같은 결과를 가진다.

"가로삭제 유도법"으로 유도 생성한 2차 design을 3차, 4차로 유도하여도 동일한 이론이 성립하며, 더욱 넓은 영역으로 design의 확대가 가능하다.

1) 다음은 6본 motive line(twill)을 활용하여, 가로삭제에 의한 design 유도 방법에 대한 설명이다.

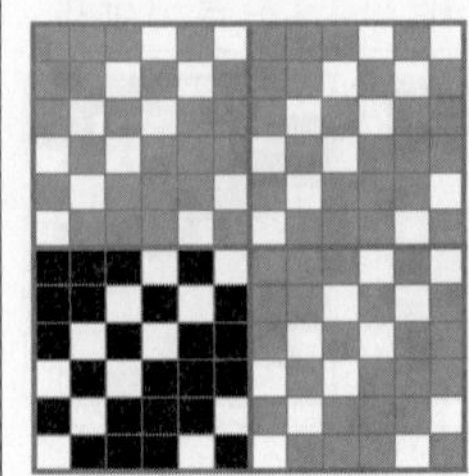

좌측 design은 6본 motive line(3/1, 1/1 twill)이다.

아래는 좌측 motive design을 활용하여, 가로삭제에 의한 design 유도 방법으로 5개의 2차 design을 유도한 예이다.

잔류와 삭제의 변화를 다르게 적용하면 더 많은 2차 design의 유도 생성이 가능하며, 그 수와 다양성은 수리적 무한대에 이르게 된다.

① 다음은 좌측 motive design에서 잔류 2와 삭제 2를 반복하여 우측의 design으로 유도한 예이다. Design one repeat 본수는 가로 6본 × 세로 6본.

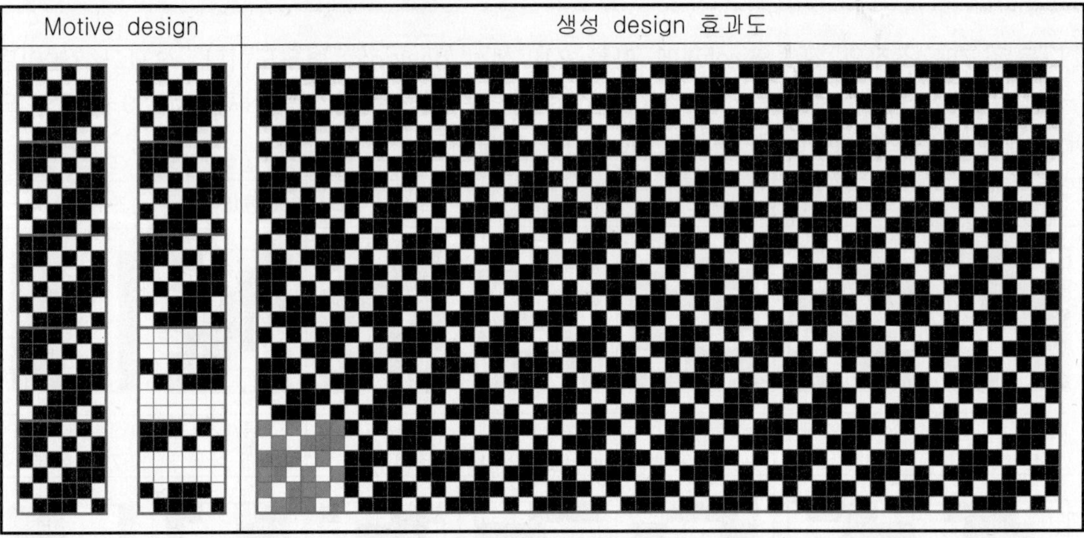

② 다음은 좌측 motive design에서 잔류 4와 삭제 3을 반복하여 우측의 design으로 유도하였다. Design one repeat 본수는 가로 6본 × 세로 24본.

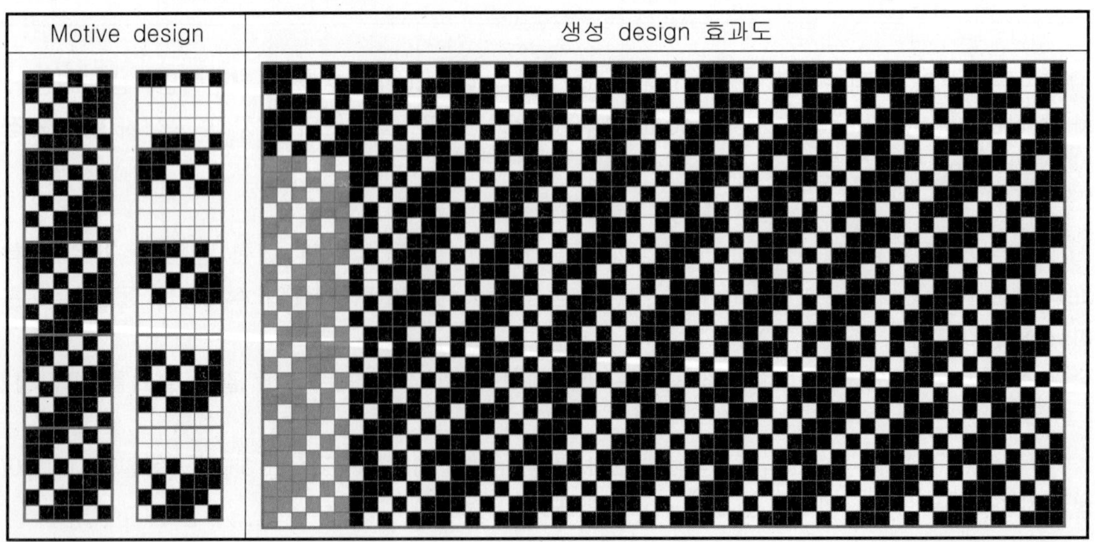

③ 다음은 좌측 motive design에서 잔류 2와 삭제 1을 반복하여 우측의 design으로 유도하였다.
Design one repeat 본수가 가로 6본 × 세로 4본.

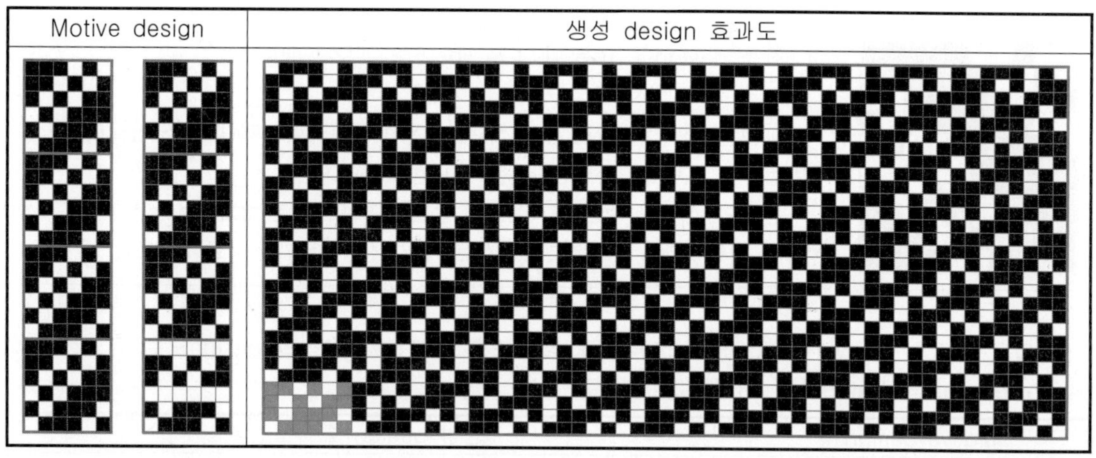

④ 다음은 좌측 motive design에서 잔류 1과 삭제 1을 반복하여 우측의 design으로 유도하였다.
Design one repeat 본수가 가로 6본 × 세로 3본.

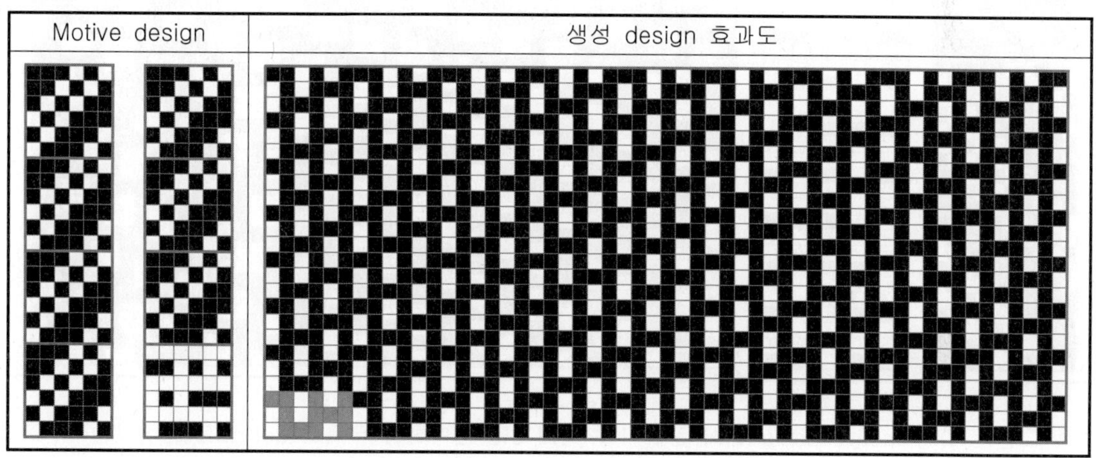

⑤ 다음은 좌측 motive design에서 잔류 3과 삭제 1을 반복하여 우측의 design으로 유도하였다.
Design one repeat 본수가 가로 6본 × 세로 9본.

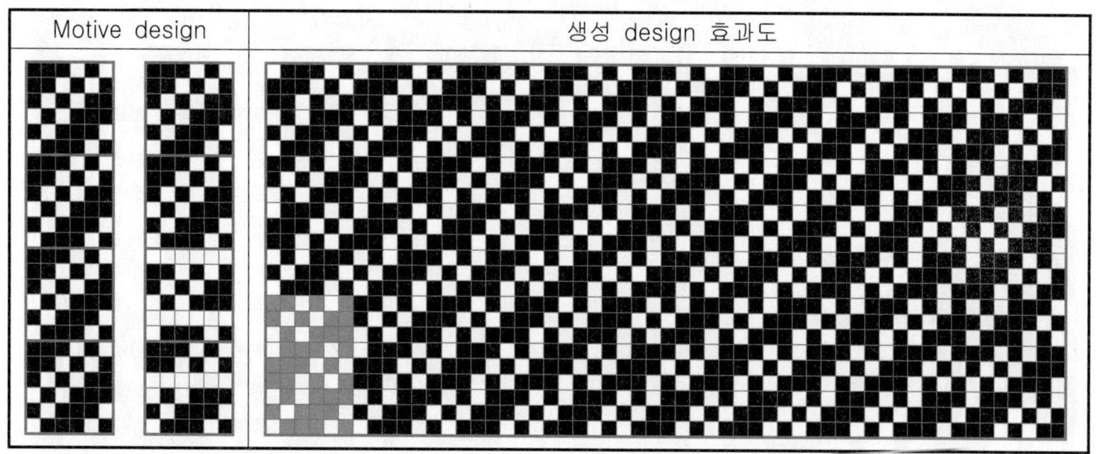

2) 다음은 짝수 design 10본 motive line(twill)을 활용하여, 가로삭제에 의한 design 유도
방법에 대한 설명이다.

좌측 design은 10본 motive line(5/2, 1/2 twill)이다.

아래는 좌측 motive design을 활용하여, 가로삭제에 의한 design 유도
방법으로 5개의 2차 design을 유도한 예이다.

잔류와 삭제의 변화를 다르게 적용하면 더 많은 2차 design의 유도 생
성이 가능하며, 그 수와 다양성은 수리적 무한대에 이르게 된다.

① 다음은 좌측 motive design에서 잔류 1과 삭제 2를 반복하여 우측의 design으로 유도한 예이
다. Design one repeat 본수는 가로 10본 × 세로 10본.

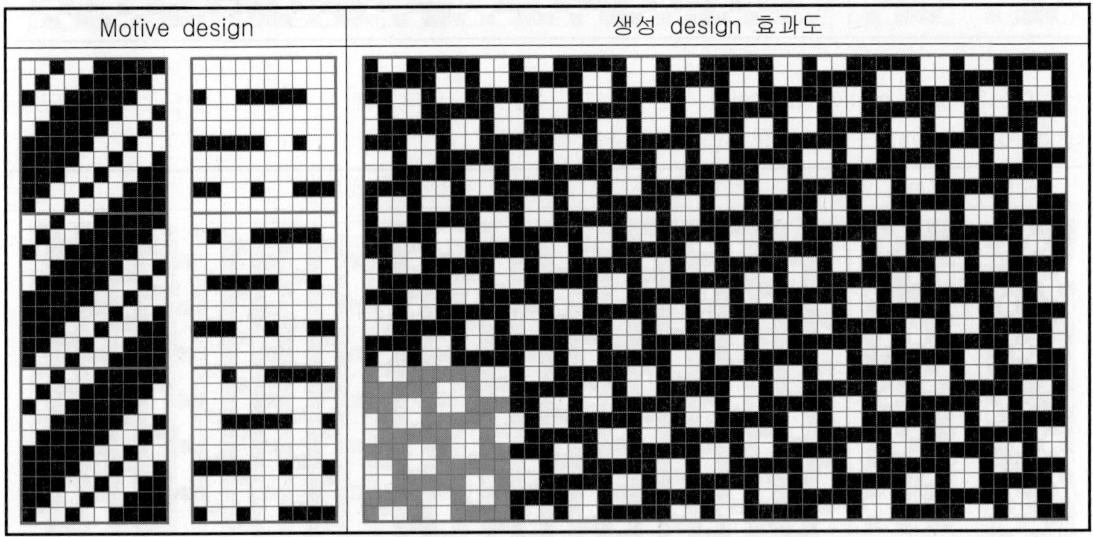

Motive design	생성 design 효과도

② 다음은 좌측 motive design에서 잔류 1과 삭제 3을 반복하여 우측의 design으로 유도한
예이다. Design one repeat 본수는 10본(가로) × 5본(세로).

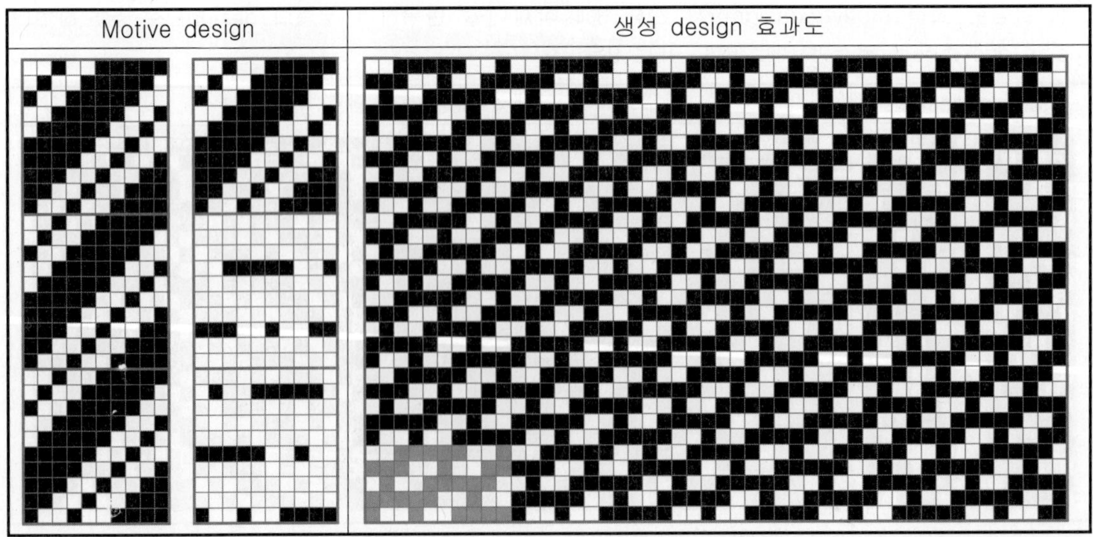

Motive design	생성 design 효과도

③ 다음은 좌측 motive design에서 잔류 1과 삭제 1, 잔류 1과 삭제 2를 반복하여 우측의 design으로 유도한 예이다. Design one repeat 본수는 10본(가로) × 4본(세로).

Motive design	생성 design 효과도

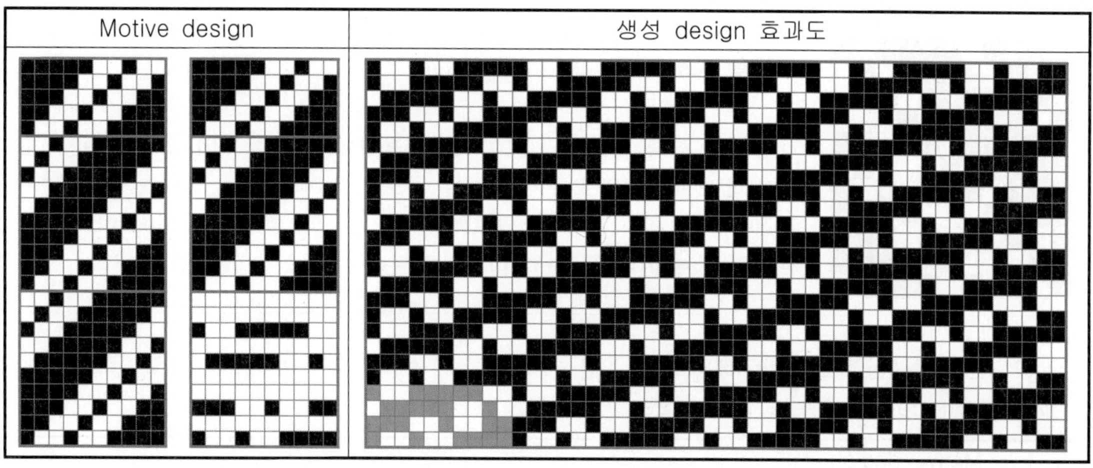

④ 다음은 좌측 motive design에서 잔류 1과 삭제 1, 잔류 1과 삭제 3을 반복하여 우측의 design으로 유도한 예이다. Design one repeat 본수는 10본 × 10본.

Motive design	생성 design 효과도

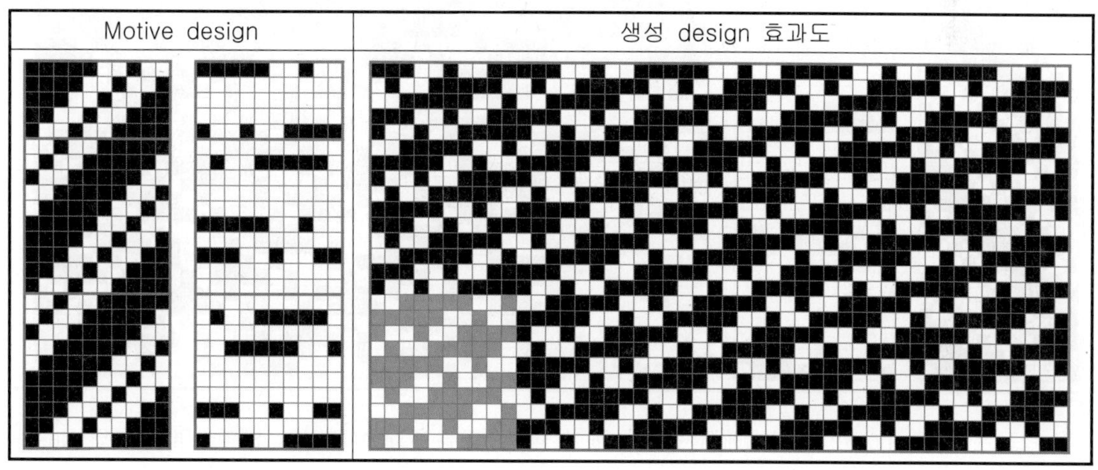

⑤ 다음은 좌측 motive design에서 잔류 3과 삭제 3을 반복하여 우측의 design으로 유도한 예이다. Design one repeat 본수는 10본 × 15본.

Motive design	생성 design 효과도

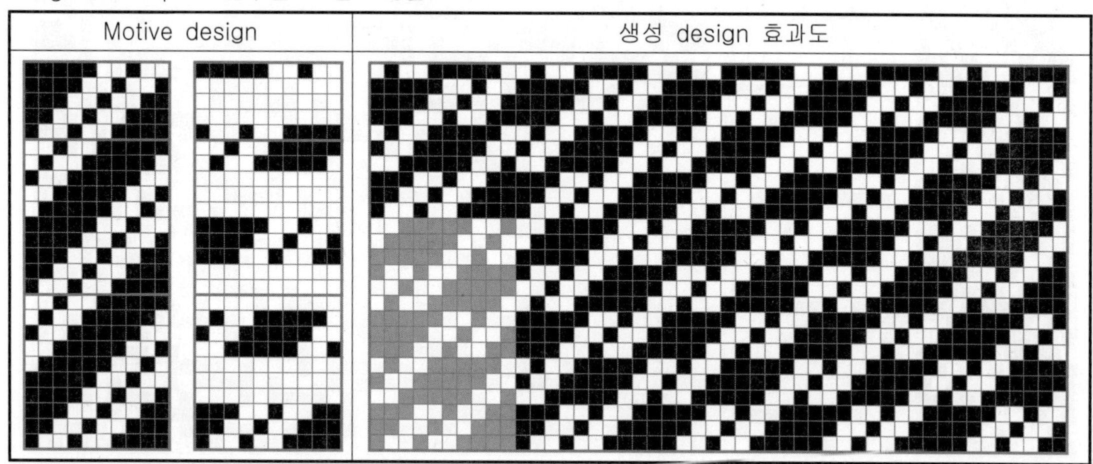

3) 다음은 홀수 design 11본 motive line(twill)을 활용하여, 가로삭제에 의한 design 유도 방법에 대한 설명이다.

좌측 design은 11본 motive line(1/1, 4/1, 1/3 twill)이다.

아래는 좌측 motive design을 활용하여, 가로삭제에 의한 design 유도 방법으로 5개의 2차 design을 유도한 예이다.

잔류와 삭제의 변화를 다르게 적용하면 더 많은 2차 design의 유도 생성이 가능하며, 그 수와 다양성은 수리적 무한대에 이르게 된다.

① 다음은 좌측 motive design에서 잔류 2와 삭제 6을 반복하여 우측의 design으로 유도한 예이다. Design one repeat 본수는 11본 × 22본.

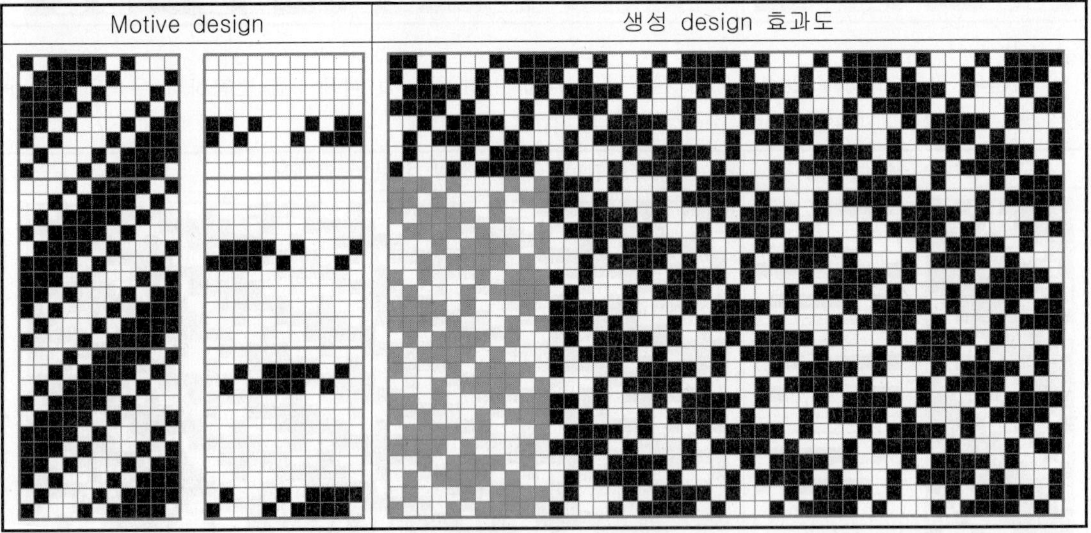

② 다음은 좌측 motive design에서 잔류 1과 삭제 1, 잔류 1과 삭제 4를 반복하여 우측의 design으로 유도한 예이다. Design one repeat 본수는 11본 × 22본.

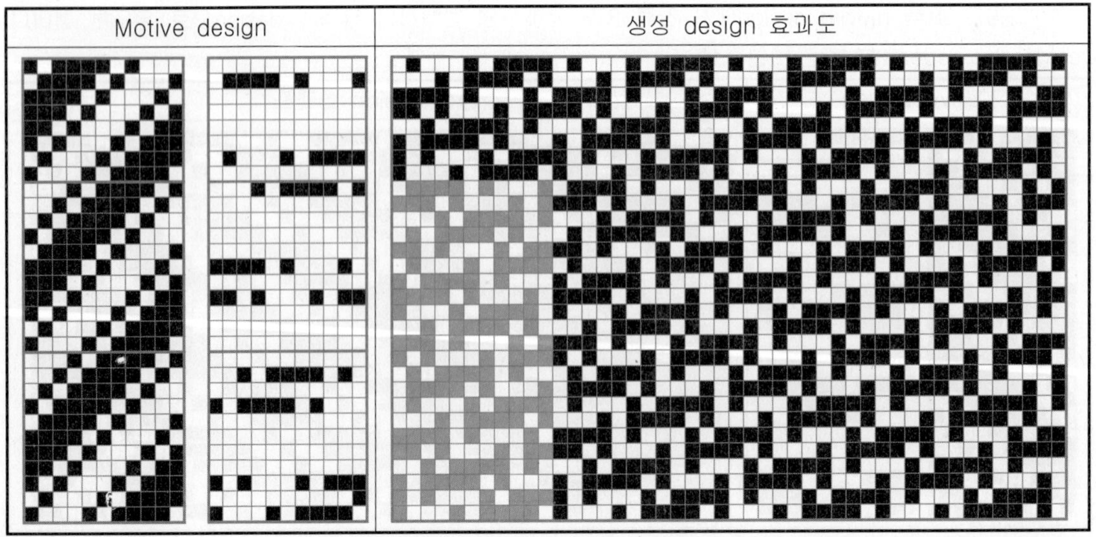

③ 다음은 좌측 motive design에서 잔류 1과 삭제 1, 잔류 1과 삭제 5를 반복하여 우측의 design
으로 유도한 예이다. Design one repeat 본수는 11본×22본

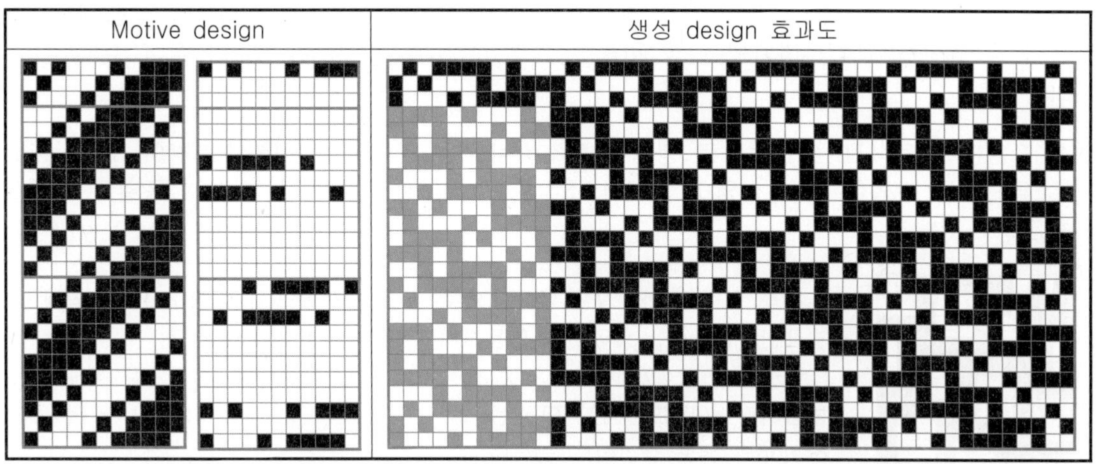

④ 다음은 좌측 motive design에서 잔류 2와 삭제 2를 반복하여 우측 design으로 유도한 예이다.
Design one repeat 본수는 11본×22본.

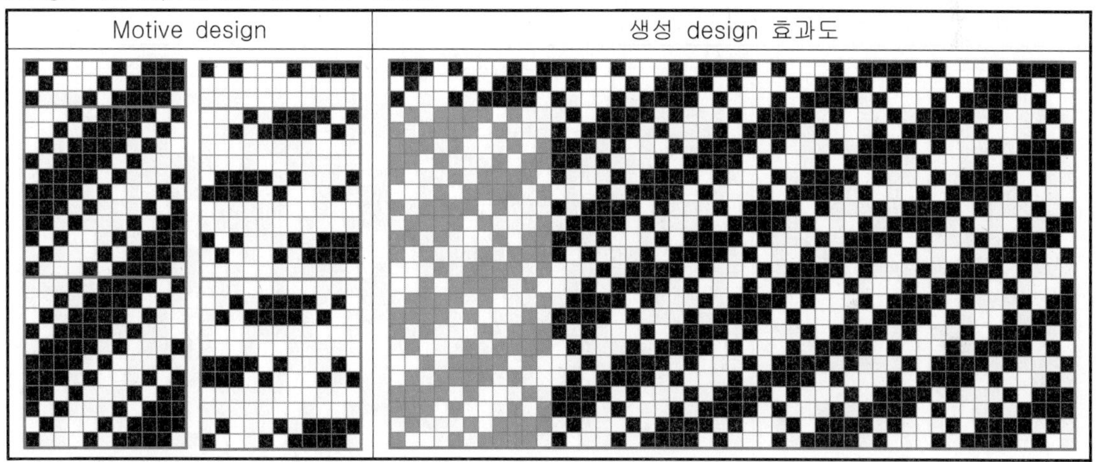

⑤ 다음은 좌측 motive design에서 잔류 2와 삭제 5를 반복하여 우측 design으로 유도한 예이다.
Design one repeat 본수는 11본×22본.

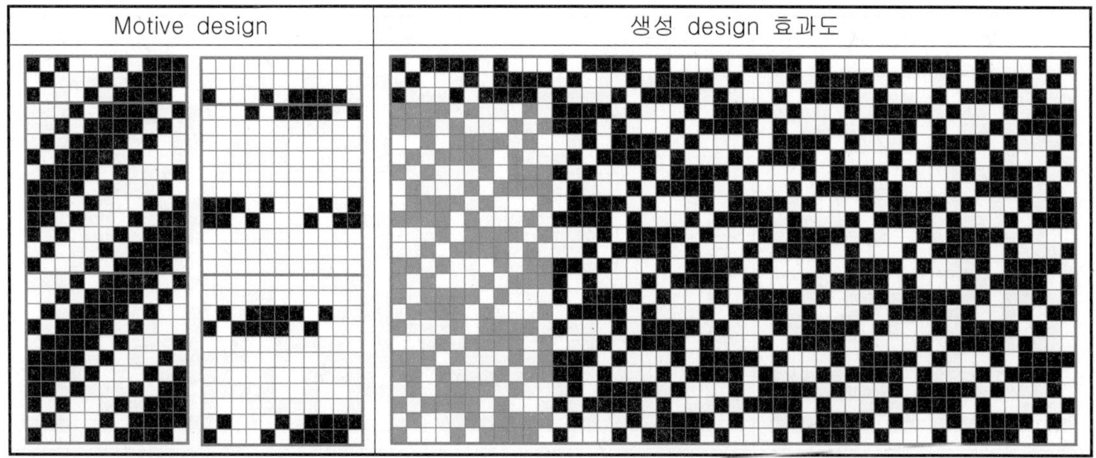

모든 도형이나 design의 출발은 점(point)에서 선(line), 선에서 면(side)으로 이어진다. 또한 line(twill) 즉 선(line)은 모든 도형의 작도에서 중요한 위치이며 기준이 된다. 그래서 이 책에는 line(twill)을 활용한 예시가 많이 등장한다. 그리고 독자들이 직접 작도에 활용할 수 있도록 제4장 디자인 의장 기준선 편에 motive line(twill) 160여 점이 수록되어 있다.

4) 다음은 가로삭제 유도법으로 생성된 2차 design을 잔류와 삭제를 반복하여 3차 design 으로 유도하는 방법에 대한 설명이다. 3차 조직으로 유도할 때도 2차 조직과 동일한 이론이 적용된다.

좌측 조직은 가로삭제 유도법으로 유도 생성된 2차 조직이다. 이 책에서 발췌한 motive line(twill)을 활용하여 유도한 변화 design이다.

아래는 가로삭제 유도법으로 생성된 2차 조직을 3차 조직으로 유도하는 방법이다. 이 또한 잔류와 삭제의 변화를 다르게 적용하면 더 많은 2차 design의 유도 생성이 가능하다.

① 다음은 좌측 motive design에서 잔류 3과 삭제 2를 반복하여 우측의 design으로 유도한 예이 다. Design one repeat 본수는 10본 × 5본.

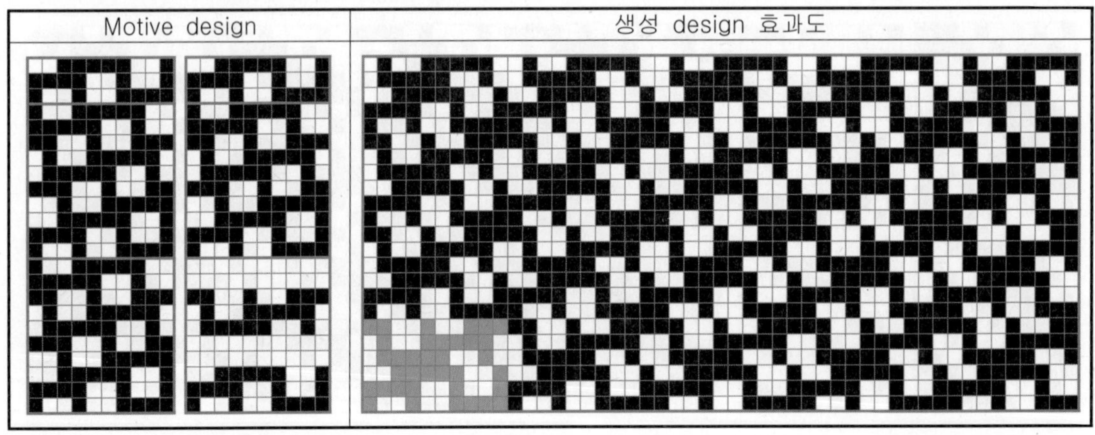

② 다음은 좌측 motive design에서 잔류 4와 삭제 2를 반복하여 우측의 design으로 유도한 예이 다. Design one repeat 본수는 10본 × 20본.

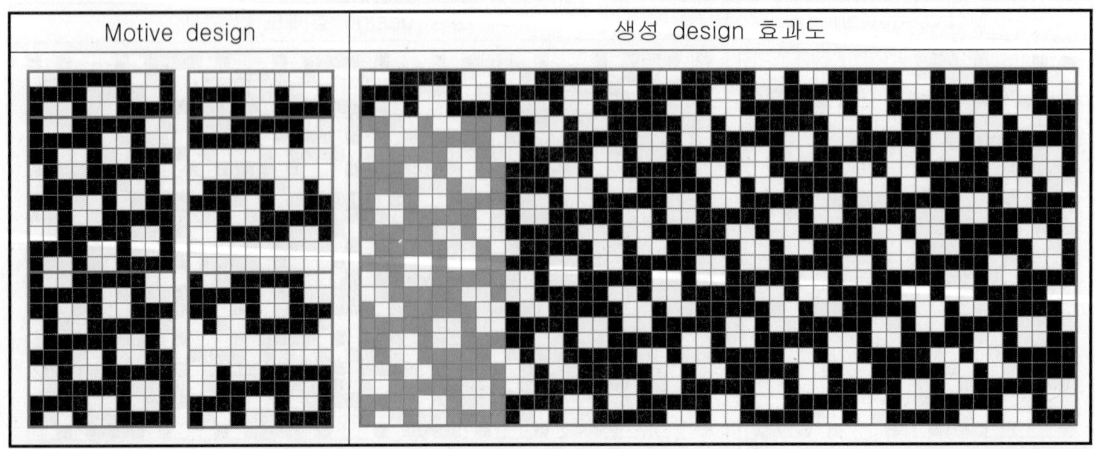

5) 다음은 짝수 design 18본 motive line(twill)을 활용하여, 가로삭제에 의한 design 유도 방법에 대한 설명이다.

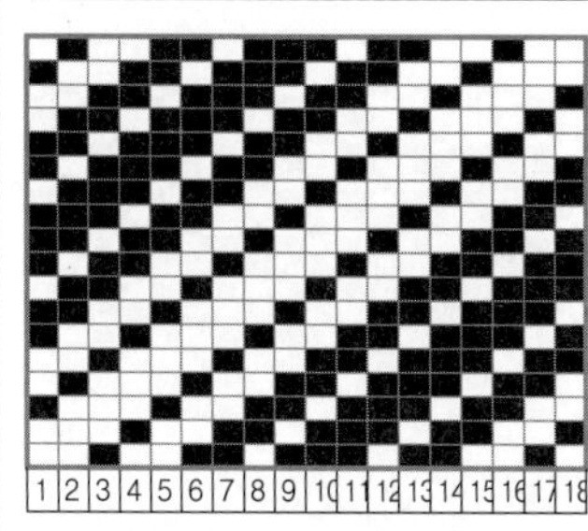

좌측 design은 18본 motive line(3/1, 2/2, 1/3, 1/2, 2/1 twill)이다.

아래는 좌측 motive design을 활용하여, 가로삭제에 의한 design 유도 방법으로 5개의 2차 design을 유도한 예이다.
잔류와 삭제의 변화를 다르게 적용하면 더 많은 2차 design의 유도 생성이 가능하다.

① 다음은 좌측 motive design에서 잔류 4와 삭제 6을 반복하여 우측 design으로 유도한 예이다. Design one repeat 본수는 18본 × 36본.

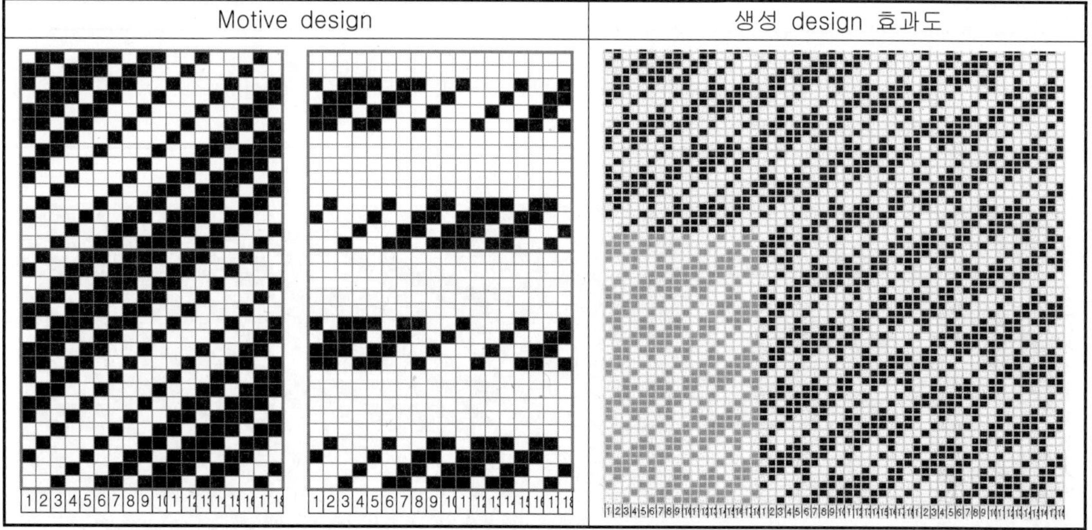

② 다음은 좌측 motive design에서 잔류 5와 삭제 5를 반복하여 우측 design으로 유도한 예이다. Design one repeat 본수는 18본 × 45본.

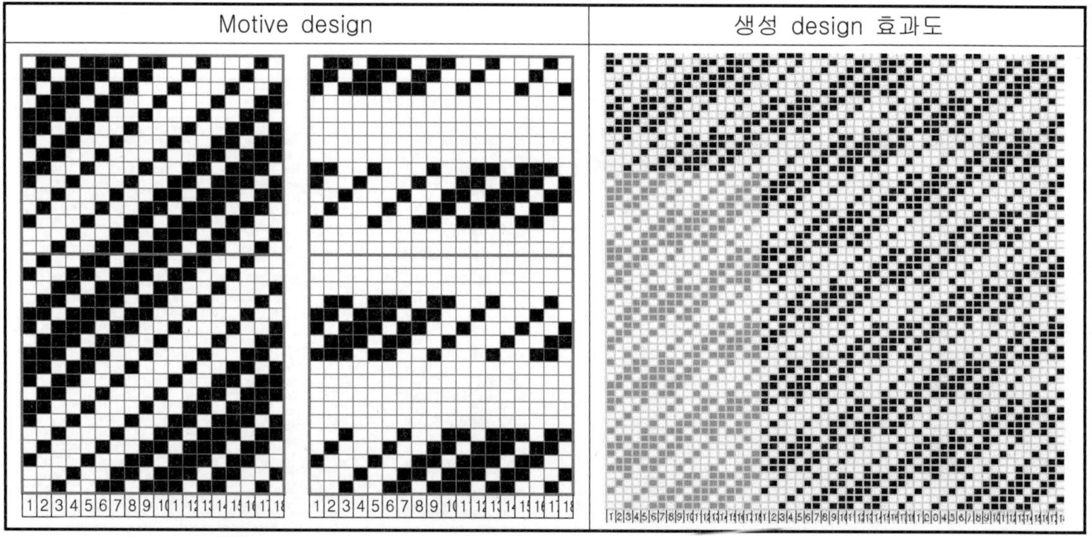

③ 다음은 좌측 motive design에서 잔류 3과 삭제 8을 반복하여 우측 design으로 유도한 예이다.
Design one repeat 본수는 18본 × 54본.

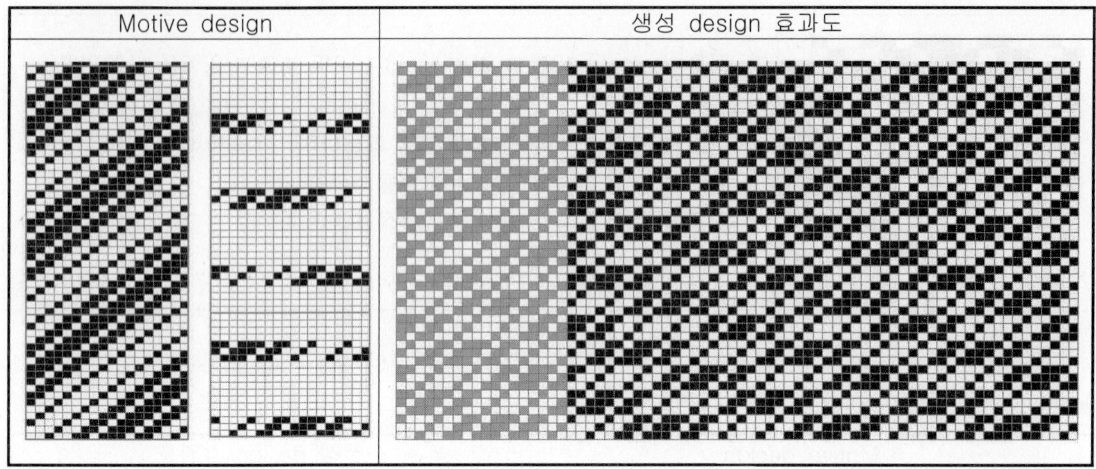

④ 다음은 좌측 motive design에서 잔류 4와 삭제 7을 반복하여 우측 design으로 유도한 예이다.
Design one repeat 본수는 18본 × 72본.

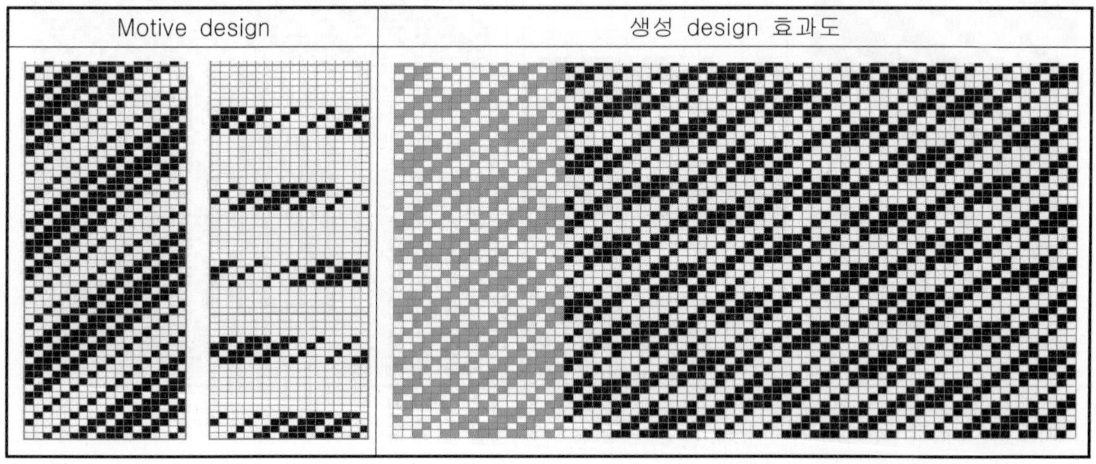

⑤ 다음은 좌측 motive design에서 잔류 1과 삭제 1, 잔류 1과 삭제 8을 반복하여 우측의 design
으로 유도한 예이다. Design one repeat 본수는 18본 × 36본.

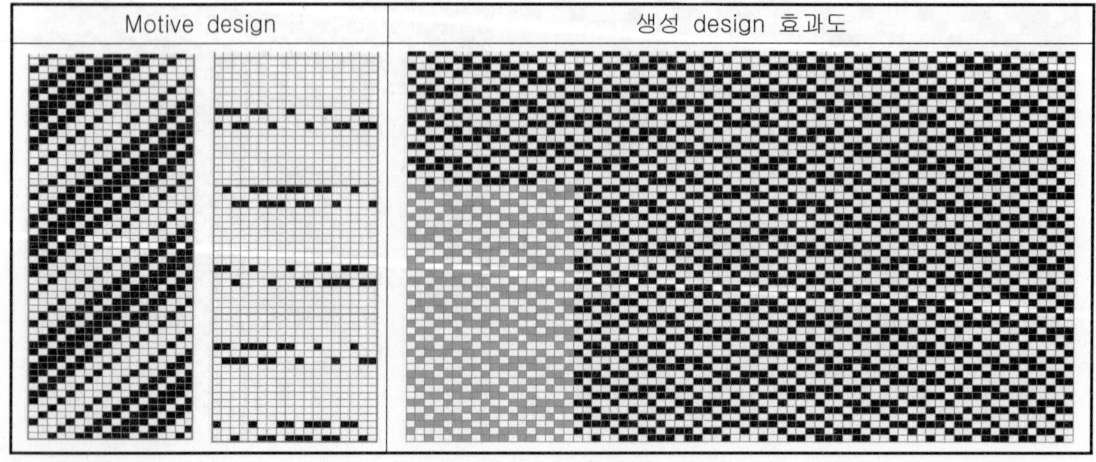

03. 세로삭제 유도법

세로삭제 유도법은 가로삭제 유도법과 동일한 논리이다. Design 세로의 일부를 잔류시키고 다른 일부를 삭제시키면 design의 영역이 확장된다. 즉 반복한 잔류 수의 합과 design one repeat 본수와의 공배수로 design의 범위를 확장하는 기법이다. Design의 개수와 증대의 크기는 가로삭제 유도법과 동일하게 수리적 무한대를 이룬다. Motive design 본수가 동일하면 잔류와 삭제의 변화가 달라도 생성된 design의 세로 본수는 항상 동일하다. 세로삭제 유도 방법은 가로삭제 유도 방법과 동일한 원리를 가지므로 생성 이론은 앞 장의 가로삭제 유도법을 참고하기 바라며 여기서는 생략한다.

다음은 design 대칭과 대칭선에 대한 설명이다. Motive twill에 대칭의 기준선이 있어야 생성되는 2차 design에도 대칭선이 생성되며, 대칭선의 개수 또한 motive line(twill)의 대칭선 수와 동일한 수로 생성된다. 대칭은 기준선을 기준으로 상하좌우 대칭을 이루어야 하므로, 대칭이 필요 하려면 twill을 이루는 단위 본수는 반드시 홀수이어야 한다.

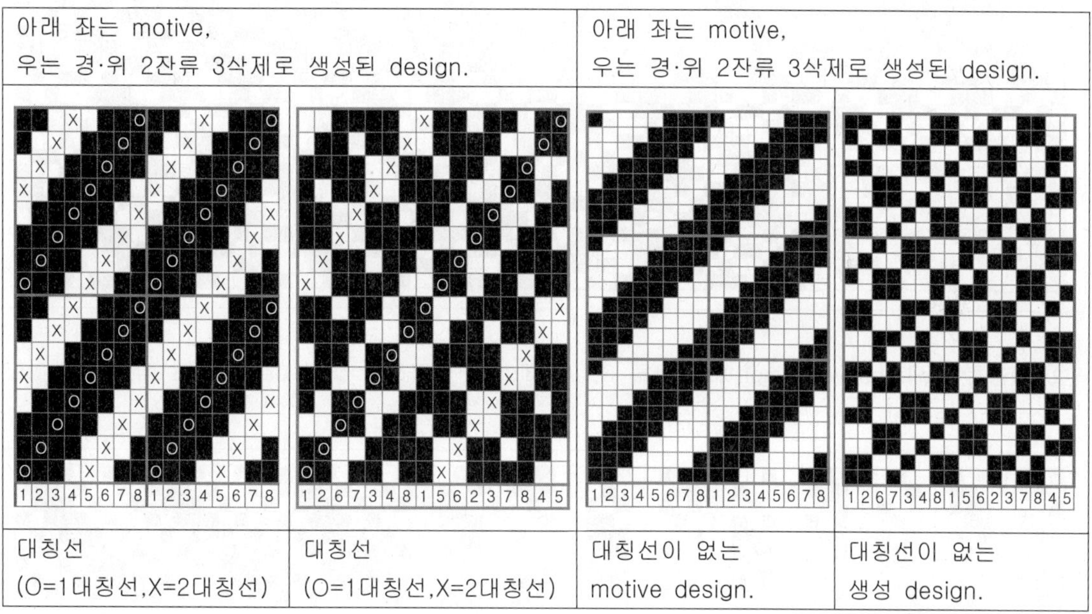

아래 좌는 motive, 우는 경·위 2잔류 3삭제로 생성된 design.		아래 좌는 motive, 우는 경·위 2잔류 3삭제로 생성된 design.	
대칭선 (O=1대칭선,X=2대칭선)	대칭선 (O=1대칭선,X=2대칭선)	대칭선이 없는 motive design.	대칭선이 없는 생성 design.

Motive twill 대칭선의 위치가 달라져도 2차 생성 design 형태의 결과는 동일하다. 그러나 herring bone형이나 마름모형으로 합성할 때 3차, 4차로 연속 작업할 때에는 중도에 대칭선을 대칭의 기준이 되는 지점으로 이동해야 생성된 design에 대칭을 이룬다. 그러므로 motive line(twill)부터 대칭을 기준으로 해서 유도하면 중도에 대칭을 고려하지 않아도 되므로 작업이 능률적이다. "02. 가로삭제 유도법" 예시에 나온 motive twill은 대칭선 위치를 고려하지 않았으며, 이후 예시되는 motive twill은 대칭선을 정 위치에 배치한 예시이다. 이를 "02. 가로삭제 유도법" 예시와 대비하면 그 차이를 알 수 있다.

1) 다음은 9본 twill design에 대한 세로삭제 유도 방법에 대한 설명이다.

좌측 design은 9본 motive line(3/1, 1/2, 1/1 twill)이다.

아래는, 좌측 motive design을 활용하여, 세로삭제에 의한 design 유도 방법으로 5개의 2차 design을 유도한 예이다.
잔류와 삭제의 변화를 다르게 적용하면 더 많은 2차 design의 유도 생성이 가능하다. 그 수와 다양성은 수리적 무한대에 이르게 된다.

① 다음은 위의 motive design에서 잔류 2와 삭제 3을 반복하여 아래 design으로 유도한 예이다. Design one repeat 18본 × 9본.

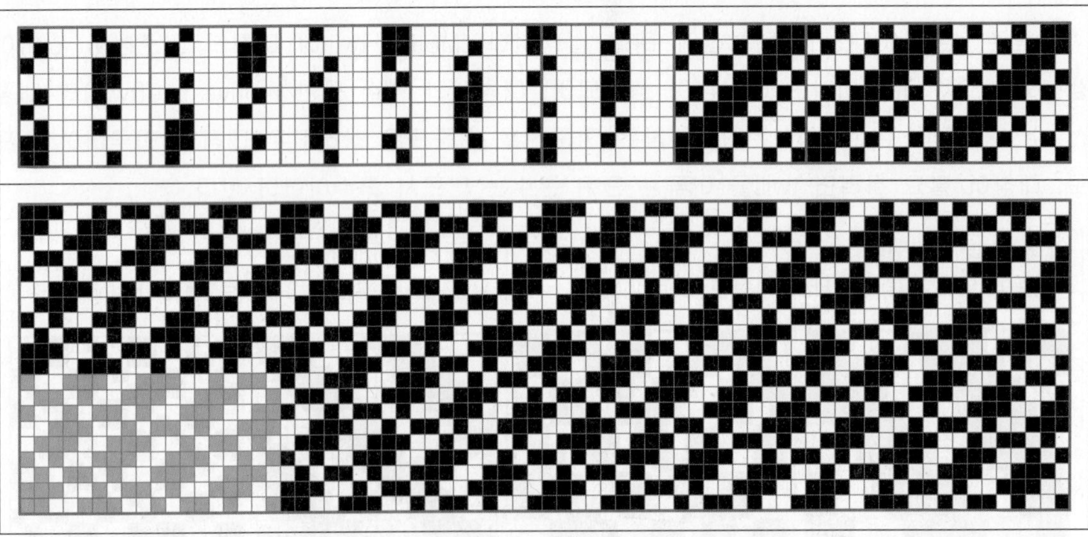

② 다음은 위의 motive design에서 잔류 3과 삭제 2를 반복하여 아래 design으로 유도한 예이다. Design one repeat 27본 × 9본.

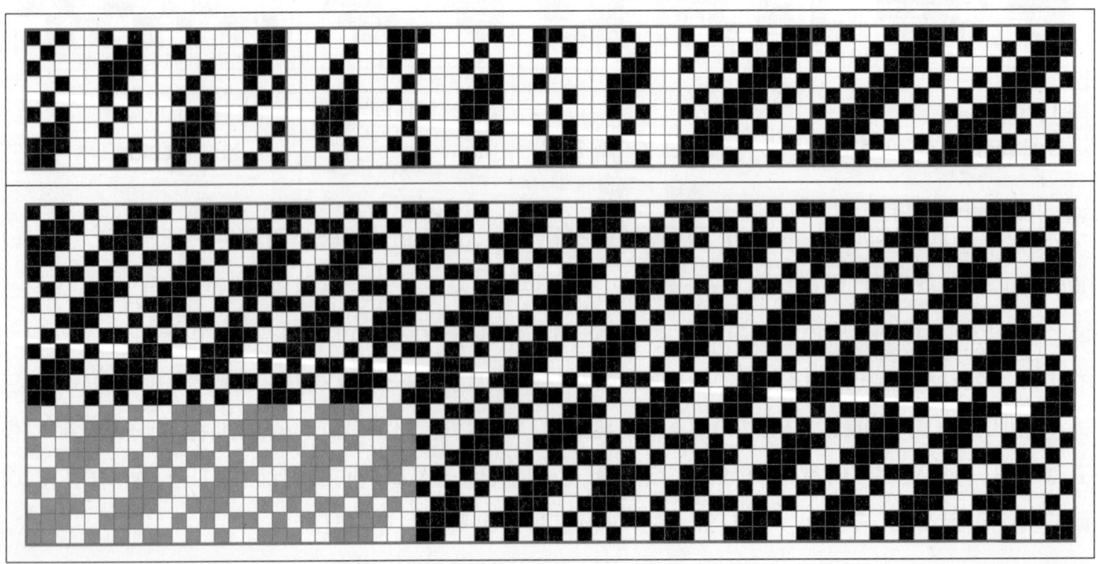

③ 다음은 앞 page의 motive design에서 잔류 1과 삭제 1, 잔류 1과 삭제 2를 반복하여 아래의 design으로 유도한 예이다. Design one repeat 18본×9본.

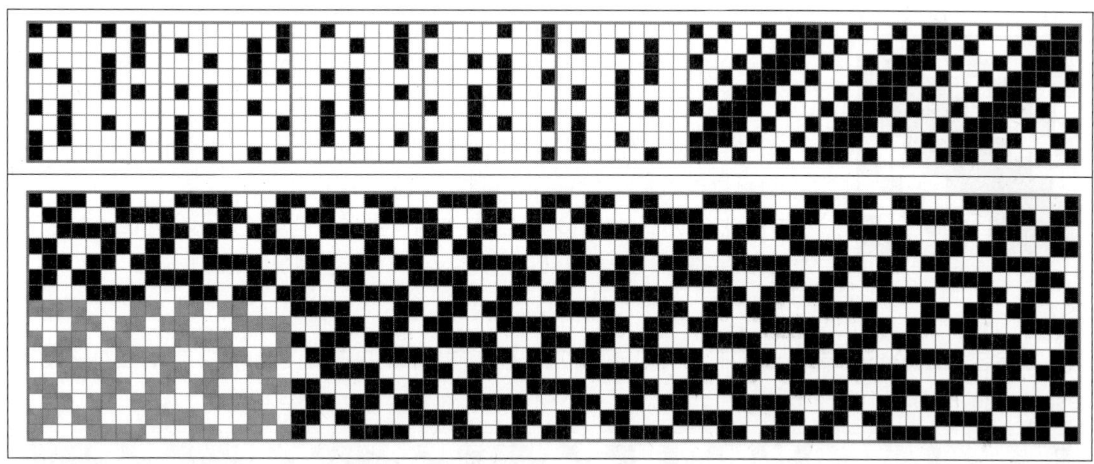

④ 다음은 앞 page의 motive design에서 잔류 2와 삭제 4를 반복하여 아래의 design으로 유도한 예이다. Design one repeat 6본×9본.

⑤ 다음은 앞 page의 motive design에서 잔류 2와 삭제 3을 반복하여 아래 design으로 유도한 예이다. Design one repeat 18본×9본.

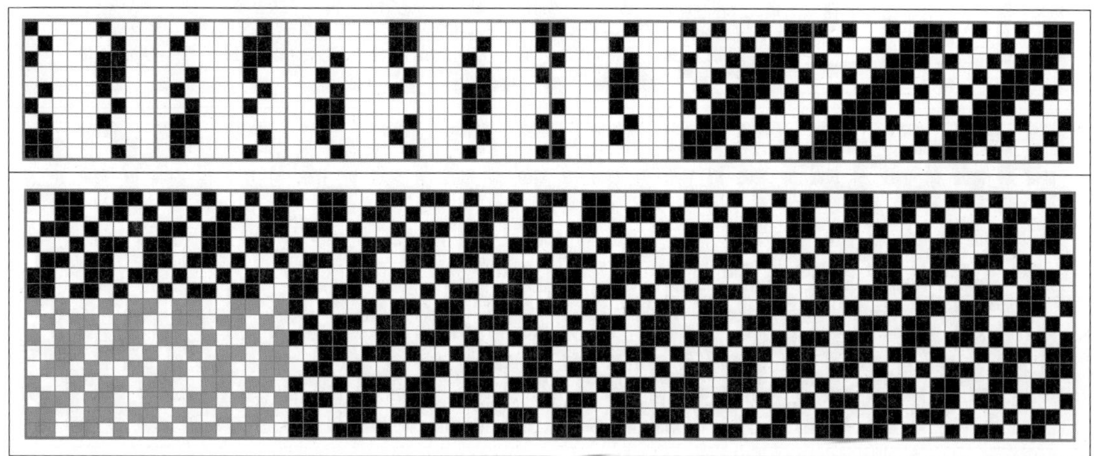

2) 다음은 10본 motive twill design에서, 세로삭제 유도 방법에 따른 2차 design 유도방법에 대한 설명이다.

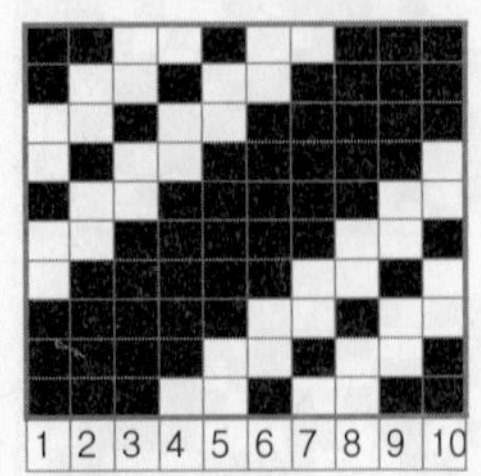

좌측 design은 10본 motive line(5/2, 1/2 twill)이다.

아래는, 좌측 motive design을 활용하여, 세로삭제에 의한 design 유도 방법으로 8개의 2차 design을 유도한 예이다.

잔류와 삭제의 변화를 다르게 적용하면 더 많은 2차 design의 유도 생성이 가능하다. 그 수와 다양성은 수리적 무한대에 이르게 된다.

① 다음은 위 motive design에서 잔류 1과 삭제 2를 반복하여 아래의 design으로 유도한 예이다. Design one repeat 10본×10본.

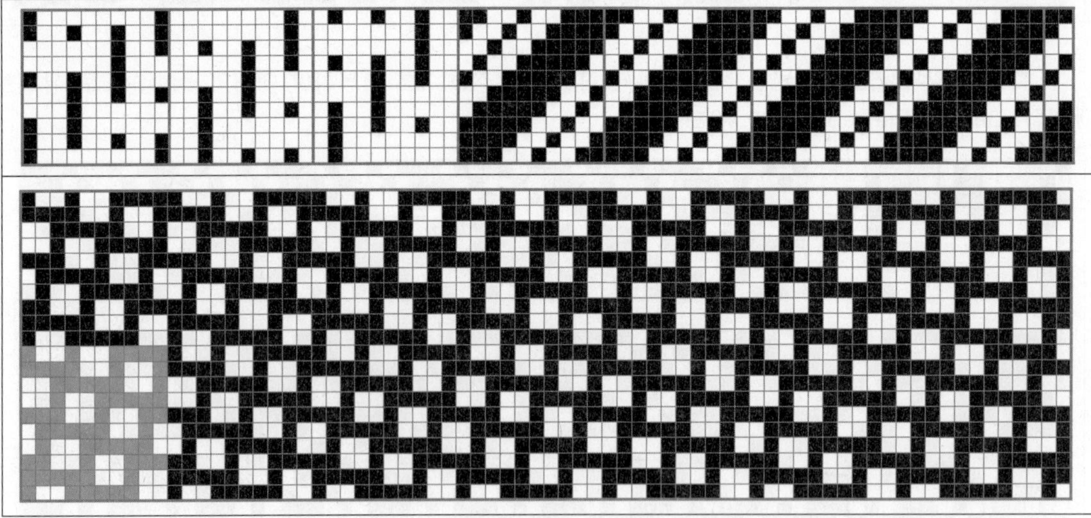

② 다음은 위의 motive design에서 잔류 1과 삭제 3을 반복하여 아래 design으로 유도한 예이다. Design one repeat 5본×10본.

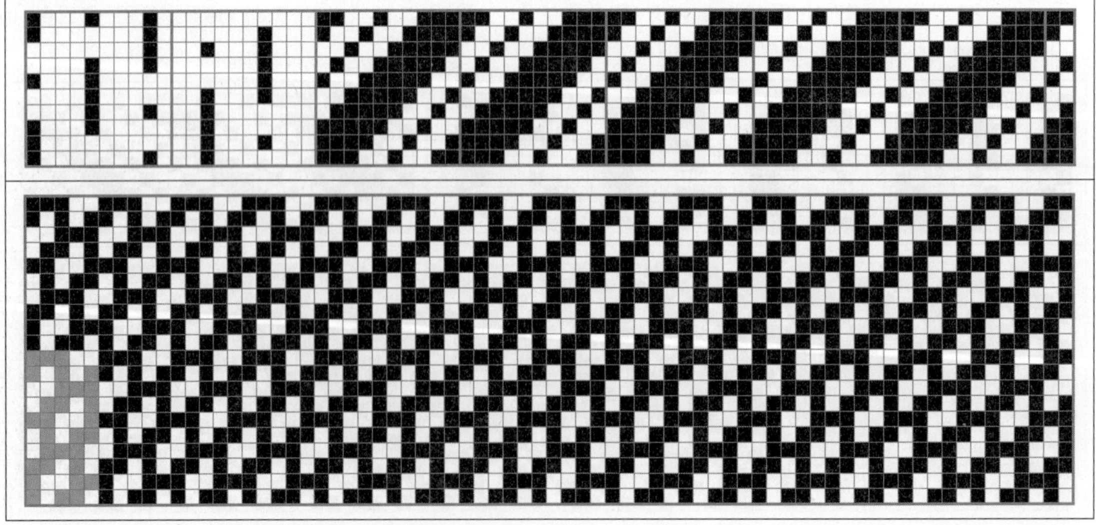

③ 다음은 앞 page의 motive design에서 잔류 1과 삭제 1, 잔류 1과 삭제 2를 반복하여 아래의 design으로 유도한 예이다. Design one repeat 4본 × 10본.

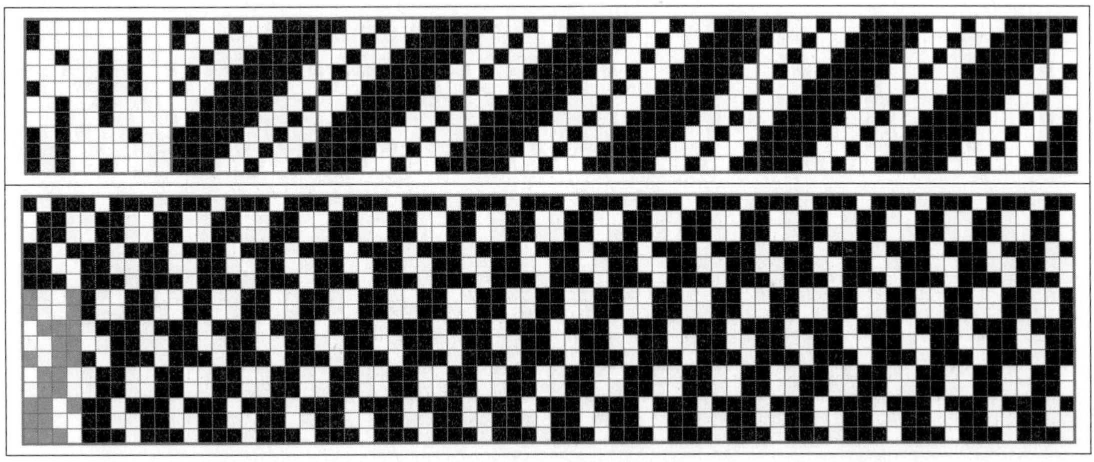

④ 다음은 앞 page의 motive design에서 잔류 1과 삭제 1, 잔류 1과 삭제 3을 반복하여 아래의 design으로 유도한 예이다. Design one repeat 10본 × 10본.

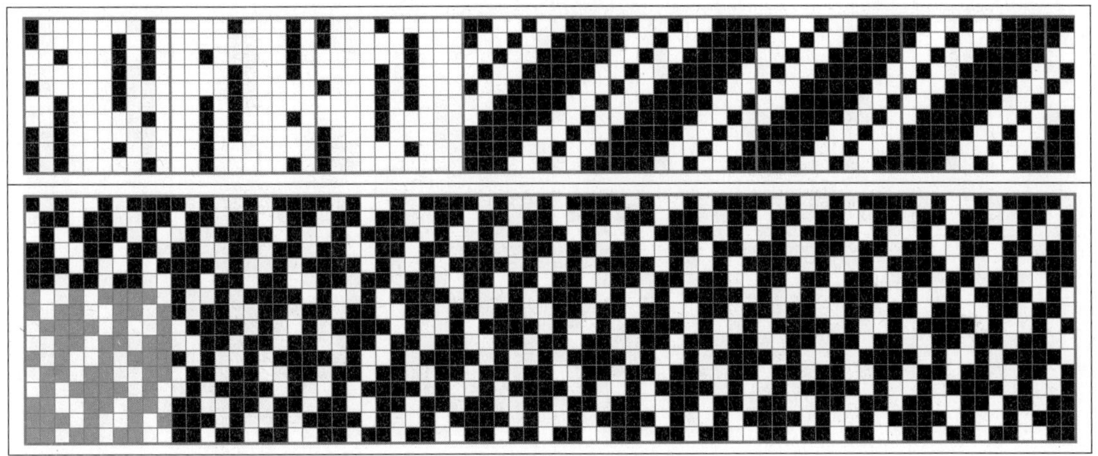

⑤ 다음은 앞 page의 design에서 잔류 3과 삭제 3을 반복하여 아래의 design으로 유도한 예이다. Design one repeat 15본 × 10본.

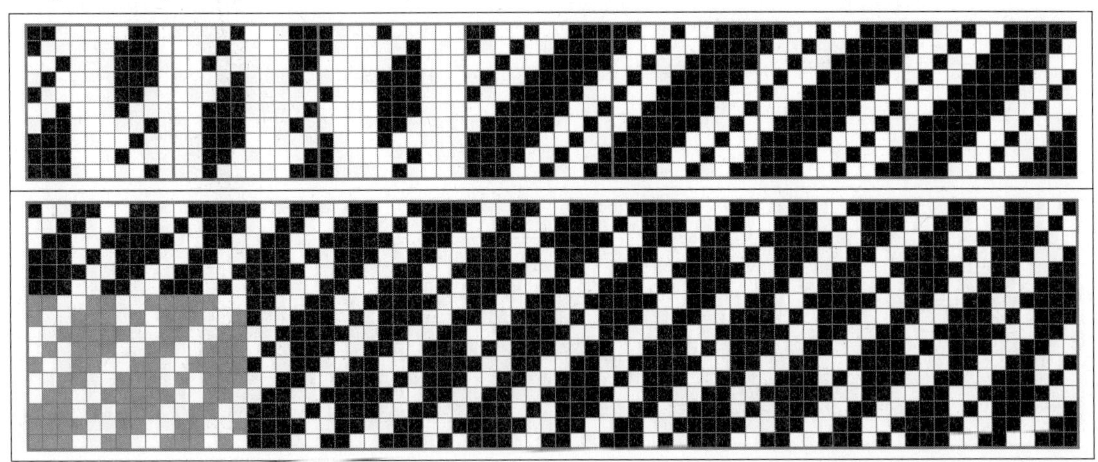

⑥ 다음은 앞 page의 motive design에서 잔류 2와 삭제 4, 잔류 2와 삭제 4를 반복하여 아래의 design으로 유도한 예이다. Design one repeat 10본×10본.

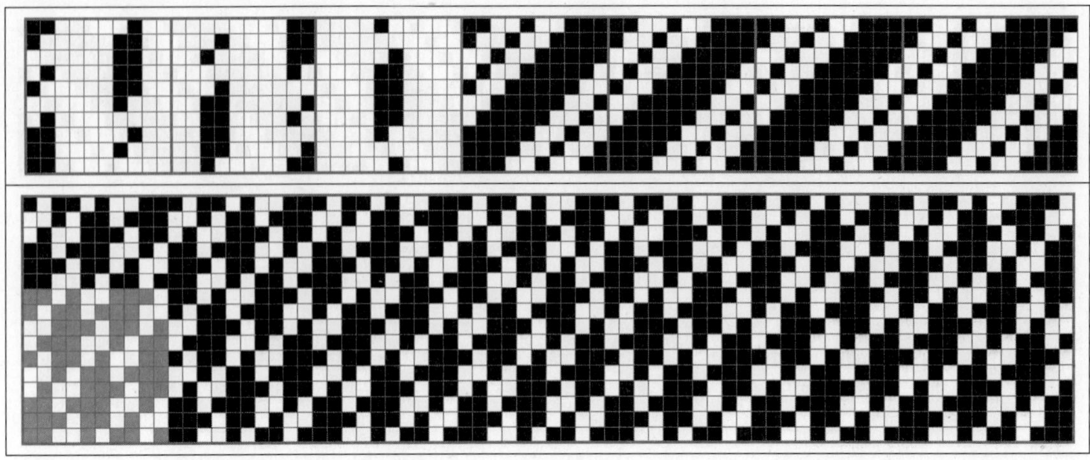

⑦ 다음은 앞 page의 motive design에서 잔류 2와 삭제 5, 잔류 2와 삭제 5를 반복하여 아래의 design으로 유도한 예이다. Design one repeat 20본×10본.

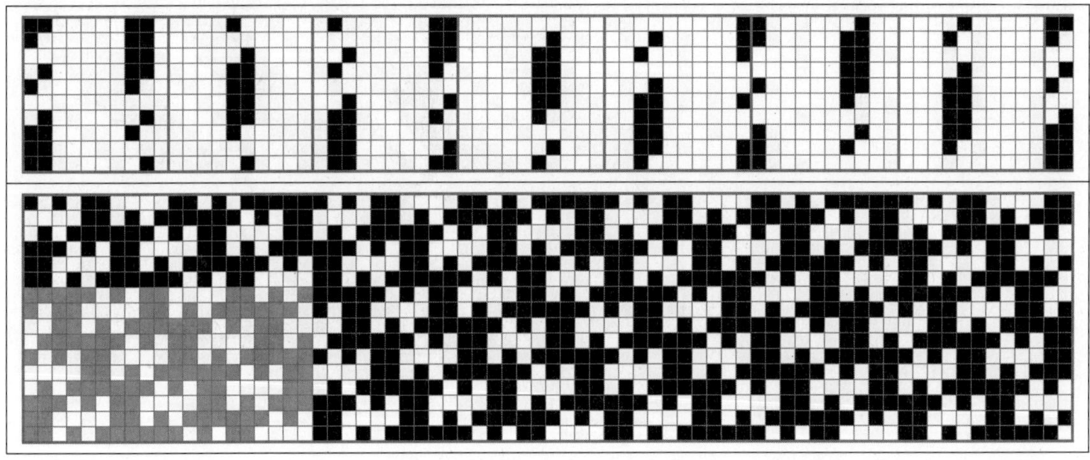

⑧ 다음은 앞 page의 design에서 잔류 2와 삭제 1, 잔류 2와 삭제 3을 반복하여 아래의 design으로 유도한 예이다. Design one repeat 20본×10본.

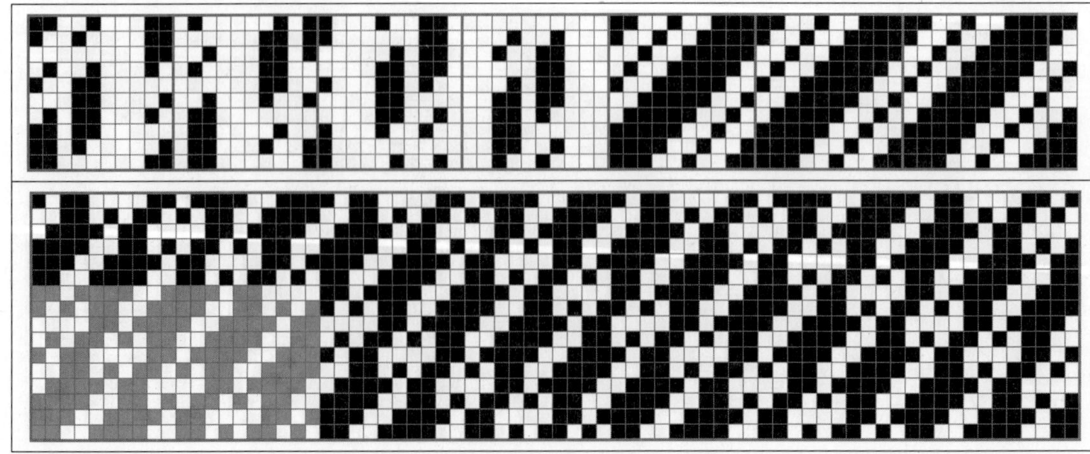

3) 다음은 홀수 design 11본 twill 조직에 대한, 세로삭제 유도 방법에 대한 설명이다.

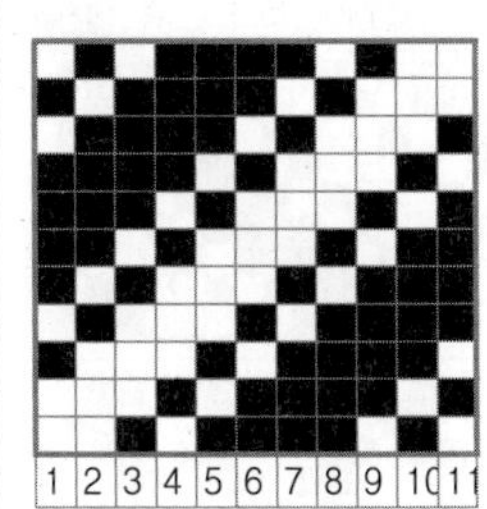

좌측 조직은 11본 motive line(4/1, 1/3, 1/1 twill)이다.

아래는, 좌측 motive design을 활용하여, 세로삭제에 의한 design 유도 방법으로 11개의 2차 design을 유도한 예이다.

잔류와 삭제의 변화를 다르게 적용하면 더 많은 2차 design의 유도 생성이 가능하다. 그 수와 다양성은 수리적 무한대에 이르게 된다.

① 다음은 위의 motive design에서 잔류 1과 삭제 1, 잔류 1과 삭제 2를 반복하여 아래의 design으로 유도한 예이다. Design one repeat 22본 × 11본.

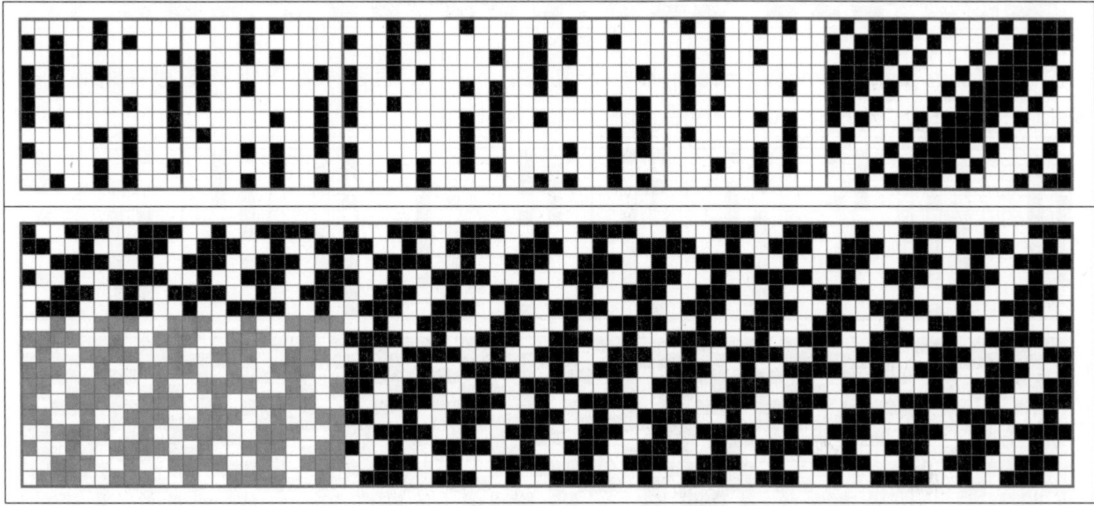

② 다음은 위의 motive design에서 잔류 1과 삭제 3을 반복하여 아래 design으로 유도한 예이다. Design one repeat 11본 × 11본.

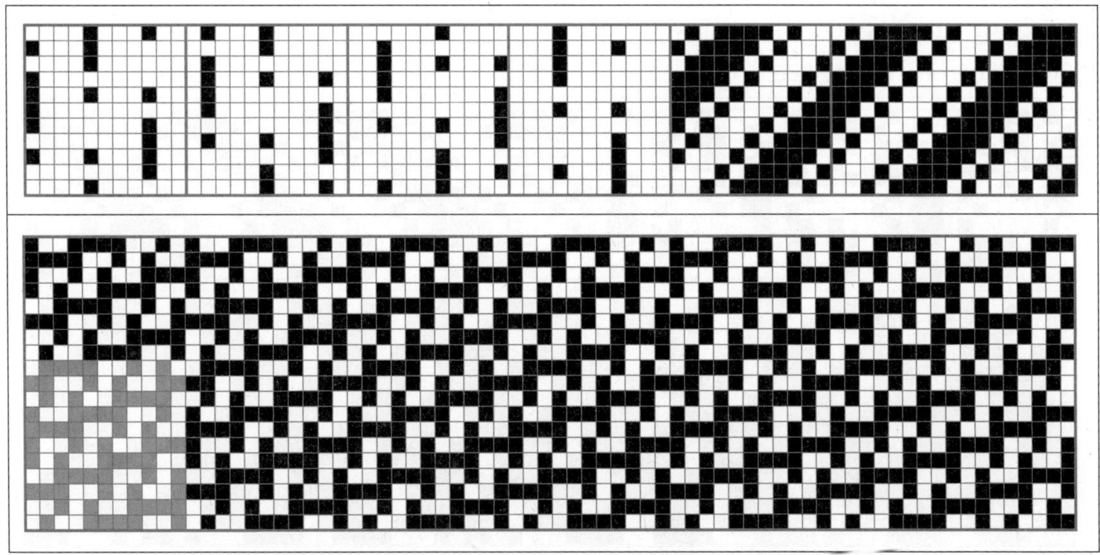

③ 다음은 앞 page의 motive design에서 잔류 1과 삭제 2를 반복하여 아래 design으로 유도한 예이다. Design one repeat 11본×11본.

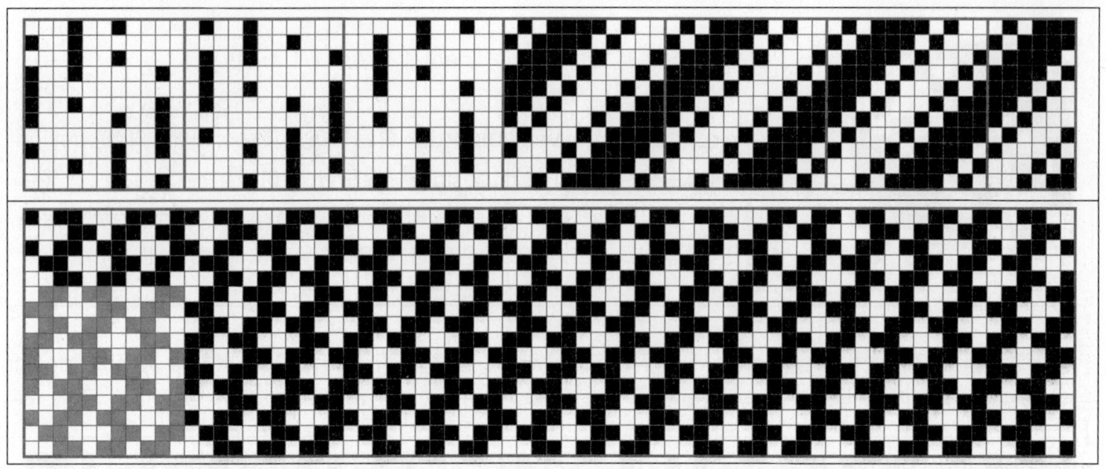

④ 다음은 앞 page의 motive design에서 잔류 1과 삭제 1, 잔류 1과 삭제 4를 반복하여 아래의 design으로 유도한 예이다. Design one repeat 22본×11본.

⑤ 다음은 앞 page의 motive design에서 잔류 2와 삭제 1을 반복하여 아래 design으로 유도한 예이다. Design one repeat 22본×11본.

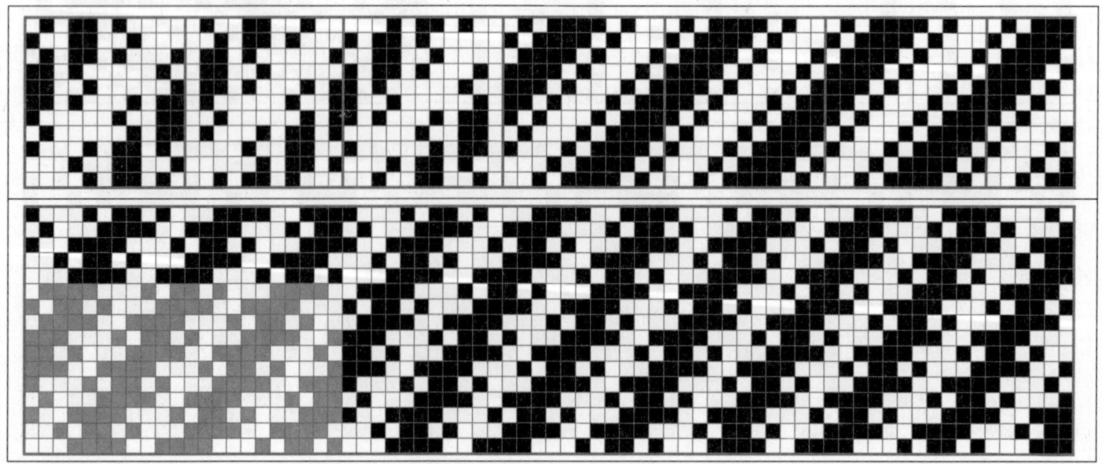

⑥ 다음은 앞 page의 motive design에서 잔류 2와 삭제 2를 반복하여 아래 design으로 유도한 예이다. Design one repeat 22본 × 11본.

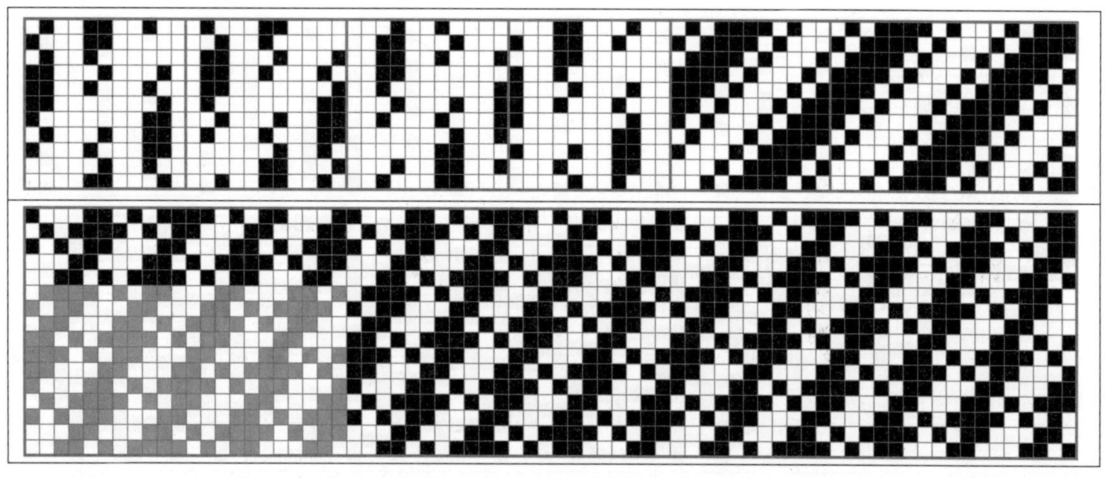

⑦ 다음은 앞 page의 motive design에서 잔류 2와 삭제 4를 반복하여 아래 design으로 유도한 예이다. Design one repeat 22본 × 11본.

⑧ 다음은 앞 page의 motive design에서 잔류 2와 삭제 6을 반복하여 아래 design으로 유도한 예이다. Design one repeat 22본 × 11본.

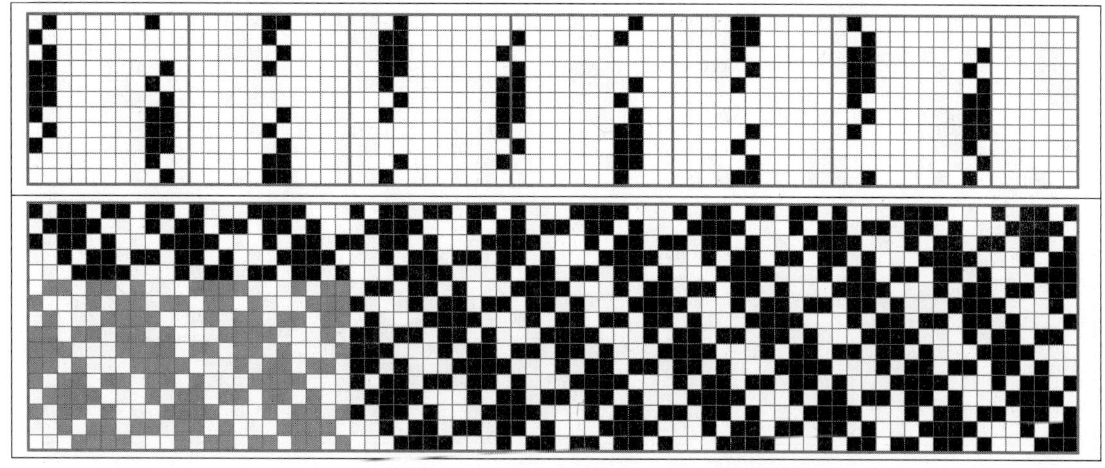

⑨ 다음은 앞 page의 motive design에서 잔류 1과 삭제 2, 잔류 1과 삭제 3을 반복하여 아래의 design으로 유도한 예이다. Design one repeat 22본×11본.

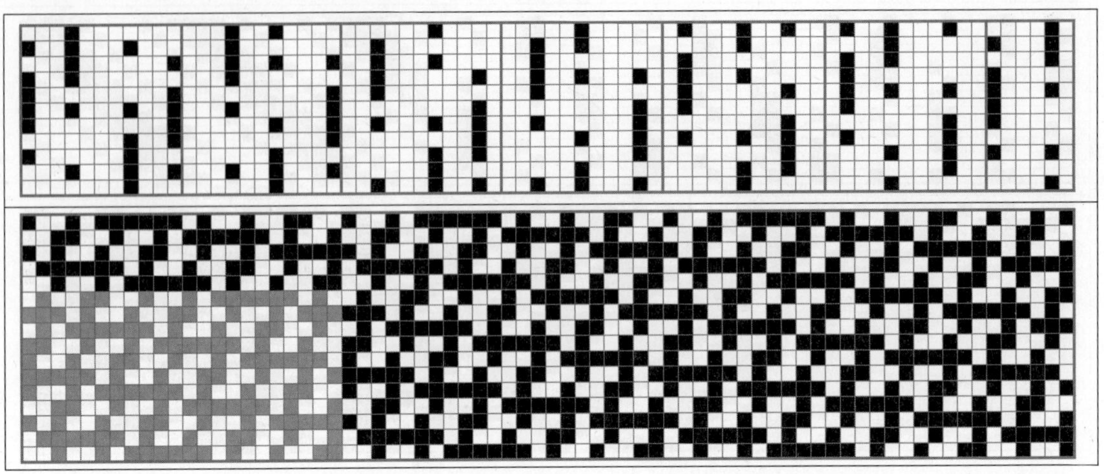

⑩ 다음은 앞 page의 motive design에서 잔류 3과 삭제 4를 반복하여 아래 design으로 유도한 예이다. Design one repeat 33본×11본.

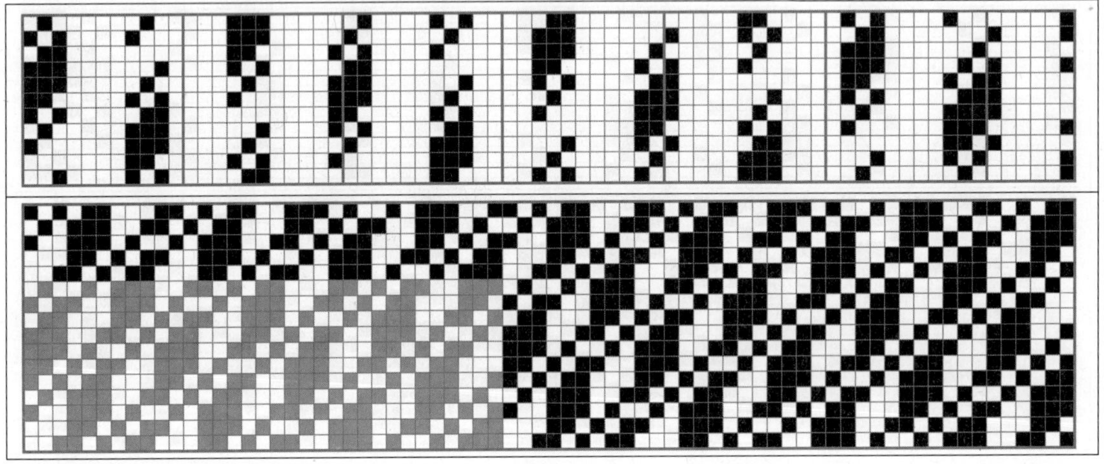

⑪ 다음은 앞 page의 motive design에서 잔류 3과 삭제 5를 반복하여 아래 design으로 유도한 예이다. Design one repeat 33본×11본.

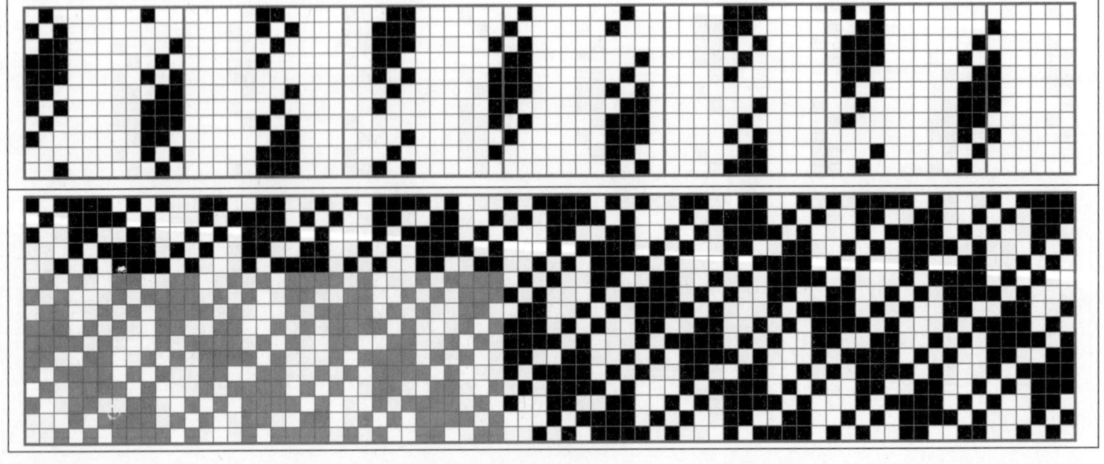

04. 경위삭제 유도법

 경위(가로, 세로) 삭제 유도는 가로삭제 유도나 세로삭제 유도와 동일한 논리를 가지며, 변화의 범위가 가로와 세로로 적용되어 2배로 확장된다. 작도의 순서는 경위 어느 쪽을 먼저 유도하여도 동일한 결과를 가진다.

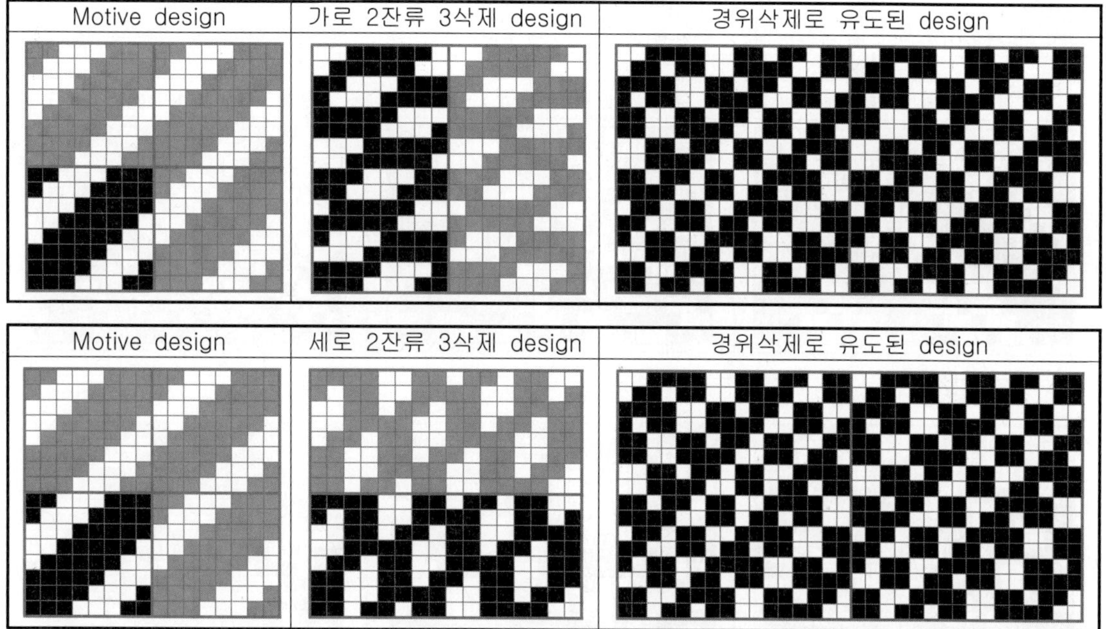

 Motive design을 삭제한 후, 순환 지점을 기준으로 하여 연결하면 조직이 커지면서 다양성을 가지게 된다. 즉 잔류와 삭제본수의 합이 motive design one repeat 본수의 약수가 아니면, 삭제 후 잔류 본수의 합과 motive design one repeat 본수를 곱한 배수가 생성 design의 본수가 되므로, Design의 크기가 수리적 무한대로 확장이 가능해진다.
생성된 유형별 개수 또한 무한하며, 그 다양성은 이제까지 없었던 상상하지 못할 정도의 영역으로까지 유도 생성된다.

 다음은 경위삭제 유도법에 따른 design 생성 이론과 design 유도 방법에 대한 설명이다. 지면 사정으로 큰 design의 수록이 불가능하여, 대체로 작은 motive design을 선정하여 설명하였고, 생성된 design 중에서도 형태가 간략한 design으로 수록하였다.

 * 잔류본수와 삭제본수의 합이 motive design one repeat 본수의 약수이면, 생성되는 2차 design의 생성 본수는 motive design one repeat 본수와 동일하거나 그 이하가 되며, 생성된 2차 design의 본수가 motive 본수 이하가 되면, 노출도의 격차가 발생하여 불안정한 design을 이루기도 한다.
 직물조직의 특징은 불규칙과 변화를 가지면서 안정을 유지하고, 불안정을 가지면서도 상하좌우가 균등한 면적 비율의 균형을 이룬다. 그러나 위의 조건에서는 직물조직의 기능은 상실된다.

다음은 생성된 2차 design의 본수가 motive 본수 이하인 design의 예이다.

Motive design	가로 2잔류 1삭제 design	경위 2잔류 1삭제 design
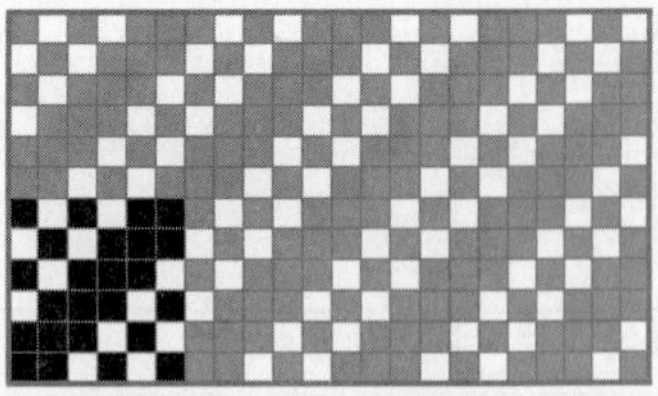	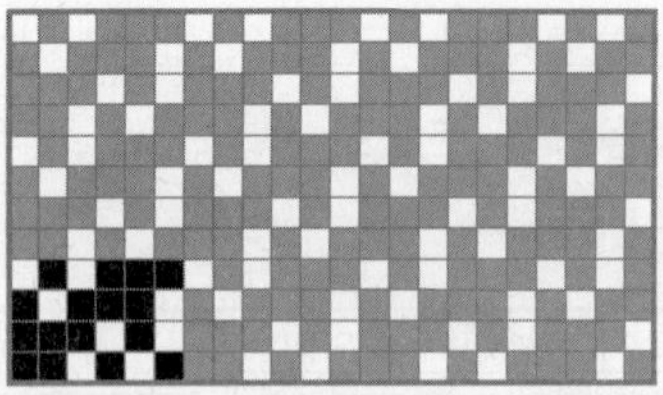	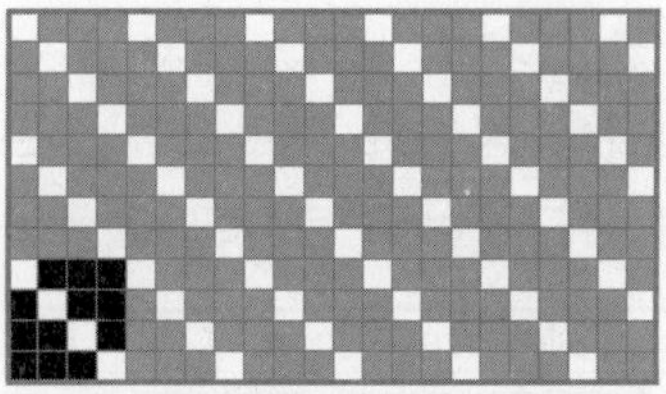
Motive design	가로 1잔류 3삭제 design	경위 1잔류 3삭제 design
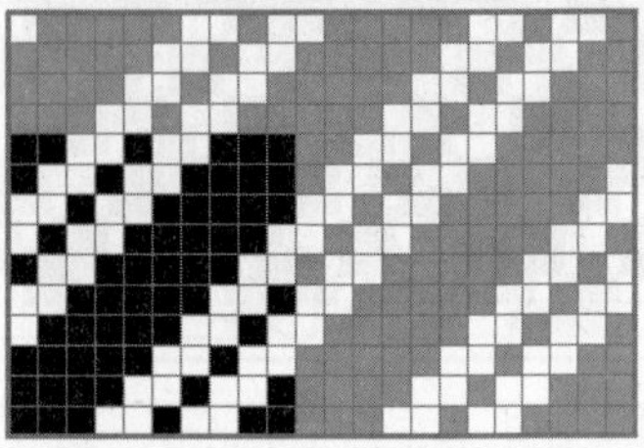	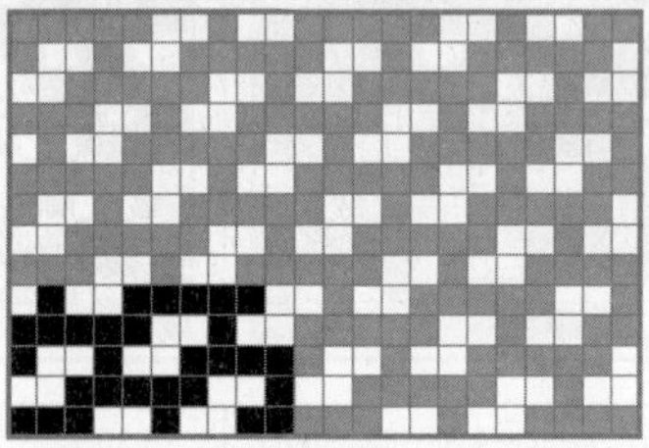	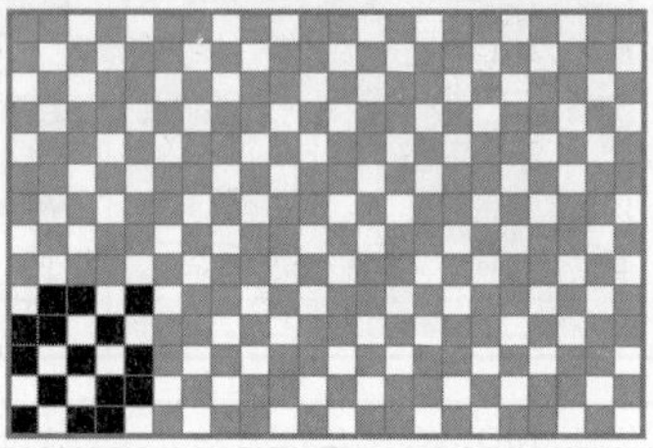
Motive design	가로 3잔류 2삭제 design	경위 3잔류 2삭제 design
		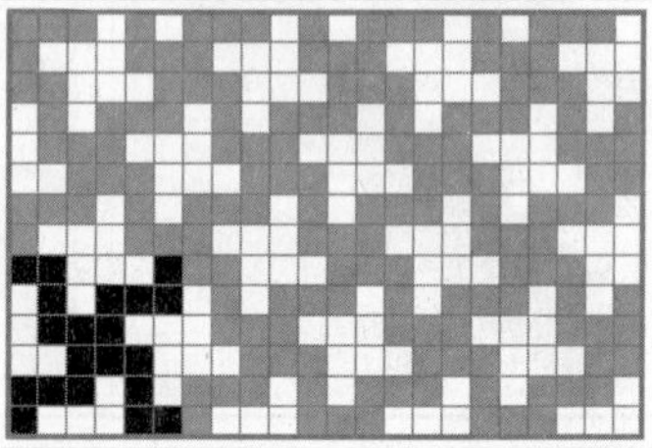

 * 작도의 repeat 본수는, 잔류본수와 삭제본수를 합한 수와 motive design one repeat 본수의 최소공배수가 삭제를 포함한 생성 design one repeat 본수가 된다. 따라서 생성 design의 크기는 무한으로 증대되며, 창작되는 design의 개수 또한 무한대를 이루게 된다.

Motive design, design one repeat 본수는 4본 × 4본.

세로삭제 유도법으로 3잔류 2삭제(gray 채색 부분).

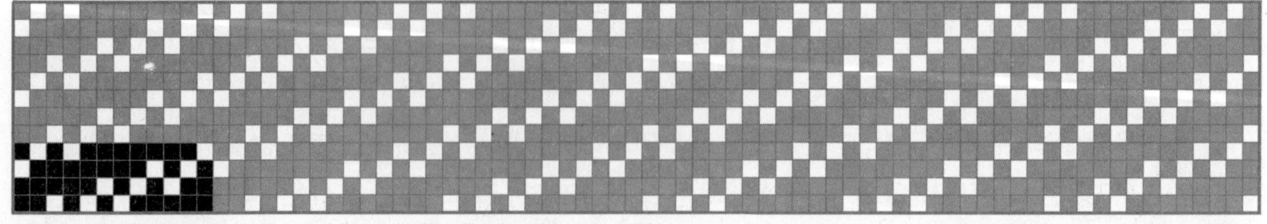

세로삭제 유도법으로 3잔류 2삭제 후의 생성된 2차 design, design one repeat 본수는 12본 × 4본.

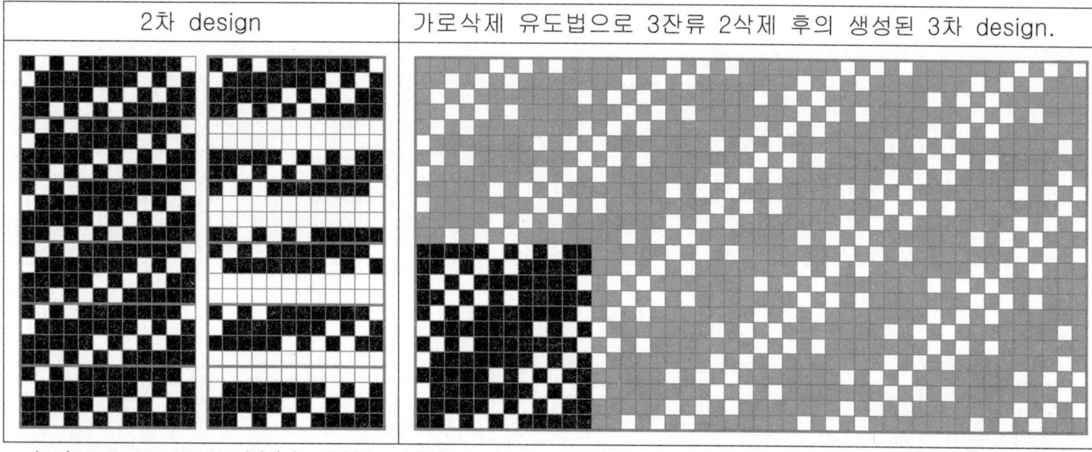

design one repeat 본수는 12본 × 12본.

위의 우측 3차 design을 herring bone형으로 합성한 design. design one repeat 본수는 22본 × 12본.

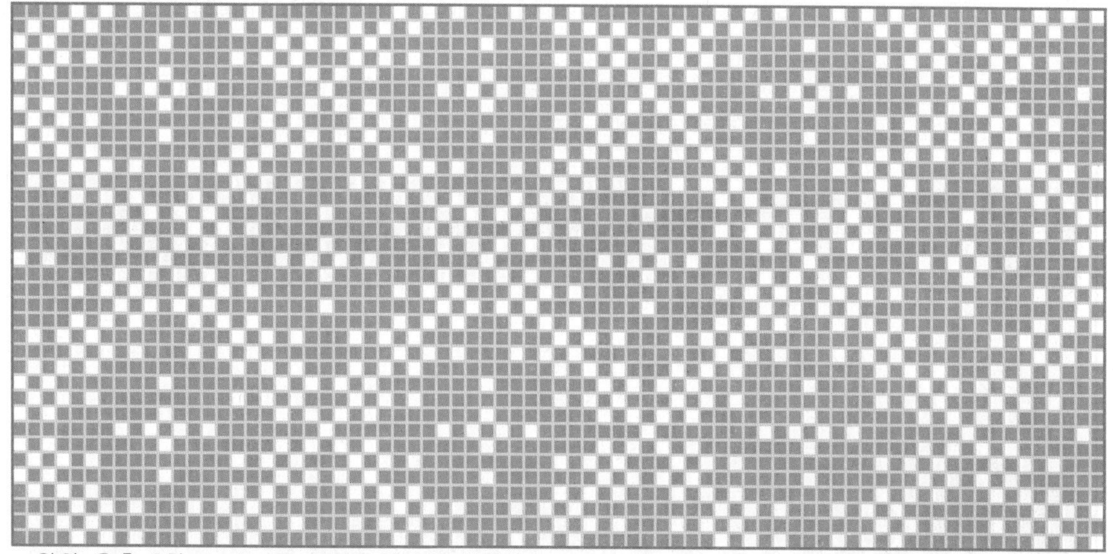

위의 우측 3차 design을 마름모형으로 합성한 design. design one repeat 본수는 22본 × 22본.

앞 page 3차 design을 45° 회전시킨 design.

앞 page 마름모형으로 합성한 design을 45° 회전시킨 design.

　* 잔류본수가 1일 때, 삭제본수는 motive design one repeat 본수를 2로 나눈 수에 1을
줄인 수를 기준으로 2차 생성조직은 좌우로 대칭을 이룬다.
　결과의 수가 자연수(motive design one repeat 본수가 짝수)이면 그 수를 기준으로 2차
생성조직은 좌우로 대칭을 이루고, 결과의 수가 소수(motive design one repeat 본수가 홀
수)이면 기준조직 없이 소수의 좌우 자연수가 2차 생성조직의 대칭을 이룬다.

　* 잔류와 삭제의 순환 방식은 단수순환(2잔류/2삭제), 복수순환(1잔류/1삭제, 1잔류/2삭
제), 서열순환(2잔류/1삭제, 2잔류/2삭제, 2잔류/3삭제, 2잔류/2삭제) 등 모두 가능하다.

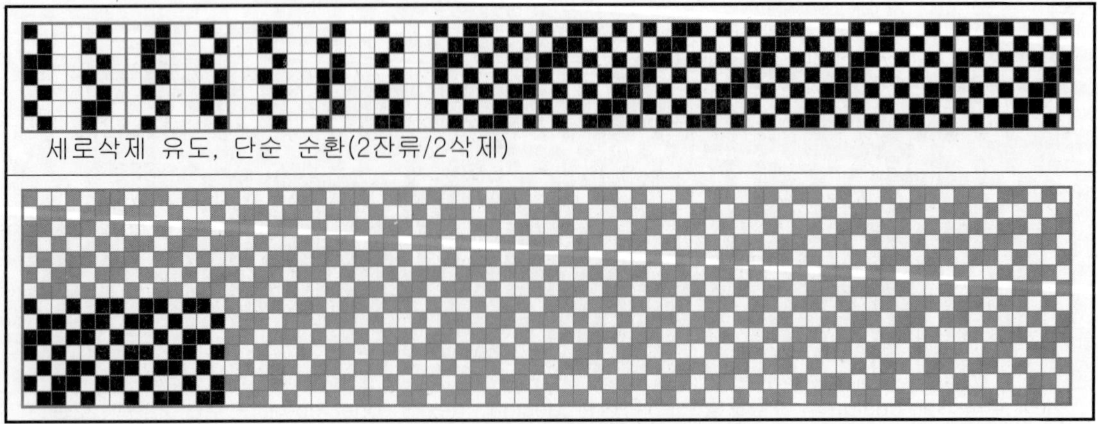

세로삭제 유도, 단순 순환(2잔류/2삭제)

2차 design	가로삭제 유도, 단순 순환(2잔류/2삭제) 후의 생성된 3차 design.
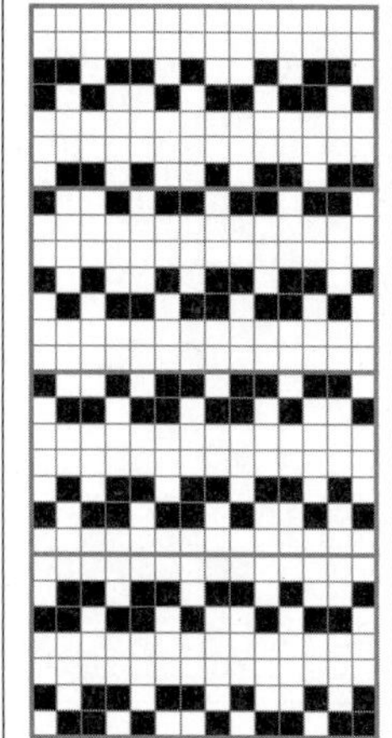	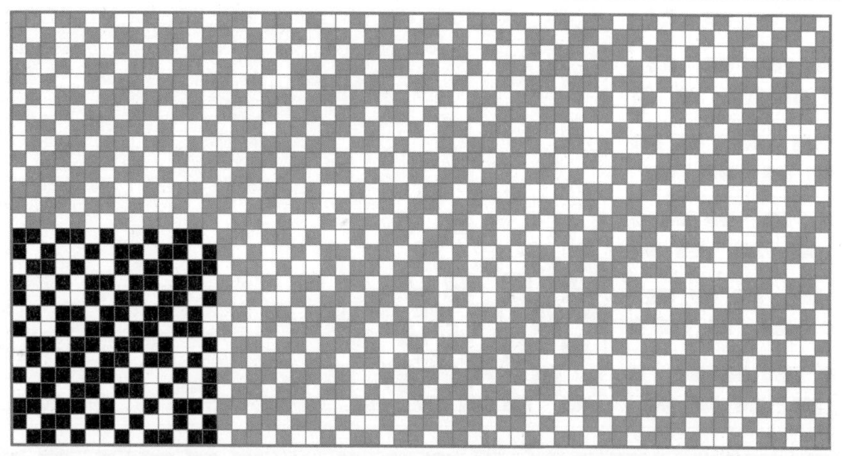

위의 우측 3차 design을 마름모형으로 합성.

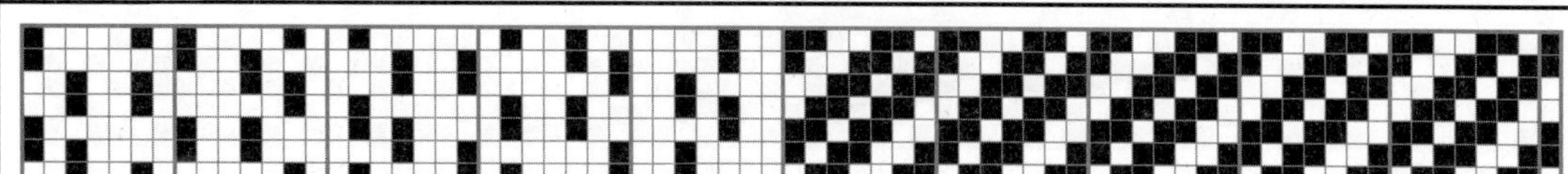

세로삭제 유도, 복수 순환(1잔류/1삭제, 1잔류/2삭제)

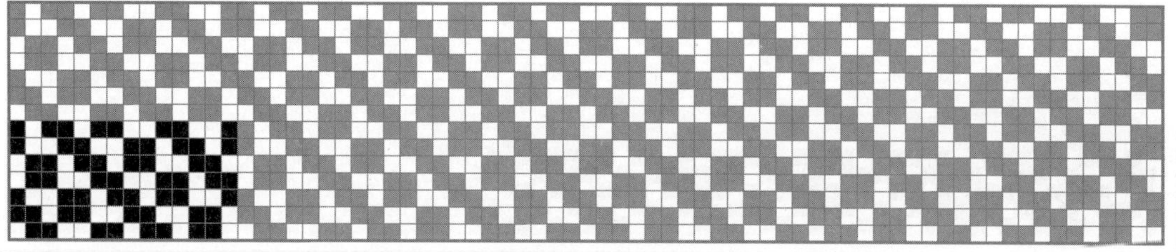

2차 design	가로삭제 유도, 복수 순환(1잔류/1삭제, 1잔류/2삭제) 후의 생성된 3차 design.

위의 우측 3차 design을 마름모형으로 합성.

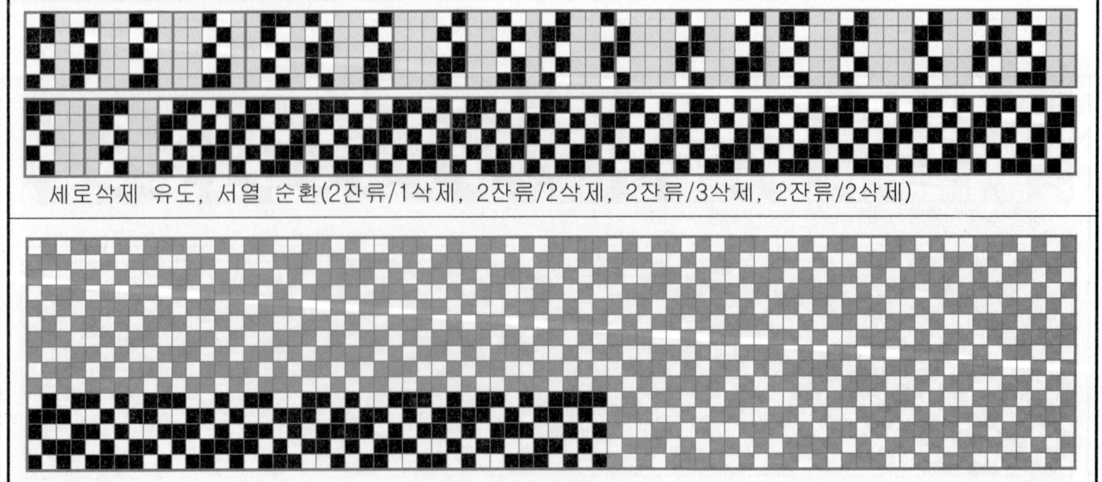

세로삭제 유도, 서열 순환(2잔류/1삭제, 2잔류/2삭제, 2잔류/3삭제, 2잔류/2삭제)

이것은 앞 page 마지막 그림의 2차 생성 design을 서열 순환(2잔류/1삭제, 2잔류/2삭제, 2잔류/3삭제, 2잔류/2삭제) 방법으로 가로삭제 후 생성된 3차 design을 마름모형으로 합성한 것이다.
Motive design one repeat 5본 × 5본이 design one repeat 78본 × 78본으로 확장된 design.

* 잔류시킨 수에 상관없이, 삭제한 수가 motive design one repeat 본수와 동일하면 2차 생성 design은 motive design으로 환원되고, 삭제한 수가 motive design one repeat 본수를 초과하면 motive design one repeat 본수를 나눈 나머지 수의 적용과 동일해진다.

* 잔류본수에 상관없이, 삭제본수가 motive design one repeat 본수와 동일하면, 2차 생성 design은 motive design으로 환원되고, 삭제본수가 motive design one repeat 본수를 초과하면 motive design one repeat 본수를 나눈 나머지의 수로 환원된다.

* 잔류본수와 삭제본수의 합이 motive design one repeat 본수와 일치하면 2차 생성 design이 연속성을 가지므로 이때는 design의 생성이 불안정하다.

* 삭제본수가 motive design의 기초 단위 본수와 동일하거나 배수이면 생성 design이 상하로 연속성을 가진다.

* 삭제한 후의 design은 순차의 서열이 깨어져 단층효과가 증대하게 된다. 삭제한 수나 잔류시킨 수는, motive design의 기초 단위 본수를 2로 나눈 수에 1을 줄인 숫자나 그에 근접한 수를 적용하면 깨어진 순차의 서열 변화가 가장 커지게 된다.

다음은 "경위삭제 유도법"에 따른 조직생성 방법과 그 결과에 대한 설명이다. 구성본수가 많은 design은 좁은 지면의 사정으로 수록이 불가능하여, 비교적 간단한 motive design을 선정하여 설명하였고, 생성된 design도 간단한 design을 실었다.

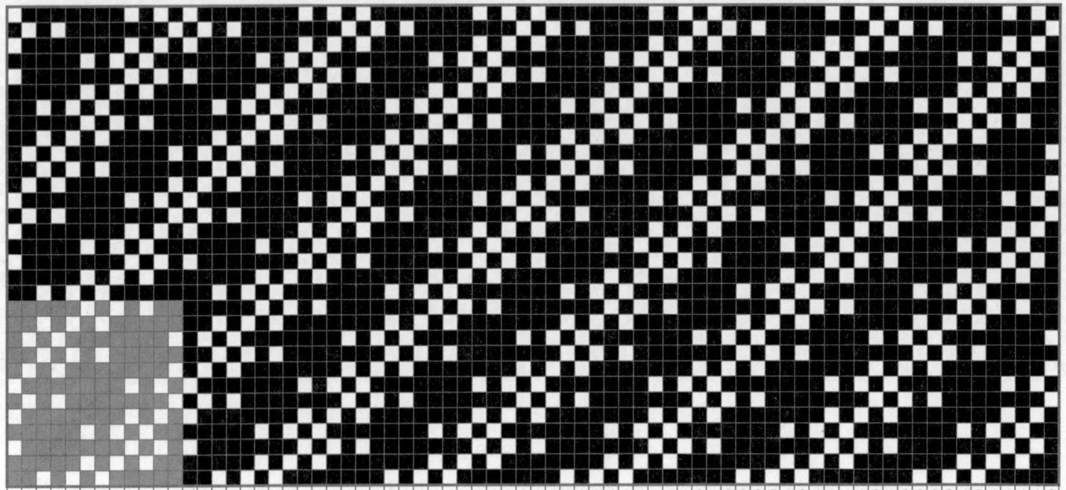

Motive design, design one repeat 4본 × 4본.

위 motive design에서 가로 3잔류 2삭제, 세로 3잔류 2삭제를 반복하여 유도한 design, design one repeat 12본 × 12본.

Motive design, design one repeat 4본 × 4본.

위 motive design에서 가로 4잔류 3삭제, 세로 4잔류 3삭제를 반복하여 유도한 design, design one repeat 16본 × 16본.

Motive design, design one repeat 4본 × 4본.

위 motive design에서 가로 2잔류 1삭제 2잔류 2삭제, 세로 2잔류 1삭제 2잔류 2삭제를 반복하여 유도한 design, design one repeat 16본 × 16본.

Motive design, design one repeat 4본 × 4본.

위 motive design에서 가로 4잔류 1삭제, 세로 4잔류 1삭제를 반복하여 유도한 design, design one repeat 16본 × 16본.

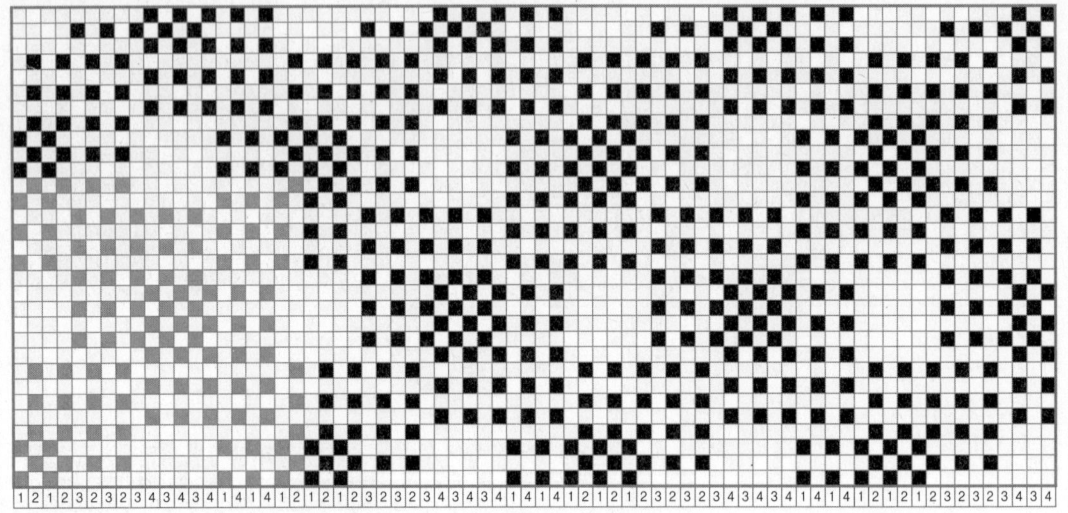

Motive design, design one repeat 4본 × 4본. 2차 생성 design.

위 motive design에서 가로 2잔류 2삭제 3잔류 2삭제, 세로 2잔류 2삭제 3잔류 2삭제를 반복하여 유도한 design, design one repeat 20본 × 20본.

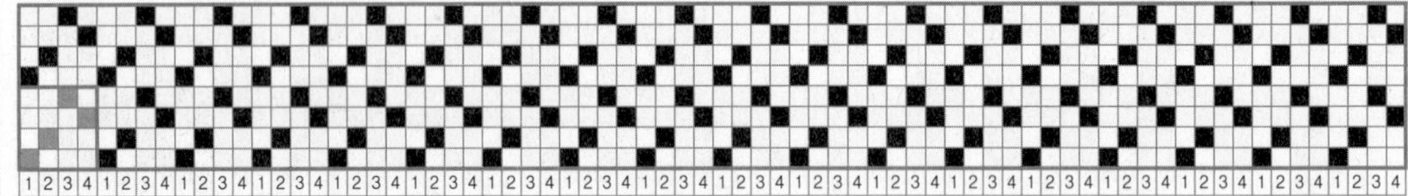

Motive design, design one repeat 4본 × 4본.

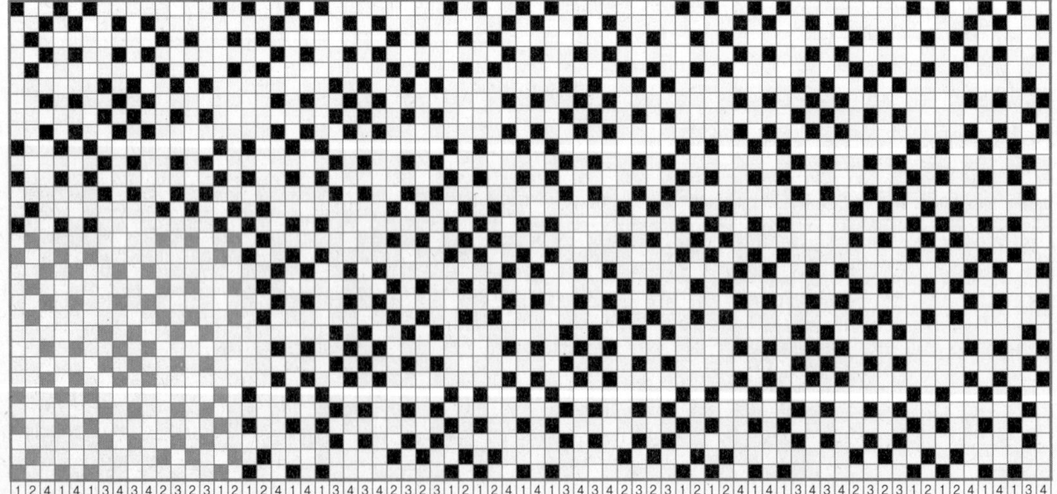

위 motive design에서 가로 2잔류 1삭제 2잔류 2삭제, 세로 2잔류 1삭제 2잔류 2삭제를 반복하여 유도한 design, design one repeat 16본 × 16본.

Motive design, design one repeat 5본 × 5본.

위 motive design에서 가로 2잔류 1삭제, 세로 2잔류 1삭제를 반복하여 유도한 design, design one repeat 10본 × 10본.

Motive design, design one repeat 5본 × 5본.

위 motive design에서 가로 3잔류 1삭제, 세로 3잔류 1삭제를 반복하여 유도한 design, design one repeat 15본 × 15본.

Motive design, design one repeat 5본 × 5본.

위 motive design에서 가로 2잔류 1삭제 2잔류 2삭제, 세로 2잔류 1삭제 2잔류 2삭제를 반복하여 유도한 design, design one repeat 20본 × 20본.

Motive design, design one repeat 5본 × 5본.

위 motive design에서 가로 3잔류 3삭제, 세로 3잔류 3삭제를 반복하여 유도한 design, design one repeat 15본 × 15본.

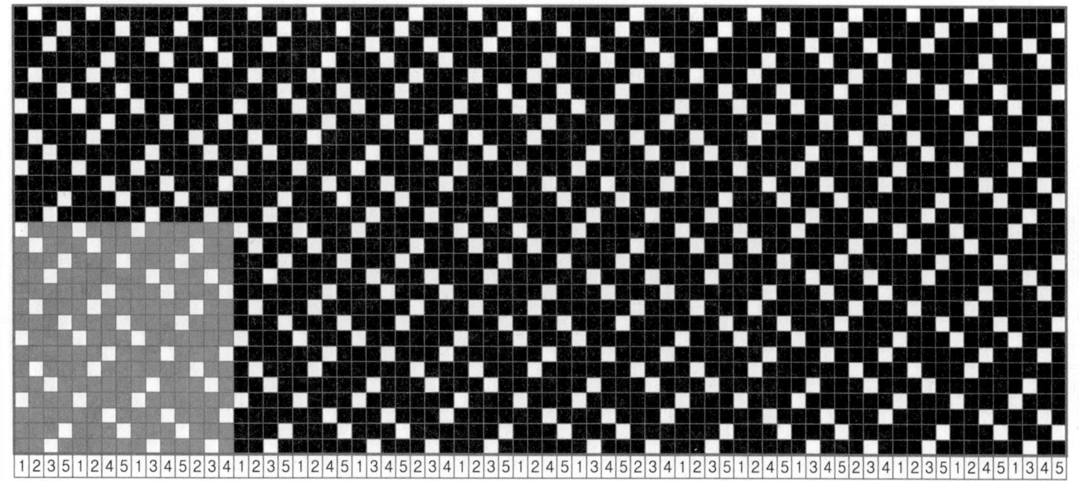

Motive design, design one repeat 5본×5본. 2차 생성 design.

위 motive design에서 가로 3잔류 1삭제, 세로 3잔류 1삭제를 반복하여 유도한 design, design one repeat 15본×15본.

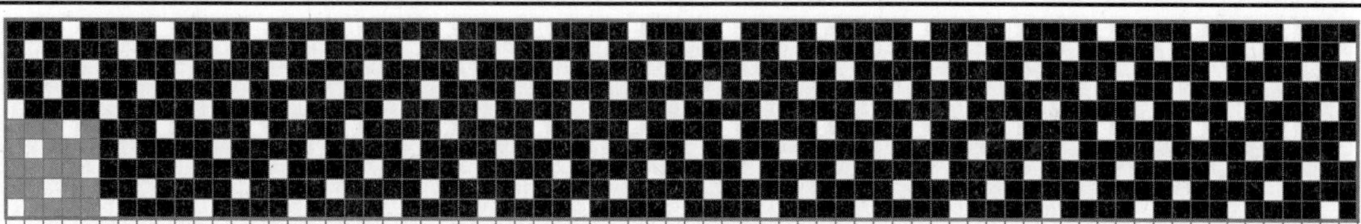

Motive design, design one repeat 5본×5본.

위 motive design에서 가로 3잔류 3삭제, 세로 3잔류 3삭제를 반복하여 유도한 design, design one repeat 15본×15본.

Motive design, design one repeat 5본 × 5본.

위 motive design에서 가로 4잔류 2삭제, 세로 4잔류 2삭제를 반복하여 유도한 design, design one repeat 20본 × 20본.

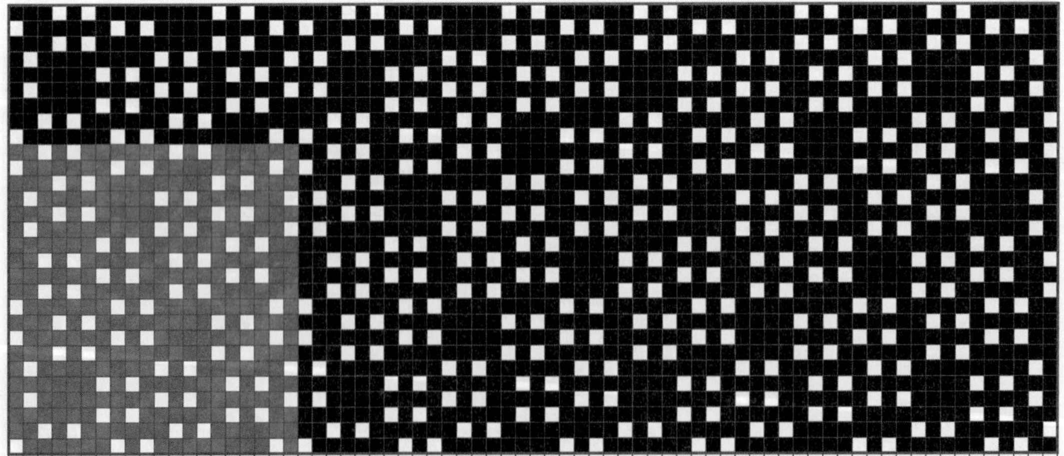

Motive design, design one repeat 5본 × 5본.

위 Motive design에서 가로 4잔류 3삭제, 세로 4잔류 3삭제를 반복하여 유도한 design, design one repeat 20본 × 20본.

Motive design, design one repeat 7본 × 7본.

위 motive design에서 가로 2잔류 2삭제, 세로 2잔류 2삭제를 반복하여 유도한 design, design one repeat 14본 × 14본.

Motive design, design one repeat 7본 × 7본.

위 motive design에서 가로 2잔류 3삭제, 세로 2잔류 3삭제를 반복하여 유도한 design, design one repeat 14본 × 14본.

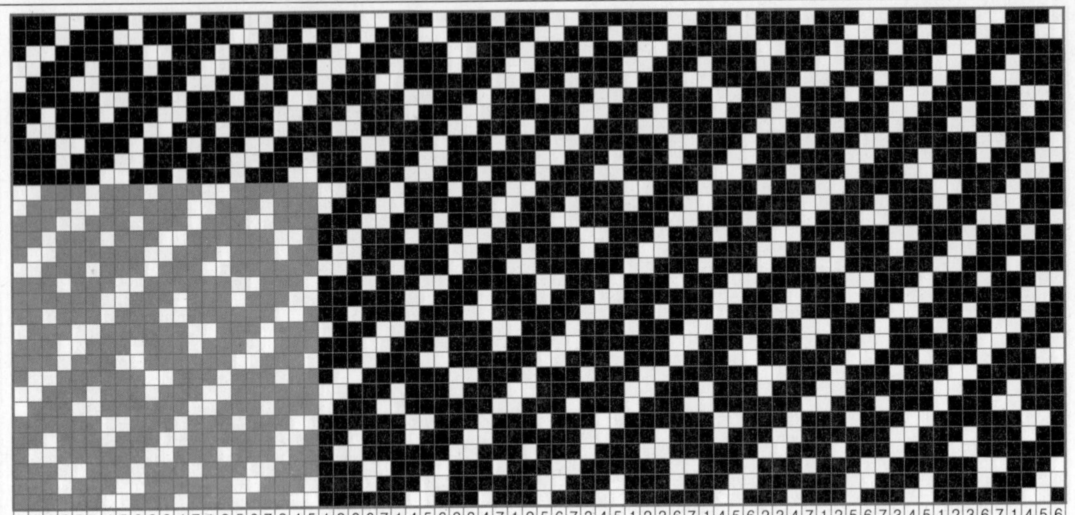

Motive design, design one repeat 7본×7본.

위 motive design에서 가로 3잔류 2삭제, 세로 3잔류 2삭제를 반복하여 유도한 design, design one repeat 21본×21본.

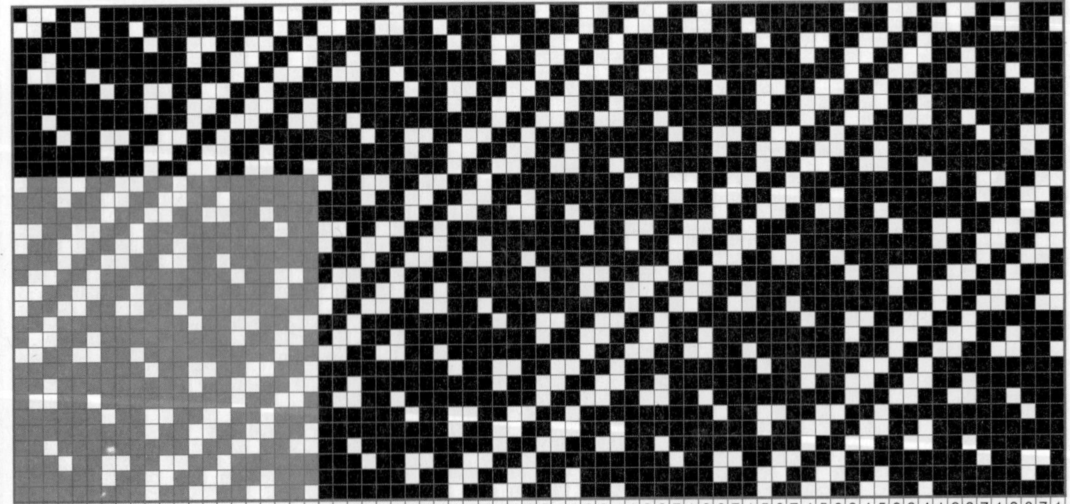

Motive design, design one repeat 7본×7본.

위 motive design에서 가로 3잔류 3삭제, 세로 3잔류 3삭제를 반복하여 유도한 design, design one repeat 2i본×21본.

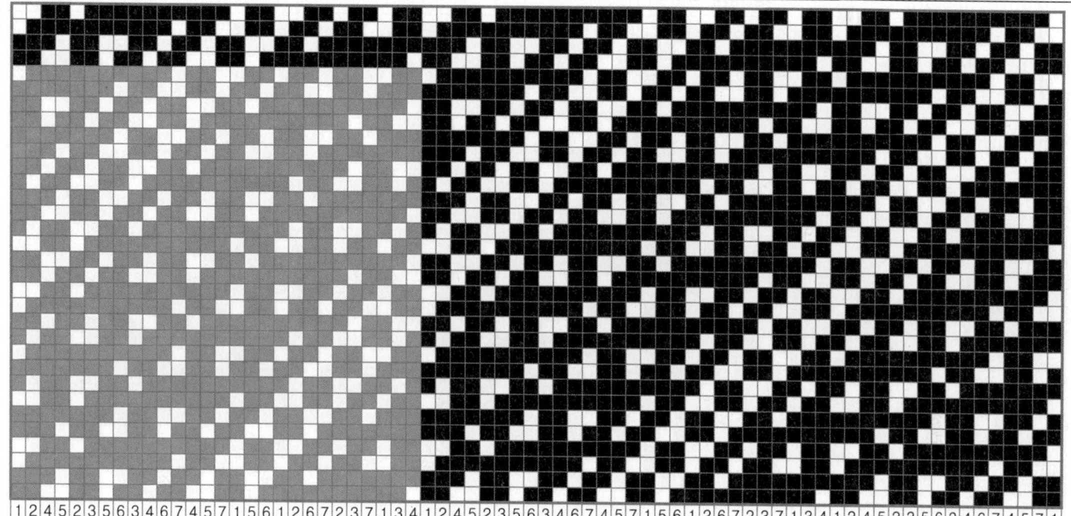

Motive design, design one repeat 7본 × 7본.

위 motive design에서 가로 2잔류 1삭제 2잔류 3삭제, 세로 2잔류 1삭제 2잔류 3삭제를 반복하여 유도한 design, design one repeat 28본 × 28본.

Motive design, design one repeat 7본 × 7본.

위 motive design에서 가로 2잔류 1삭제 2잔류 4삭제, 세로 2잔류 1삭제 2잔류 4삭제를 반복하여 유도한 design, design one repeat 28본 × 28본.

Motive design, design one repeat 9본 × 9본.

위 motive design에서 가로 3잔류 1삭제, 세로 3잔류 1삭제를 반복하여 유도한 design, design one repeat 27본 × 27본.

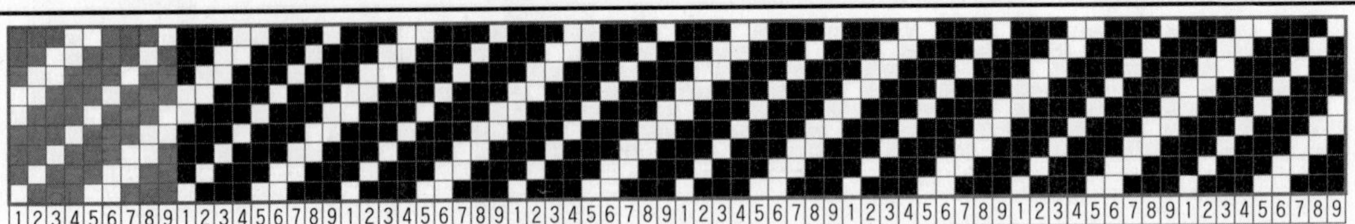

Motive design, design one repeat 9본 × 9본.

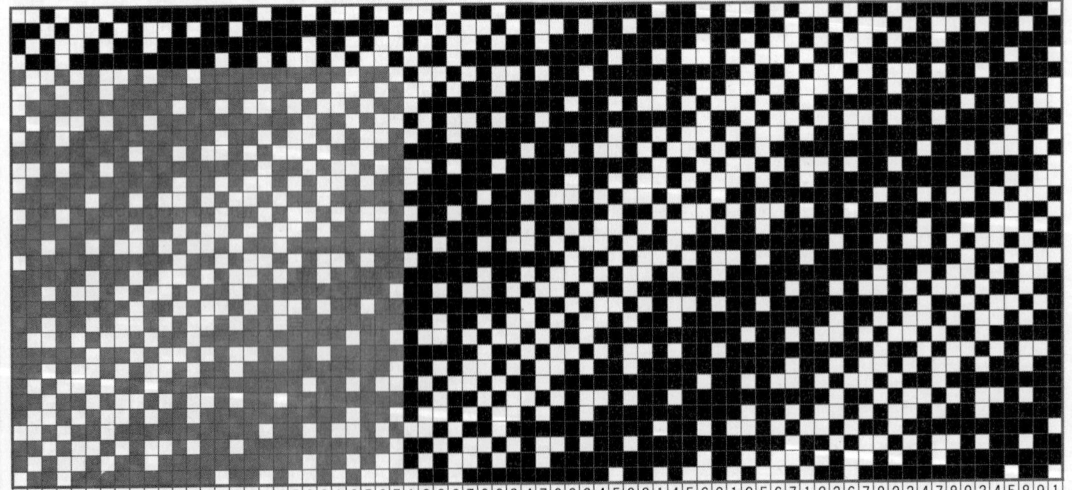

위 motive design에서 가로 3잔류 2삭제, 세로 3잔류 2삭제를 반복하여 유도한 design, design one repeat 27본 × 27본.

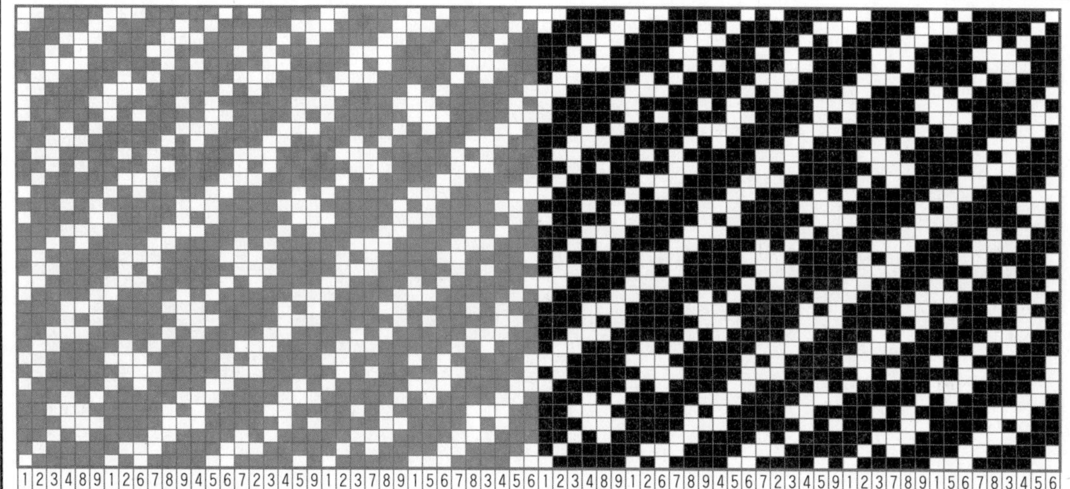

Motive design, design one repeat 9본 × 9본.

위 motive design에서 가로 4잔류 3삭제, 세로 4잔류 3삭제를 반복하여 유도한 design, design one repeat 36본 × 36본.

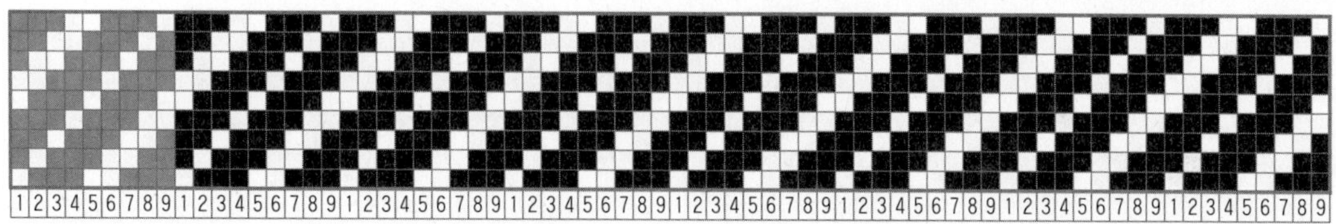

Motive design, design one repeat 9본 × 9본.

위 motive design에서 가로 2잔류 1삭제 2잔류 2삭제, 세로 2잔류 1삭제 2잔류 2삭제를 반복하여 유도한 design, design one repeat 36본 × 36본.

Motive design, design one repeat 9본 × 9본.

위 motive design에서 가로 2잔류 1삭제 2잔류 3삭제, 세로 2잔류 1삭제 2잔류 3삭제를 반복하여 유도한 design, design one repeat 36본 × 36본.

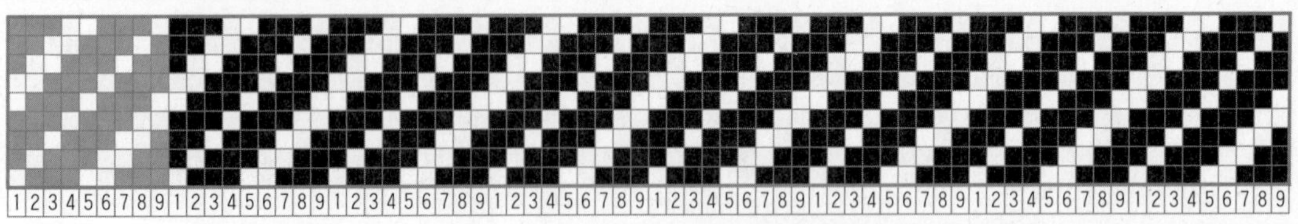

Motive design, design one repeat 9본 × 9본.

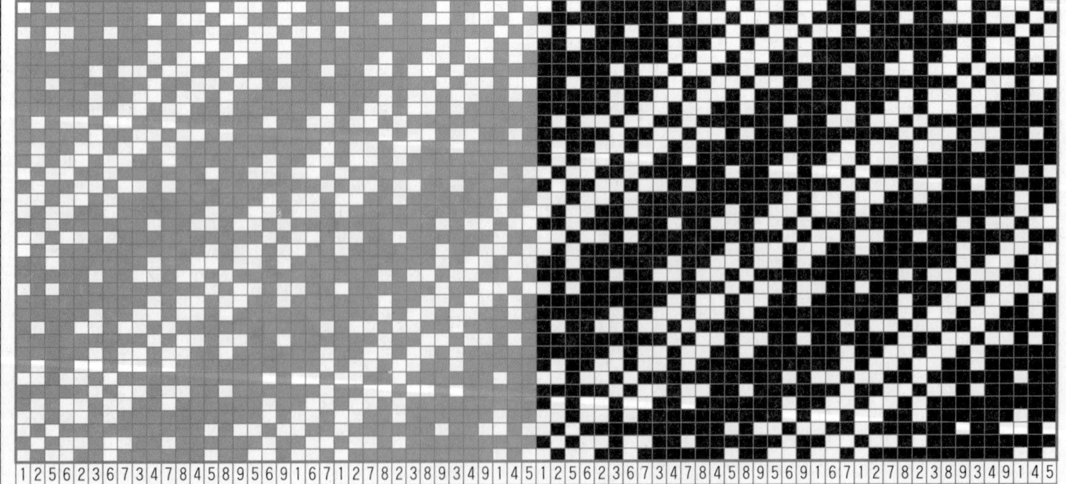

위 motive design에서 가로 2잔류 2삭제 2잔류 4삭제, 세로 2잔류 2삭제 2잔류 4삭제를 반복하여 유도한 design, design one repeat 36본 × 36본.

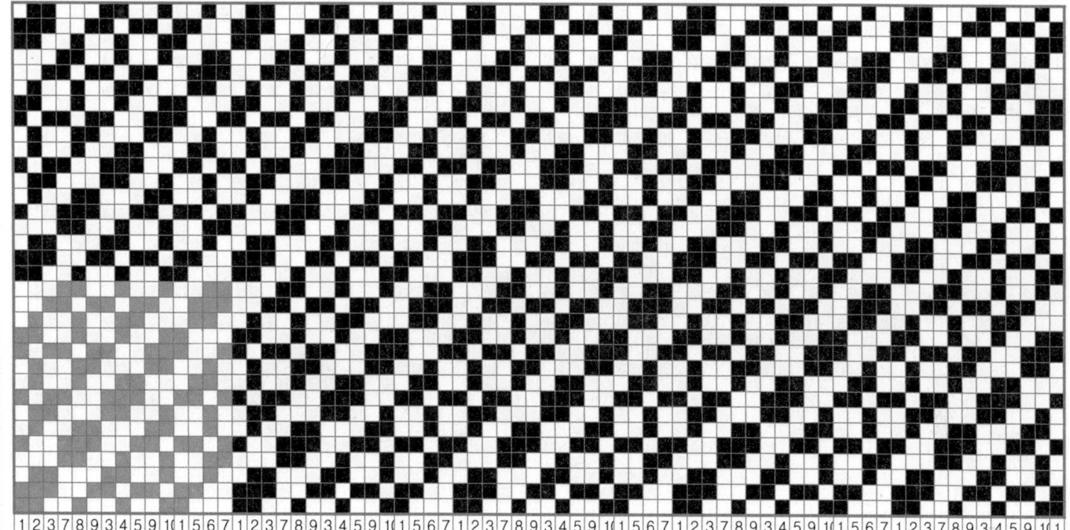

Motive design, design one repeat 10본 × 10본.

위 motive design에서 가로 3잔류 3삭제, 세로 3잔류 3삭제를 반복하여 유도한 design, design one repeat 15본 × 15본.

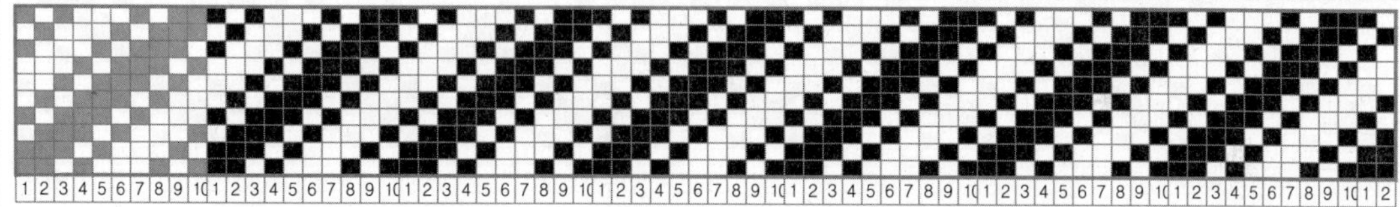

Motive design, design one repeat 10본 × 10본.

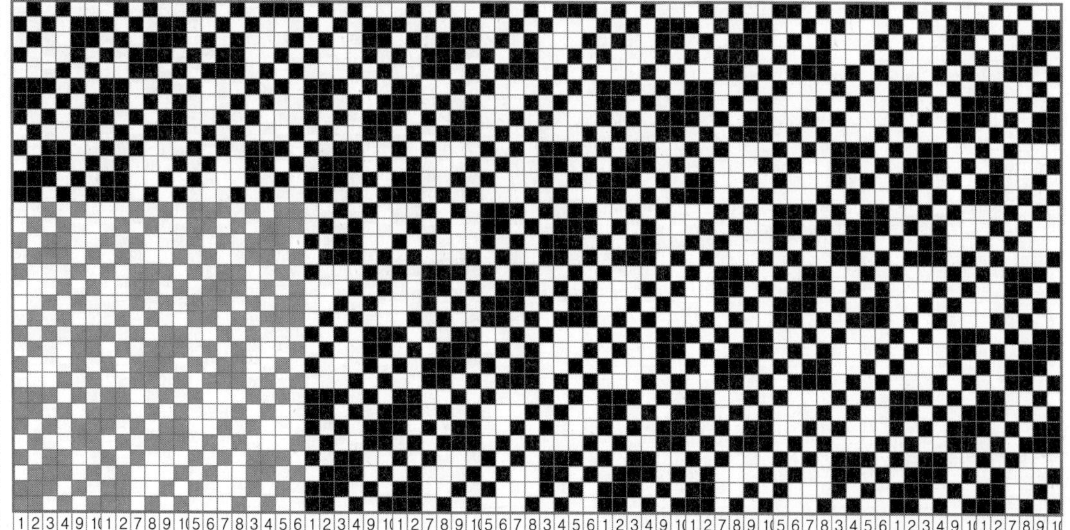

위 motive design에서 가로 4잔류 4삭제, 세로 4잔류 4삭제를 반복하여 유도한 design, design one repeat 20본 × 20본.

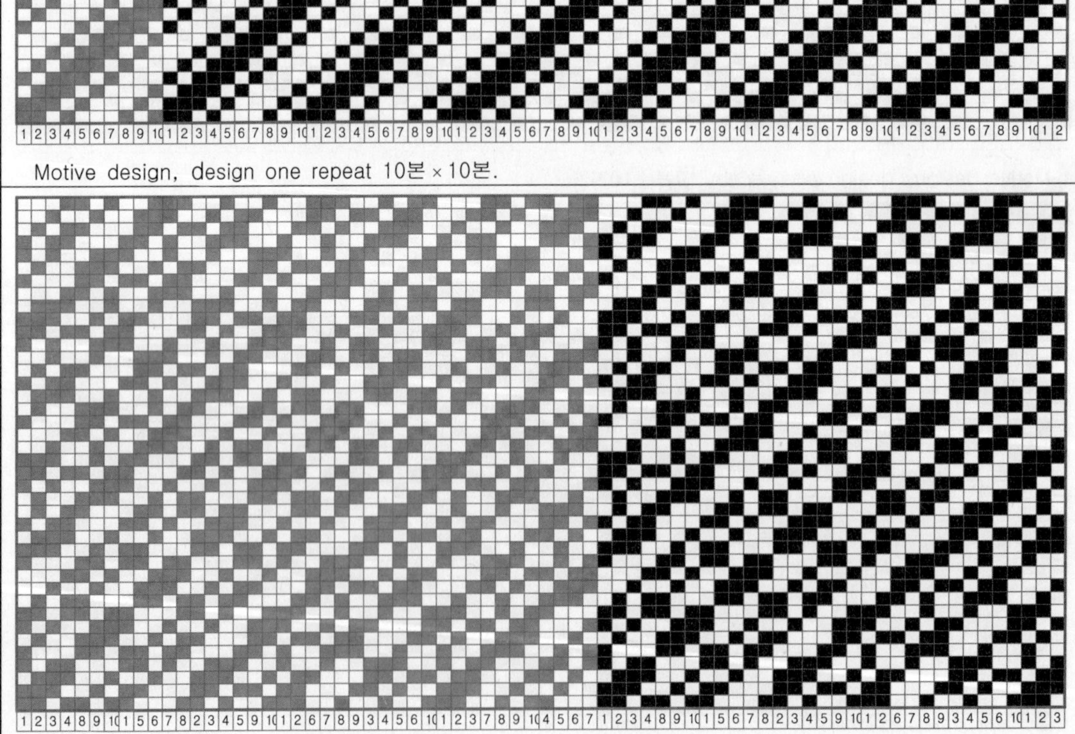

Motive design, design one repeat 10본×10본.

위 motive design에서 가로 5잔류 3삭제, 세로 5잔류 3삭제를 반복하여 유도한 design, design one repeat 25본×25본.

Motive design, design one repeat 10본×10본.

위 motive design에서 가로 4잔류 3삭제, 세로 4잔류 3삭제를 반복하여 유도한 design, design one repeat 40본×40본.

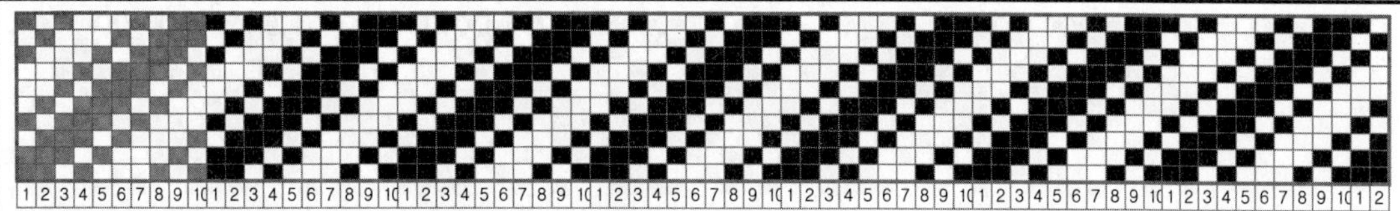

Motive design, design one repeat 10본 × 10본.

위 motive design에서 가로 2잔류 1삭제 2잔류 2삭제, 세로 2잔류 1삭제 2잔류 2삭제를 반복하여 유도한 design, design one repeat 40본 × 40본.

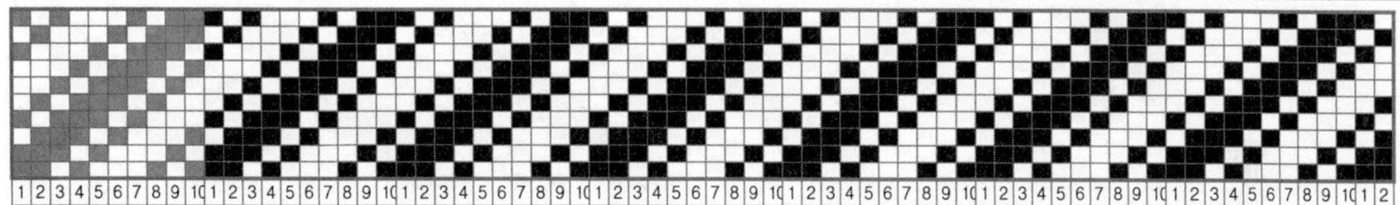

Motive design, design one repeat 10본 × 10본.

위 motive design에서 가로 2잔류 1삭제 2잔류 4삭제, 세로 2잔류 1삭제 2잔류 4삭제를 반복하여 유도한 design, design one repeat 40본 × 40본.

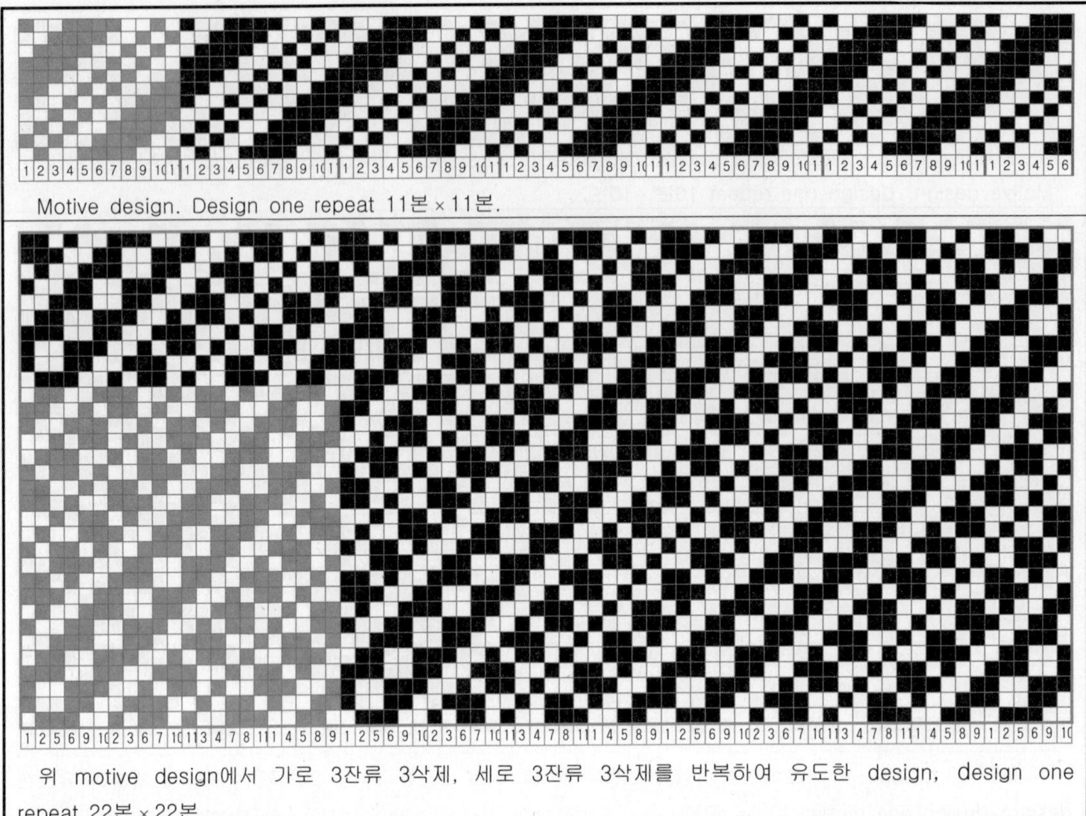

Motive design. Design one repeat 11본 × 11본.

위 motive design에서 가로 3잔류 3삭제, 세로 3잔류 3삭제를 반복하여 유도한 design, design one repeat 22본 × 22본.

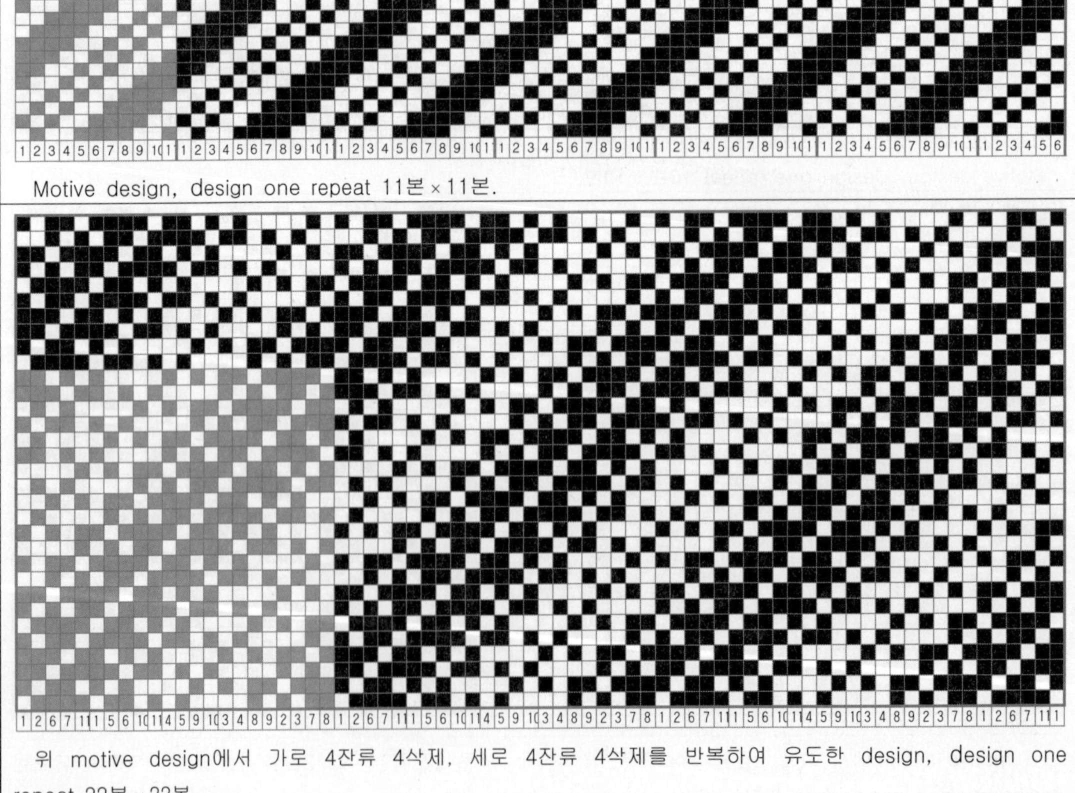

Motive design, design one repeat 11본 × 11본.

위 motive design에서 가로 4잔류 4삭제, 세로 4잔류 4삭제를 반복하여 유도한 design, design one repeat 22본 × 22본.

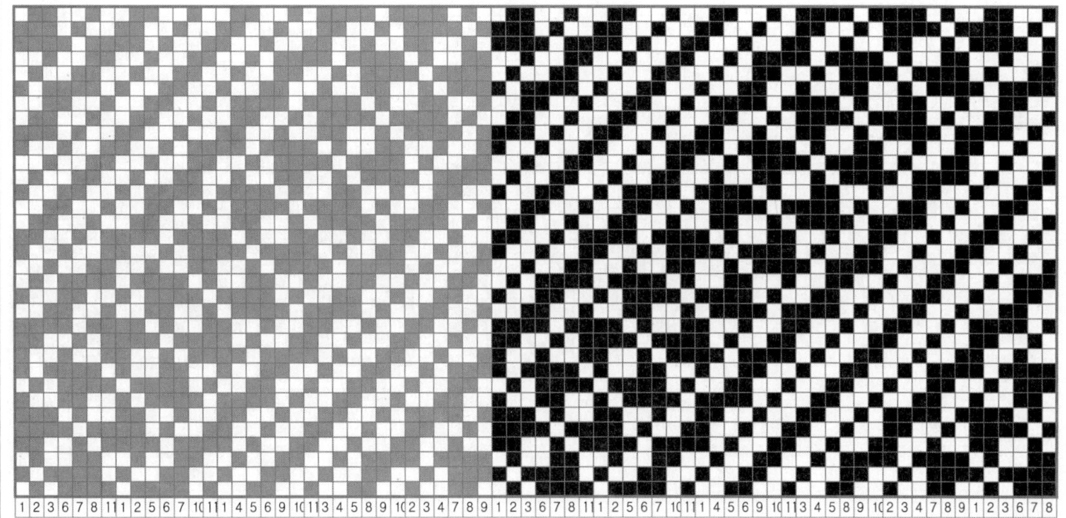

Motive design, design one repeat 11본 × 11본.

위 motive design에서 가로 3잔류 3삭제, 세로 3잔류 3삭제를 반복하여 유도한 design, design one repeat 33본 × 33본.

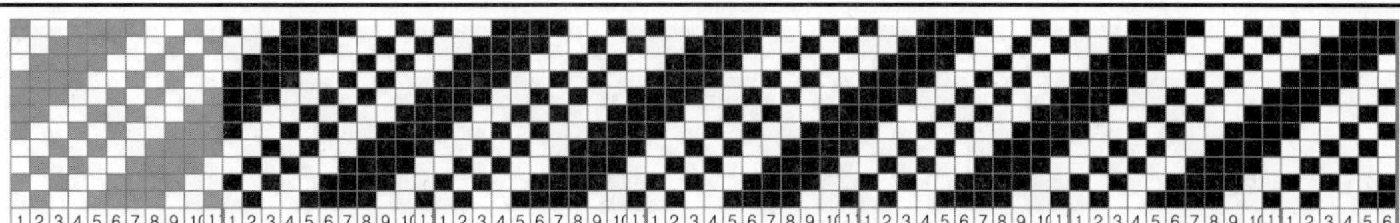

Motive design, design one repeat 11본 × 11본.

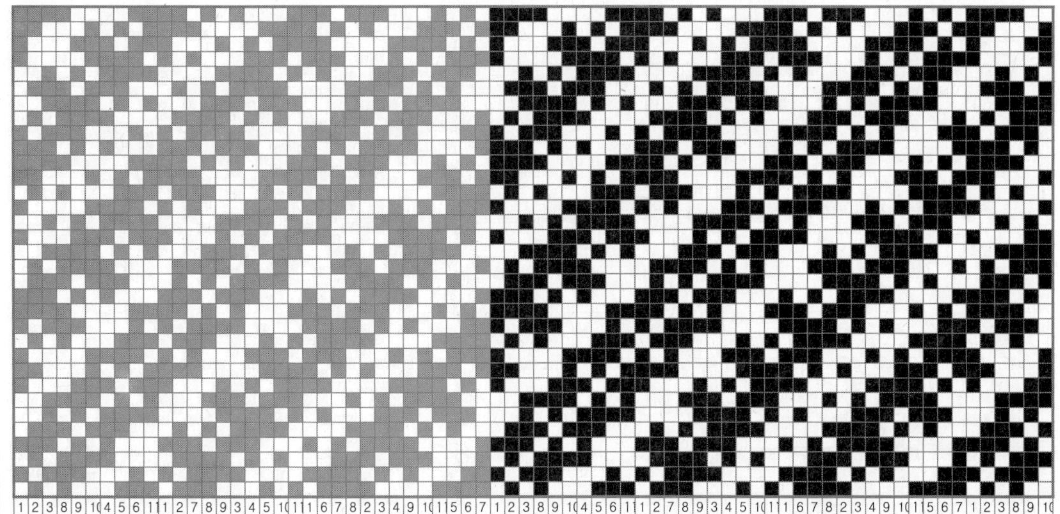

위 motive design에서 가로 4잔류 4삭제, 세로 4잔류 4삭제를 반복하여 유도한 design, design one repeat 33본 × 33본.

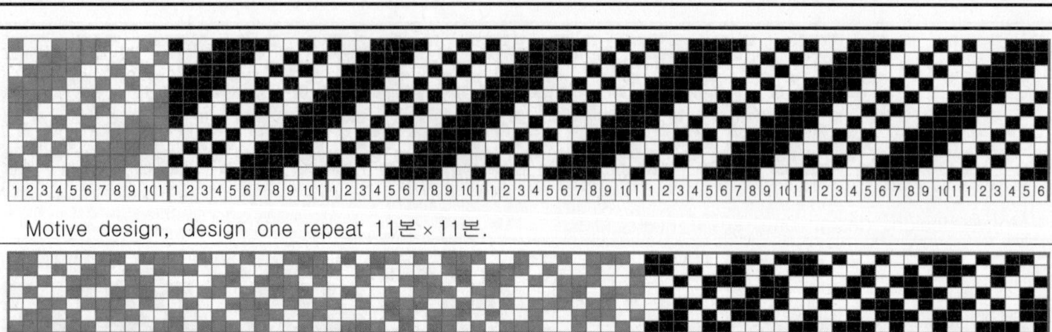

Motive design, design one repeat 11본×11본.

위 motive design에서 가로 3잔류 3삭제, 세로 3잔류 3삭제를 반복하여 유도한 design, design one repeat 44본×44본.

Motive design, design one repeat 11본×11본.

위 motive design에서 가로 4잔류 4삭제, 세로 4잔류 4삭제를 반복하여 유도한 design, design one repeat 44본×44본.

제2장 새로운 디자인 작도법

01. 유도디자인 합성법

모든 도형이나 design의 출발은 점(point)에서 선(line, twill), 선에서 면(side)으로 이어지며, line(twill) 즉 선(line)은 모든 도형의 변환 과정에 중요한 위치이며 기준이 된다.

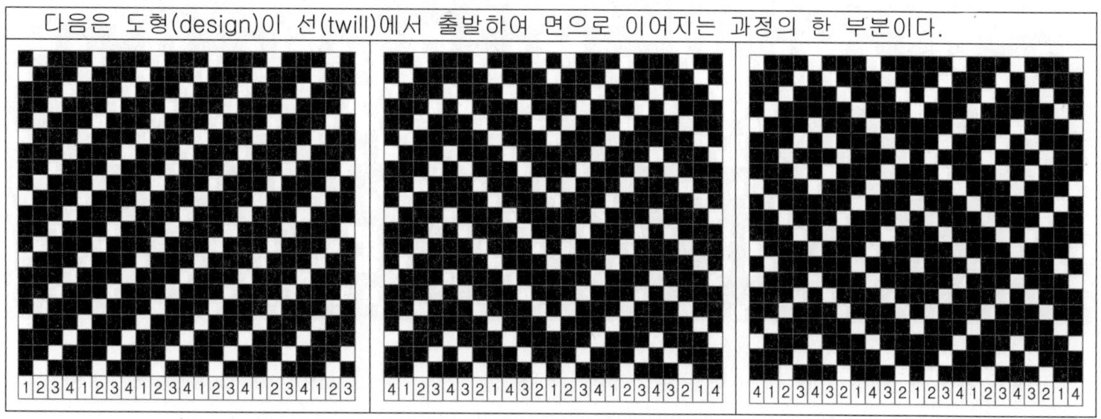

유도 생성된 design은 선에 가까우며 이를 면으로 유도, 즉 herring bone형 또는 마름모 형으로 합성하면 design의 용도와 다양성이 더 커진다.

Herring bone형 합성은 motive design 세로를 역순으로 배열하여 좌측 또는 우측에 연결 한다. 처음 시작과 마지막 design선 즉 순환되는 시작과 끝의 기준이 되는 design선은 중복 이 되므로 이를 합성에서 제외한다.

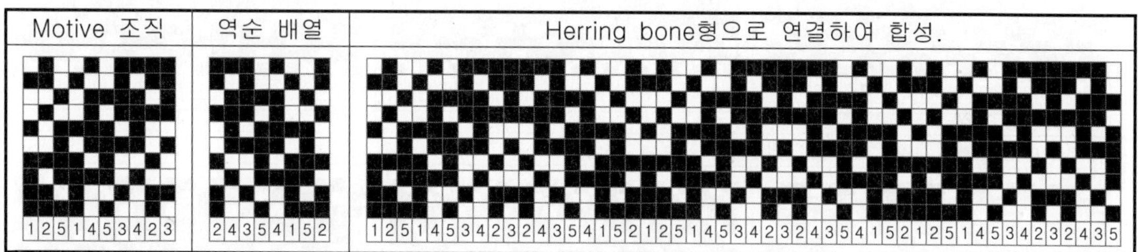

마름모형 합성은 herring bone형과 같은 방법이다. 세로 방향으로 역순으로 배열한 design을 좌측 또는 우측으로 연결하고, 가로 방향 역시 역순으로 배열한 design을 상단이나 하단에 연결한다. 이때 가로와 세로의 작업 순서가 달라져도 생성되는 조직은 동일하다.
또 가로와 세로 모두, 처음 시작과 마지막 design선 즉 순환되는 시작과 끝의 기준이 되는 design선은 중복이 발생하므로 합성에서 이를 제외한다.

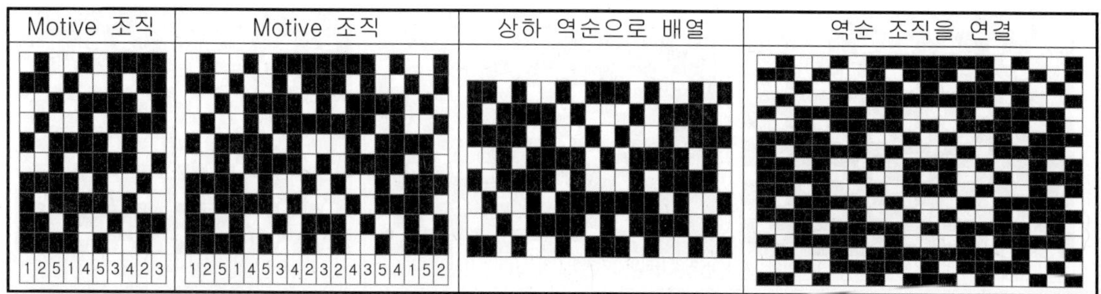

다음은 마름모형으로 합성한 design의 모형이다. 본 design의 특징은 불규칙과 변화를 가지면서 면적 비율 상하좌우로 정확히 균형을 이루는 특성을 가진다.

　　마름모형이나 herring bone형으로 합성할 때 필요에 따라 motive design에 대한 one repeat 혹은 two repeat, three repeat 등 모두 확장이 가능하다.

Motive design, one repeat 합성

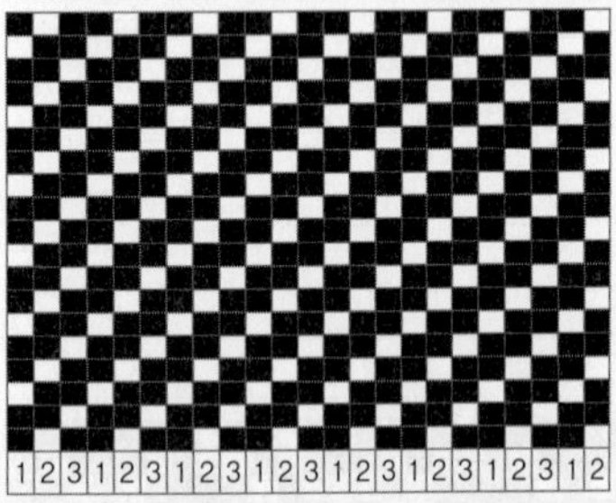

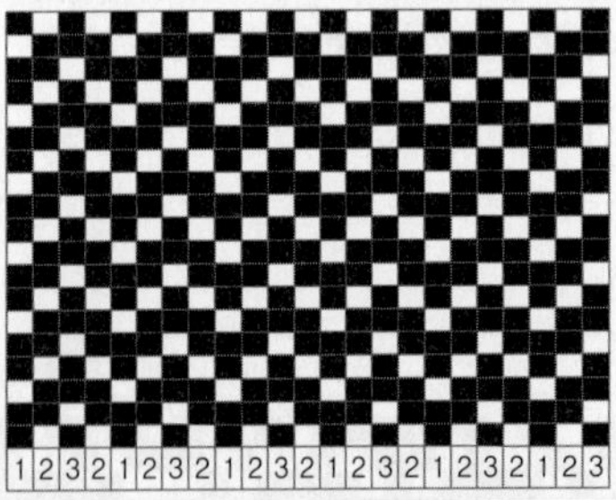

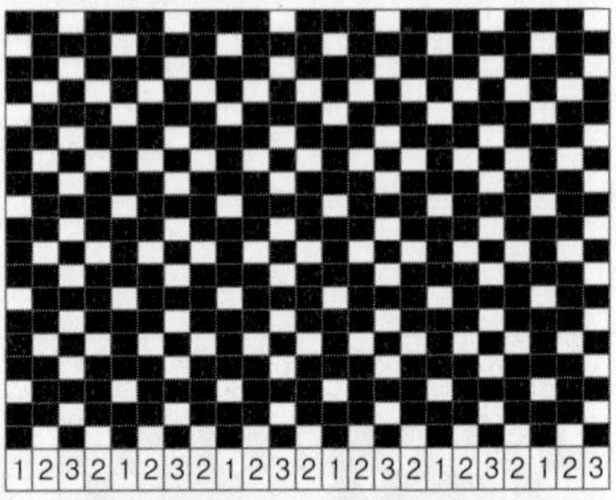

Motive design, two repeat 합성

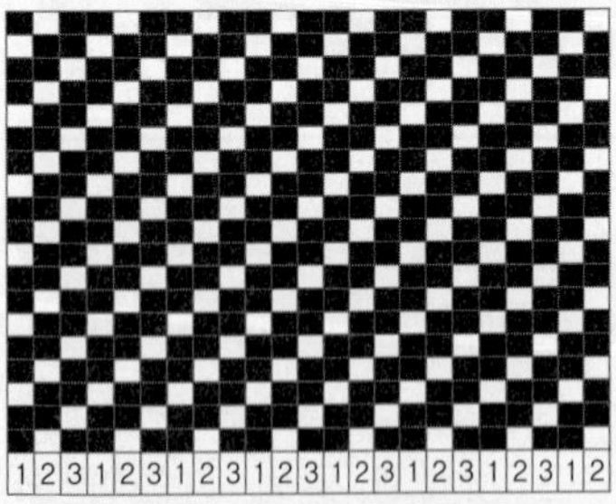

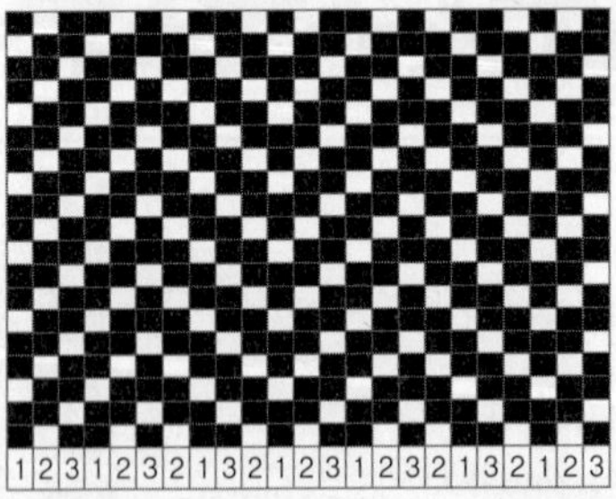

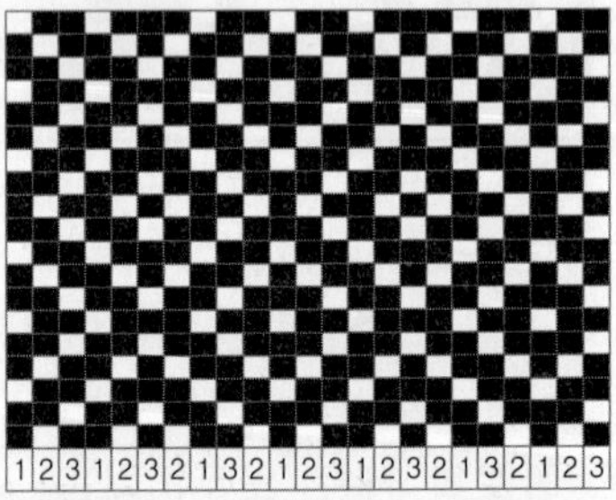

Motive design, three repeat 합성

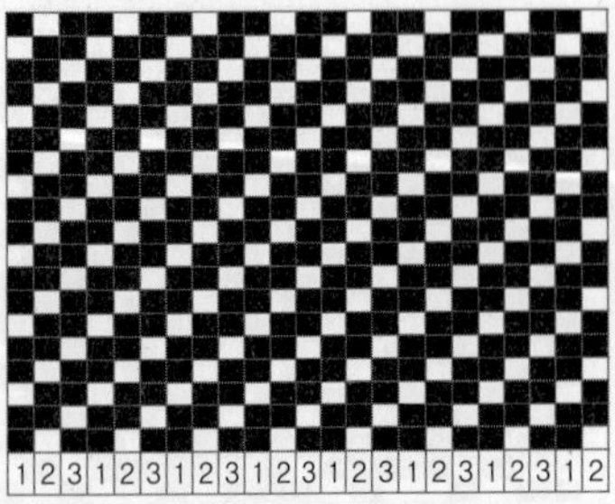

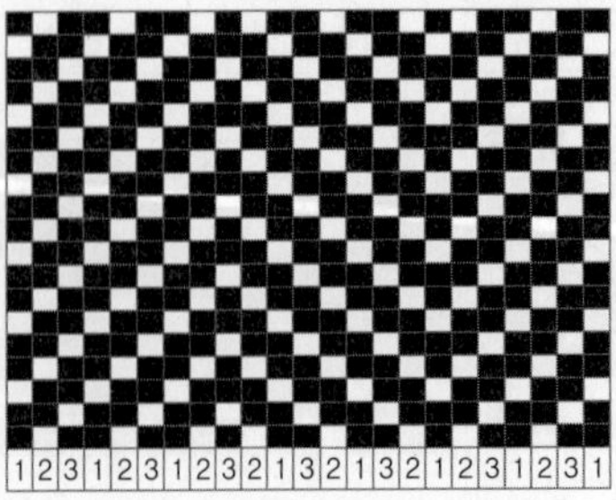

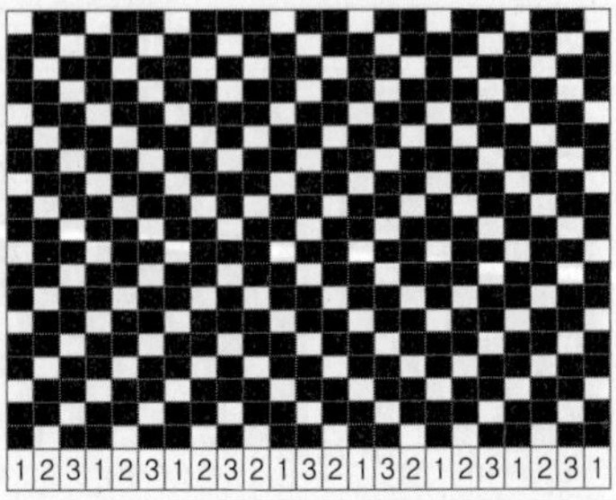

　마름모형으로 합성할 때, 대칭의 기준이 되는 design선을 motive design 중심에 배치해야 연결이 안정되고 교차하는 무늬의 형태나 크기가 동일하다.

디자인 크기의 변화는 motive design 본수의 1/4 이동 시 가장 커지고, 디자인 형태의 변화는 motive design 본수의 1/2 이동 시 가장 많아지게 된다.

　대칭의 기준이 되는 design선은 design one repeat 당 일반적으로 한 두 개가 존재하나, 대칭선이 없고 대칭에 준하는 준대칭선만 있는 design 또는 대칭의 기준선이 없는 design도 있을 수 있다.

　아래는 대칭선이 design 중심선에 위치한 그림에서, 대칭선이 중심선에서 one repeat 본수의 1/4본 이동한 그림과 대칭선이 중심선에서 1/2본 이동한 그림을 각각 비교 그림이다.

위의 검토 결과, 디자인 크기의 변화는 motive design 본수의 1/4 이동 시 가장 커지고, 디자인 형태의 변화는 motive design 본수의 1/2 이동 시 가장 변화가 많아지게 된다.

최종 design의 균형 있는 대칭이 필요하면, 최초의 motive design 설정부터 대칭이 되도록 작업하면 모든 design이 합리적인 대칭을 이룬다.

"새로운 디자인 유도법"으로 생성된 design의 유형별 개수는 수리적 무한대를 이루며, design의 크기와 다양성 또한 이제까지 상상을 넘어서는 무한의 영역까지 유도 생성된다.

여기서는 좁은 지면의 사정상 design의 수록이 불가능하여, 가능한 작은 design의 예를 들어 설명하기로 한다.

실무에서는 독자 여러분이 무한한 크기의 무수한 design을 원하는 대로 작도하여 실무에 적용할 수 있다.

다음 page에는 새로운 디자인 유도법으로 작도한 design을, 유도디자인 합성법을 이용하여 herring bone형과 마름모형으로 작도한 예를 반복하여 차례차례 설명하였다.

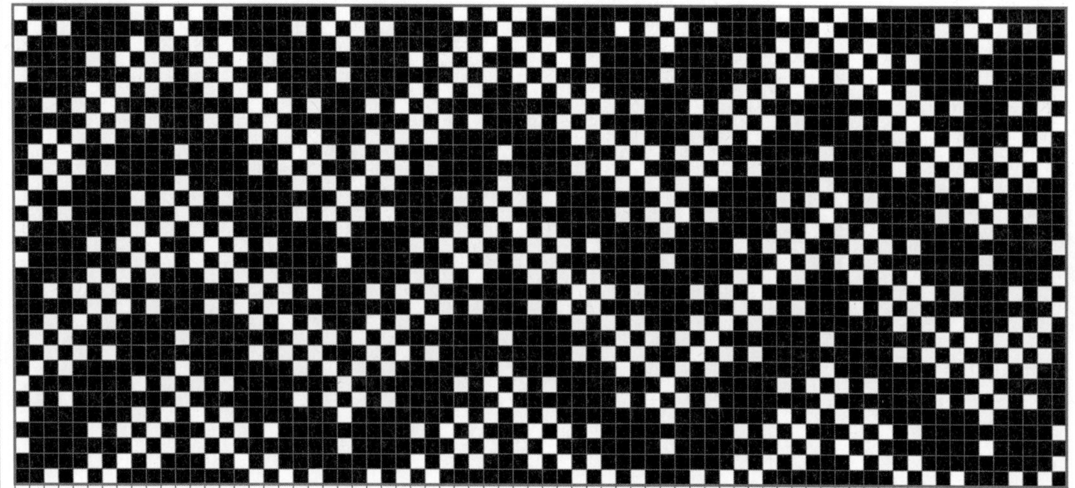

. Mot ive design, design one repeat 4본 × 4본.

위 motive design에서 가로 3잔류 2삭제, 세로 3잔류 2삭제를 반복하여 유도한 design을 herring bone형으로 합성한 design, design one repeat 22본 × 12본.

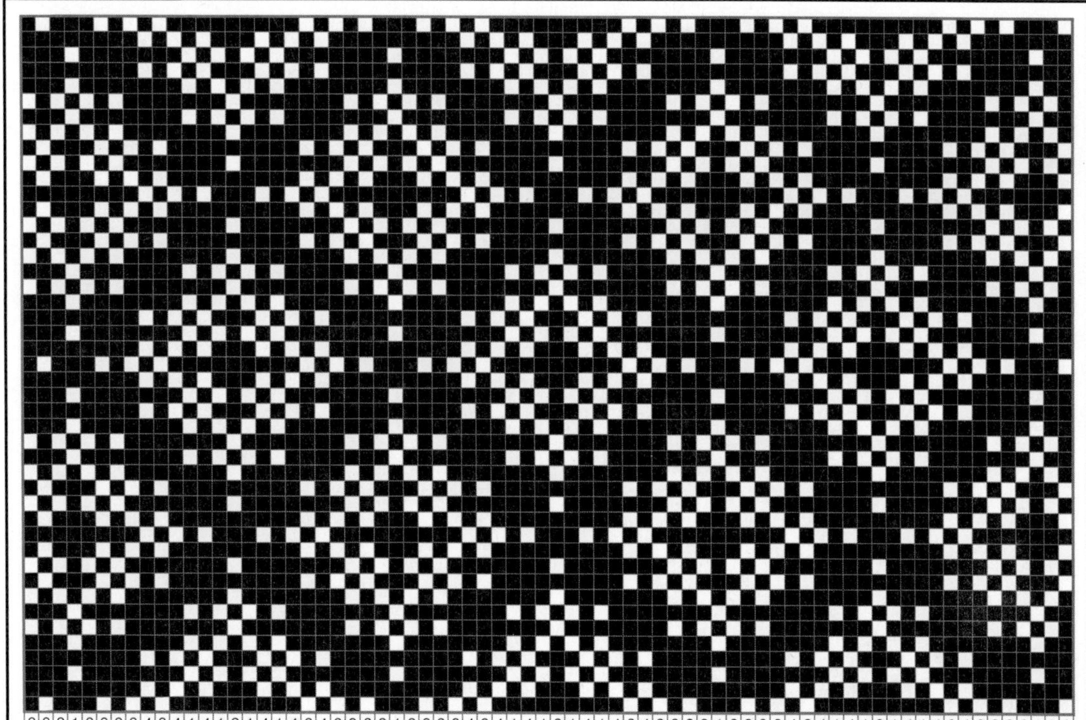

위 motive design에서 가로 3잔류 2삭제, 세로 3잔류 2삭제를 반복하여 유도한 design을 마름모형으로 합성한 design, design one repeat 22본 × 22본.

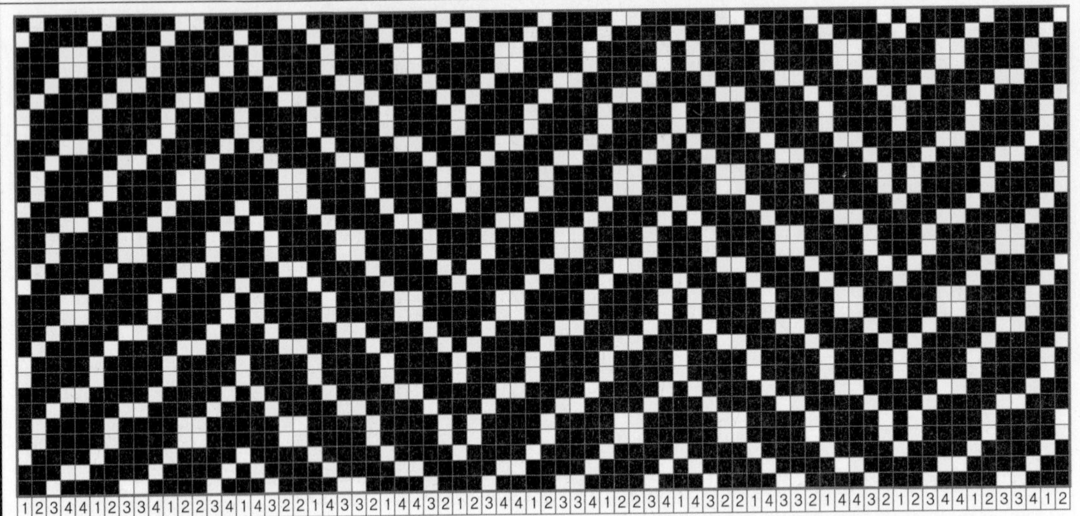

Mot ive design, design one repeat 4본×4본.

위 motive design에서 가로 4잔류 3삭제, 세로 4잔류 3삭제를 반복하여 유도한 design을 herring bone형으로 합성한 design, design one repeat 30본×16본.

위 motive design에서 가로 4잔류 3삭제, 세로 4잔류 3삭제를 반복하여 유도한 design을 마름모형으로 합성한 design, design one repeat 30본×30본.

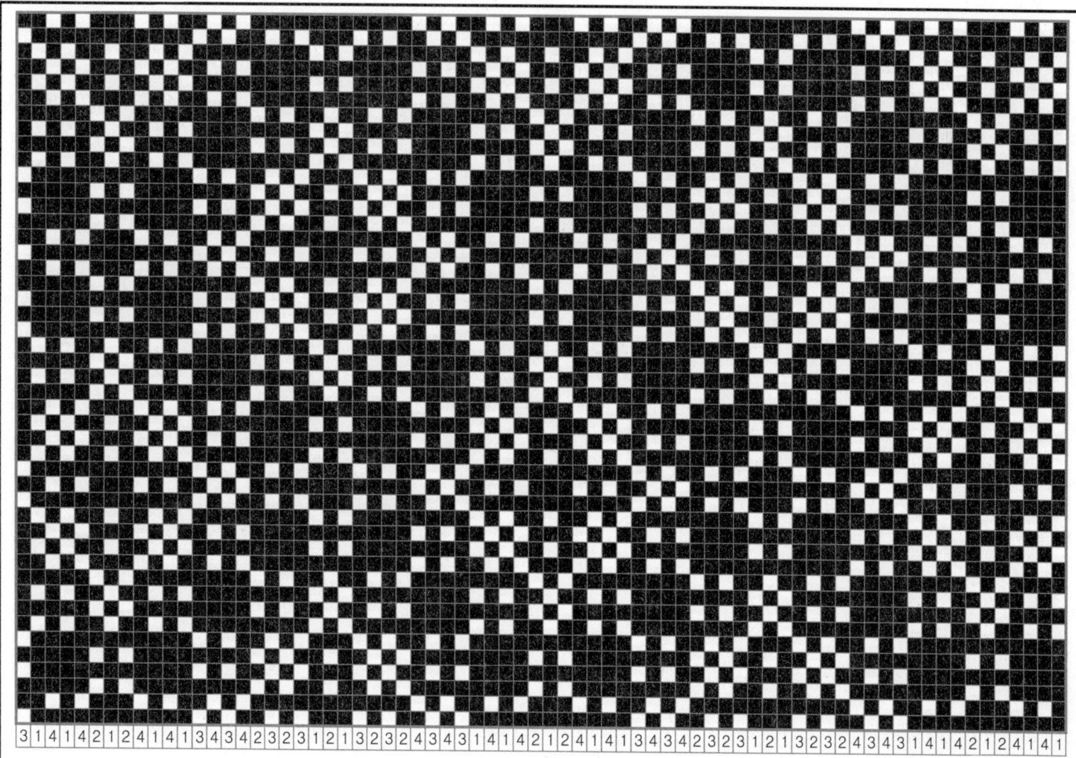

Mot ive design, design one repeat 4본 × 4본.

위 motive design에서 가로 2잔류 1삭제, 세로 2잔류 1삭제를 반복하여 유도한 design을 herring bone형으로 합성한 design, design one repeat 30본 × 16본.

위 motive design에서 가로 2잔류 1삭제, 세로 2잔류 1삭제를 반복하여 유도한 design을 마름모형으로 합성한 design, design one repeat 30본 × 30본.

Mot ive design, design one repeat 4본 × 4본.

위 motive design에서 가로 4잔류 1삭제, 세로 4잔류 1삭제를 반복하여 유도한 design을 herring bone형으로 합성한 design, design one repeat 30본 × 16본.

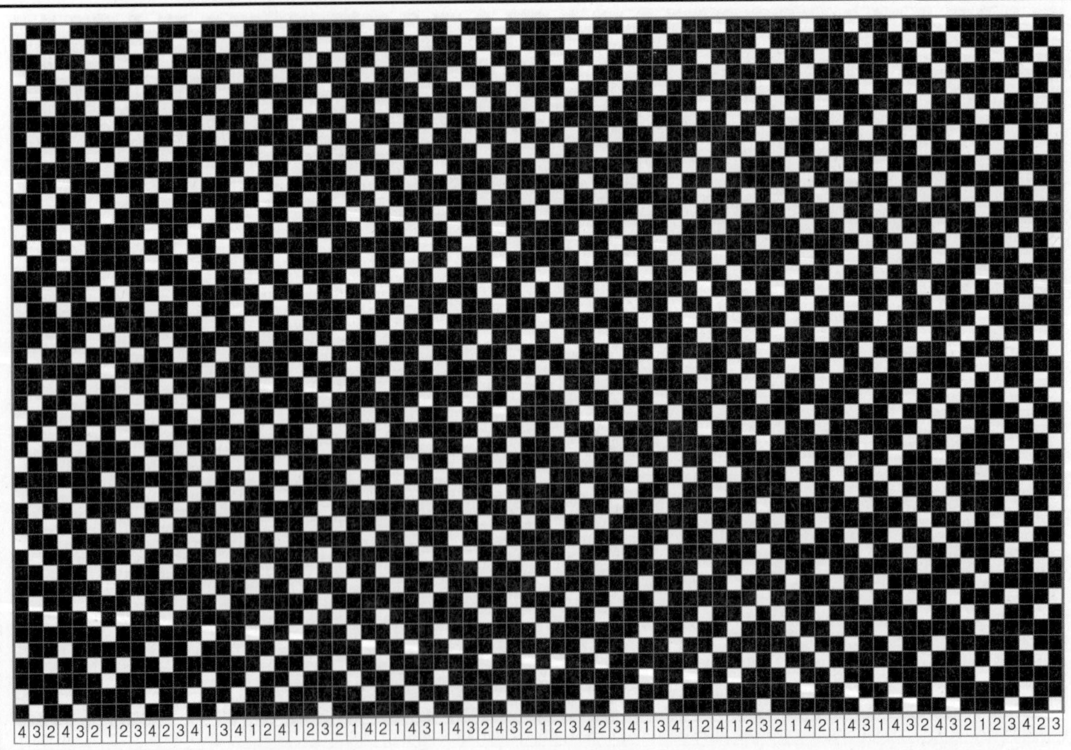

위 motive design에서 가로 4잔류 1삭제, 세로 4잔류 1삭제를 반복하여 유도한 design을 마름모형으로 합성한 design, design one repeat 30본 × 30본.

Mot ive design, design one repeat 5본×5본.

위 motive design에서 가로 3잔류 3삭제, 세로 3잔류 3삭제를 반복하여 유도한 design을 herring bone형으로 합성한 design, design one repeat 28본×15본.

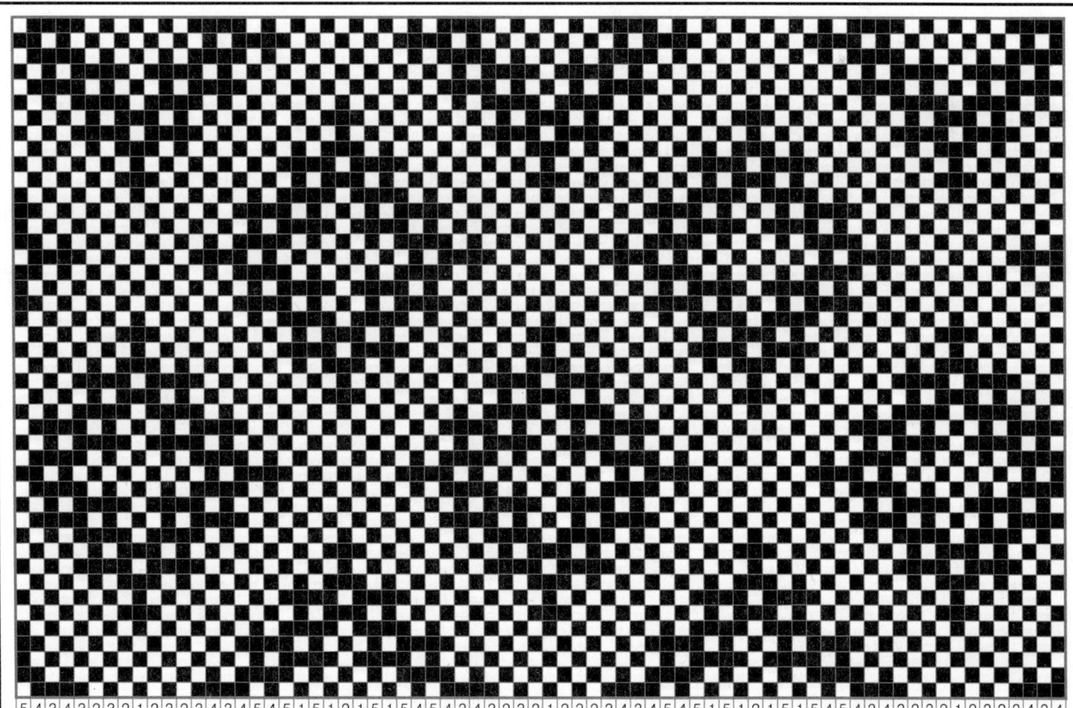

위 motive design에서 가로 3잔류 3삭제, 세로 3잔류 3삭제를 반복하여 유도한 design을 마름모형으로 합성한 design, design one repeat 28본×28본.

Mot ive design, design one repeat 5본 × 5본.

위 motive design에서 가로 2잔류 1삭제, 세로 2잔류 1삭제를 반복하여 유도한 design을 herring bone형으로 합성한 design, design one repeat 28본 × 15본.

위 motive design에서 가로 2잔류 1삭제, 세로 2잔류 1삭제를 반복하여 유도한 design을 마름모형으로 합성한 design, design one repeat 28본 × 28본.

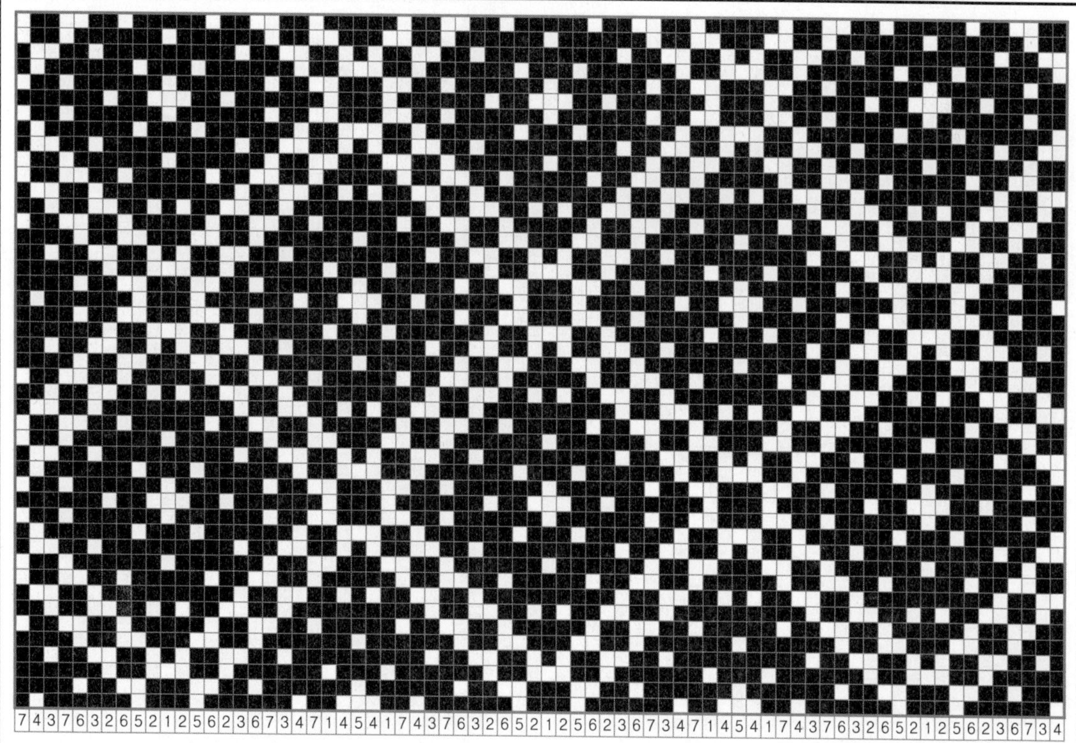

Mot ive design, design one repeat 7본 × 7본.

위 motive design에서 가로 2잔류 2삭제, 세로 2잔류 2삭제를 반복하여 유도한 design을 herring bone형으로 합성한 design, design one repeat 26본 × 14본.

위 motive design에서 가로 2잔류 2삭제, 세로 2잔류 2삭제를 반복하여 유도한 design을 마름모형으로 합성한 design, design one repeat 26본 × 26본.

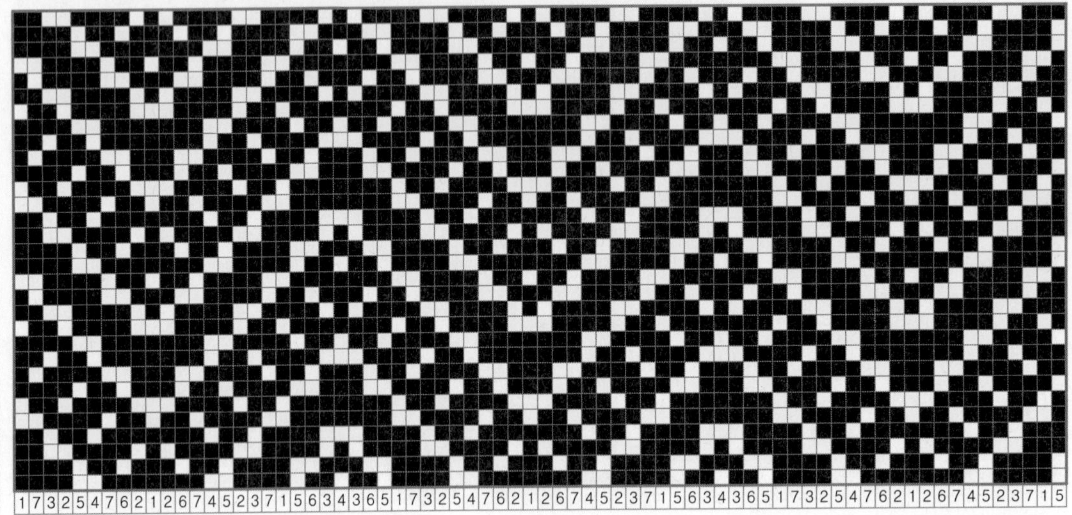

Mot ive design. design one repeat 7본 × 7본.

위 motive design에서 가로 2잔류 3삭제, 세로 2잔류 3삭제를 반복하여 유도한 design을 herring bone형으로 합성한 design, design one repeat 26본 × 14본.

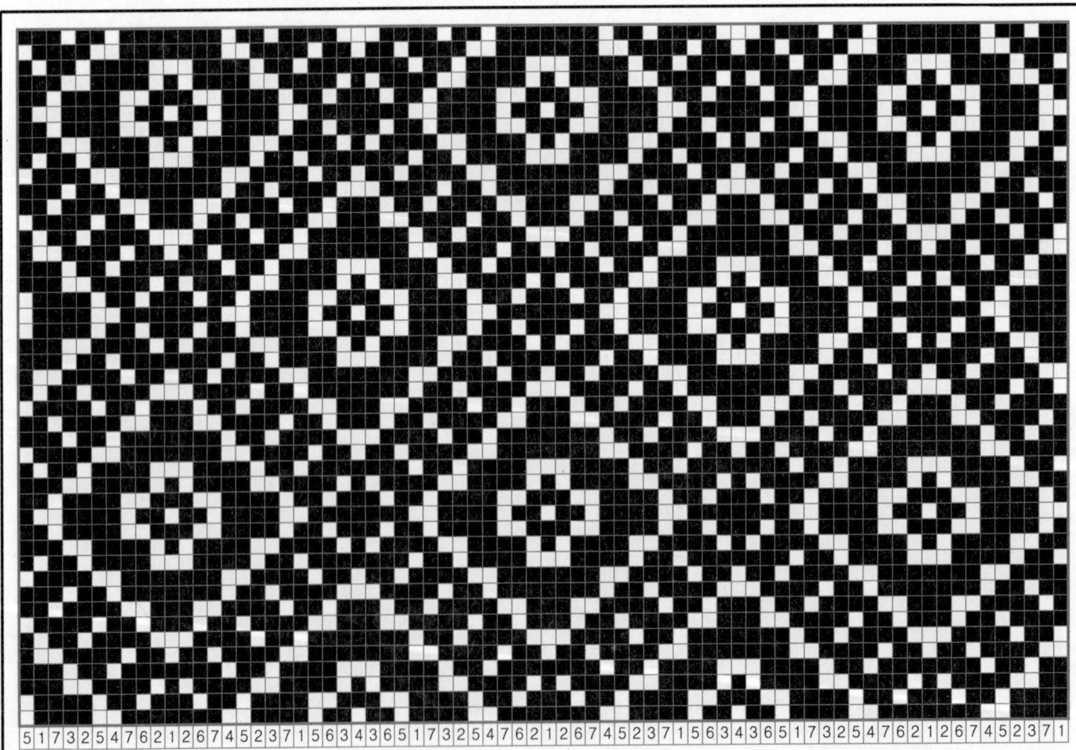

위 motive design에서 가로 2잔류 3삭제, 세로 2잔류 3삭제를 반복하여 유도한 design을 마름모형으로 합성한 design, design one repeat 26본 × 26본.

Mot ive design. design one repeat 7본×7본.

위 motive design에서 가로 3잔류 2삭제, 세로 3잔류 2삭제를 반복하여 유도한 design을 herring bone형으로 합성한 design, design one repeat 40본×21본.

위 motive design에서 가로 3잔류 2삭제, 세로 3잔류 2삭제를 반복하여 유도한 design을 마름모형으로 합성한 design, design one repeat 40본×40본.

Motive design. design one repeat 7본 × 7본.

위 motive design에서 가로 3잔류 3삭제, 세로 3잔류 3삭제를 반복하여 유도한 design을 herring bone형으로 합성한 design, design one repeat 40본 × 21본.

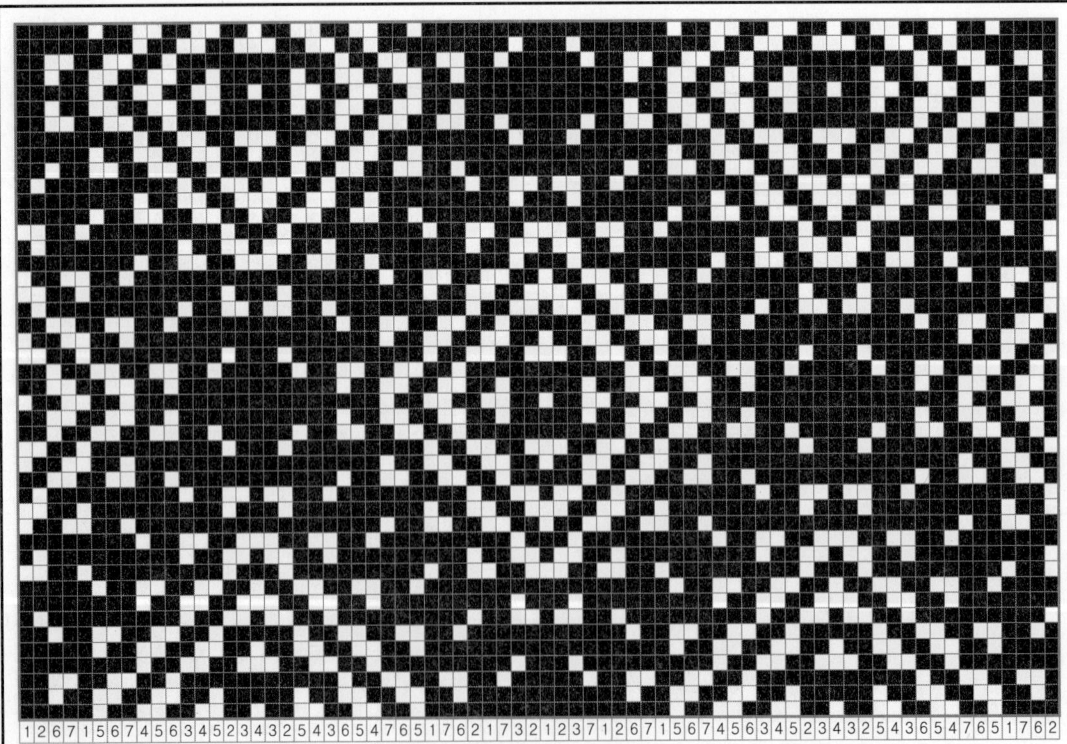

위 motive design에서 가로 3잔류 3삭제, 세로 3잔류 3삭제를 반복하여 유도한 design을 마름모형으로 합성한 design, design one repeat 40본 × 40본.

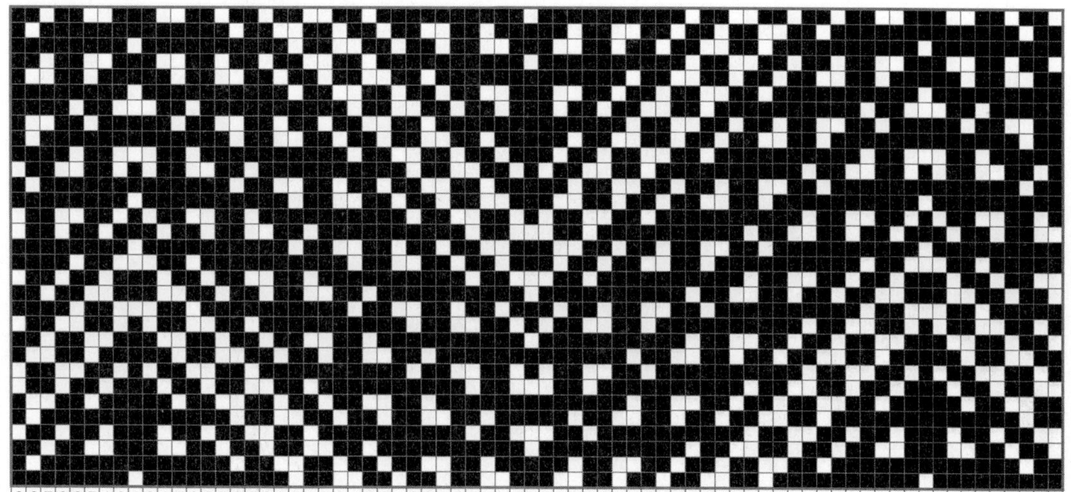

Mot ive design. design one repeat 7본 × 7본.

위 mot ive design에서 가로 2잔류 1삭제 2잔류 3삭제, 세로 2잔류 1삭제 2잔류 3삭제를 반복하여 유도한 design을 herring bone형으로 합성한 design, design one repeat 54본 × 28본.

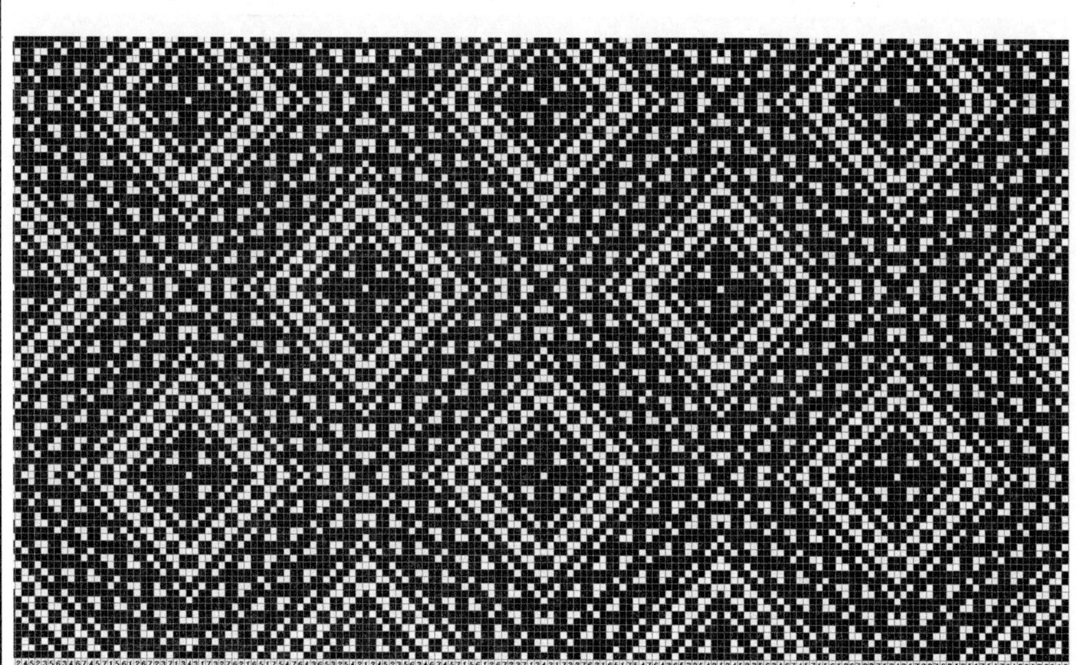

위 mot ive design에서 가로 2잔류 1삭제 2잔류 3삭제, 세로 2잔류 1삭제 2잔류 3삭제를 반복하여 유도한 design을 마름모형으로 합성한 design, design one repeat 54본 × 54본.

Mot ive design. design one repeat 7본 × 7본.

위 mot ive design에서 가로 2잔류 1삭제 2잔류 4삭제, 세로 2잔류 1삭제 2잔류 4삭제를 반복하여 유도한 design을 herring bone형으로 합성한 design, design one repeat 54본 × 28본.

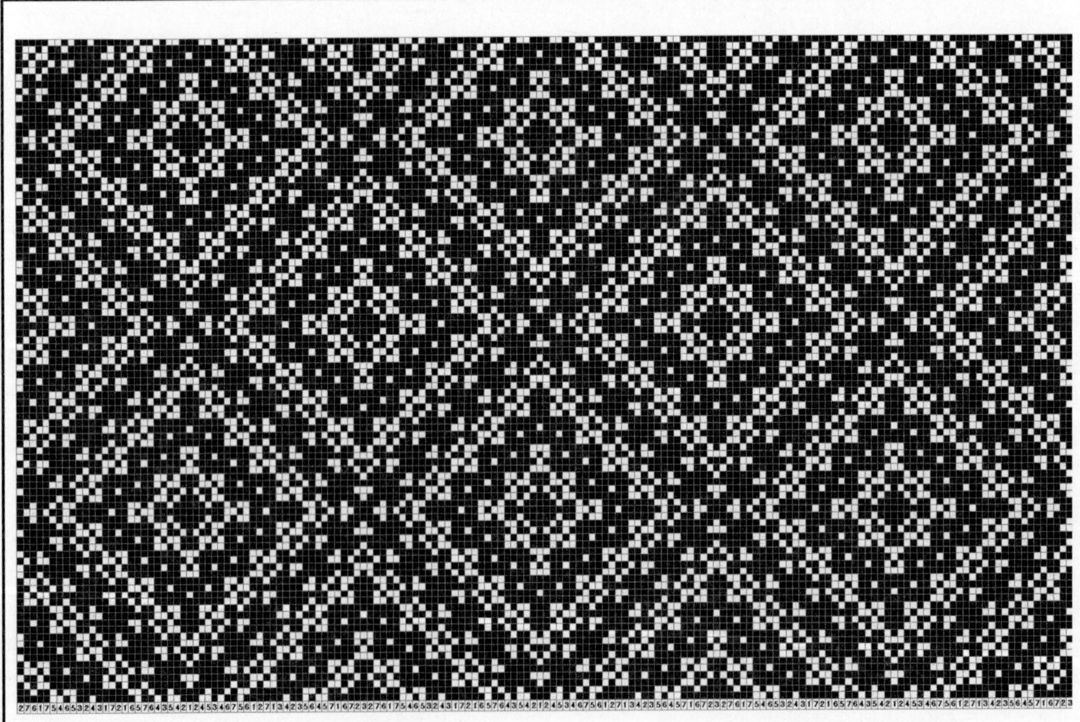

위 mot ive design에서 가로 2잔류 1삭제 2잔류 4삭제, 세로 2잔류 1삭제 2잔류 4삭제를 반복하여 유도한 design을 마름모형으로 합성한 design, design one repeat 54본 × 54본.

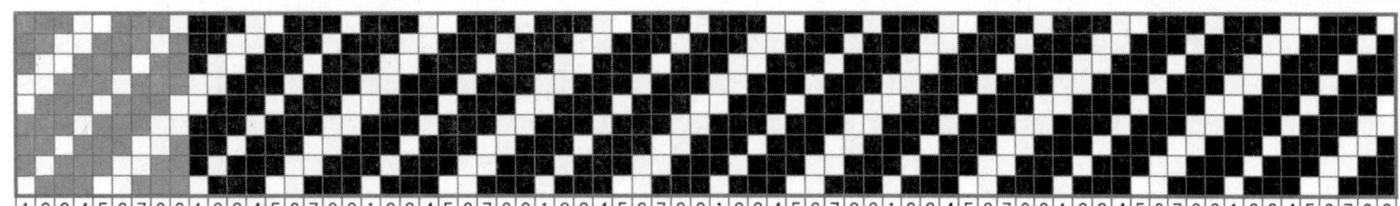

Mot ive design. design one repeat 9본 × 9본.

위 mot ive design에서 가로 2잔류 1삭제 2잔류 3삭제, 세로 2잔류 1삭제 2잔류 3삭제를 반복하여 유도한 design을 herring bone형으로 합성한 design, design one repeat 70본 × 36본.

위 mot ive design에서 가로 2잔류 1삭제 2잔류 3삭제, 세로 2잔류 1삭제 2잔류 3삭제를 반복하여 유도한 design을 마름모형으로 합성한 design, design one repeat 70본 × 70본.

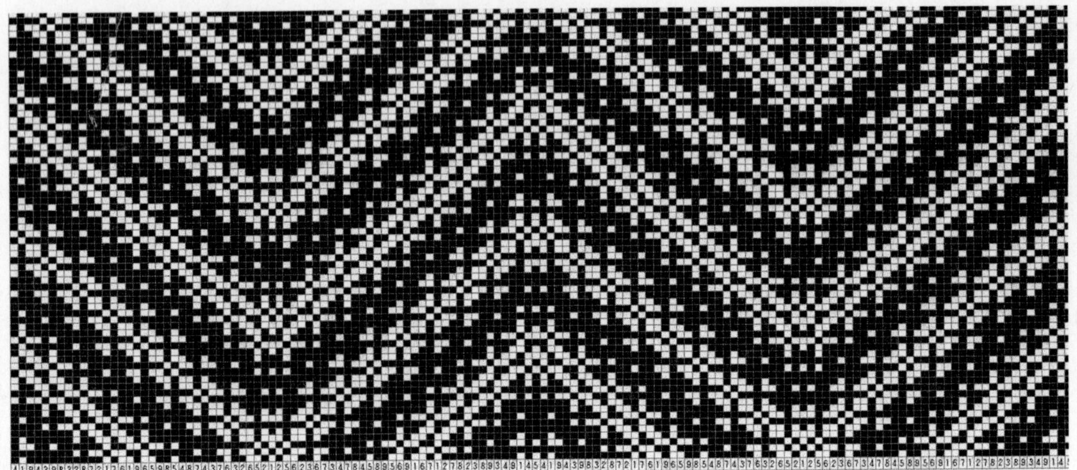

Mot ive design, design one repeat 9본×9본.

위 mot ive design에서 가로 2잔류 2삭제 2잔류 4삭제, 세로 2잔류 2삭제 2잔류 4삭제를 반복하여 유도한 design을 herring bone형으로 합성한 design, design one repeat 70본×36본.

위 mot ive design에서 가로 2잔류 2삭제 2잔류 4삭제, 세로 2잔류 2삭제 2잔류 4삭제를 반복하여 유도한 design을 마름모형으로 합성한 design, design one repeat 70본×70본.

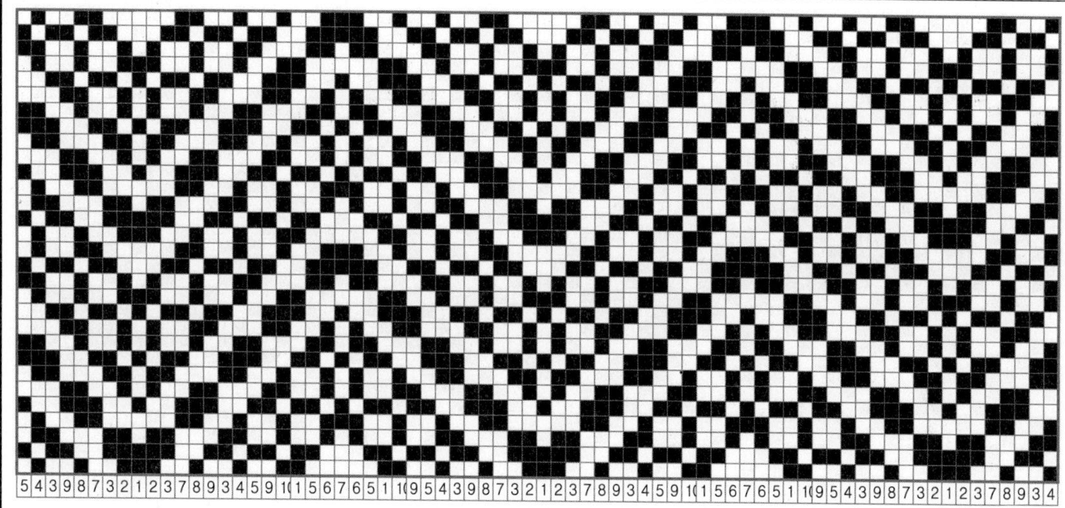

Motive design. design one repeat 10본 × 10본.

위 motive design에서 가로 3잔류 3삭제, 세로 3잔류 3삭제를 반복하여 유도한 design을 herring bone형으로 합성한 design, design one repeat 28본 × 15본.

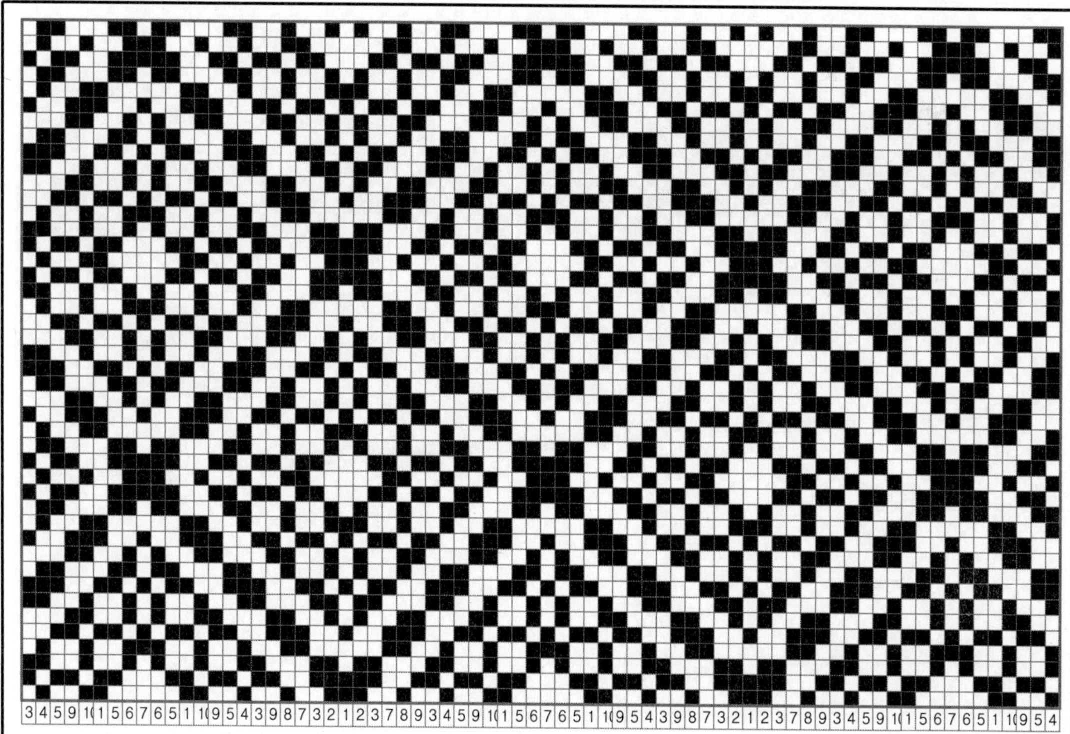

위 motive design에서 가로 3잔류 3삭제, 세로 3잔류 3삭제를 반복하여 유도한 design을 마름모형으로 합성한 design, design one repeat 28본 × 28본.

Mot ive design. design one repeat 10본 × 10본.

위 motive design에서 가로 4잔류 4삭제, 세로 4잔류 4삭제를 반복하여 유도한 design을 herring bone형으로 합성한 design, design one repeat 38본 × 20본.

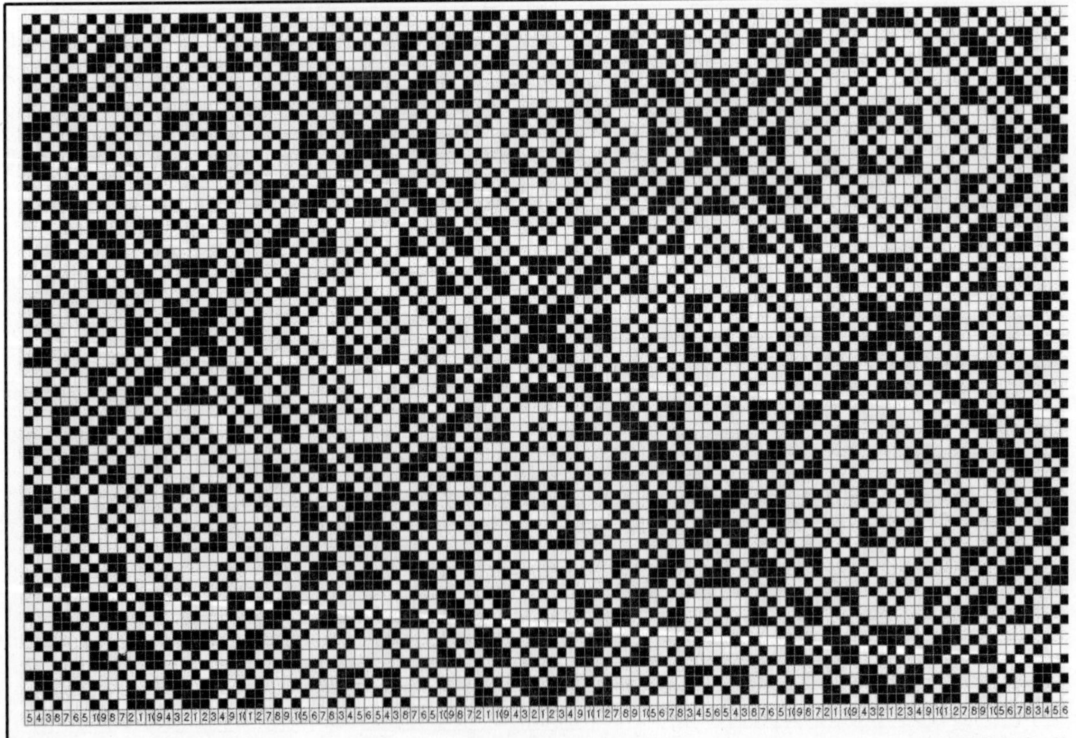

위 motive design에서 가로 4잔류 4삭제, 세로 4잔류 4삭제를 반복하여 유도한 design을 마름모형으로 합성한 design, design one repeat 38본 × 38본.

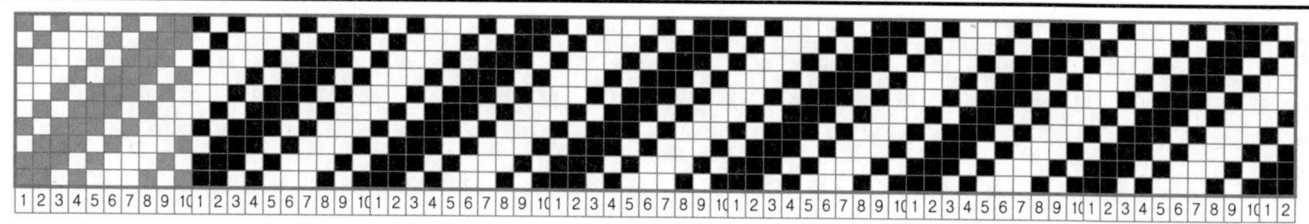

Mot ive design. design one repeat 10본 × 10본.

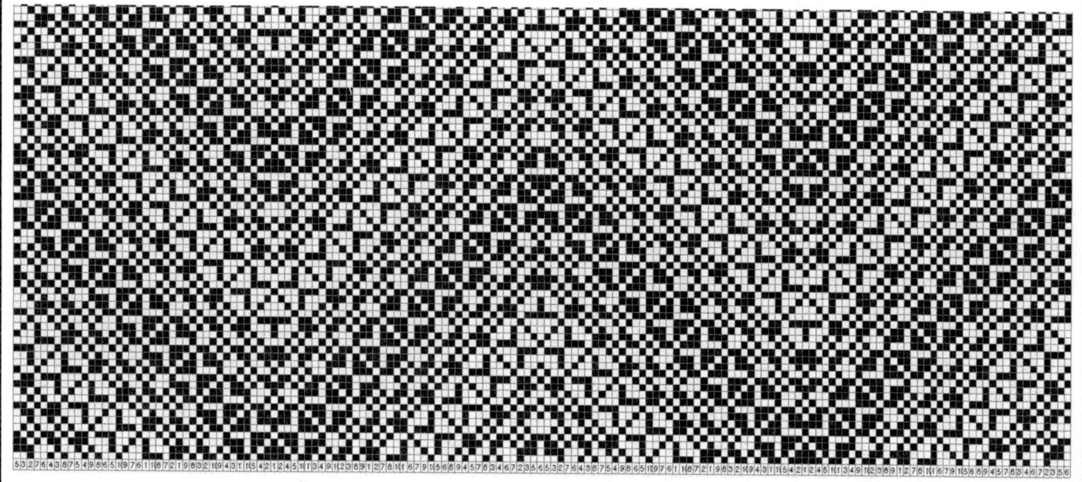

　위 motive design에서 가로 2잔류 1삭제 2잔류 4삭제, 세로 2잔류 1삭제 2잔류 4삭제를 반복하여 유도한 design을 herring bone형으로 합성한 design, design one repeat 78본 × 40본.

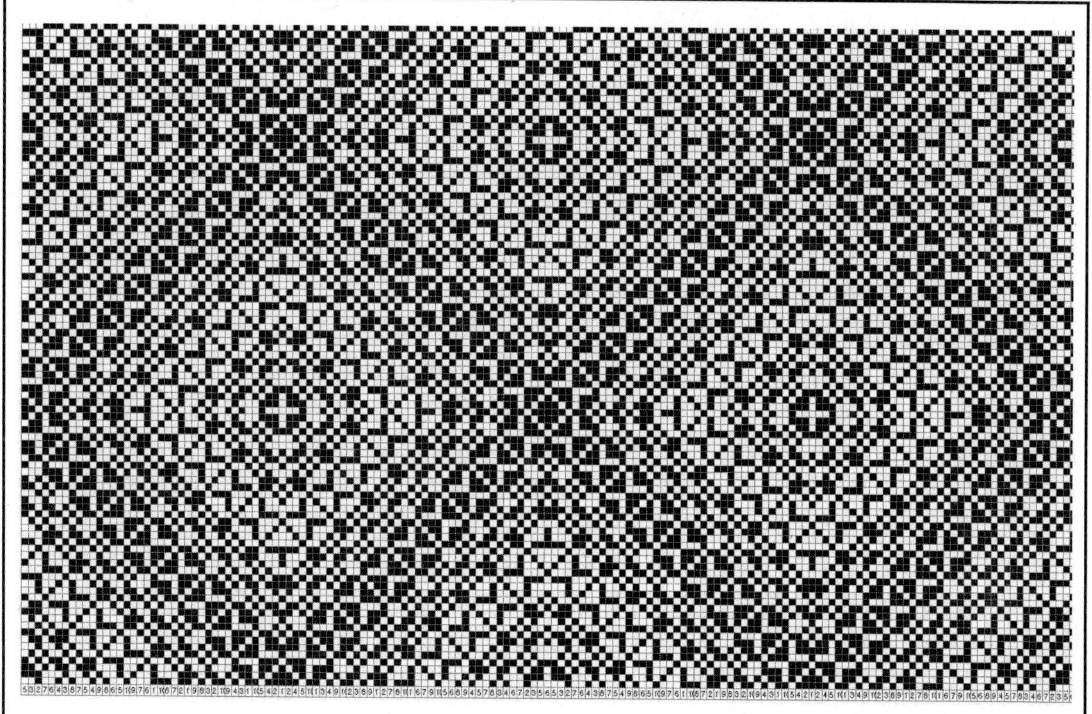

　위 mot ive design에서 가로 2잔류 1삭제 2잔류 4삭제, 세로 2잔류 1삭제 2잔류 4삭제를 반복하여 유도한 design을 마름모형으로 합성한 design, design one repeat 78본 × 78본.

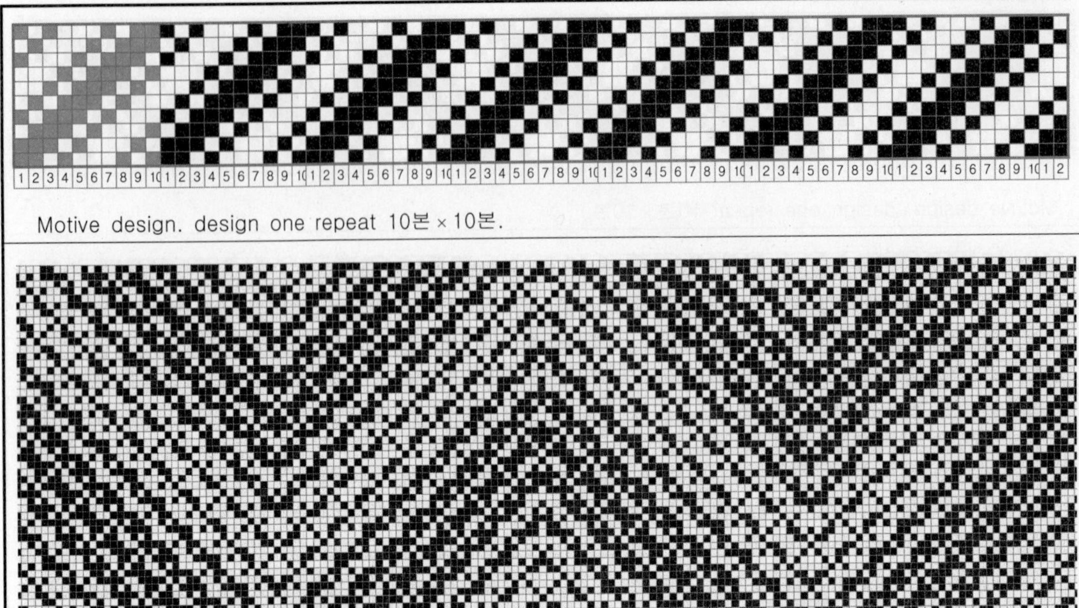

Motive design. design one repeat 10본 × 10본.

위 motive design에서 가로 2잔류 1삭제 2잔류 2삭제, 세로 2잔류 1삭제 2잔류 2삭제를 반복하여 유도한 design을 herring bone형으로 합성한 design, design one repeat 78본 × 40본.

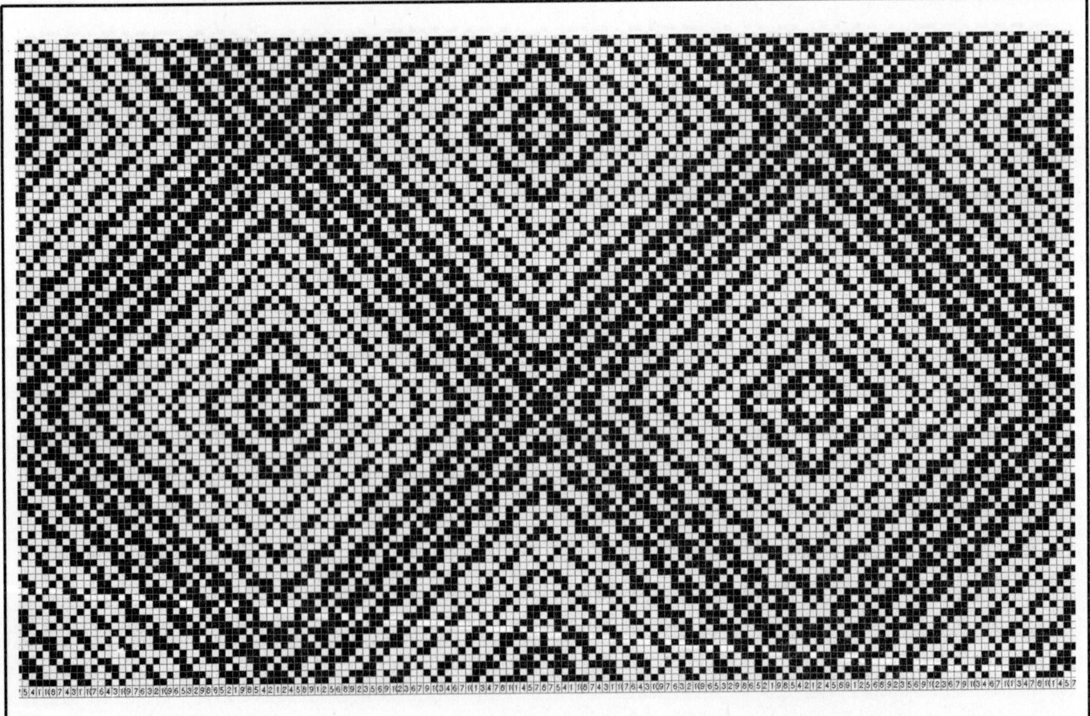

위 motive design에서 가로 2잔류 1삭제 2잔류 2삭제, 세로 2잔류 1삭제 2잔류 2삭제를 반복하여 유도한 design을 마름모형으로 합성한 design, design one repeat 78본 × 78본.

Motive design. design one repeat 10본 × 10본.

위 motive design에서 가로 5잔류 3삭제, 세로 5잔류 3삭제를 반복하여 유도한 design을 herring bone형으로 합성한 design, design one repeat 48본 × 25본.

위 motive design에서 가로 5잔류 3삭제, 세로 5잔류 3삭제를 반복하여 유도한 design을 마름모형으로 합성한 design, design one repeat 48본 × 48본.

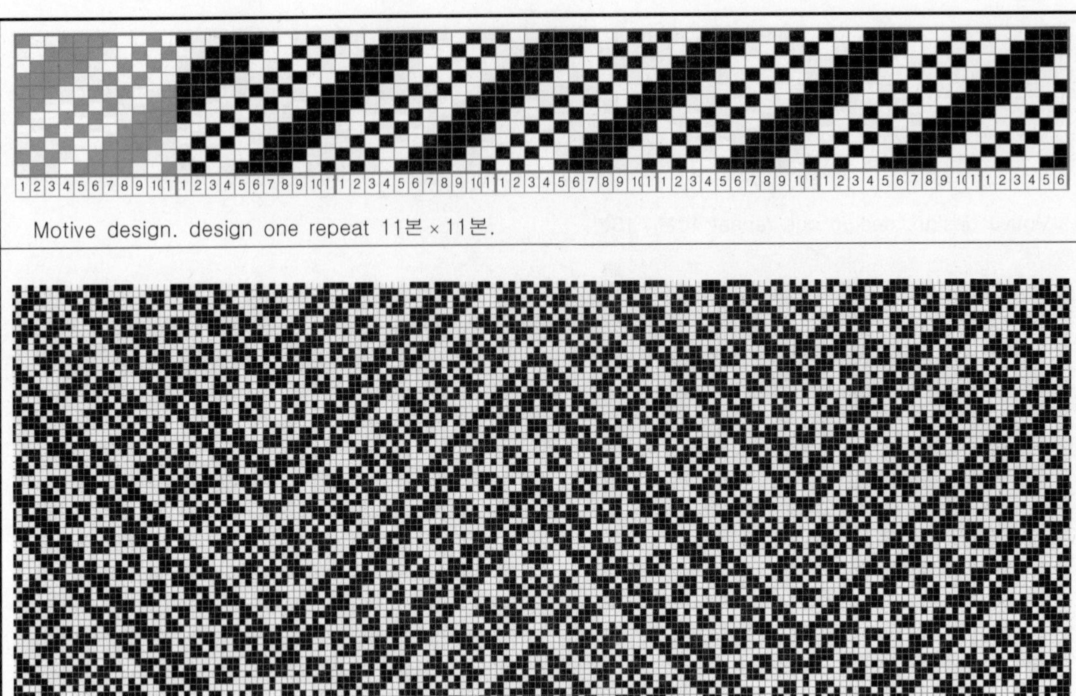

Motive design. design one repeat 11본 × 11본.

위 motive design에서 가로 3잔류 3삭제, 세로 3잔류 3삭제를 반복하여 유도한 design을 herring bone형으로 합성한 design, design one repeat 28본 × 15본.

위 motive design에서 가로 3잔류 3삭제, 세로 3잔류 3삭제를 반복하여 유도한 design을 마름모형으로 합성한 design, design one repeat 28본 × 28본.

Motive design. design one repeat 11본 × 11본.

위 motive design에서 가로 3잔류 3삭제, 세로 3잔류 3삭제를 반복하여 유도한 design을 herring bone형으로 합성한 design, design one repeat 28본 × 15본.

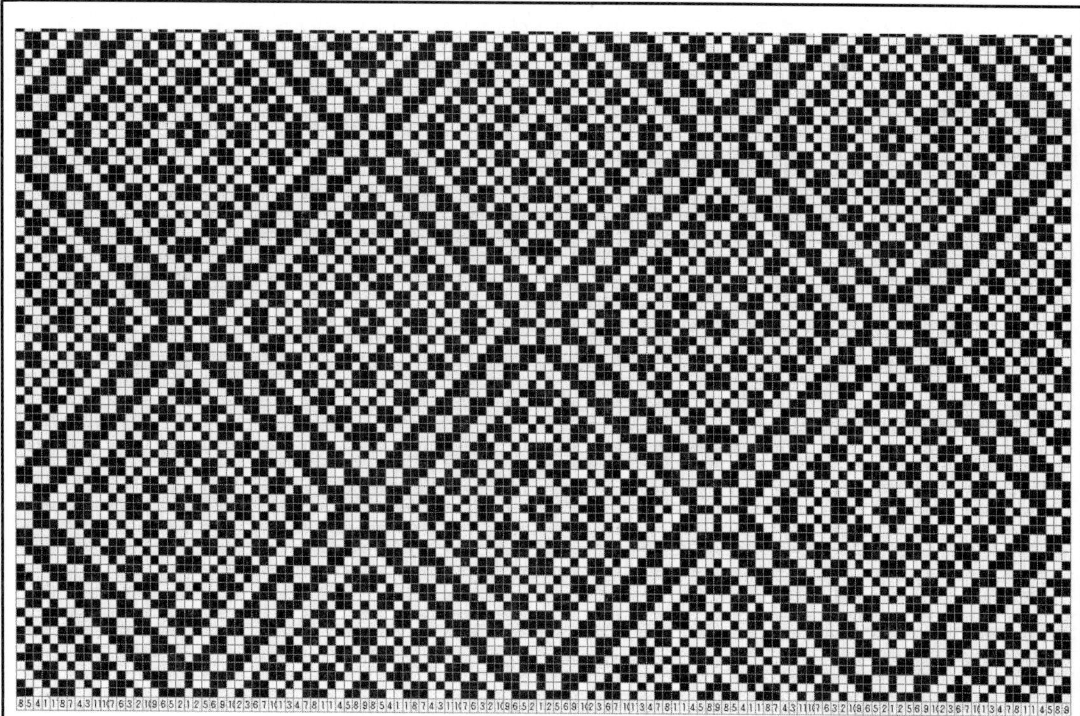

위 motive design에서 가로 3잔류 3삭제, 세로 3잔류 3삭제를 반복하여 유도한 design을 마름모형으로 합성한 design, design one repeat 28본 × 28본.

Motive design. design one repeat 11본×11본.

위 motive design에서 가로 4잔류 4삭제, 세로 4잔류 4삭제를 반복하여 유도한 design을 herring bone형으로 합성한 design, design one repeat 38본×20본.

위 motive design에서 가로 4잔류 4삭제, 세로 4잔류 4삭제를 반복하여 유도한 design을 마름모형으로 합성한 design, design one repeat 38본×38본.

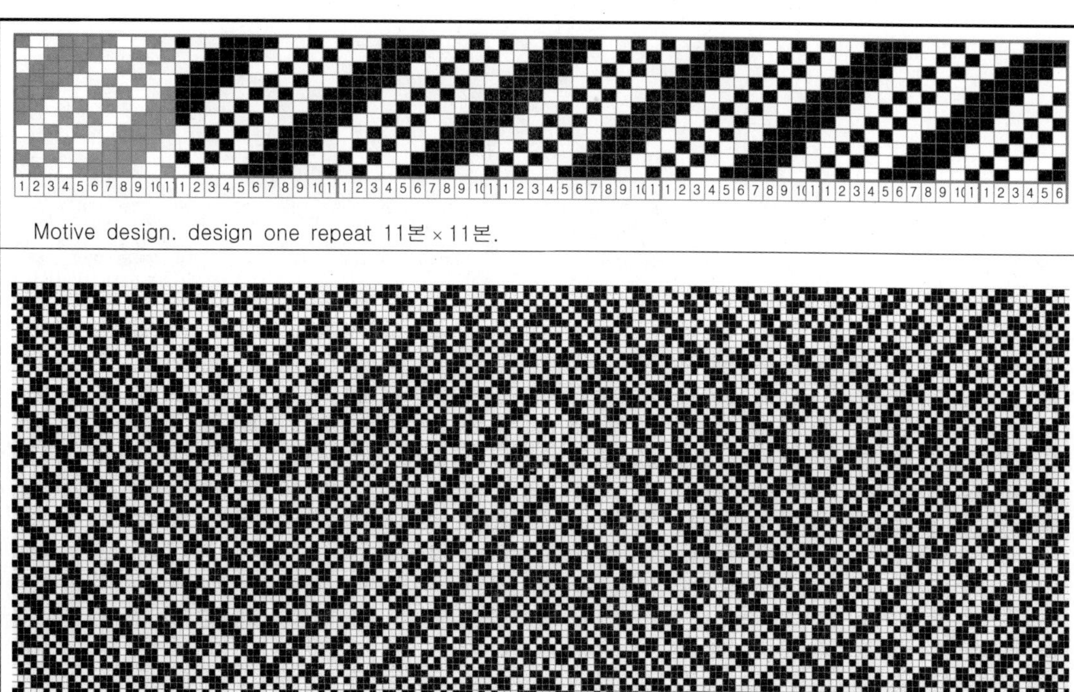

Motive design. design one repeat 11본 × 11본.

위 motive design에서 가로 4잔류 4삭제, 세로 4잔류 4삭제를 반복하여 유도한 design을 herring bone형으로 합성한 design, design one repeat 38본 × 20본.

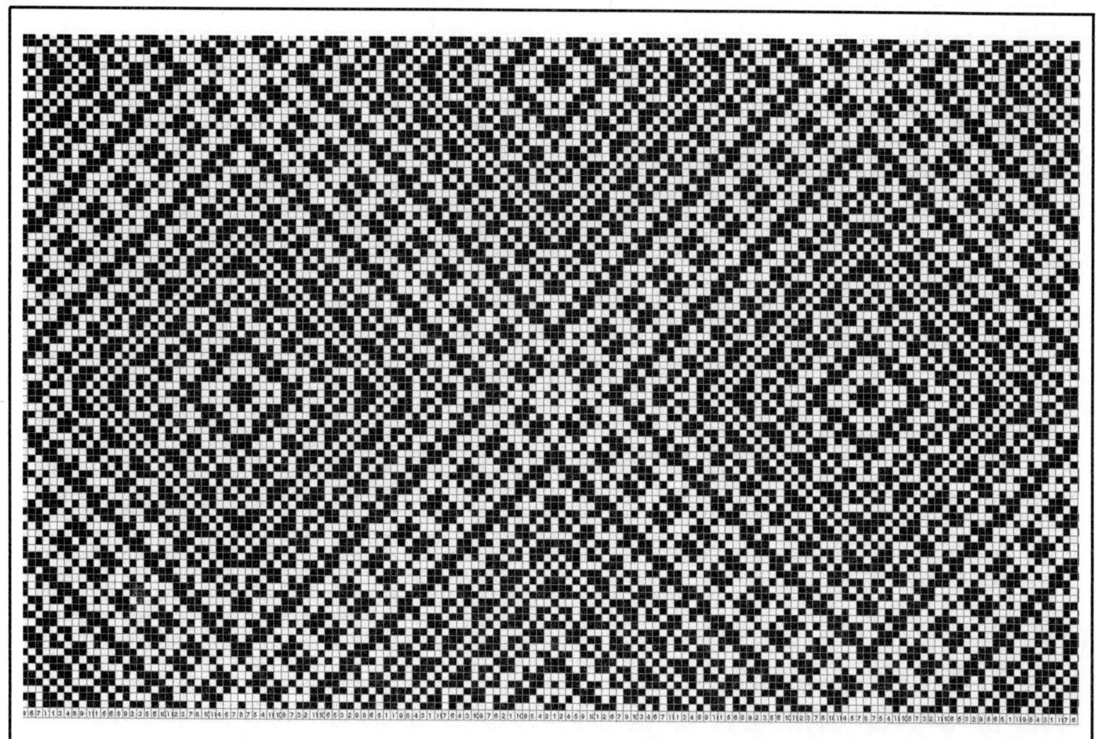

위 motive design에서 가로 4잔류 4삭제, 세로 4잔류 4삭제를 반복하여 유도한 design을 마름모형으로 합성한 design, design one repeat 38본 × 38본.

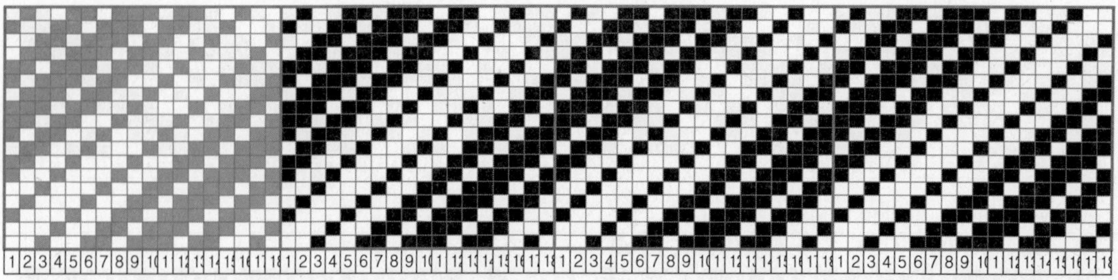

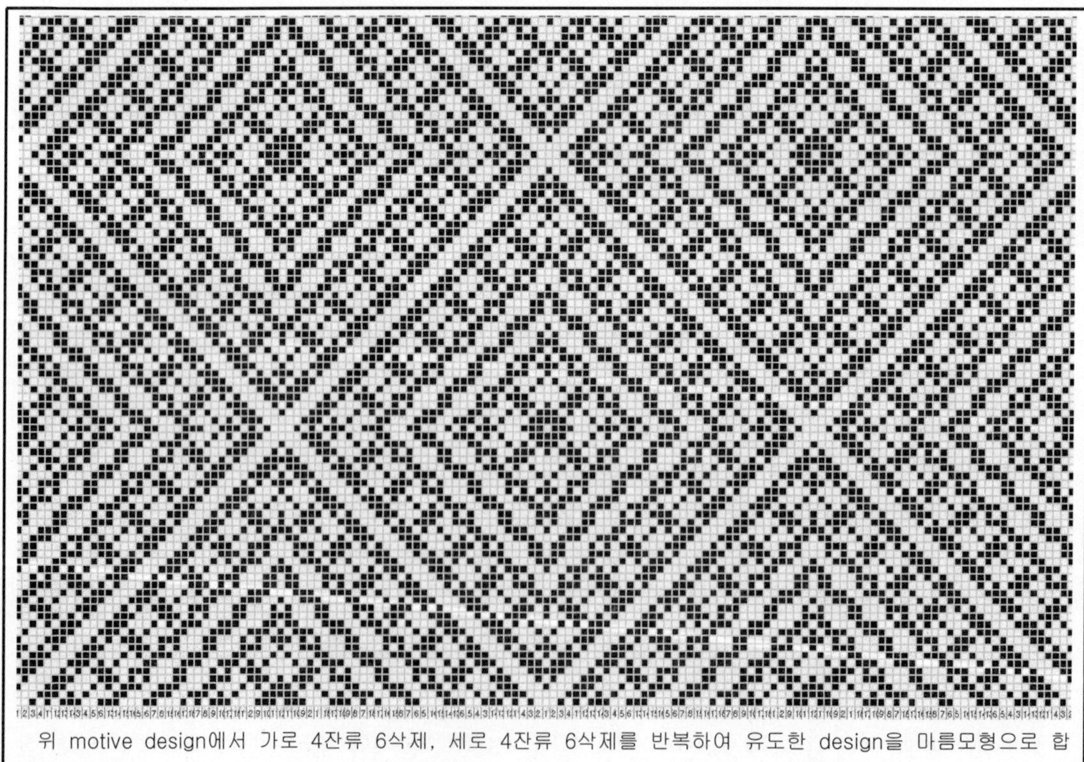

Motive design. design one repeat 18본 × 18본.

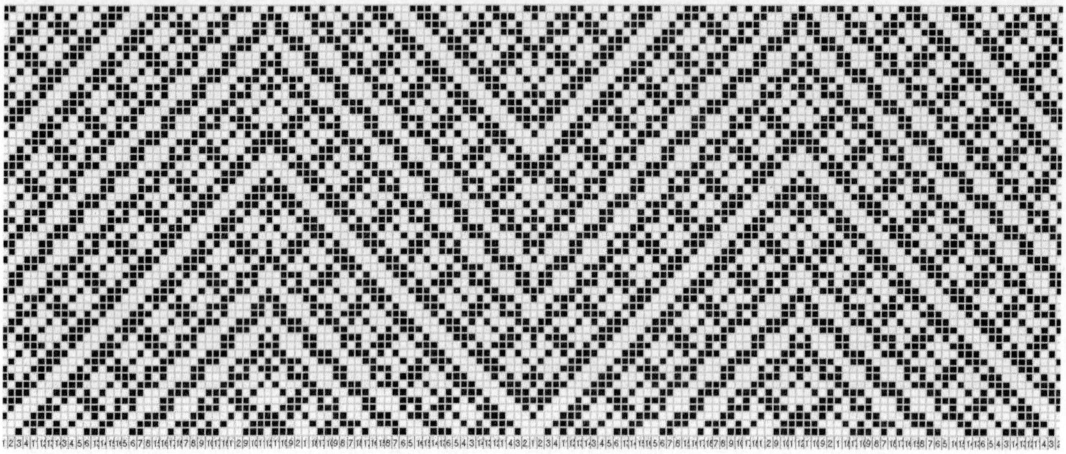

위 motive design에서 가로 4잔류 6삭제, 세로 4잔류 6삭제를 반복하여 유도한 design을 herring bone형으로 합성한 design, design one repeat 70본 × 36본.

위 motive design에서 가로 4잔류 6삭제, 세로 4잔류 6삭제를 반복하여 유도한 design을 마름모형으로 합성한 design, design one repeat 70본 × 70본.

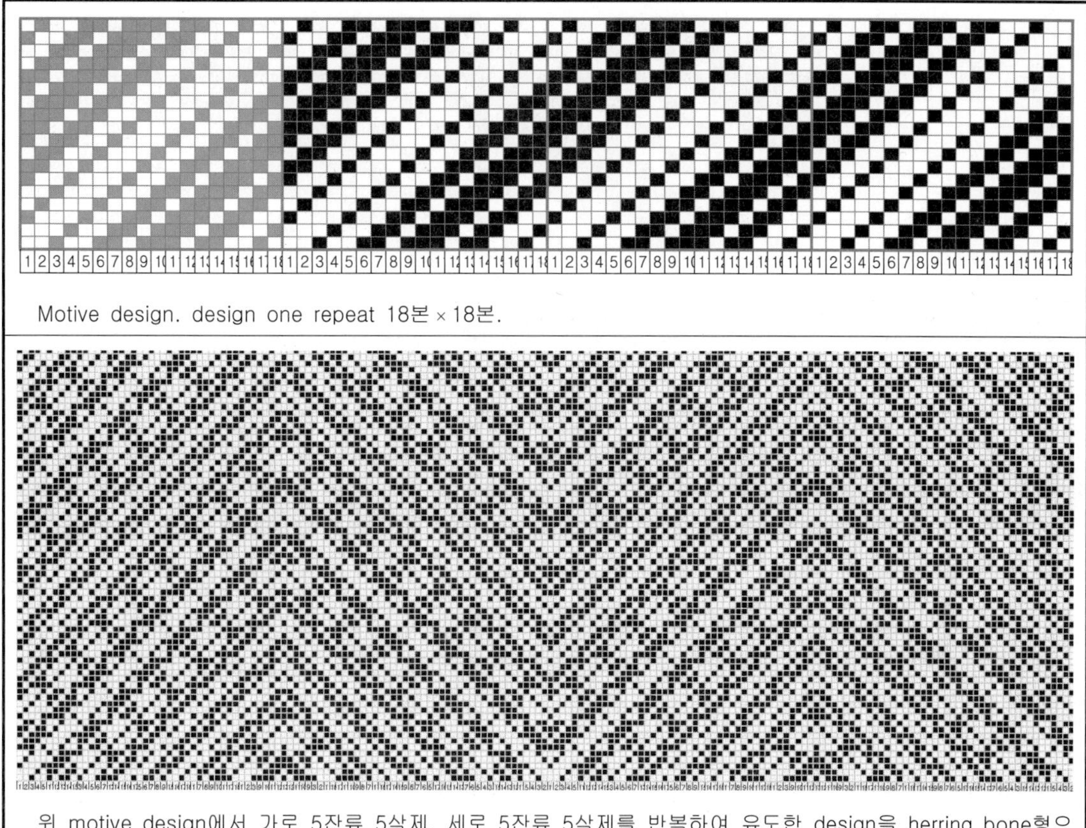

Motive design. design one repeat 18본 × 18본.

위 motive design에서 가로 5잔류 5삭제, 세로 5잔류 5삭제를 반복하여 유도한 design을 herring bone형으로 합성한 design, design one repeat 88본 × 45본.

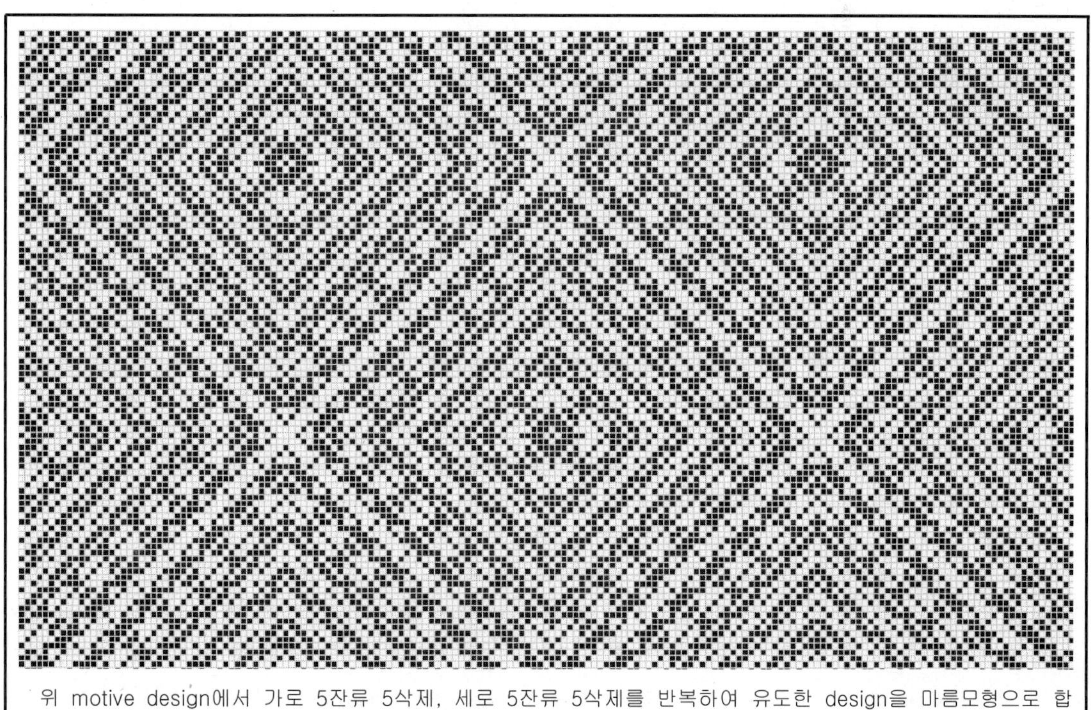

위 motive design에서 가로 5잔류 5삭제, 세로 5잔류 5삭제를 반복하여 유도한 design을 마름모형으로 합성한 design, design one repeat 88본 × 88본.

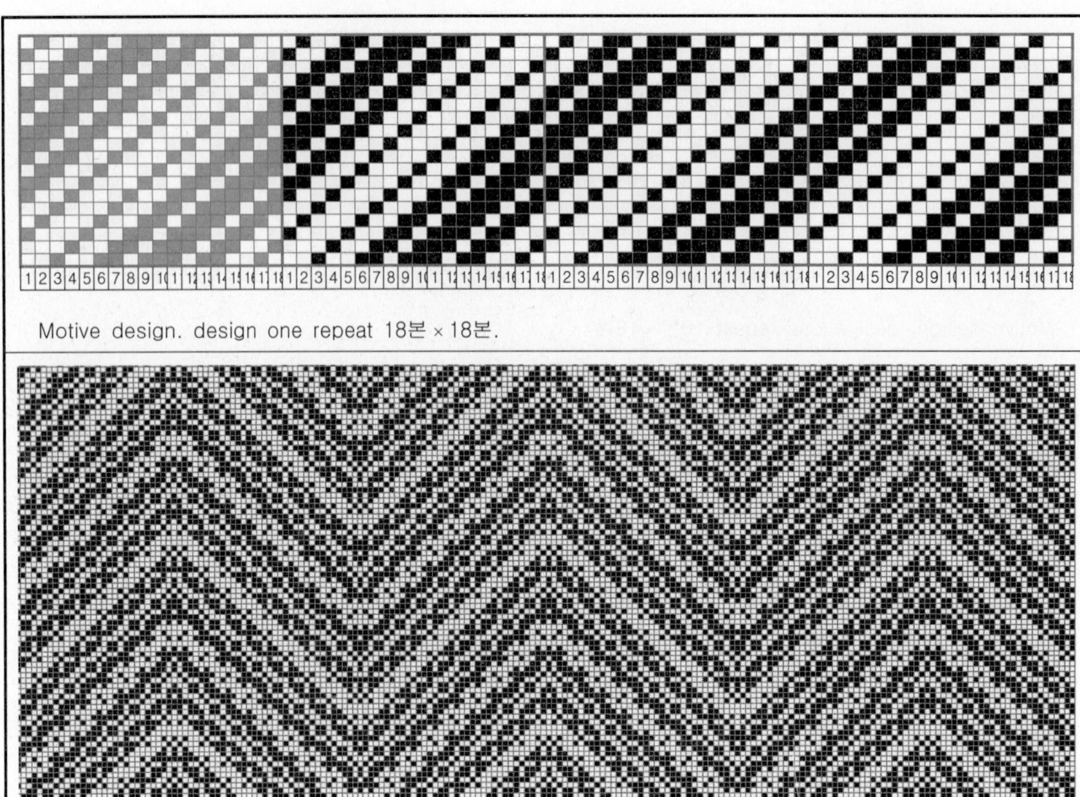

Motive design. design one repeat 18본 × 18본.

위 motive design에서 가로 세로 2잔류 1삭제 2잔류 8삭제로 생성된 design을, 4잔류 4삭제를 반복하여 유도한 다음 herring bone형으로 합성한 design, design one repeat 70본 × 36본.

위 motive design에서 가로 세로 2잔류 1삭제 2잔류 8삭제로 생성된 design을, 4잔류 4삭제를 반복하여 유도한 다음 마름모형으로 합성한 design, design one repeat 70본 × 70본.

02. 디자인 삽입법

Motive design에 부분적으로 여백이나 다른 design점을 삽입하면 또 다른 영역의 디자인이 창작되며 또 다양성이 증대되어 활용의 범위가 넓어진다.

그리고 여백이나 design점을 삽입할 때, 본수의 규정은 없으나 design이 크면 design 본수의 약수를, design이 작으면 design 본수의 배수를 선정하여 반복 삽입하는 방법이 일반적이다. 또 대칭 조직에는 대칭선을 기준으로 하여 삽입하는 것이 합리적이다.

"디자인 삽입법"에 따라 생성되는 논리는 제1장 새로운 디자인 유도법의 이론이 상당 부분 공유 적용된다.

이 기법에서, 기존 본수와 삽입 본수의 합한 수와 motive 조직 '원 리피트 본수'와의 최소공배수가 생성조직의 '원 리피트 본수'가 된다. 따라서 생성 design의 크기는 무한으로 증대되며, 창작되는 design의 개수 또한 무한대를 이루게 된다.

다음은 디자인 삽입법으로, 2차 생성 motive design을 활용하여 여백을 추가하여 유도한 design 작도 기법이다.

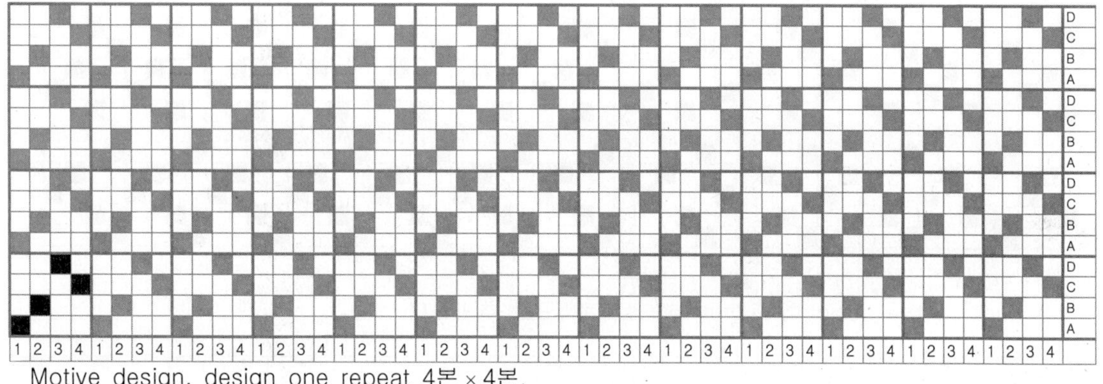

Motive design, design one repeat 4본 × 4본.

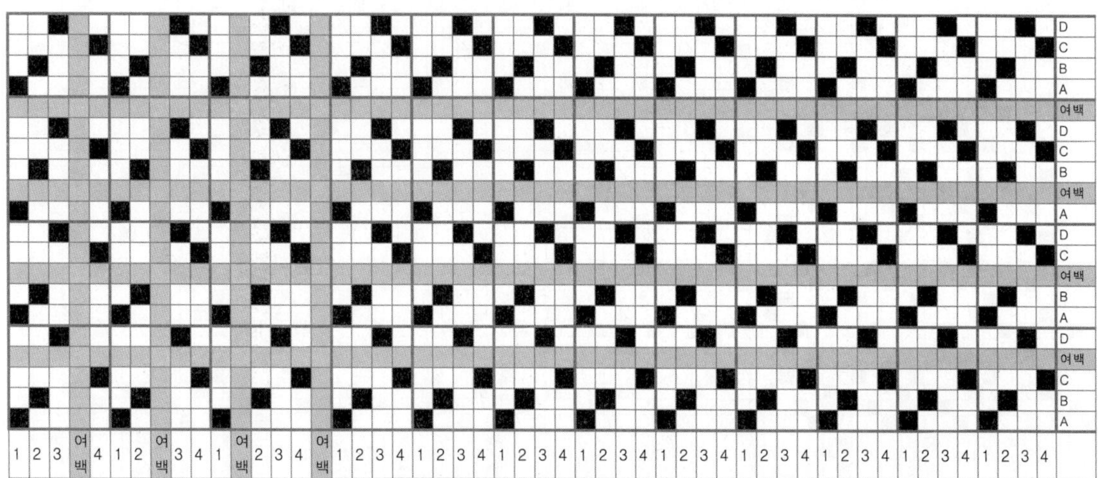

위 motive design에서 gray 부분을 여백으로 추가하여 삽입.

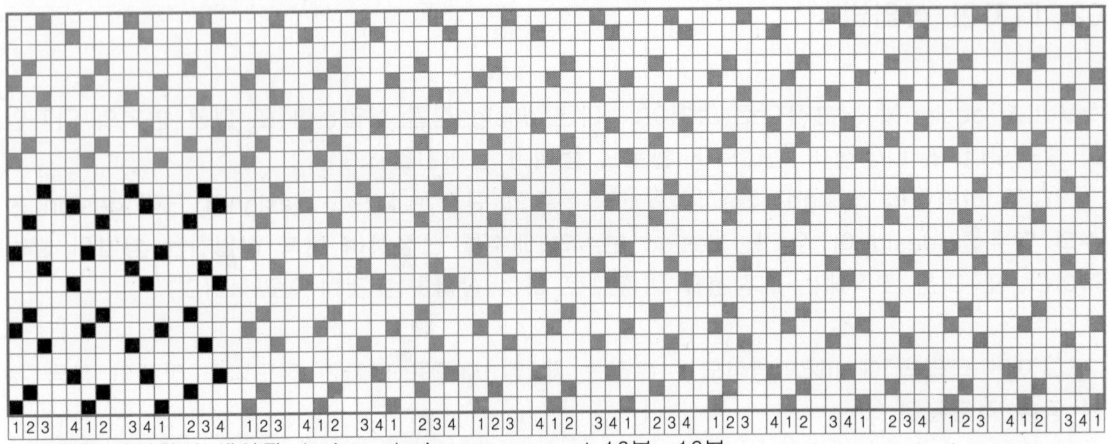

여백을 삽입하여 생성된 design, design one repeat 16본 × 16본.

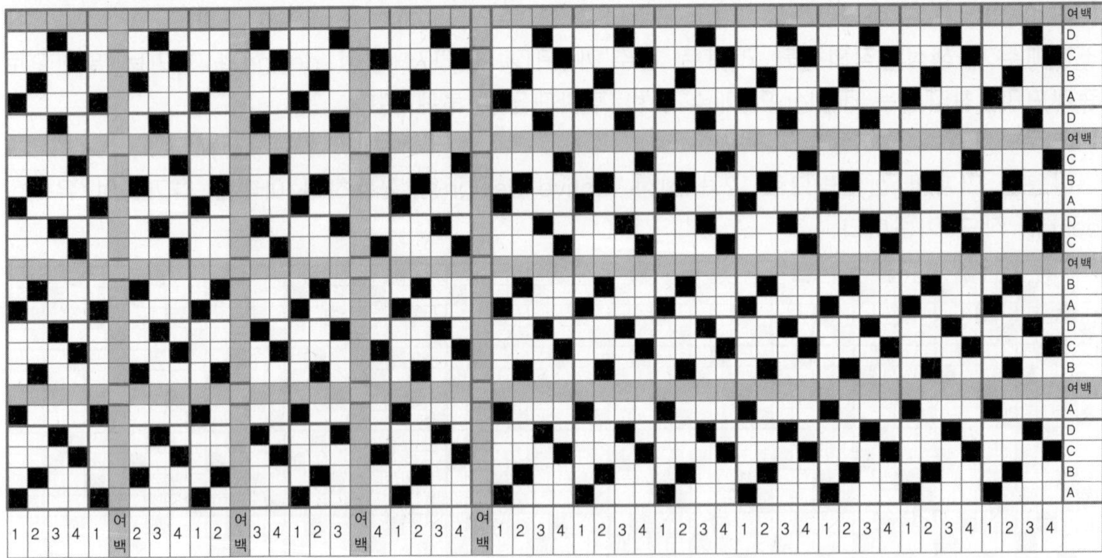

이전 page motive design에서 gray 부분을 여백으로 추가하여 삽입.

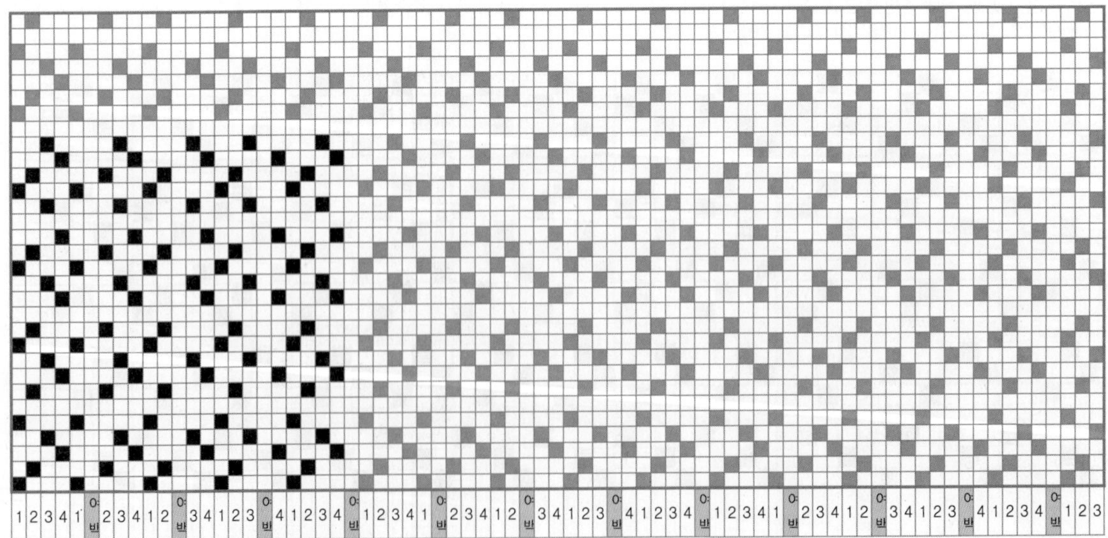

여백을 삽입하여 생성된 design, design one repeat 16본 × 16본.

다음은 디자인 삽입법으로, 2차 생성 motive design을 활용하여 여백을 추가하여 유도한 design 작도 기법이다.

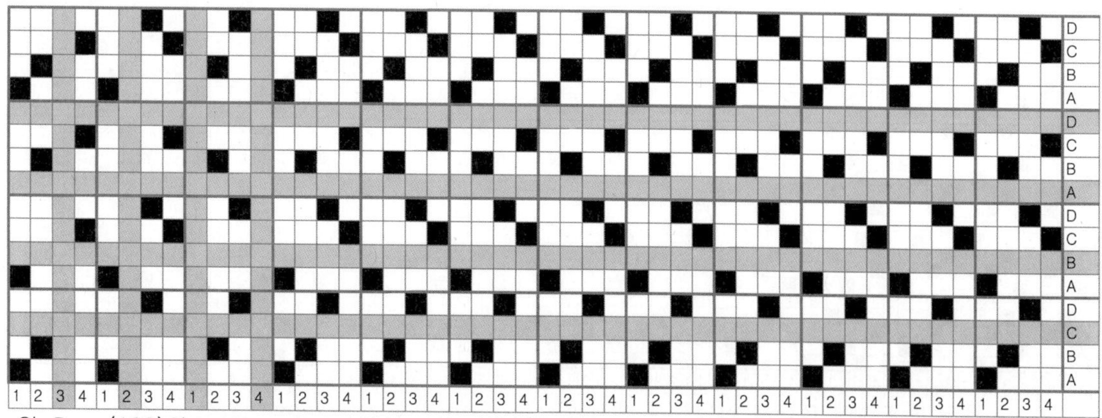

앞 Page(103)의 motive design에서 gray 부분의 기존 design선을 삭제, 그 자리에 여백으로 대입.

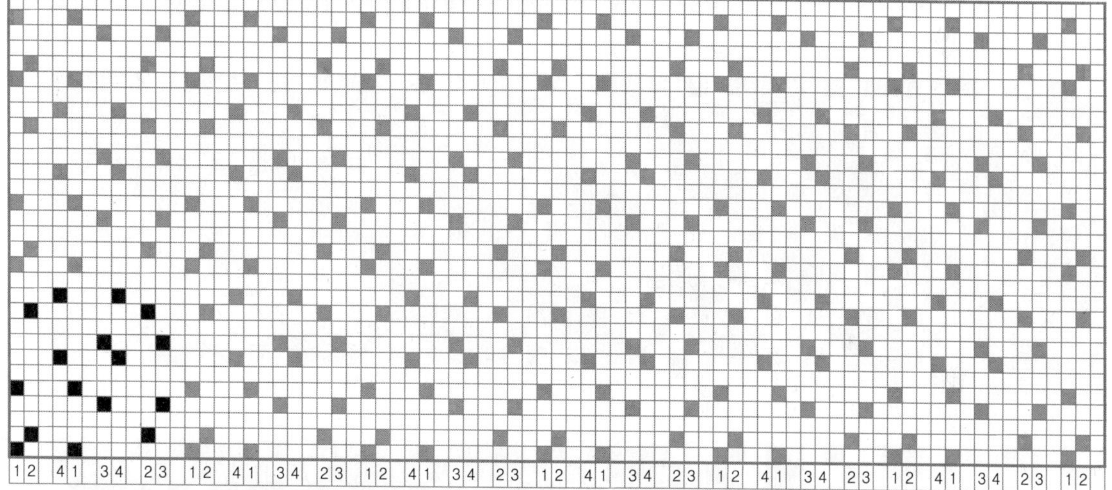

여백을 삽입하여 생성된 design, design one repeat 12본 × 12본.

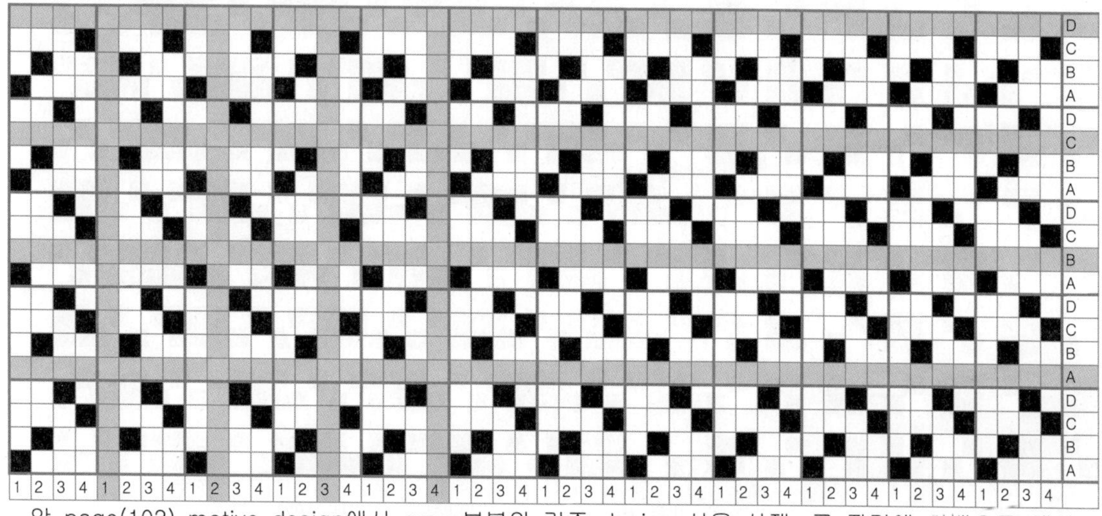

앞 page(103) motive design에서 gray 부분의 기존 design 선을 삭제, 그 자리에 여백으로 대입.

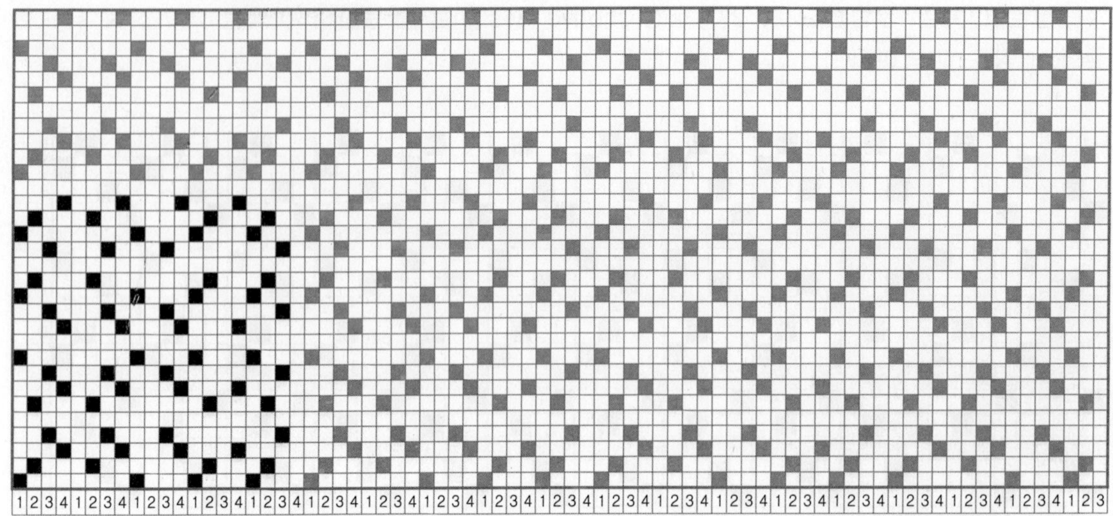

앞 page 하단의 그림에 여백을 삽입하여 생성된 design, design one repeat 12본×12본.

다음은 일반적인 twill design에서, 기본 design의 일부를 삭제하고 그 부분에 여백을 대입하여 삽입하는 방법에 따른 design을 유도한 방법이다.

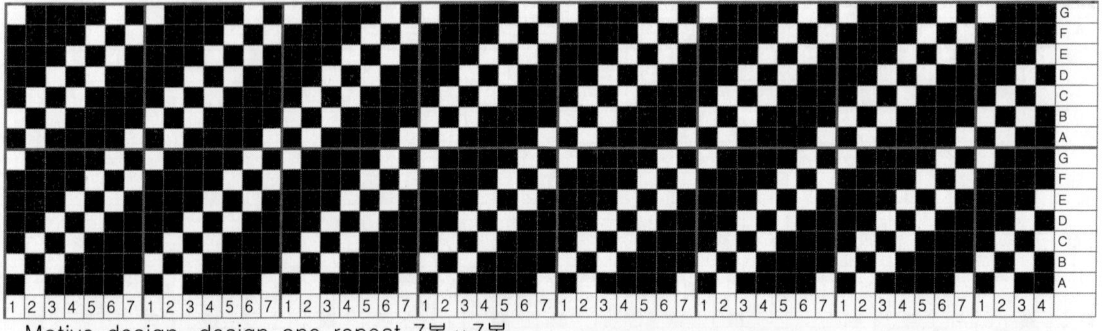

Motive design, design one repeat 7본×7본.

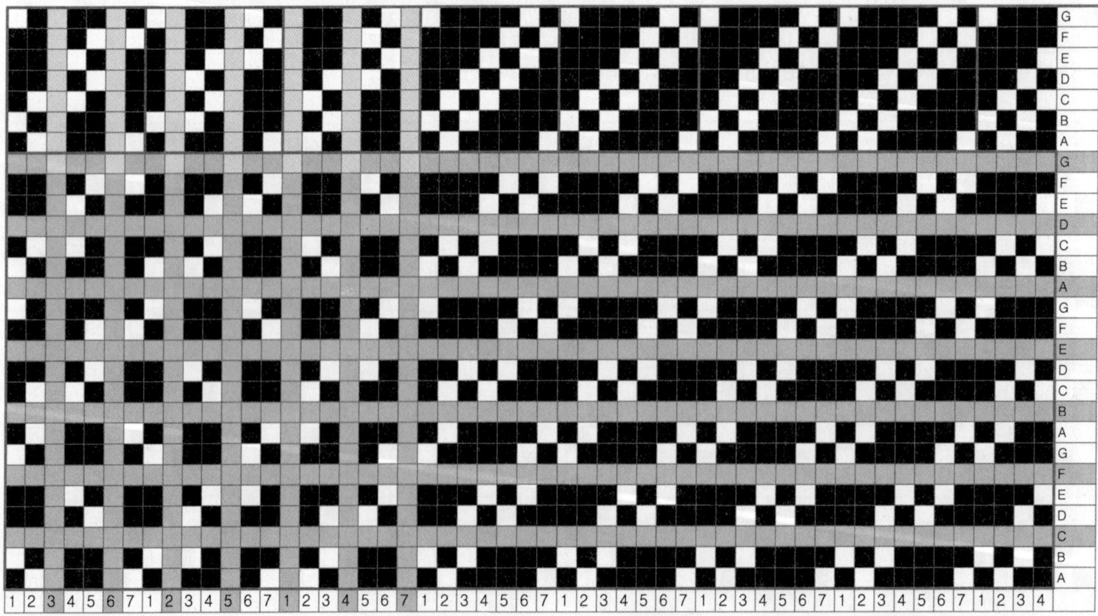

위 motive design에서 gray 부분의 기존 design 선을 삭제하고 그 자리에 여백으로 대입.

앞 page의 하단 그림에 여백을 삽입하여 생성된 design, design one repeat 21본×21본.

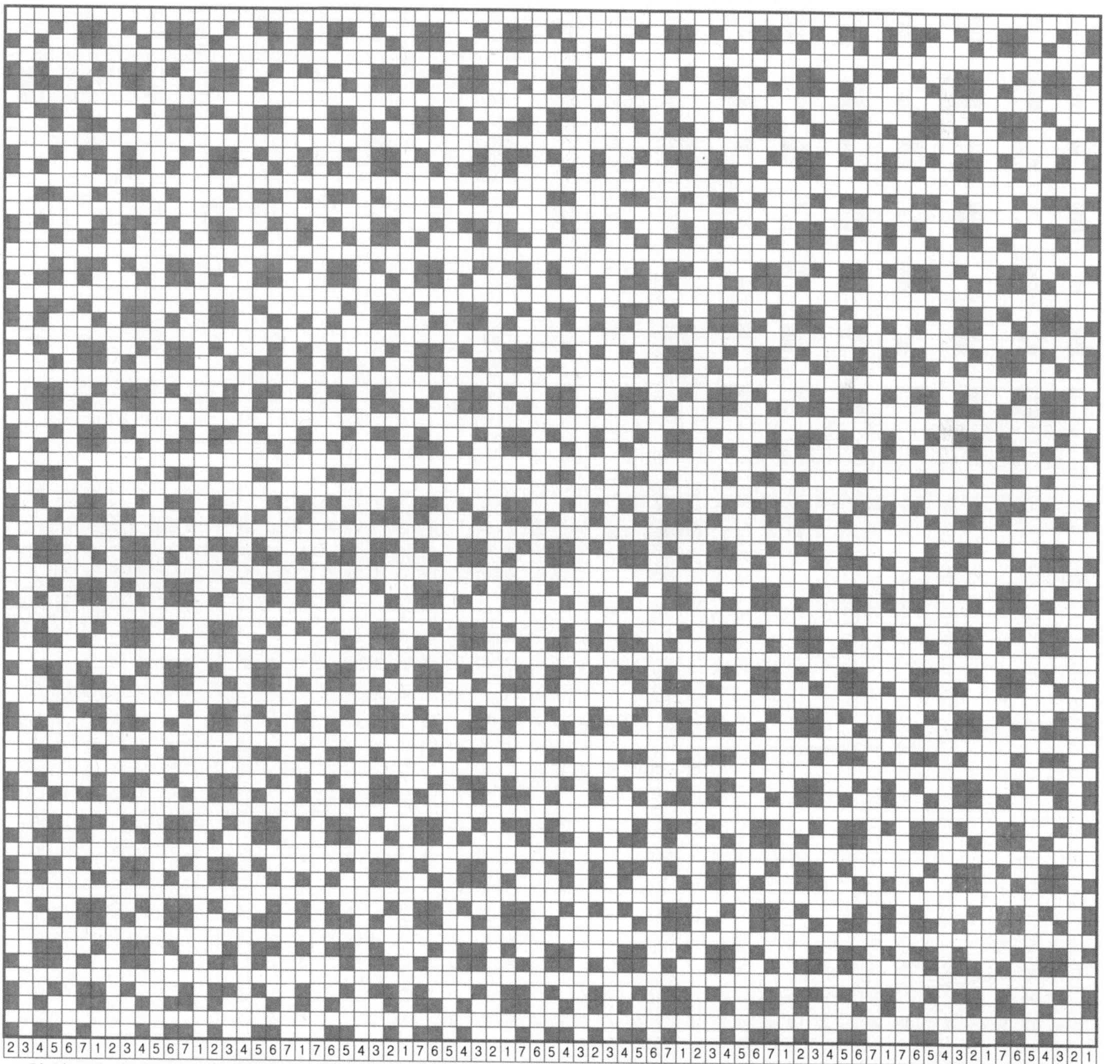

위의 생성된 design을 마름모형으로 합성. design one repeat 40본×40본. 마름모형으로 합성하기 전에 motive design 대칭선을 조정.

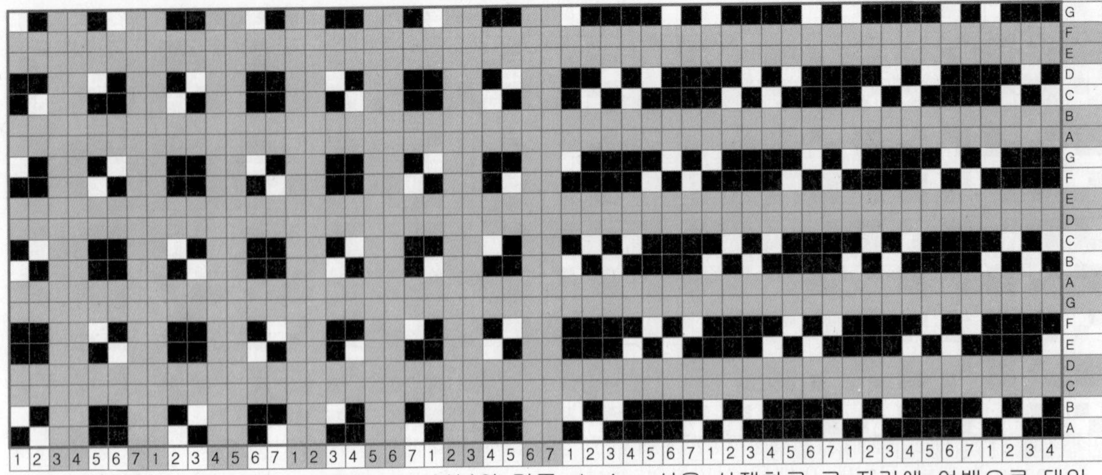

앞 page의 motive design에서 gray 부분의 기존 design 선을 삭제하고 그 자리에 여백으로 대입.

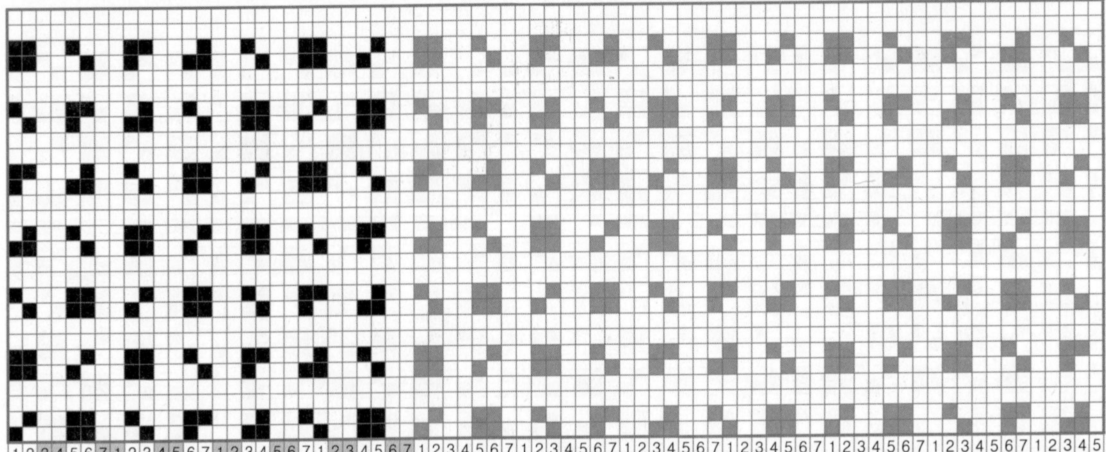

위 그림에 여백을 삽입하여 생성된 design, design one repeat 28본 × 28본.

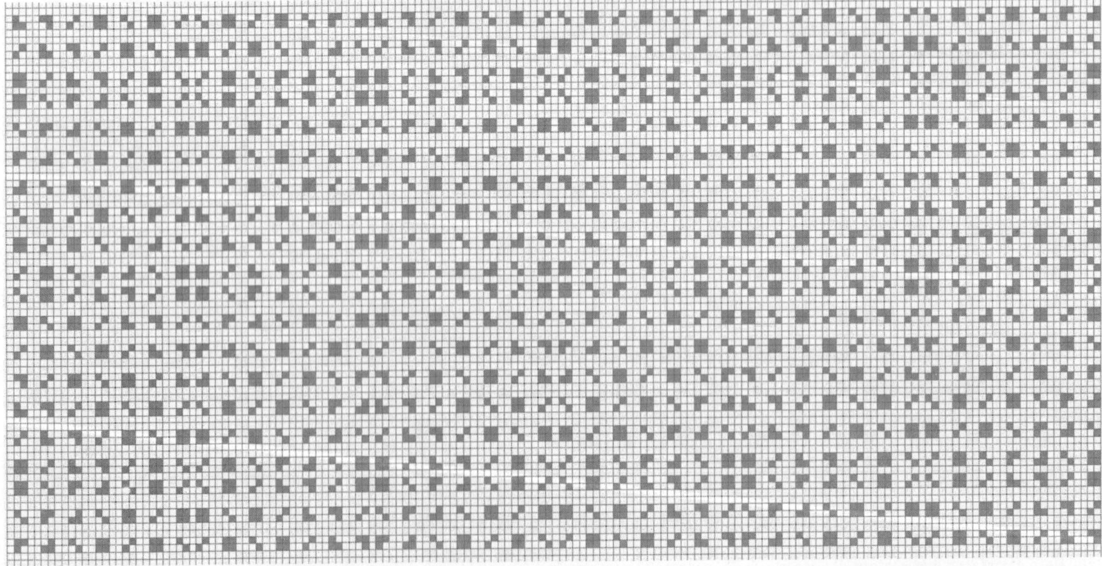

위의 생성된 design을 마름모형으로 합성. design one repeat 54본 × 54본. 마름모형으로 합성하기 전에 motive design 상하좌우 대칭선을 조정.

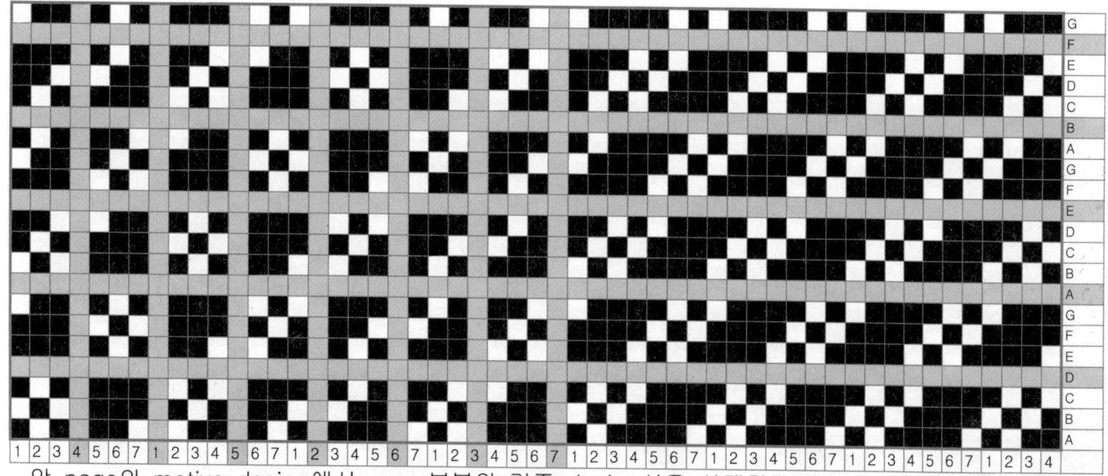

앞 page의 motive design에서 gray 부분의 기존 design선을 삭제하고 그 자리에 여백으로 대입.

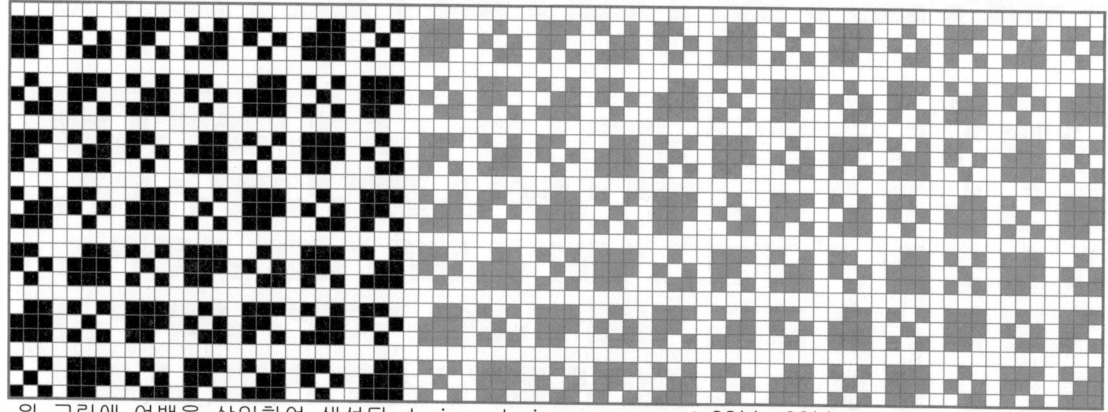

위 그림에 여백을 삽입하여 생성된 design, design one repeat 28본 × 28본.

위 생성된 design을 마름모형으로 합성. design one repeat 58본 × 58본. 마름모형으로 합성하기 전에 motive design 대칭을 위해 우(右)와 상(上)에 여백 추가.

다음은 motive design을 활용한 디자인 삽입법의 한 방법으로, 여백을 추가하여 design을 유도한 방법이다.

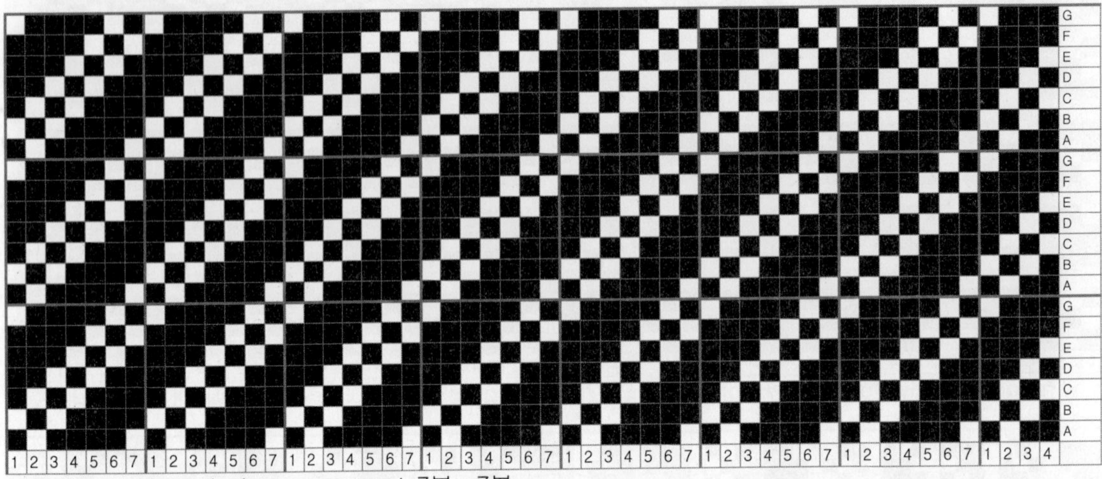

Motive design, design one repeat 7본 × 7본.

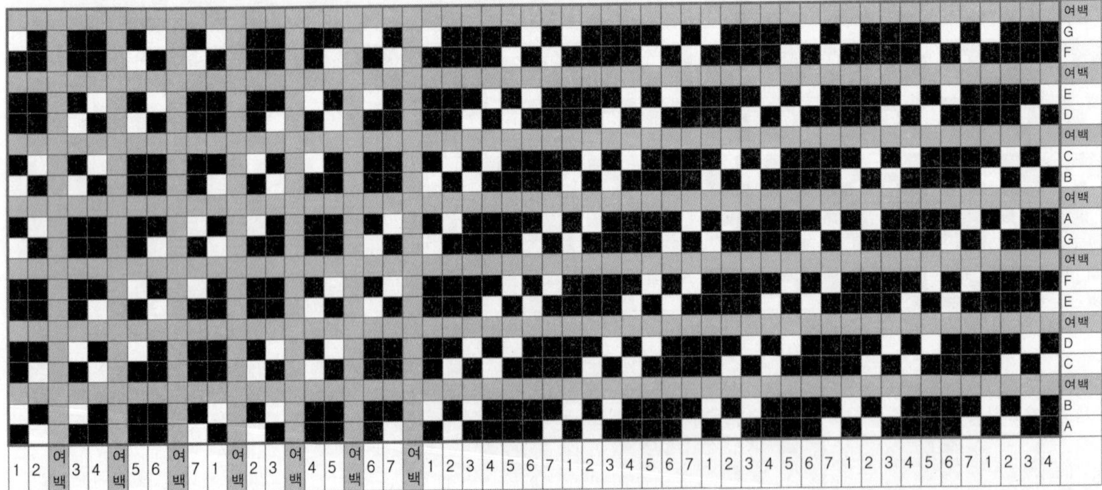

위 motive design에서 gray 부분을 여백으로 추가하여 삽입.

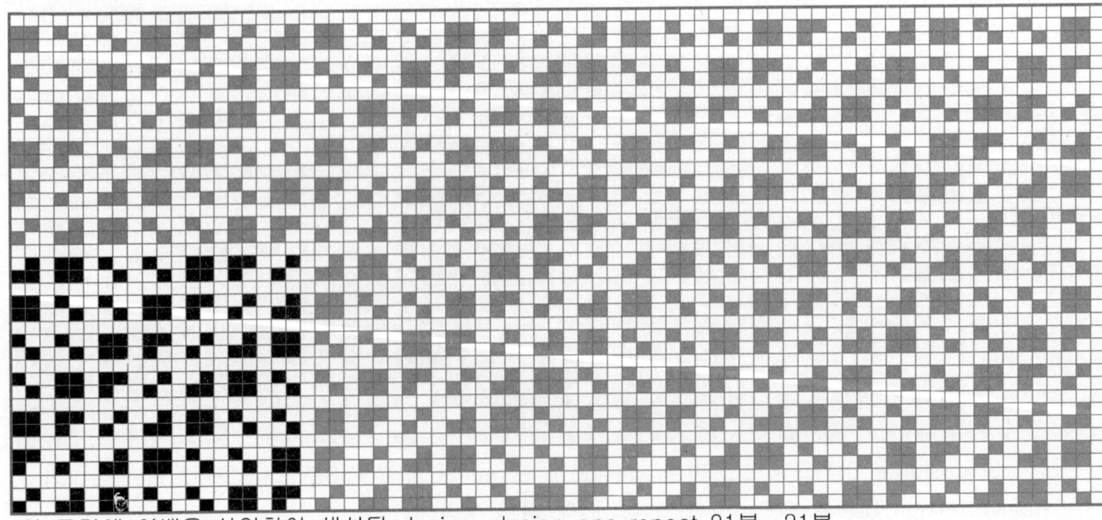

위 그림에 여백을 삽입하여 생성된 design, design one repeat 21본 × 21본.

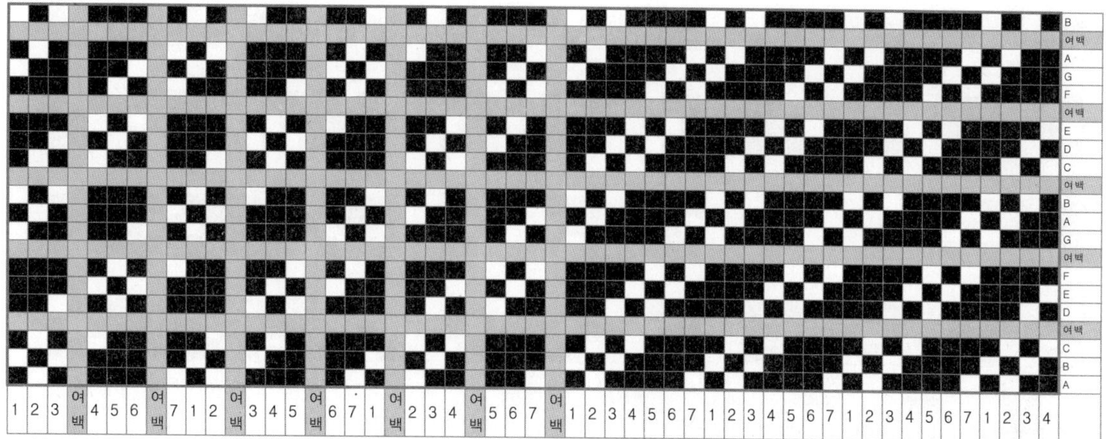

앞 page의 motive design에서 gray 부분을 여백으로 추가하여 삽입.

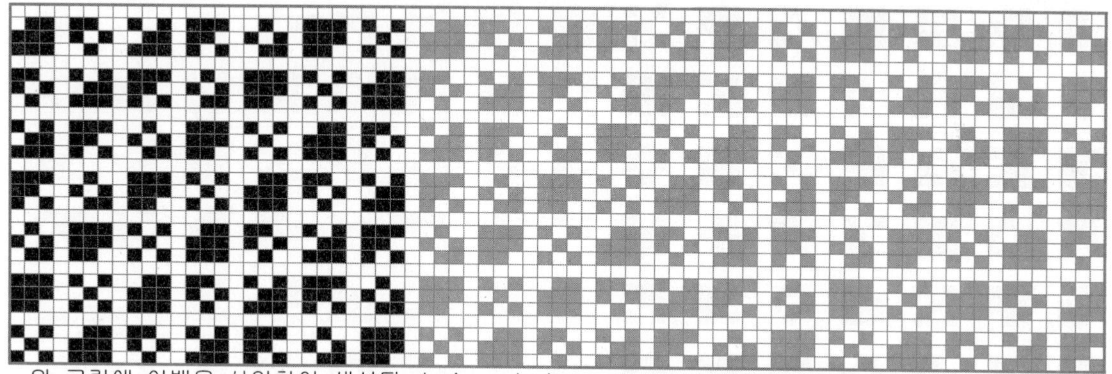

위 그림에 여백을 삽입하여 생성된 design, design one repeat 28본 × 28본.

위의 생성된 design을 마름모형으로 합성. design one repeat 58본 × 58본. 마름모형으로 합성하기 전에 motive design 대칭을 위해 좌(左)와 하(下)에 여백 추가.

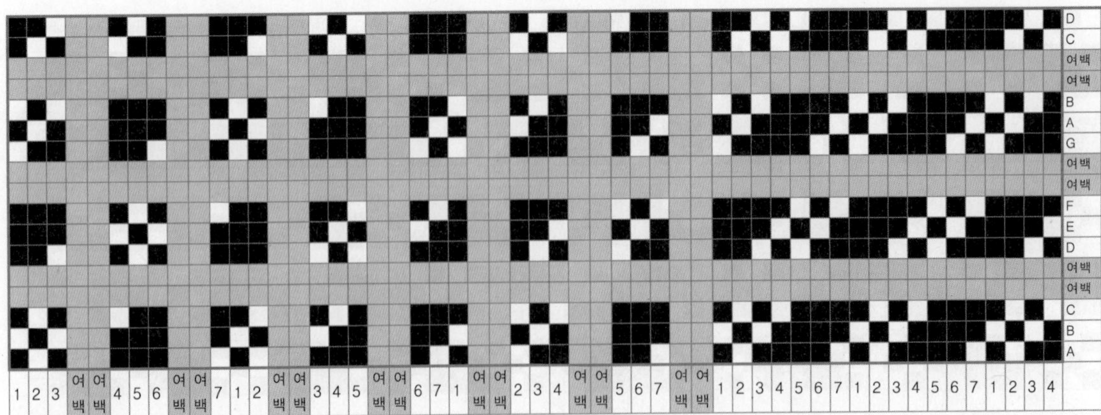

앞 page의 motive design에서 gray 부분을 여백으로 추가하여 삽입.

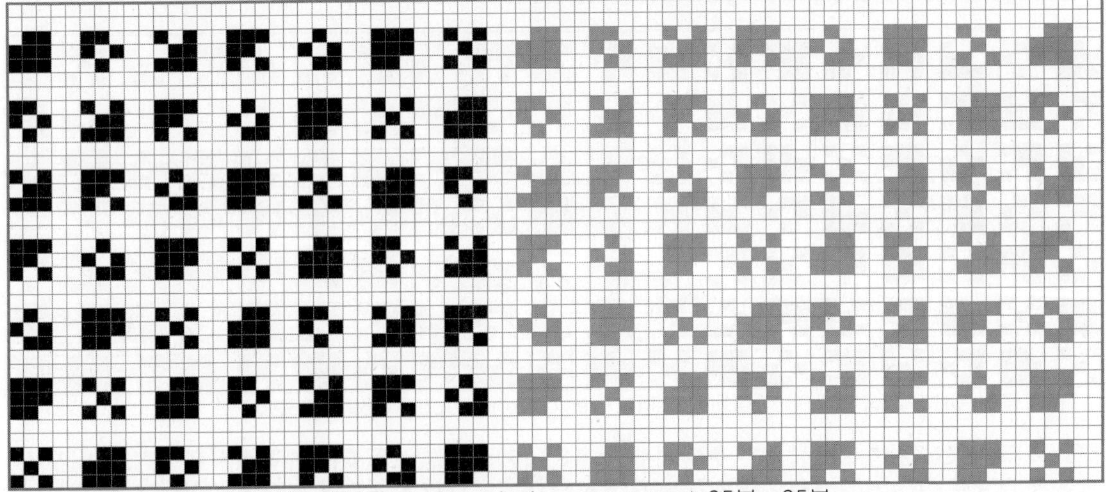

위 그림에 여백을 삽입하여 생성된 design, design one repeat 35본 × 35본.

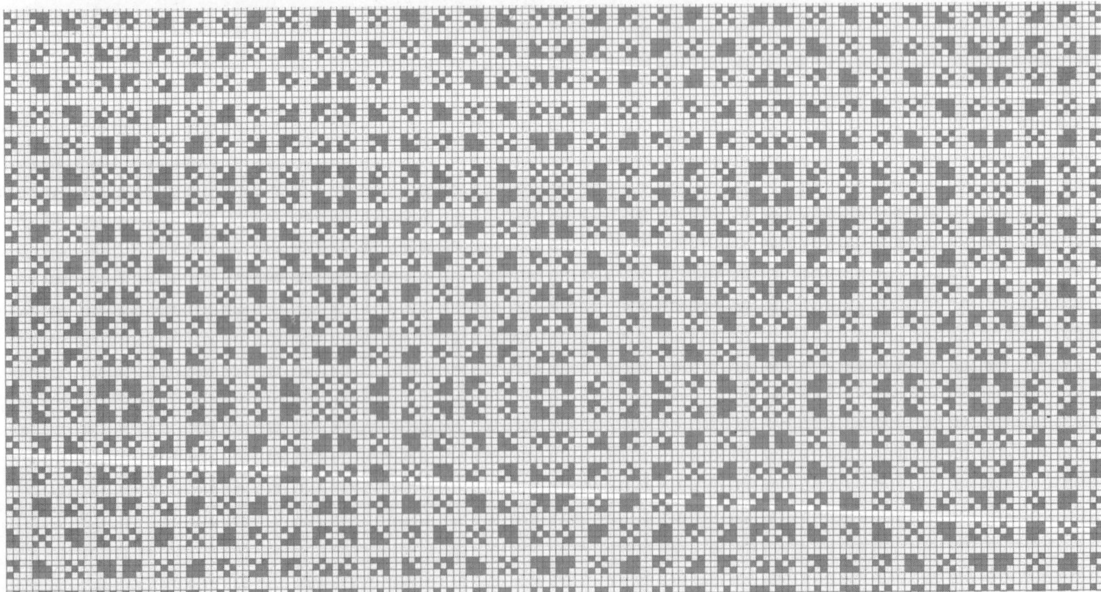

위의 생성된 design을 마름모형으로 합성. design one repeat 68본 × 68본. 마름모형으로 합성하기 전에 motive design 대칭을 위해 우측의 위쪽 여백 1개를 좌측과 하측으로 이동.

다음은 일반적인 18본 twill design에서, 기본 design의 일부를 삭제하고 그 부분에 여백을 대입하여 삽입하는 방법에 따라 design을 유도한 방법이다.

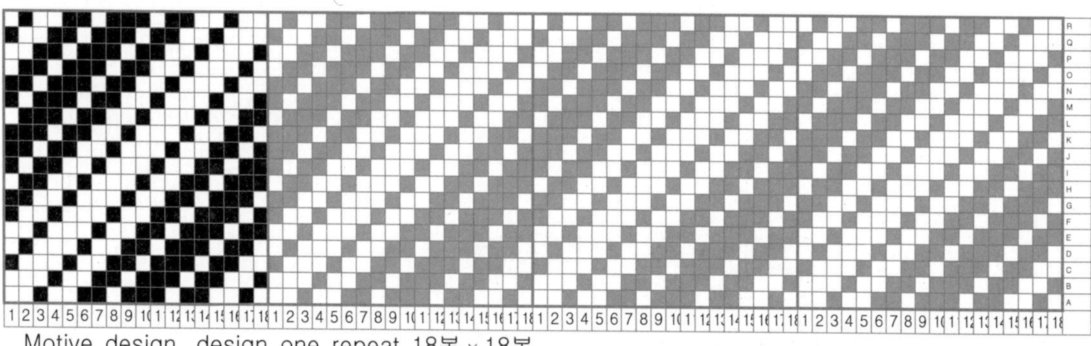

Motive design, design one repeat 18본 × 18본.

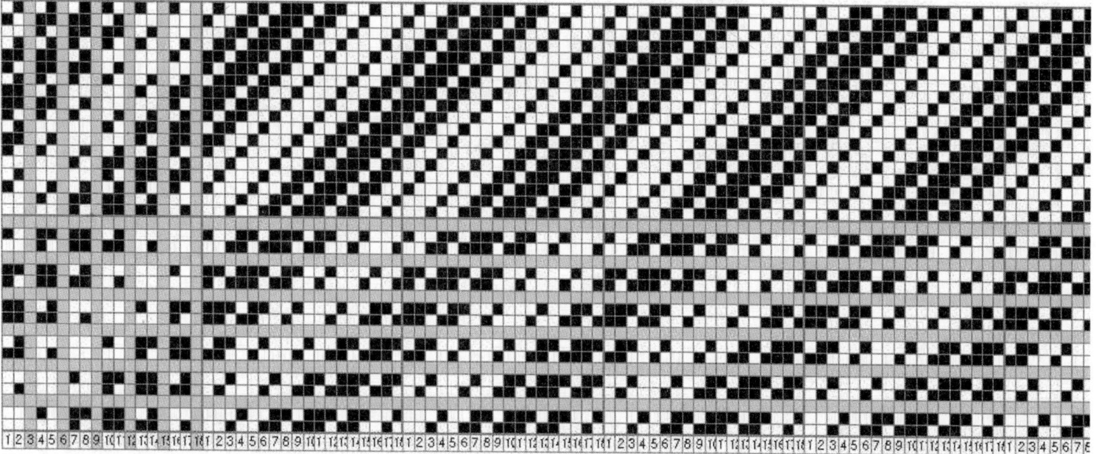

위 motive design에서 gray 부분의 기존 design선을 삭제하고 그 자리에 여백으로 대입.

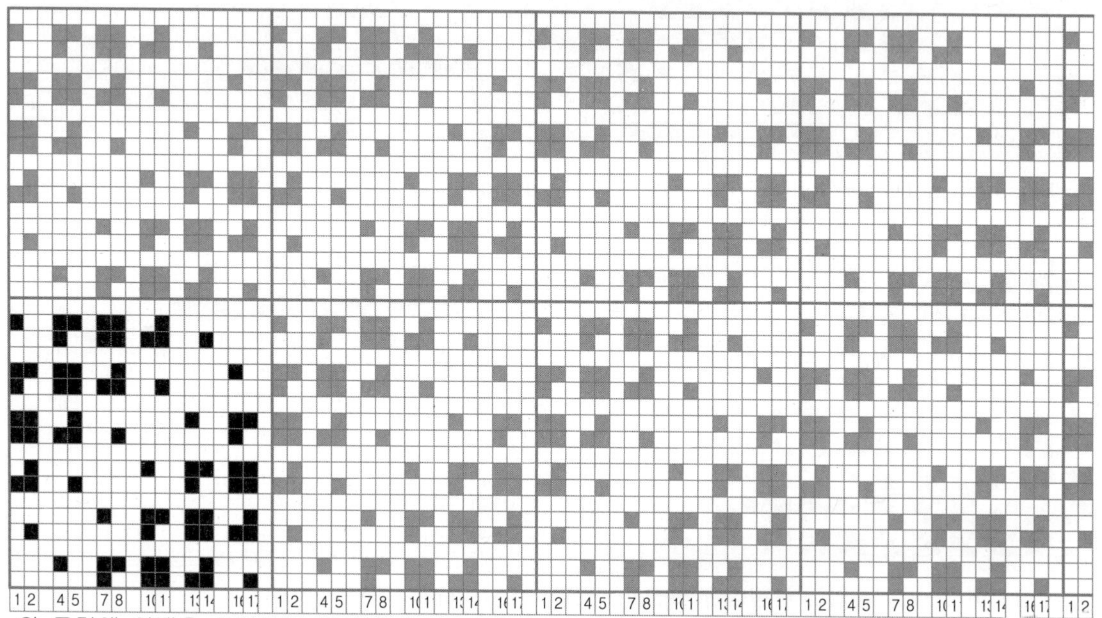

위 그림에 여백을 삽입하여 생성된 design, design one repeat 18본 × 18본.

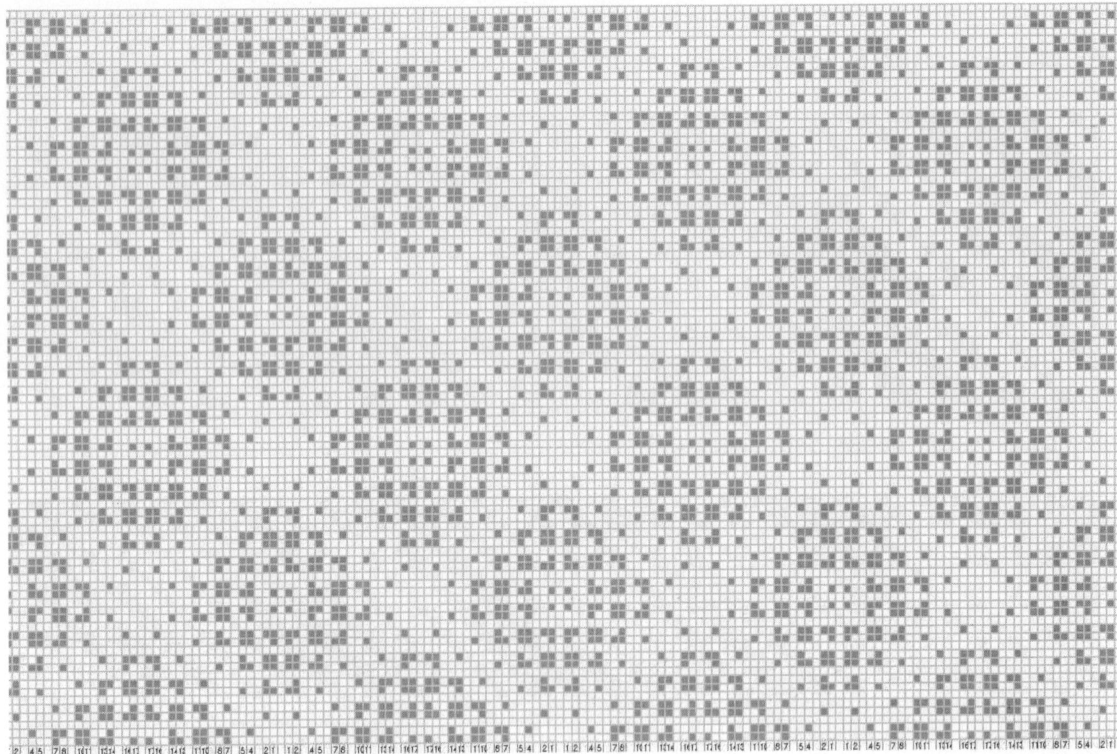

앞 page의 하단 design을 마름모형으로 합성. design one repeat 36본 × 36본. 마름모형으로 합성
하기 전에 motive design 대칭선을 조정.

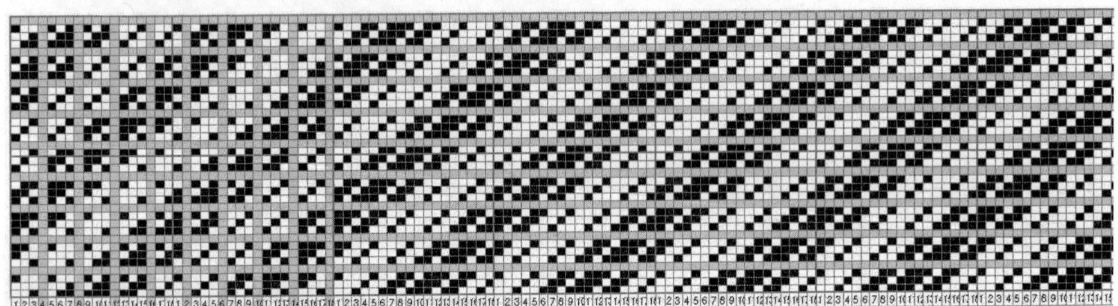

앞 page의 motive design에서 gray 부분의 기존 design 선을 삭제하고 그 자리에 여백으로 대입.

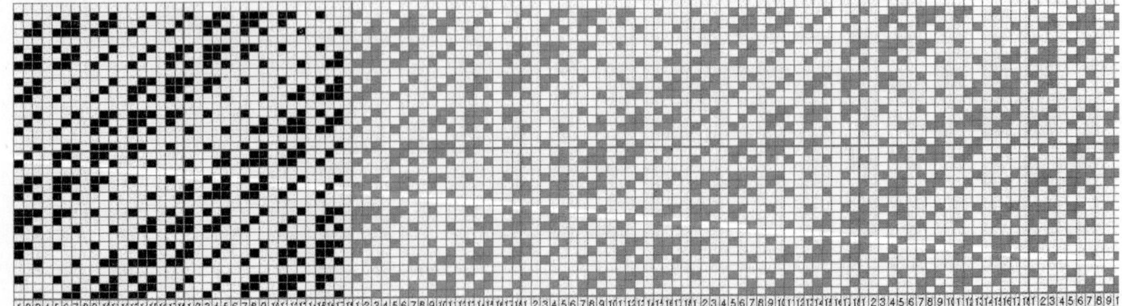

위 그림에 여백을 삽입하여 생성된 design, design one repeat 36본 × 36본.

앞 page의 생성된 design을 마름모형으로 합성. design one repeat 72본 × 72본. 마름모형으로 합성하기 전에 motive design 대칭을 위해 우(右)와 상(上)에 여백을 추가.

다음은 11본 twill design에서 경위삭제 유도법으로 생성된 design을, 일부를 삭제하고 그
부분에 여백을 대입하여 삽입하는 기법으로 유도한 참조 design이다.

참조 1)

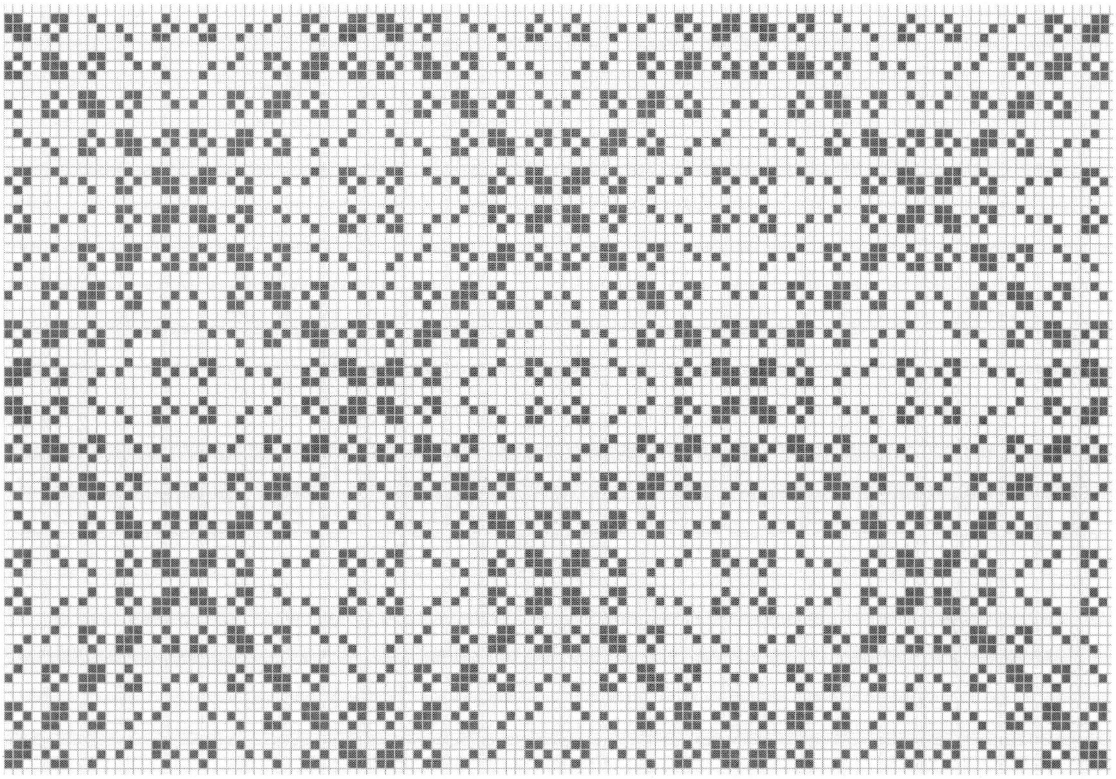

참조 2)

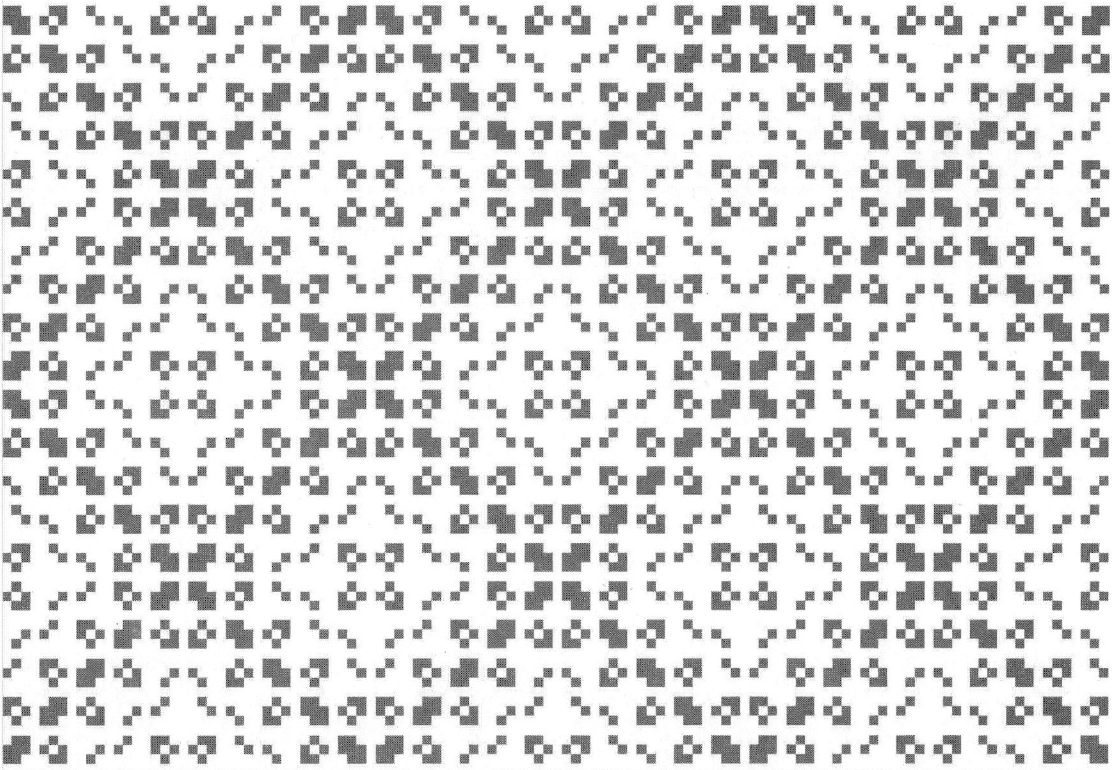

참조 3)

다음은 2차 생성 motive design을 활용한 디자인 삽입법의 한 방법으로, 기본 design의 일부를 삭제하고 그 부분에 여백을 추가하여 design을 유도한 기법이다.

Motive design, design one repeat 6본 × 10본.

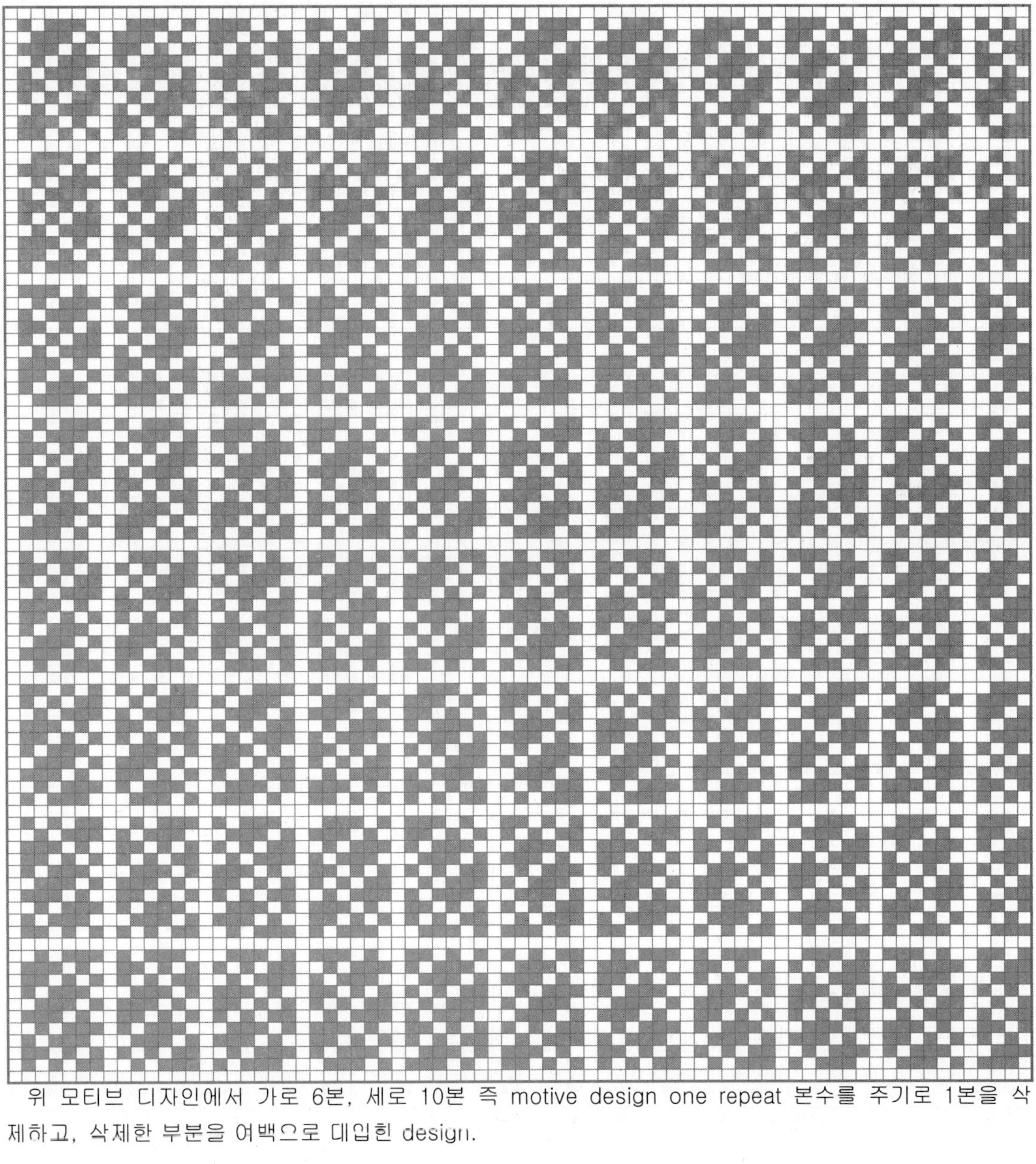

위 모티브 디자인에서 가로 6본, 세로 10본 즉 motive design one repeat 본수를 주기로 1본을 삭제하고, 삭제한 부분을 여백으로 대입한 design.

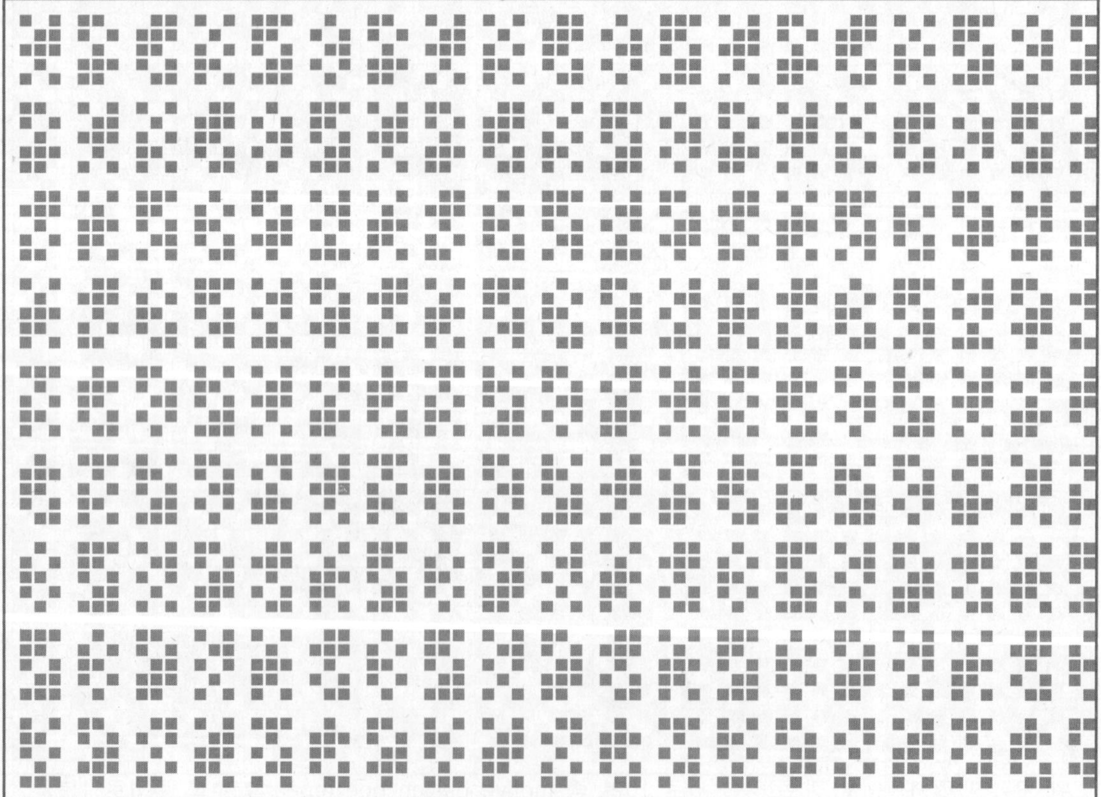

앞 page의 하단 디자인에 여백을 추가한 design 효과도.

　다음은 motive design one repeat 본수가 많은 design으로, 기본 design의 일부를 삭제하고 그 부분에 여백을 추가하여 삽입하는 기법으로 design을 유도한 것이다.

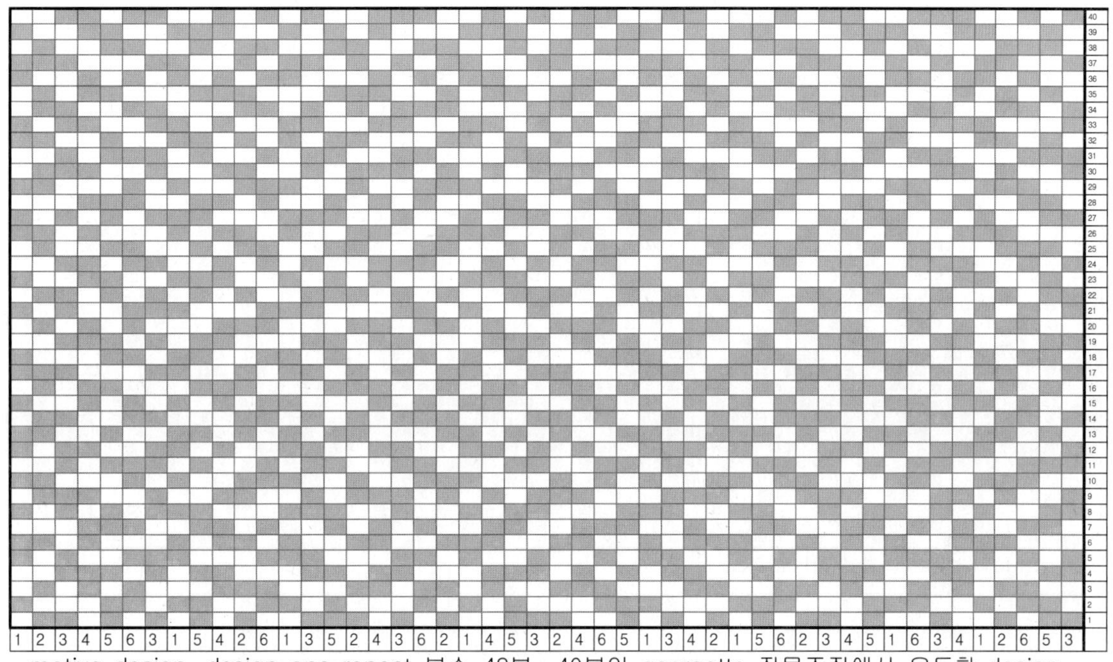

motive design, design one repeat 본수 48본×40본인 georgette 직물조직에서 유도한 design.

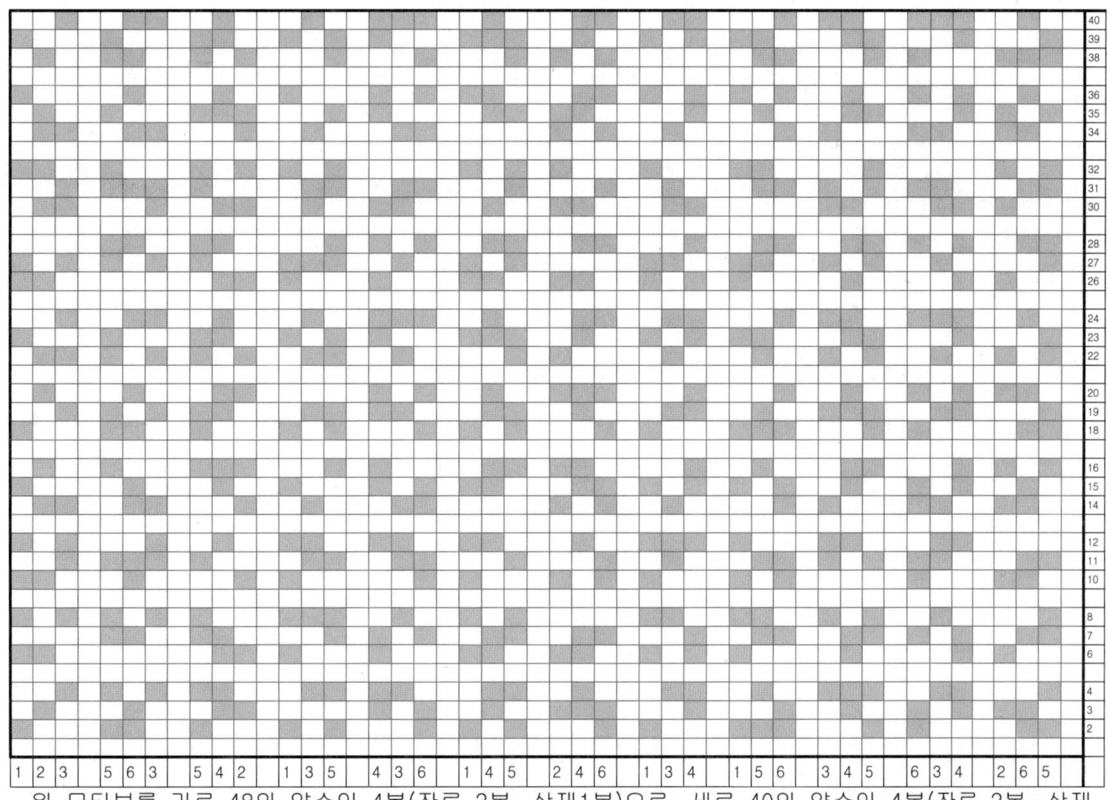

　위 모티브를 가로 48의 약수인 4본(잔류 3본, 삭제1본)으로, 세로 40의 약수인 4본(잔류 3본, 삭제1본)으로 설정히여 삭제한 뒤, 삭제한 부분을 여백으로 대입하여 완성한 경위 방향 design 원 리피트.

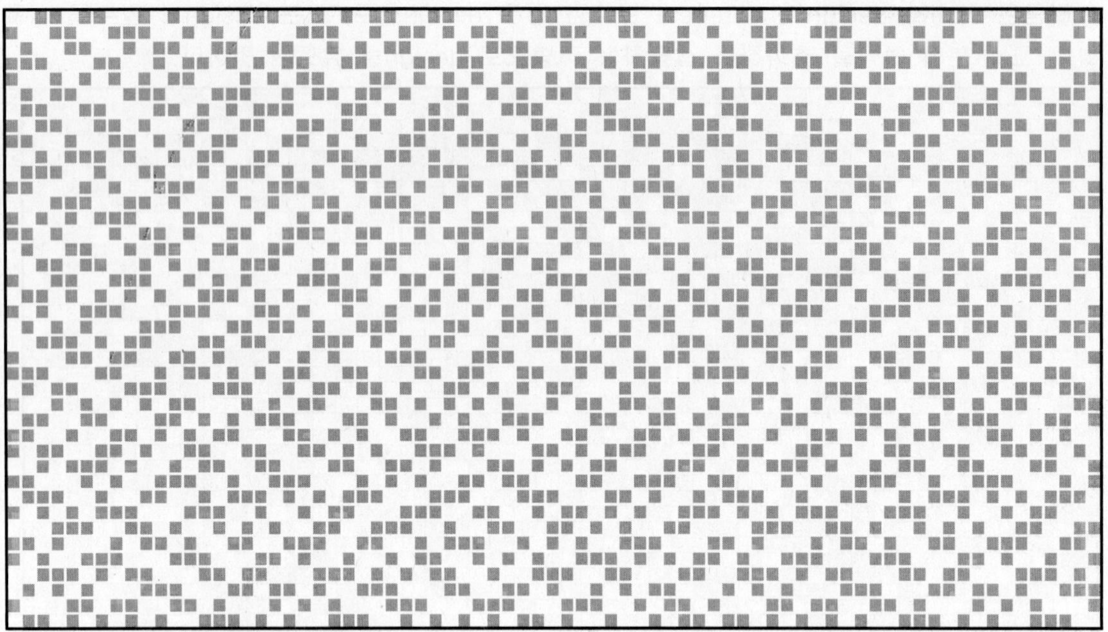

앞 page의 motive design 효과도

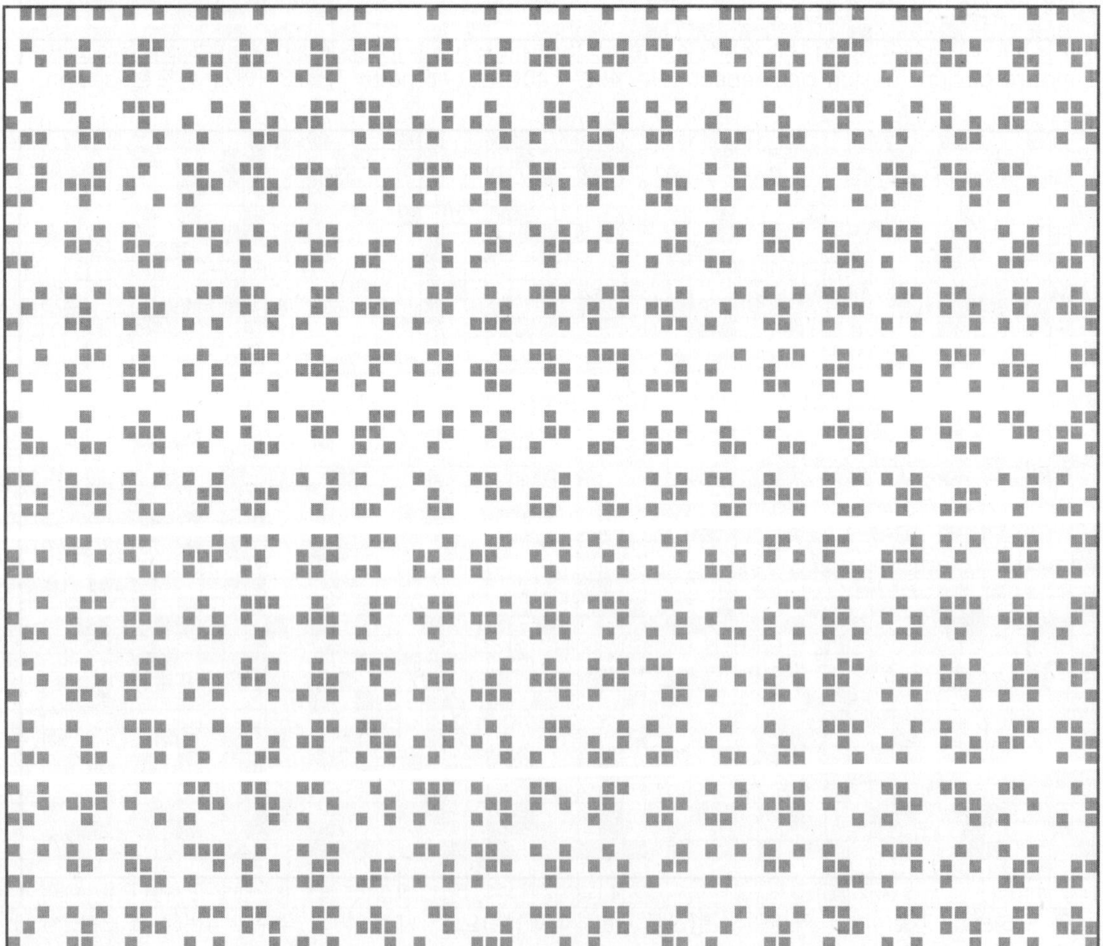

앞 page에서 약수로 삭제한 부분을 여백으로 대입하여 완성한 생성 design 효과도.

　　　제2장　디자인 삽입법

03. 디자인 확장법

Design에 부분적으로 확장과 축소의 변화를 주면 형태의 변화 영역이 넓어지고 원근감이 증대되어 산업 디자인 영역의 활용 범위가 더욱 넓어진다.

유도 생성되는 논리는 제1장 새로운 디자인 유도법의 이론이 상당량 공유 적용된다.

다음은 design에 부분적으로 확장과 축소의 변화를 주어 변화 영역이 커지고 다양성이 많아진 작도의 예이다.

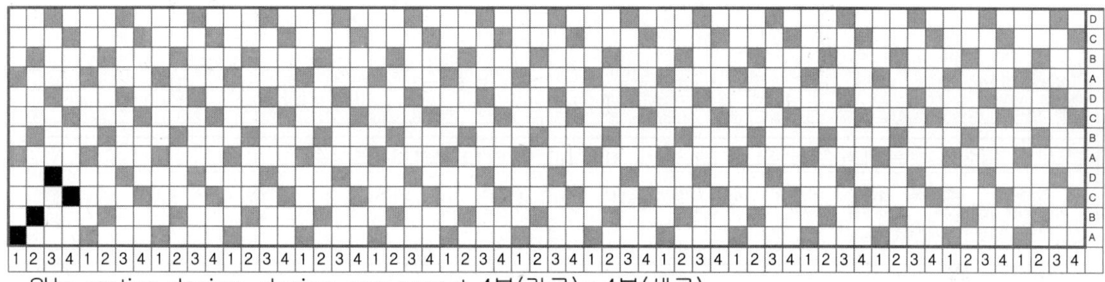

위는 motive design. design one repeat 4본(가로) × 4본(세로).

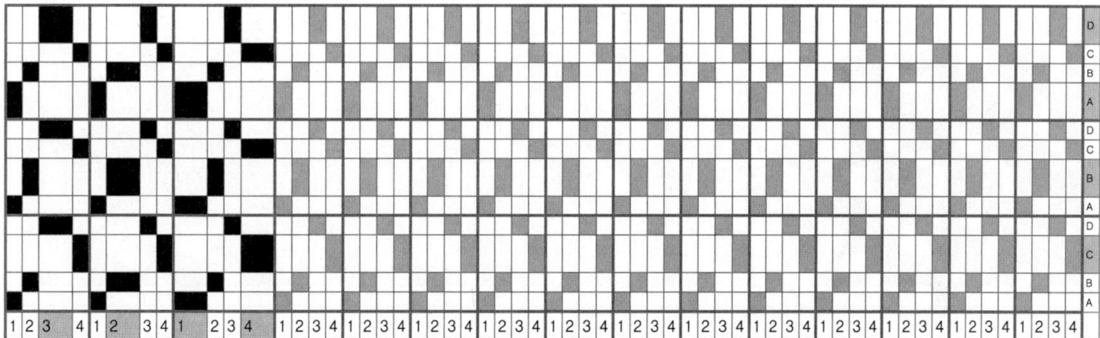

위는 motive design에서 가로와 세로 방향으로 2잔류 1확장의 변화를 부여한 design, design one repeat 12본 × 12본.

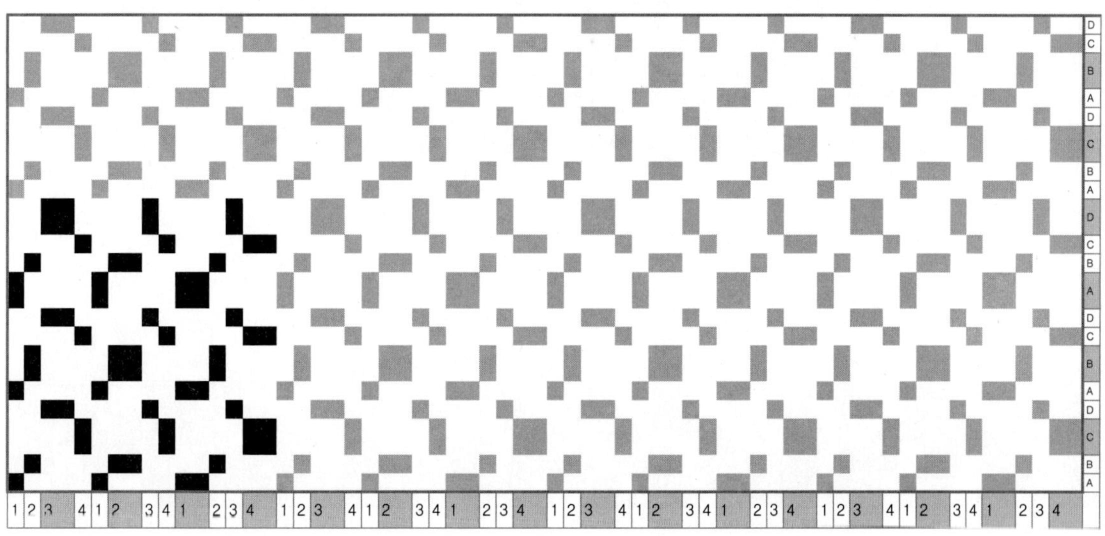

다음은 디자인 확장법의 작도 기법과 design 유도 방법에 대한 설명이다.

　작도의 repeat 본수는, 잔류본수와 확대본수를 합한 수와 motive조직 "원 리피트 본수"와의 최소공배수가 생성 design의 "원 리피트 본수"가 된다. 따라서 생성 design의 크기는 무한으로 증대되며, 창작되는 design의 개수 또한 무한대를 이루게 된다.
　예외로, 잔류본수와 확대본수를 합한 수가 motive조직 "원 리피트 본수"의 약수이면 위의 이론은 성립되지 않는다.

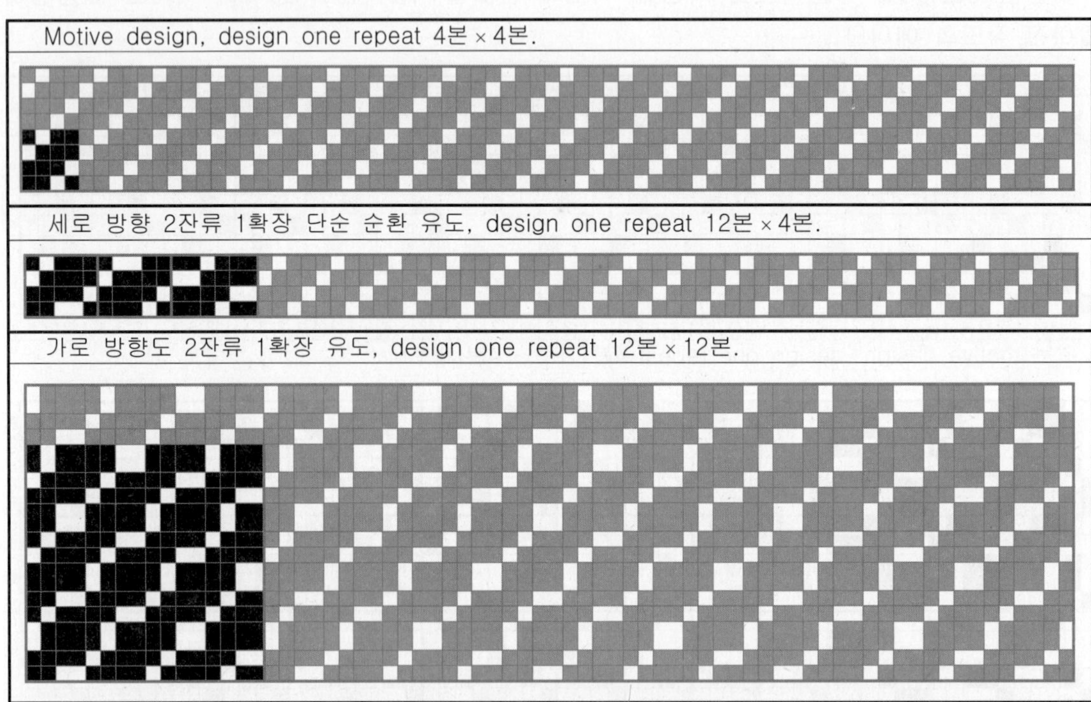

이것은 위에서 생성된 design을 마름모형으로 합성한 것이다. design one repeat 22본 × 22본.

위에서 생성된 design을 마름모형으로 합성한 모양. design one repeat 38본 × 38본.

Motive design, design one repeat 4본 × 4본.

세로 방향 1n, 2n, 3n, 4n, 3n, 2n, 1n × 6 확장 서열 순환, design one repeat 12본 × 4본.

가로 방향도 세로와 동일하게 서열 순환 적용, design one repeat 12본 × 12본.

위의 생성된 design을 마름모형으로 합성한 그림이다. design one repeat 22본 × 22본.

　확대한 후의 design은 순차의 서열이 깨어져 단층효과가 증대하게 된다. 확대한 수나 잔류시킨 수가, design 구선 본수를 2로 나눈 수에 1을 줄인 수이거나 그에 근접한 수를 적용하면 깨어진 순차의 서열 변화가 가장 커지게 된다.

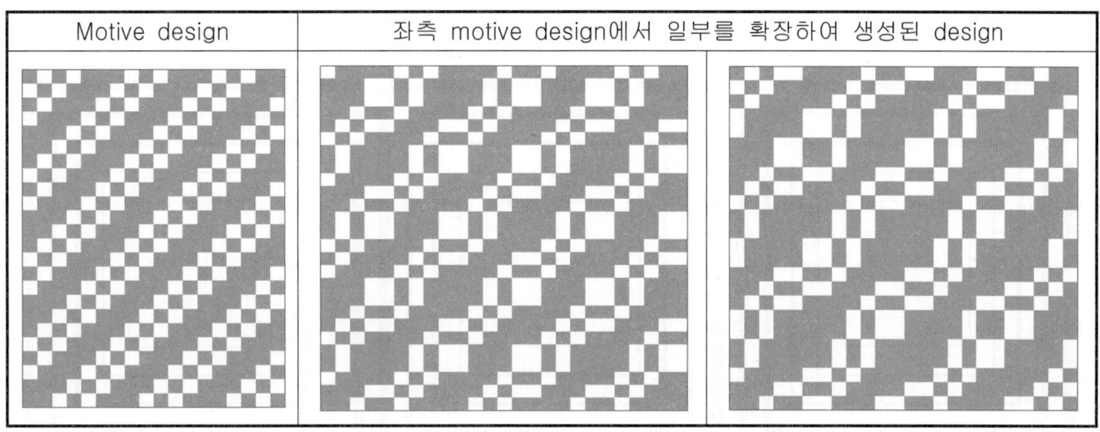

Motive design	좌측 motive design에서 일부를 확장하여 생성된 design

　디자인 확장법으로 생성된 design의 특징은 잔류와 확장에 따른 면적 비가 발생하여 시각적으로 원근감이 나타난다. 특히 서열순환 방법으로 반복할 때 원근이 강하게 나타난다.

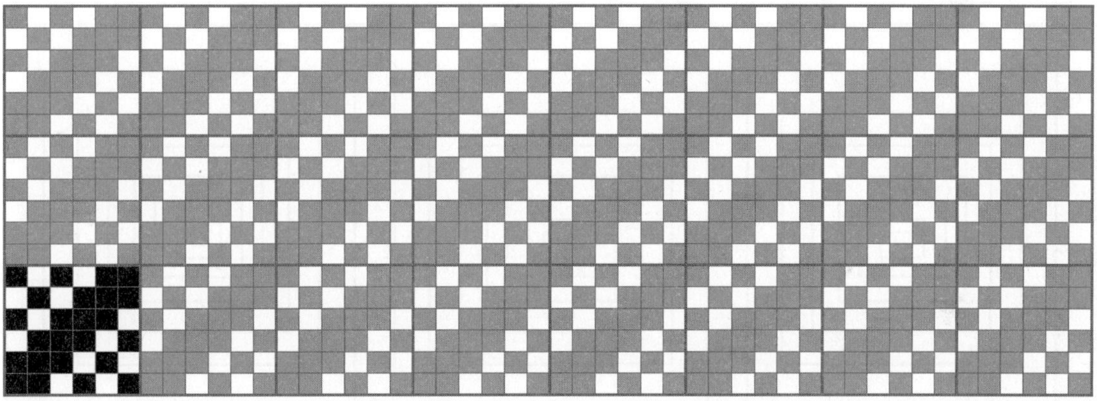

Design을 작도할 때 원근법을 적용하면, 보다 입체적이고 생동감 있는 design 구현이 가능하다. 다음은 몇 가지 원근의 예와 design 작도에 적용한 실제 예를 들어본다.

실선의 강약에 따른 원근을 적용하여 입체감을 구현한다.(근거리는 강한 선, 원거리는 약한 선)

면적 대비에 따른 원근을 적용하여 입체감을 적용한다.(근거리 면적은 넓게, 원거리 면적은 좁게)

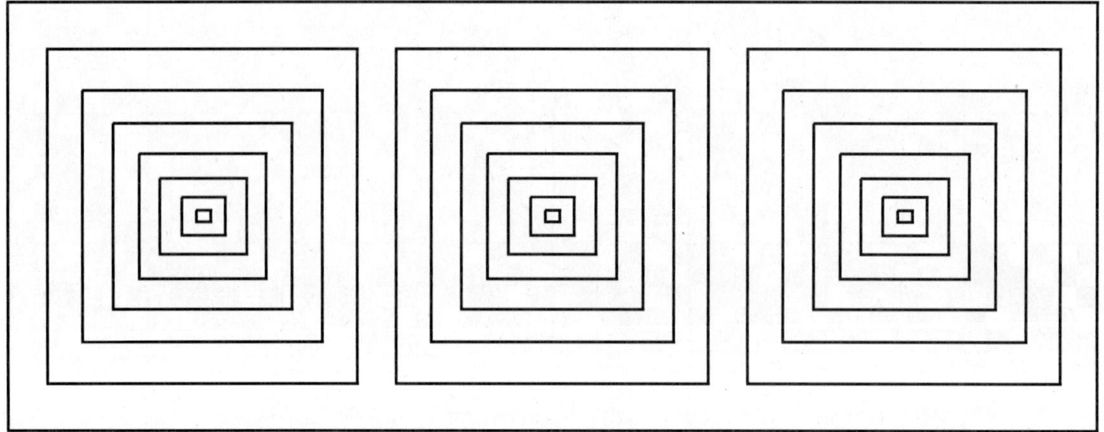

색상 명암 대비에 따른 원근을 적용하여 입체감을 구현한다. (근거리는 밝게, 원거리는 어둡게)

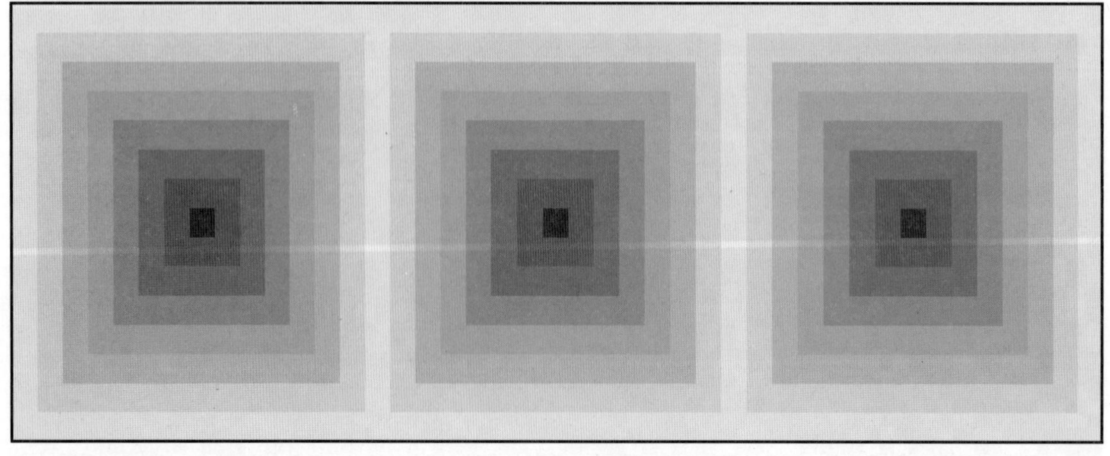

　다음 그림의 상(上)과 하(下)는 두 가지 모두 면적 대비에 따른 원근을 적용하여 입체감을 적용하였다. 상(上)은 명암 대비에 따른 원근을 적용하지 않았고 하(下)는 명암 대비에 따른 원근을 적용한 예이다.

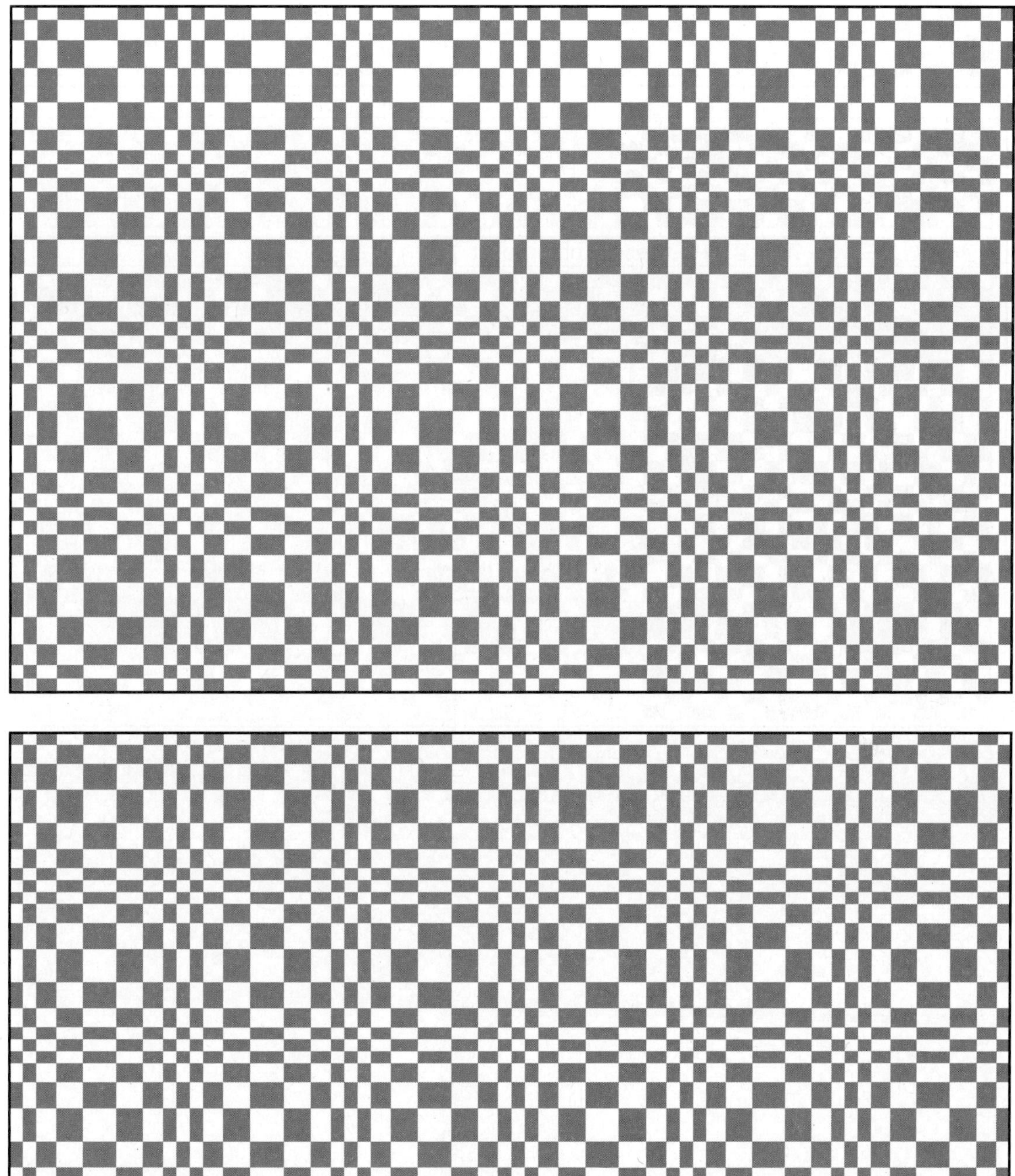

잔류와 삭제의 확장 순환 방식은 단수순환(2잔류/1확대), 복수순환(2잔류/1확대, 2잔류/2확대), 서열순환(1n, 2n, 3n, 4n, 3n, 2n, 1n확대 ×8) 등 모두 가능하다.

위에서 생성된 design을 마름모형으로 합성. design one repeat 22본 × 22본.

Motive design, design one repeat 7본 × 7본.

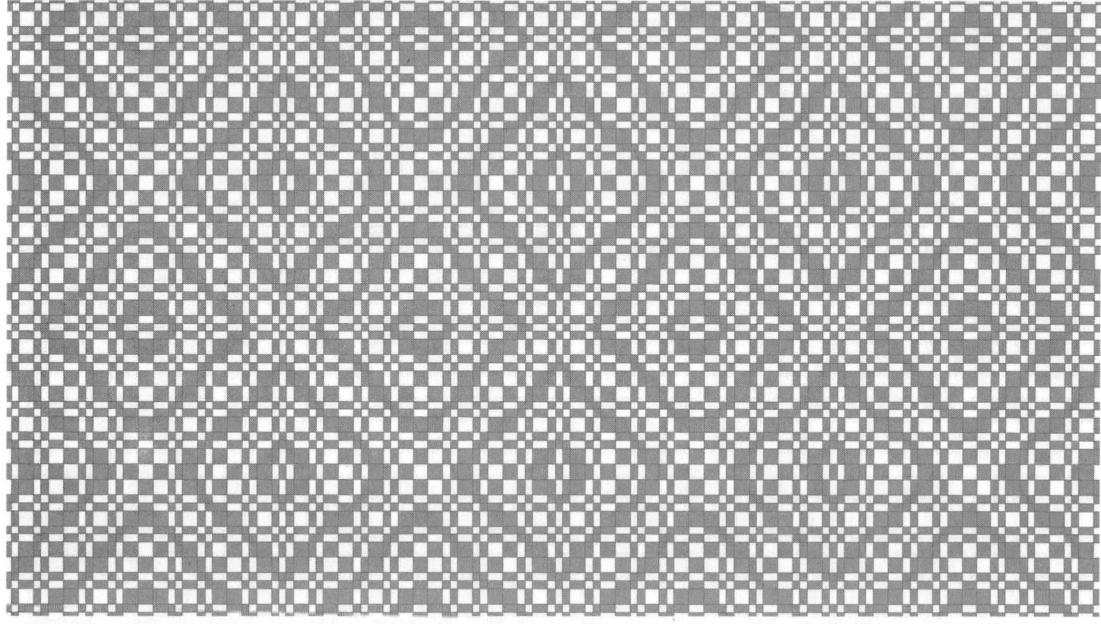

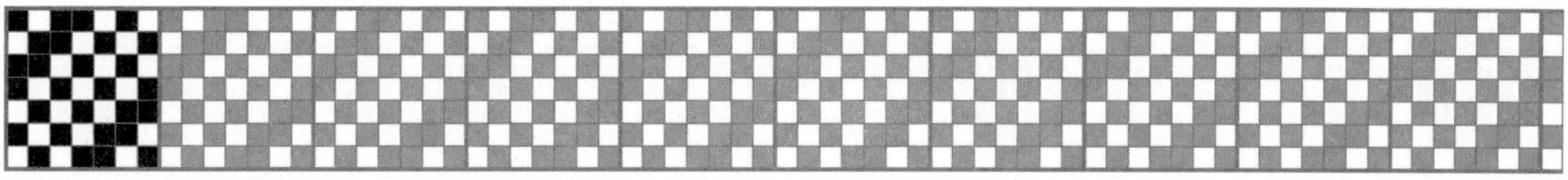

세로 방향 2잔류 1확장 2잔류 2확장 복수 순환 유도, design one repeat 14본 × 7본.

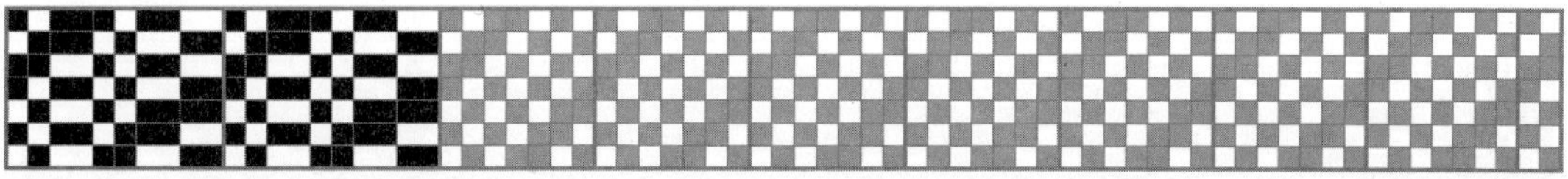

가로 방향도 세로와 동일하게 확장, design one repeat 14본 × 14본.

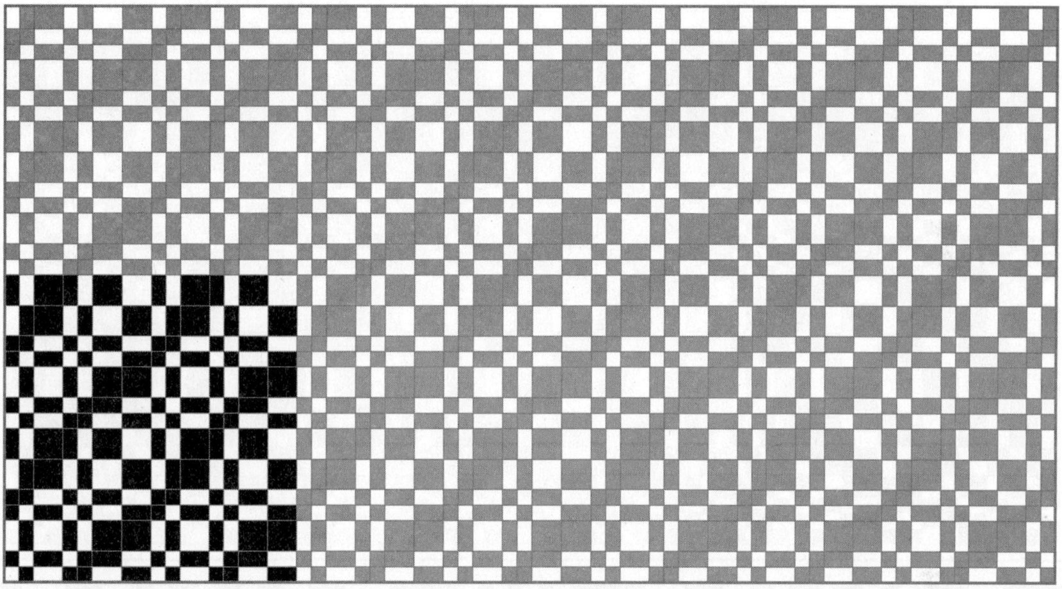

위에서 생성된 design을 마름모형으로 합성. design one repeat 26본 × 26본.

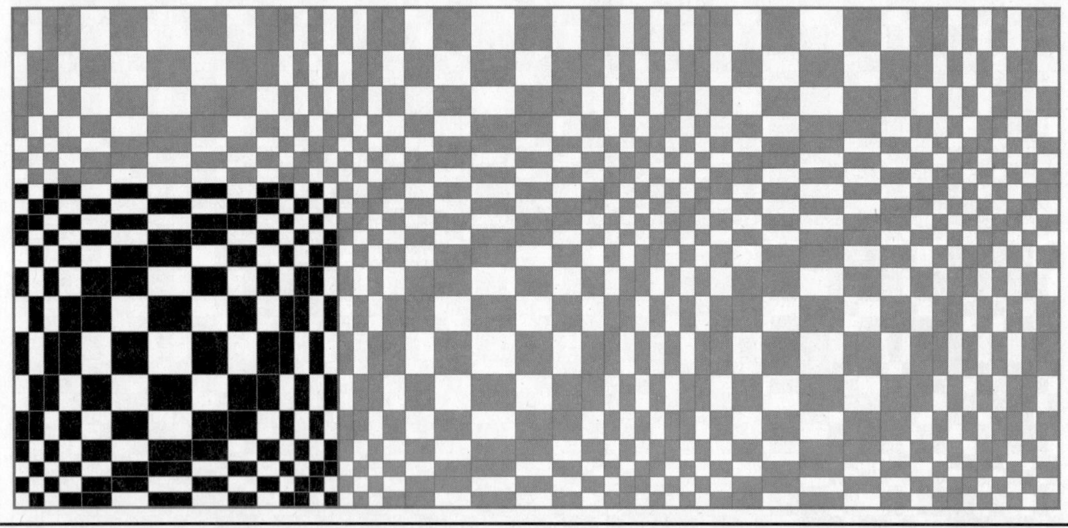

위에서 생성된 design을 마름모형으로 합성. design one repeat 26본×26본.

　앞장에서는 서열순환 확장으로 design선 일부를 확대하는 방법이었다. 다음은 design선 일부를 반복하여 확장한 유도 방법이다. 결과는 서로 동일하나 실무 적용과 시공에는 서로 장단점이 있다.

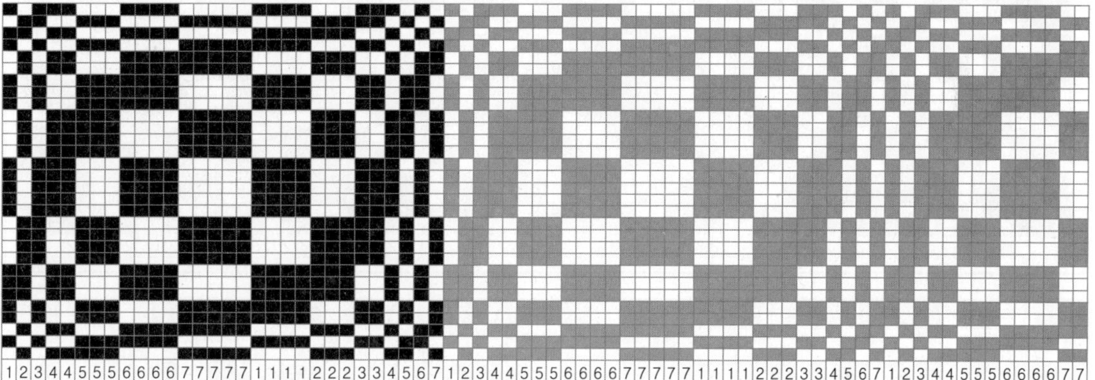

위에서 생성된 design을 마름모형으로 합성. design one repeat 58본 × 58본.

다음은 design one repeat 3본을 motive로 선정하여 디자인 확장법으로 새로운 디자인을 유도한 방법이다.

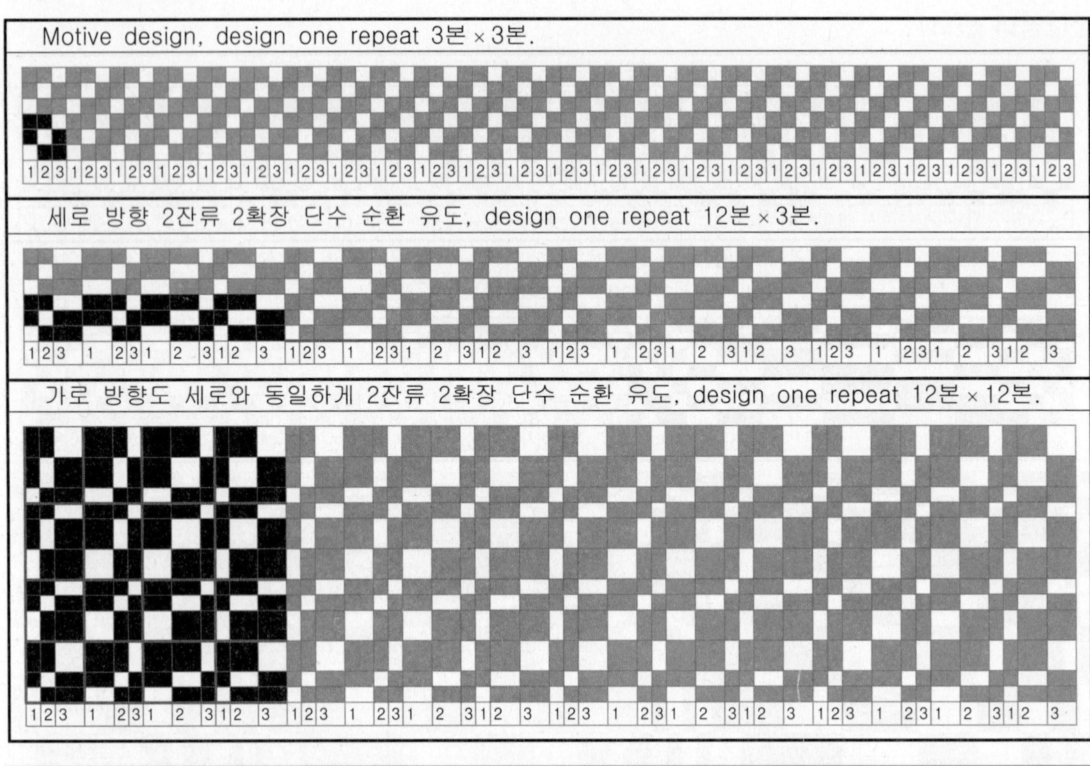

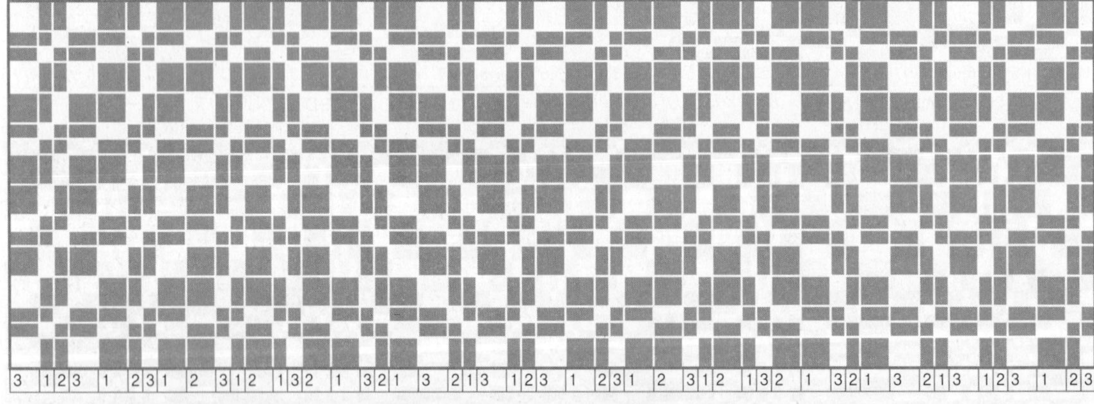

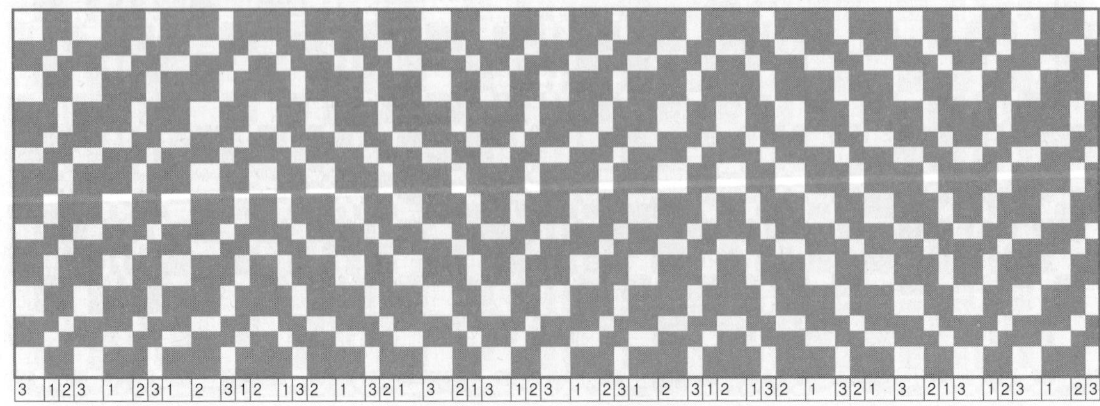

위에서 생성된 design을 Herring bone형으로 연결하여 합성, design one repeat 22본×12본.

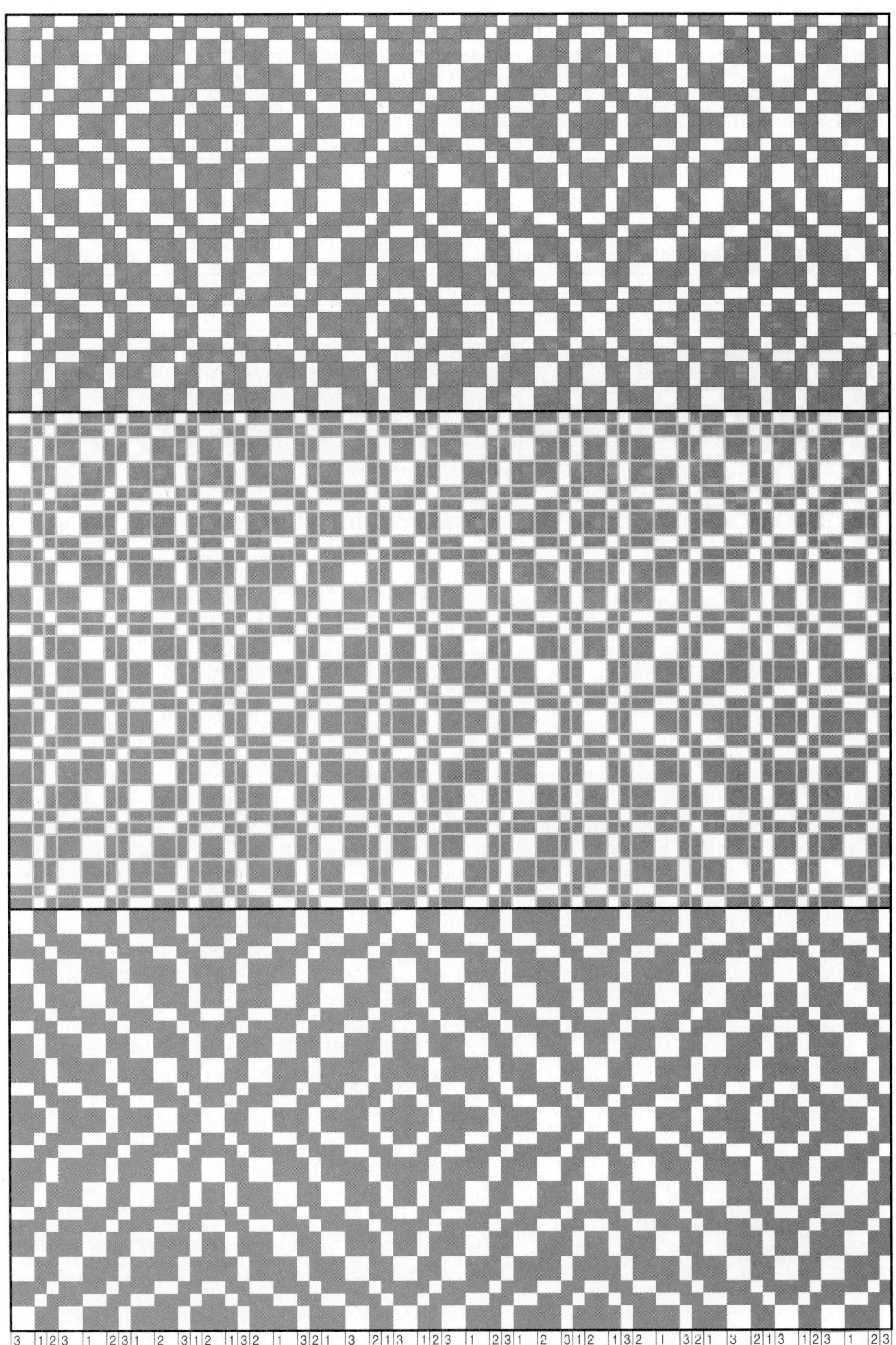

앞장 위에서 생성된 design을 마름모형으로 합성, design one repeat 22본 × 22본.

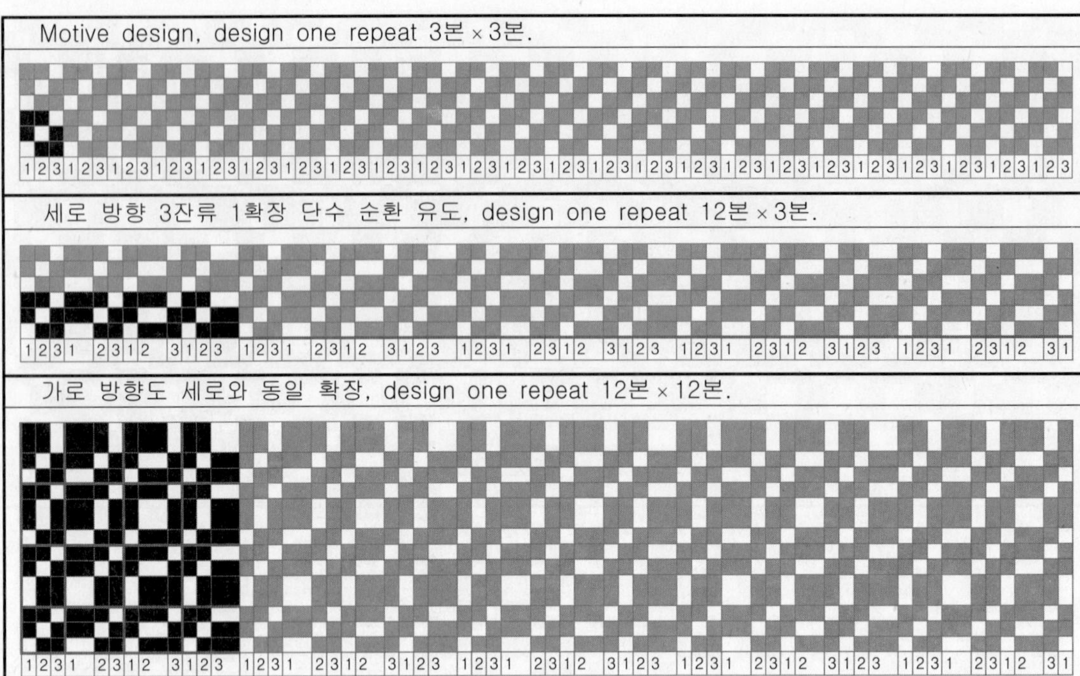

위에서 생성된 design을 herring bone형으로 연결하여 합성, design one repeat 24본×12본. 대칭을 위해 design선 1개가 추가됨.

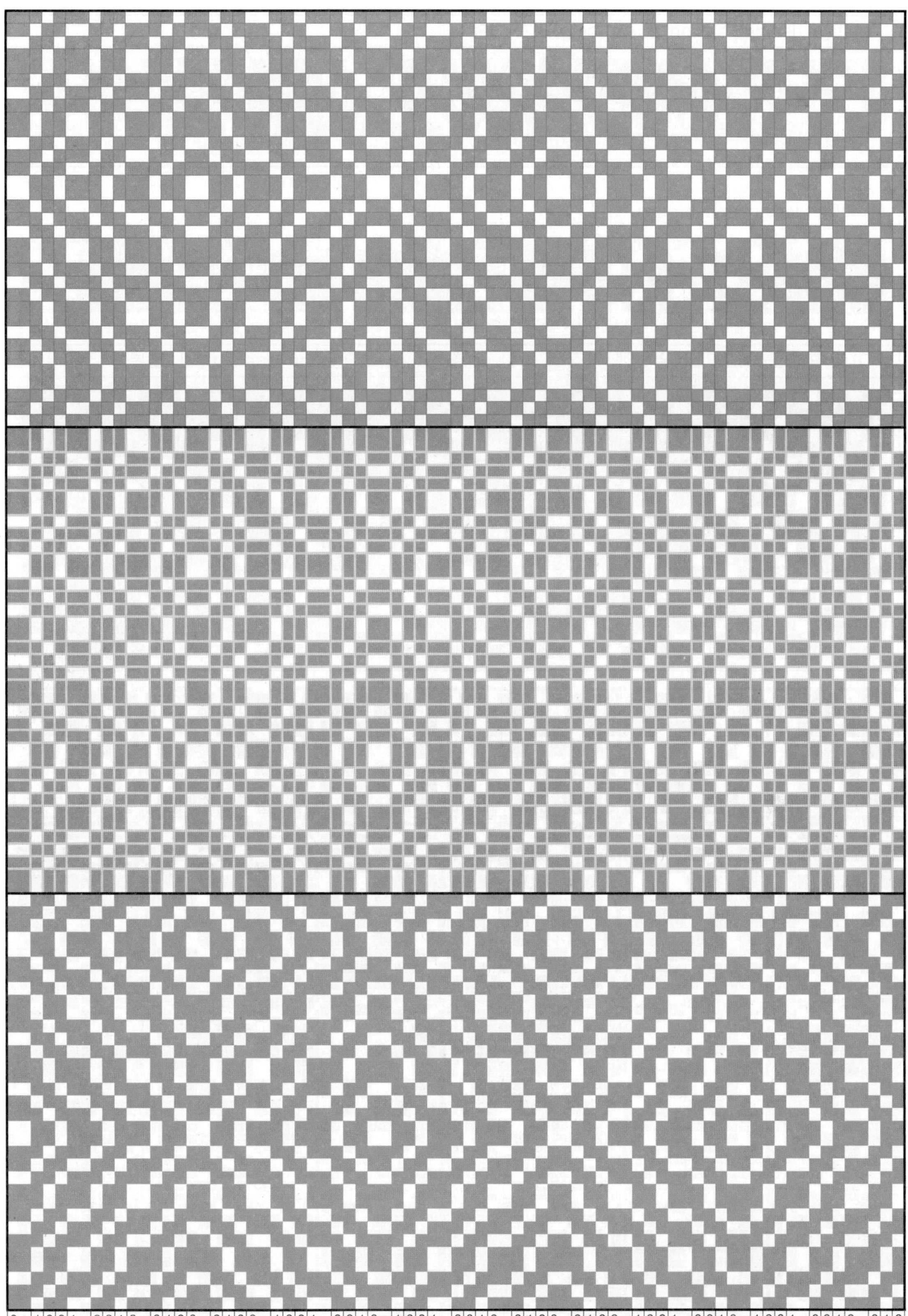

앞장 위에서 생성된 design을 마름모형으로 합성. design one repeat 24본×24본, 대칭을 위해 design선 1개가 추가됨. 이 그림의 상, 중, 하는 design 경계선을 다르게 한 그림이다.

위에서 생성된 design을 herring bone형으로 연결하여 합성, design one repeat 28본 × 15본.

앞장(p138) 위에서 생성된 design을 마름모형으로 합성. design one repeat 28본 × 28본.

위의 design에서 design선을 제거한 그림, design one repeat 28본 × 28본.

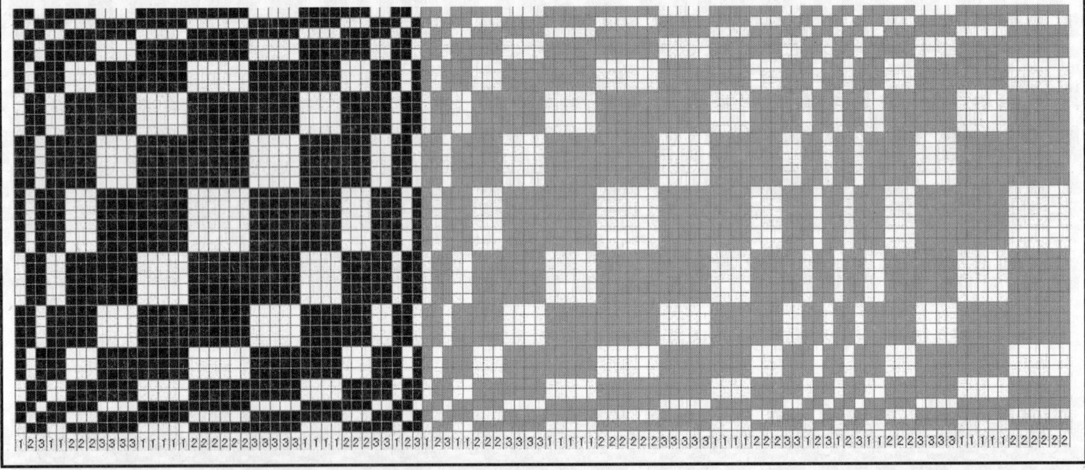

세로 방향 1, 2, 3, 1, 1, 2, 2, 2, 3, 3, 3, 3, 1, 1, 1, 1, 1, 2, 2, 2, 2, 2, 2, 3, 3, 3, 3, 3, 1, 1, 1, 1, 2, 2, 2, 3, 3, 1, 2, 3으로 반복하여 서열순환 확대, design one repeat 40본×3본.

가로 방향도 세로와 동일하게 반복하여 서열순환 확대, design one repeat 40본×40본.

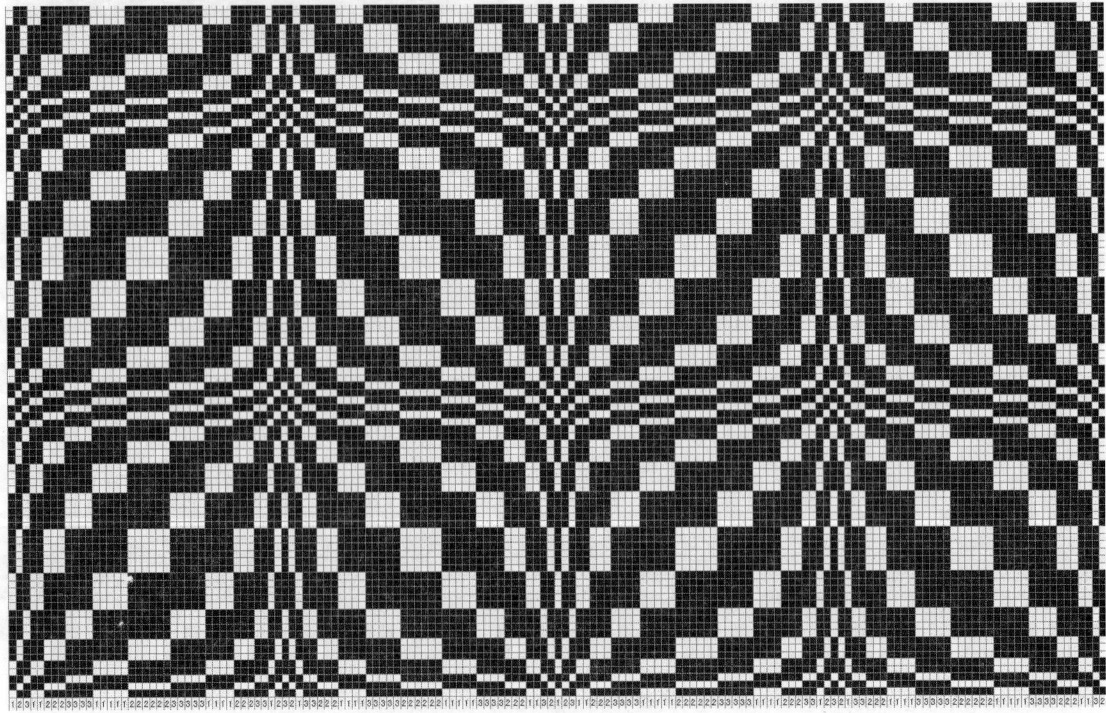

위에서 생성된 design을 herring bone형으로 연결하여 합성, design one repeat 78본×40본.

앞장(p140) 위에서 생성된 design을 마름모형으로 합성. design one repeat 78본 × 78본.

위의 design에서 design선을 제거한 그림, design one repeat 78본 × 78본.

다음은 design one repeat 본수 6본을 motive로 선정하여 디자인 확장법으로 디자인을 유도한 방법이다.

| Motive design, design one repeat 6본 × 6본. |

| 세로 방향 1잔류 3배수 확장 1잔류 2배수 확장으로 복수 순환 유도, design one repeat 12본 × 6본. |

| 가로 방향도 세로와 동일하게 복수 순환 유도, design one repeat 12본 × 12본. |

위에서 생성된 design을 Herring bone형으로 연결하여 합성, design one repeat 24본 × 12본.

앞장(p142)의 위에서 생성된 design을 마름모형으로 합성, design one repeat 24본 × 24본.

위의 design에서 design선을 다르게 한 그림, design one repeat 78본 × 78본.

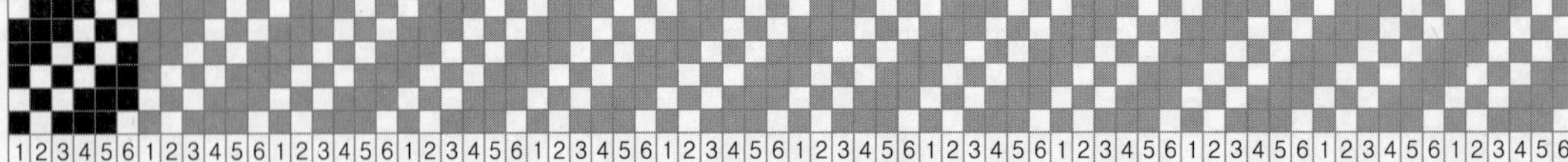

세로 방향 1n, 1n, 1n, 1n, 1n, 2n, 3n, 4n, 5n, 6n, 5n, 4n, 3n, 2n, 1n, 1n, 1n, 1n으로 서열순환 확대, design one repeat 18본×6본.

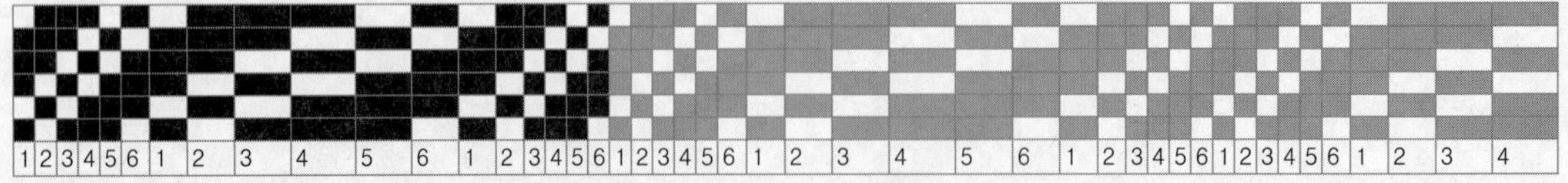

가로 방향도 세로와 동일하게 확장에 의한 서열순환 확대, design one repeat 18본×18본.

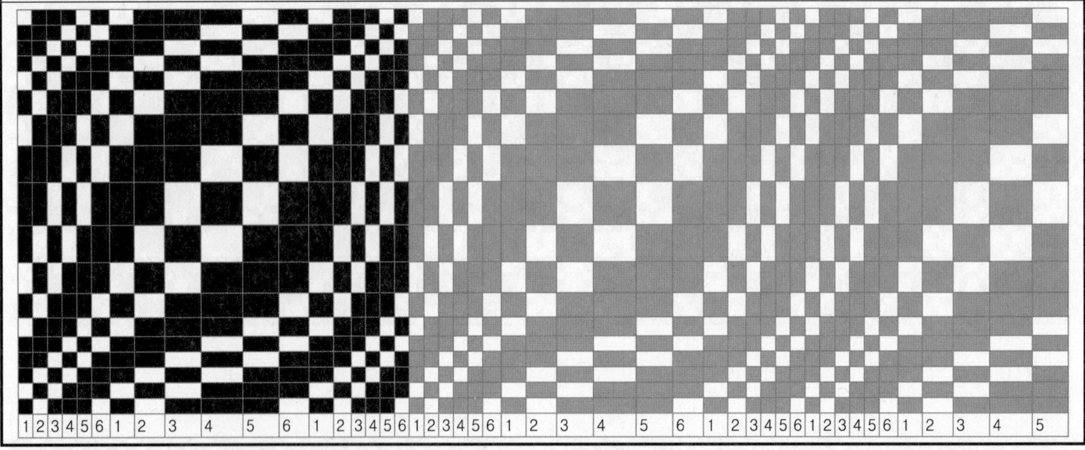

위에서 생성된 design을 herring bone형으로 연결하여 합성, design one repeat 34본×18본.

앞장(p144) 위에서 생성된 design을 마름모형으로 합성한 그림, design one repeat 34본 × 34본.

위의 design에서 design선을 제거한 그림, design one repeat 34본 × 34본.

다음은 design one repeat 본수 10본을 motive로 선정하여 디자인 확장법으로 새로운 디자인을 유도한 방법이다.

Motive design, design one repeat 10본 × 10본.

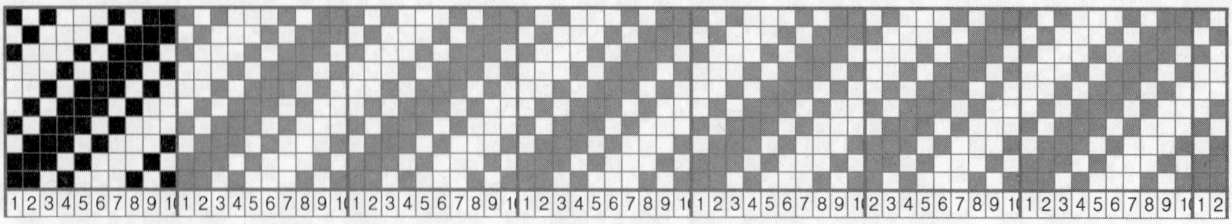

세로 방향 3잔류 1확장 단순 순환 유도, design one repeat 20본 × 10본.

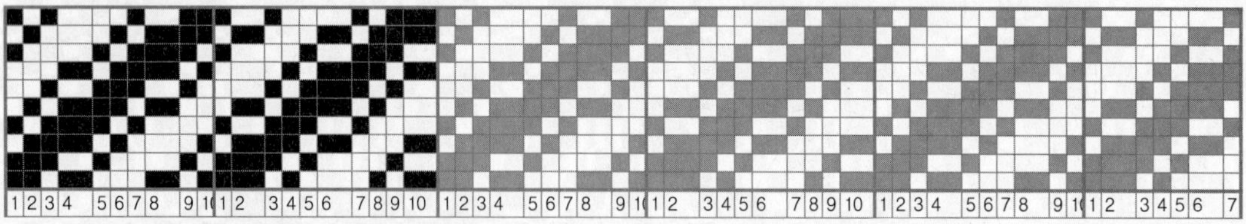

가로 방향도 세로와 동일하게 3잔류 1확장 단순 순환 유도, design one repeat 20본 × 20본.

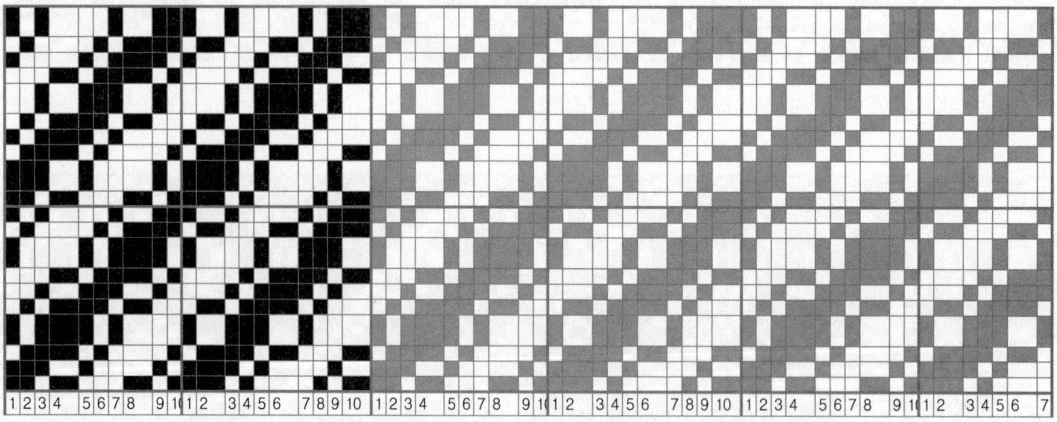

위에서 생성된 design을 herring bone형으로 연결하여 합성, design one repeat 39본 × 20본.

앞장(p146)에서 생성된 design을 마름모형으로 합성한 design, design one repeat 39본 × 39본.

Motive design, design one repeat 10본 × 10본.

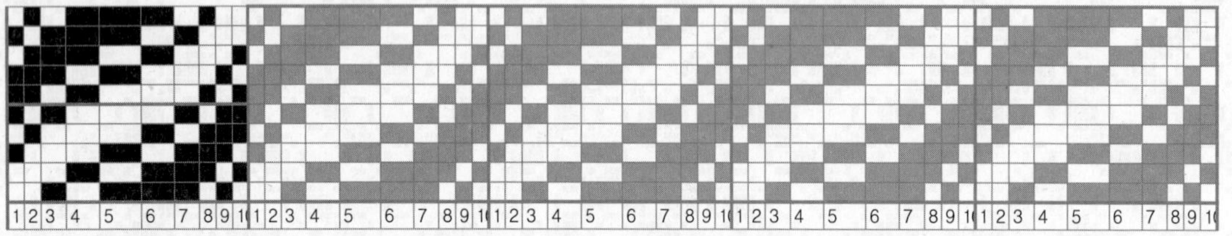

세로 방향 1n, 1n, 2n, 3n, 4n, 3n, 2n, 1n, 1n, 1n으로 확장에 의한 서열순환 확대, design one repeat 10본 × 10본.

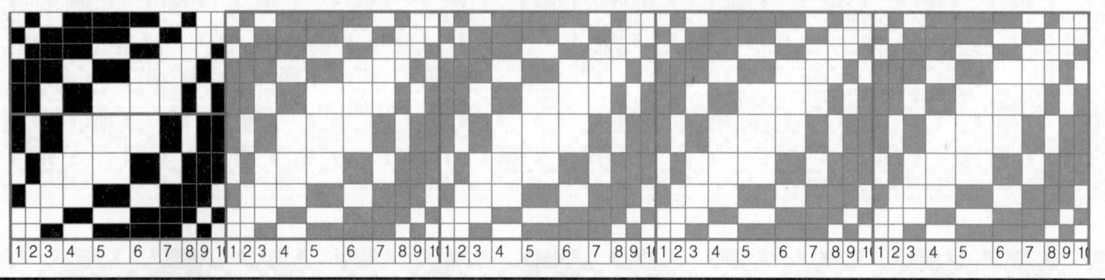

가로 방향도 세로와 동일하게 확장에 의한 서열순환 확대, design one repeat 10본 × 10본.

위에서 생성된 design을 herring bone형으로 연결하여 합성, design one repeat 18본 × 10본.

앞장(p148) 위에서 생성된 design을 마름모형으로 합성. design one repeat 18본 × 18본.

위의 design에서 design선을 제거한 그림, design one repeat 18본 × 18본.

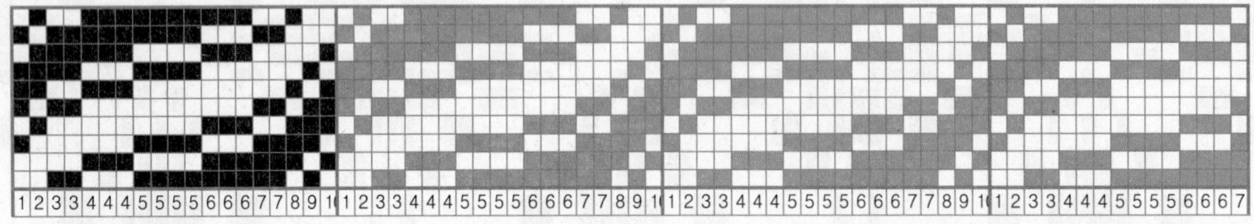

세로 방향 1, 2, 3, 3, 4, 4, 4, 5, 5, 5, 5, 6, 6, 6, 7, 7, 8, 9, 10으로 반복하여 서열순환 확대, design one repeat 19본 × 10본.

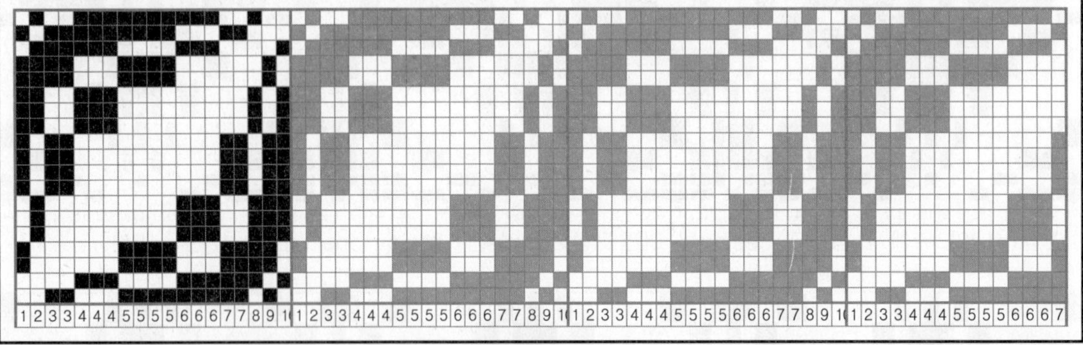

가로 방향도 세로와 동일하게 반복하여 서열순환 확대, design one repeat 19본 × 19본.

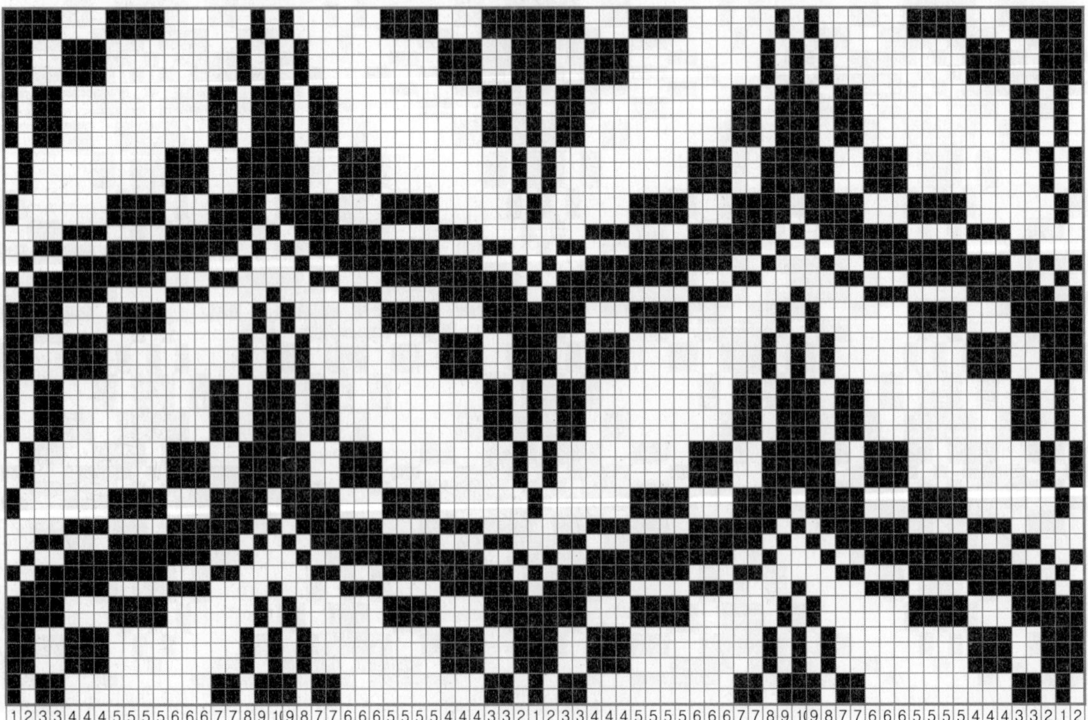

위에서 생성된 design을 herring bone형으로 연결하여 합성, design one repeat 36본 × 19본.

2 1 2 3 3 4 4 4 5 5 5 5 5 6 6 6 6 7 7 8 9 1 0 9 8 7 7 6 6 6 5 5 5 5 4 4 4 3 3 2 1 2 3 3 4 4 4 5 5 5 5 5 6 6 6 6 7 7 8 9 1 0 9 8 7 7 6 6 6 5 5 5 5 4 4 4 3 3 2 1 2

앞장(p150) 위에서 생성된 design을 마름모형으로 합성, design one repeat 36본 × 36본.

2 1 2 3 3 4 4 4 5 5 5 5 5 6 6 6 6 7 7 8 9 1 0 9 8 7 7 6 6 6 5 5 5 5 4 4 4 3 3 2 1 2 3 3 4 4 4 5 5 5 5 5 6 6 6 6 7 7 8 9 1 0 9 8 7 7 6 6 6 5 5 5 5 4 4 4 3 3 2 1 2

위의 design에서 design선을 제기한 그림, design one repeat 36본 × 36본.

위에서 생성된 design을 herring bone형으로 연결하여 합성, design one repeat 38본 × 20본.

앞장(p152) 위에서 생성된 design을 마름모형으로 합성한 그림, design one repeat 38본 × 38본.

위의 design에서 design선을 다르게 한 그림, design one repeat 38본 × 38본.

Motive design, design one repeat 18본 × 18본.

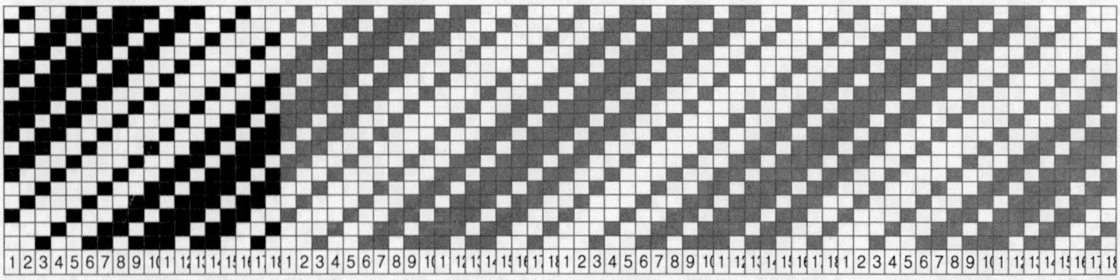

세로 방향 1n, 1n, 1n, 1n, 2n, 3n, 4n, 5n, 6n, 5n, 4n, 3n, 2n, 1n, 1n, 1n, 1n, 1n으로 확장에 의한 서열순환 확대, design one repeat 18본 × 18본.

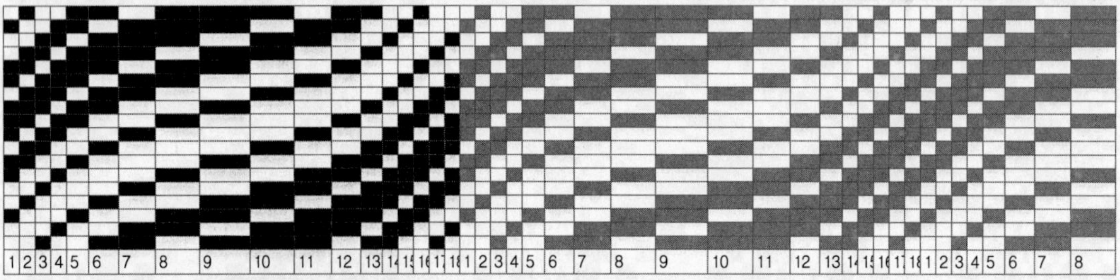

가로 방향도 세로와 동일하게 확장에 의한 서열순환 확대, design one repeat 18본 × 18본.

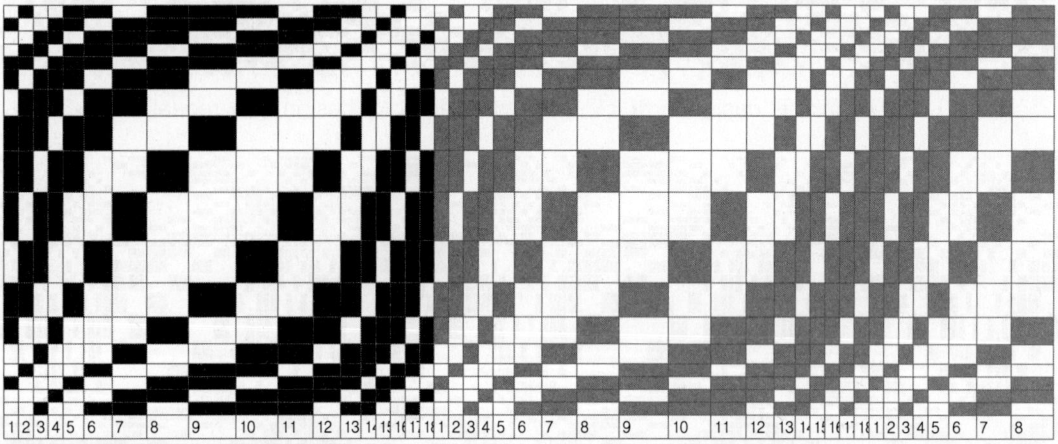

위에서 생성된 design을 herring bone형으로 연결하여 합성, design one repeat 34본 × 18본.

앞장(p154) 위에서 생성된 design을 마름모형으로 합성한 그림, design one repeat 34본 × 34본.

위의 design에서 design선을 제거한 그림, design one repeat 34본 × 34본.

04. 디자인 회전법

유도된 design을 필요한 방향으로 회전시키면, design의 다양성이 커지며 그에 따른 용도의 범위가 넓어진다.

회전하는 각도는 45°, 90° 등, 디자이너의 필요에 따라 각도 조정이 가능하다. 여기서 회전 작업 방법은 포토샵(photo shop)을 이용하였다.

회전이 필요한 design은 작도할 때, 가로와 세로의 길이 비율이 동일해야 작도 변경 후의 design이 가로와 세로로 균형을 유지한다.

다음은 가로 2.00mm 세로 2.00mm로, 가로 세로의 길이 비율이 동일한 design을 45° 회전시킨 후의 변화이다.

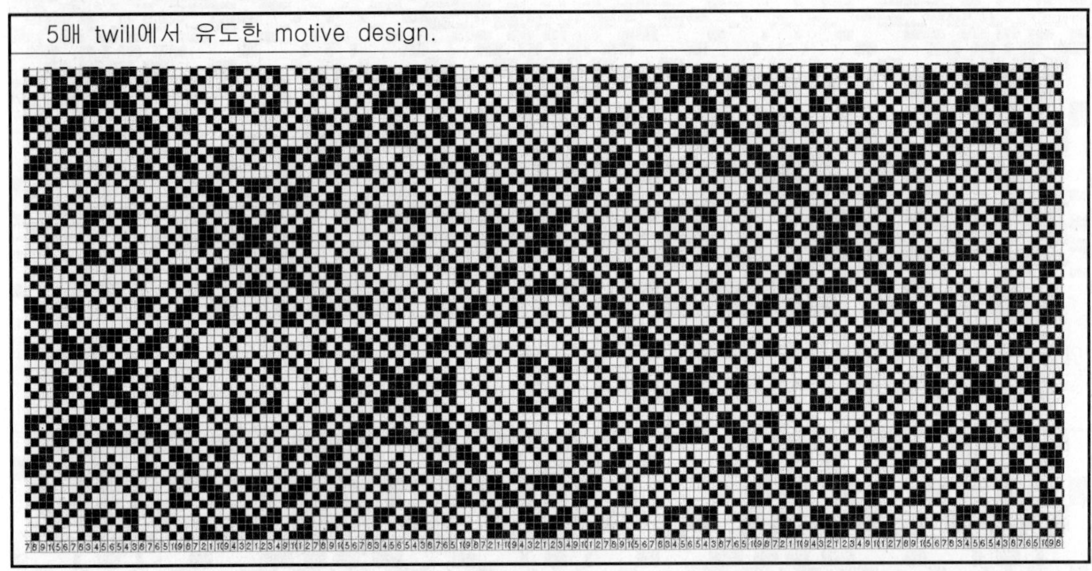

다음은 가로 2.00mm 세로 2.30mm로, 가로 세로의 길이 비율이 15% 편차가 발생한 motive design을 45° 회전시킨 후의 변화이다. 상단은 가로 기준, 하단은 세로 기준으로 회전 이동한 예이다.

가로를 기준으로 하여 45° 회전시킨 후의 변화, 세로가 변형되어 있음.

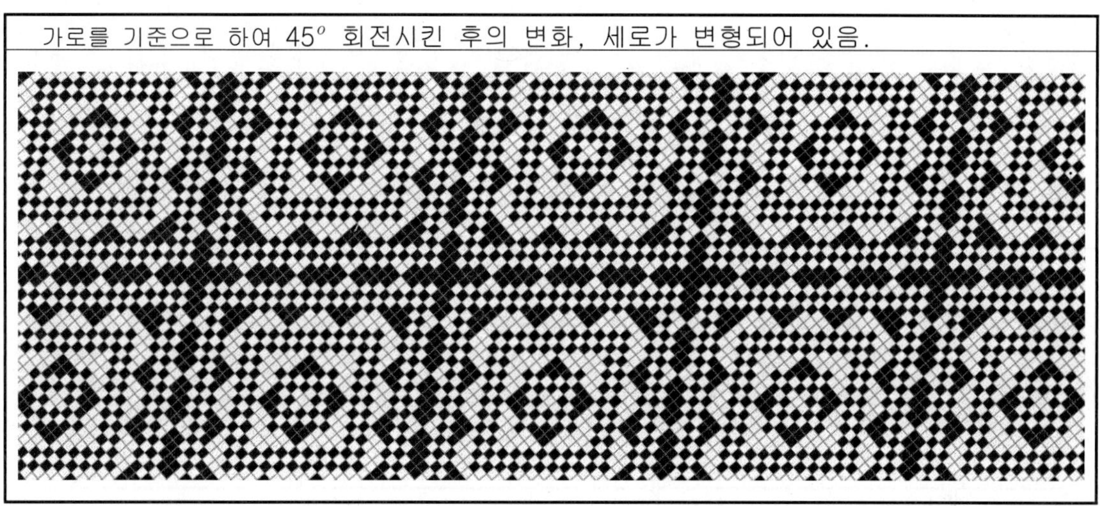

세로를 기준으로 하여 45° 회전시킨 후의 변화, 가로가 변형되어 있음.

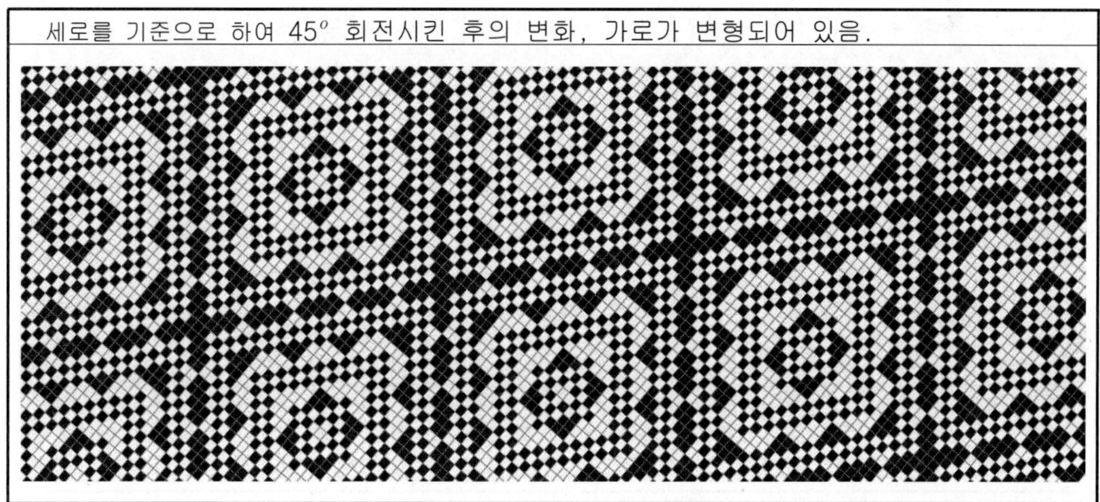

가로세로를 기준으로 하여 45° 회전시킨 후의 변화, 가로와 세로가 모두 변형되어 있음.

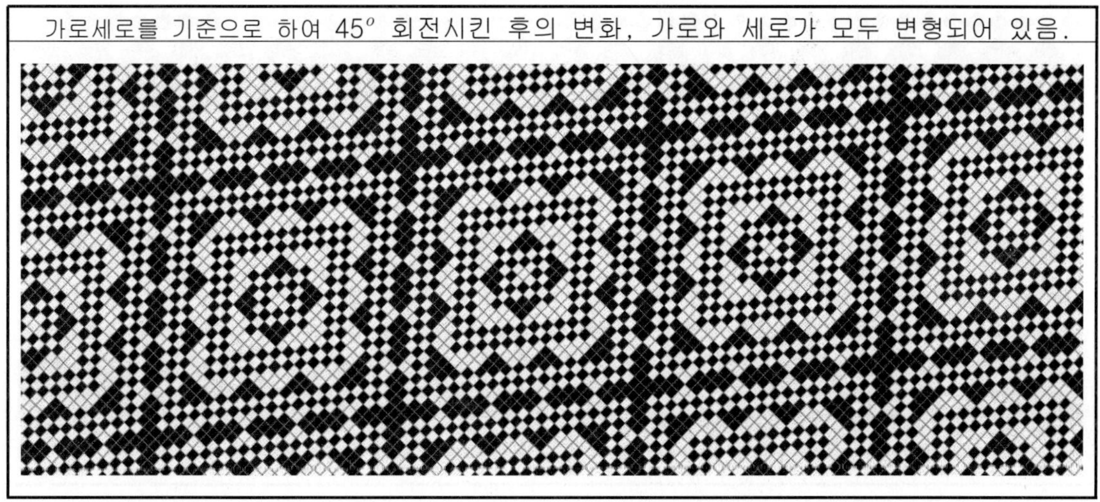

다음은 2개의 motive design을 회전하여 생성한 design의 예이다.

5매 twill에서 유도한 motive design.

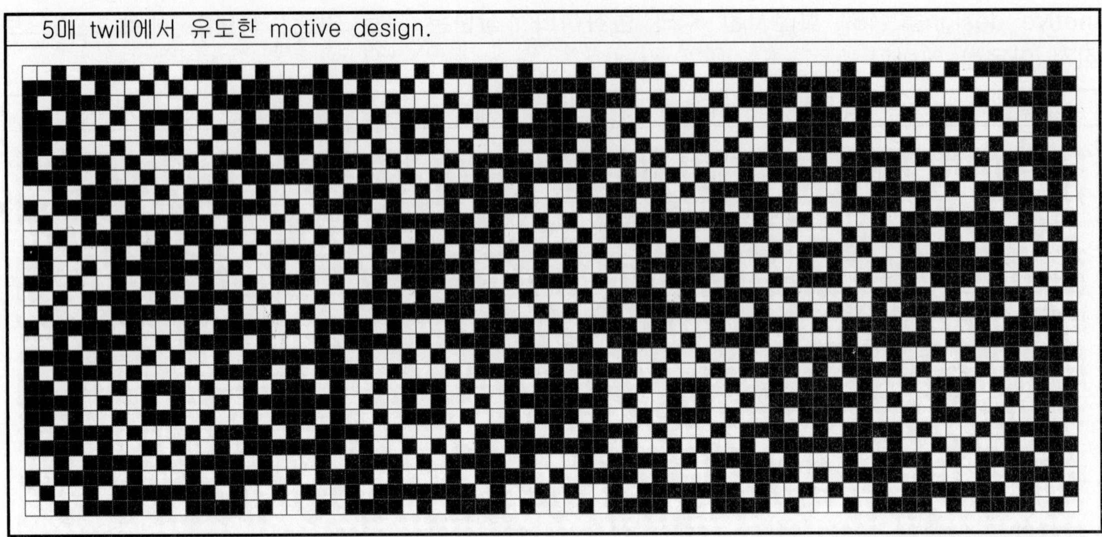

위 motive design을 45° 회전으로 생성한 design.

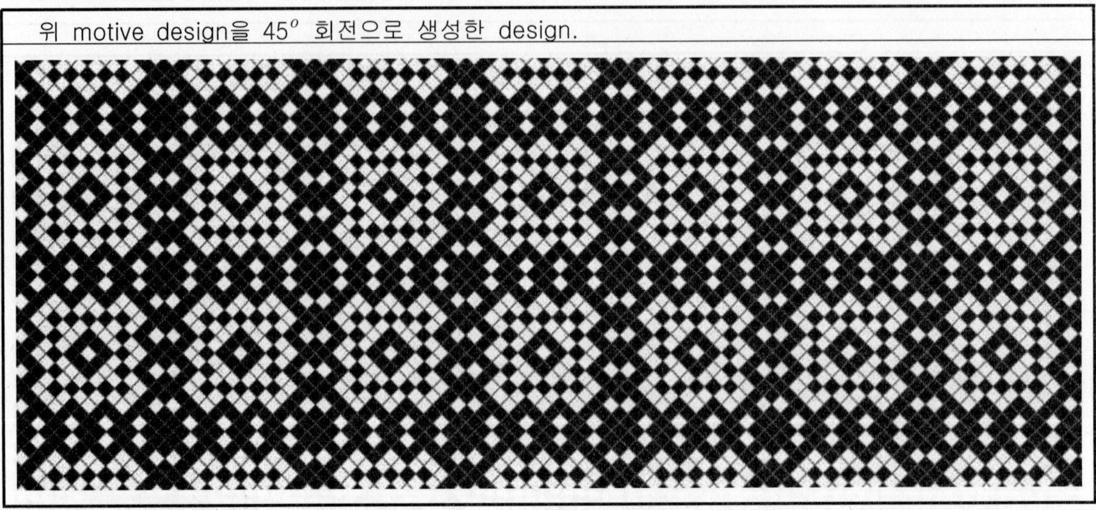

위 motive design을 부분적으로 발췌하여 생성한 design.

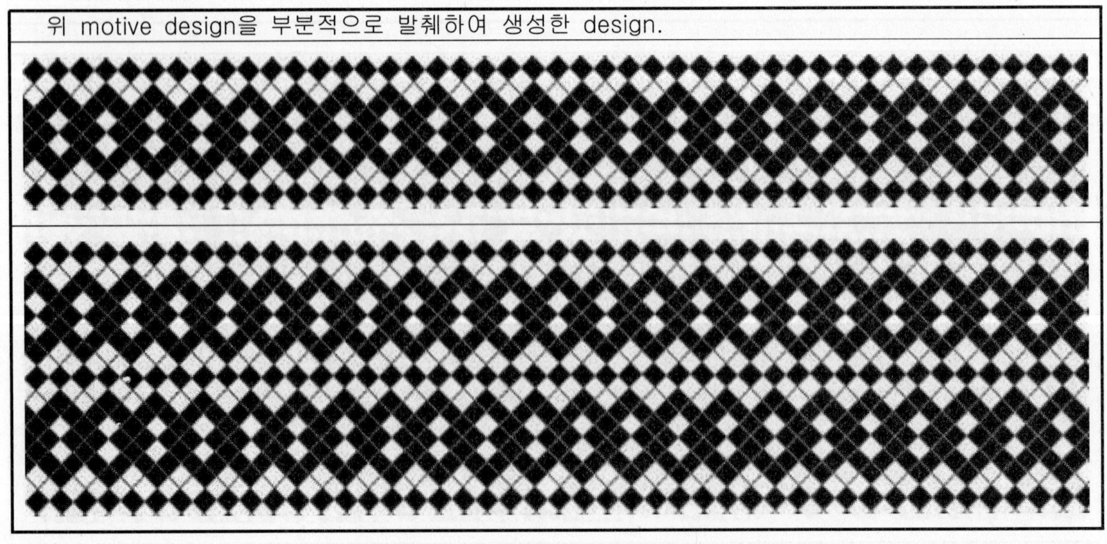

5매 twill에서 유도한 motive design.

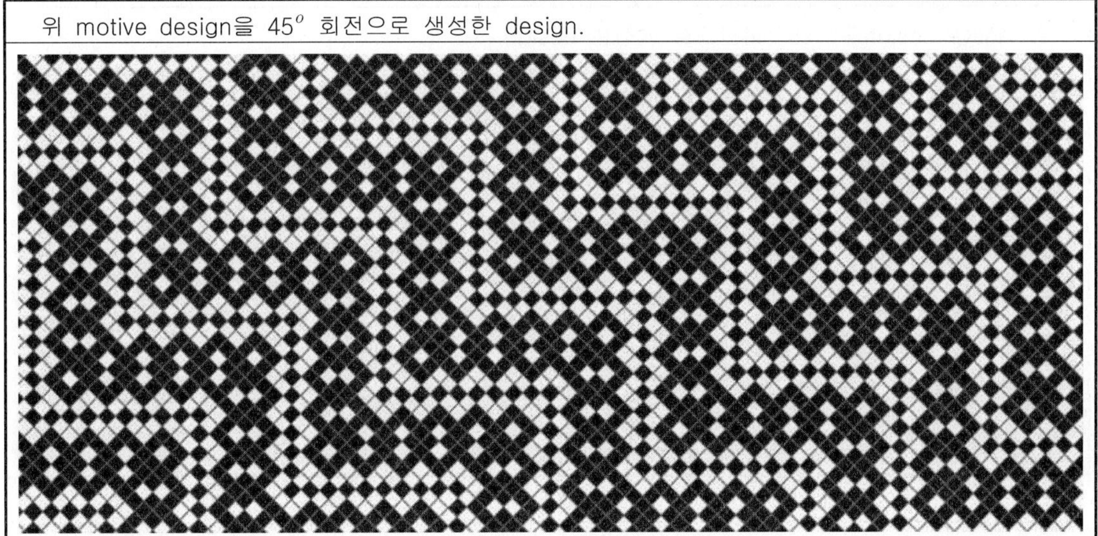

위 motive design을 45° 회전으로 생성한 design.

위 motive design을 90° 회전으로 생성한 design.

5매 twill에서 유도한 motive design.

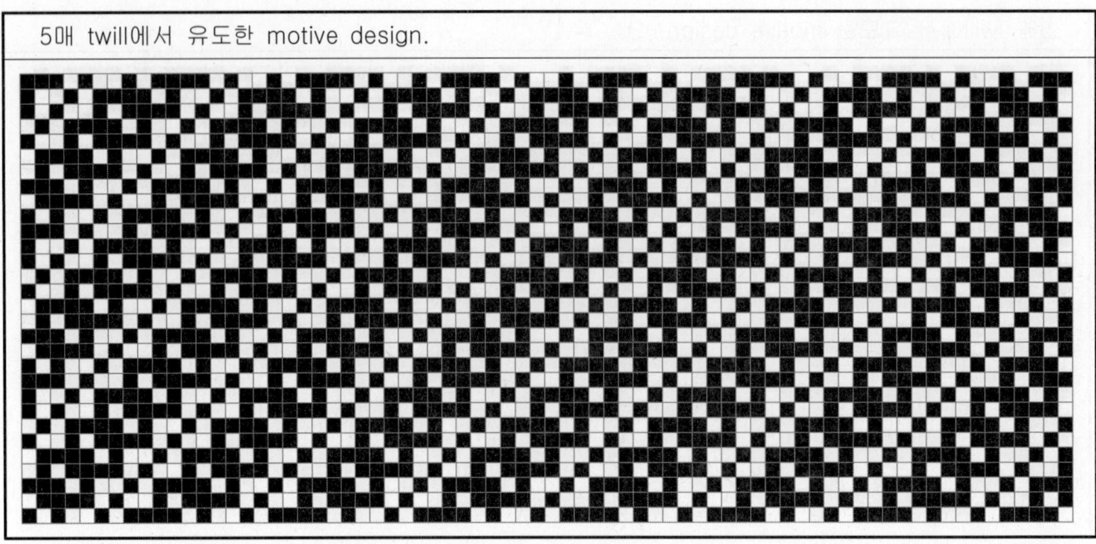

위 motive design을 −45° 회전으로 생성한 design.

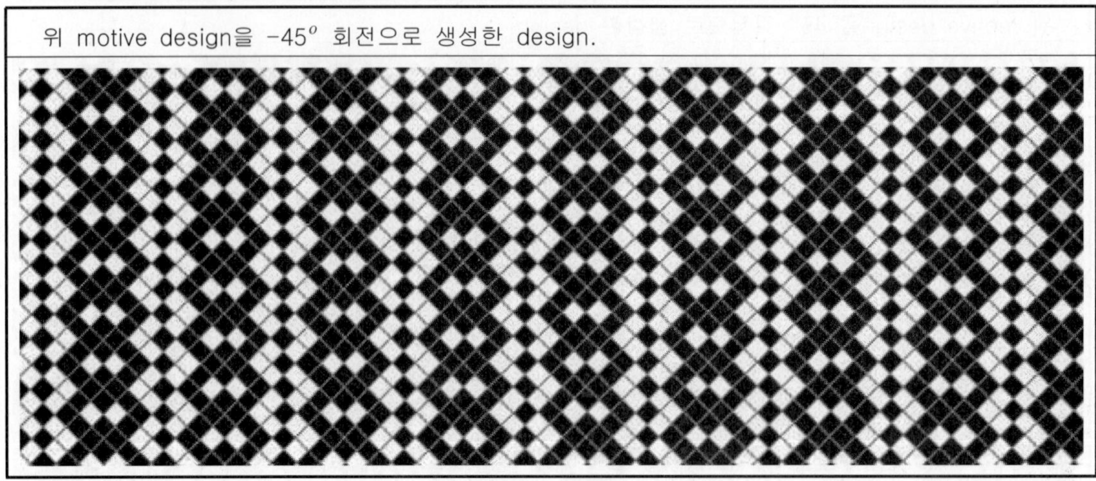

위 motive design을 45° 회전으로 생성한 design.

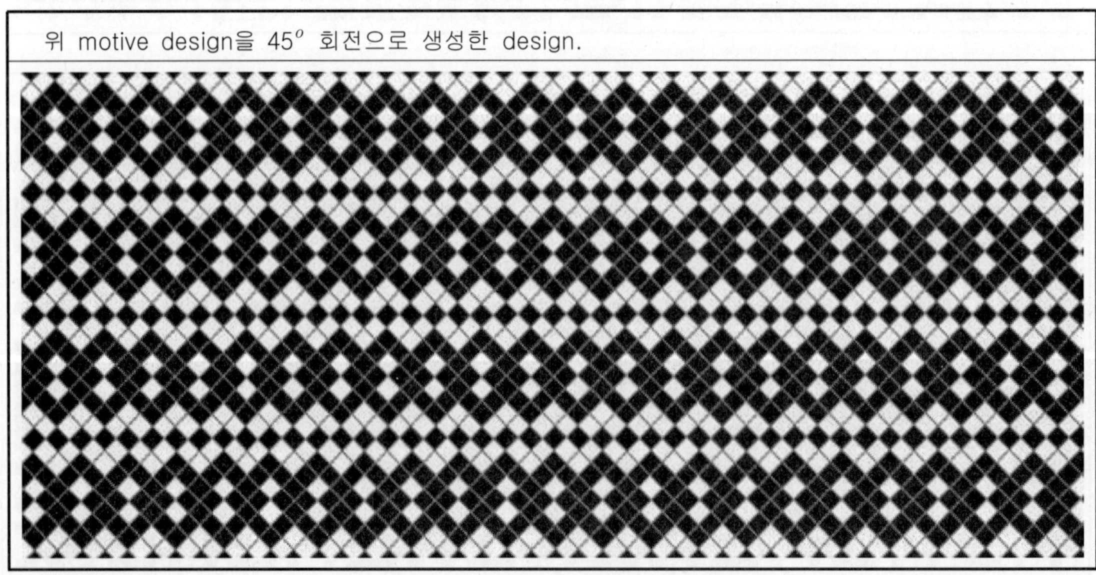

5매 twill에서 유도한 motive design.

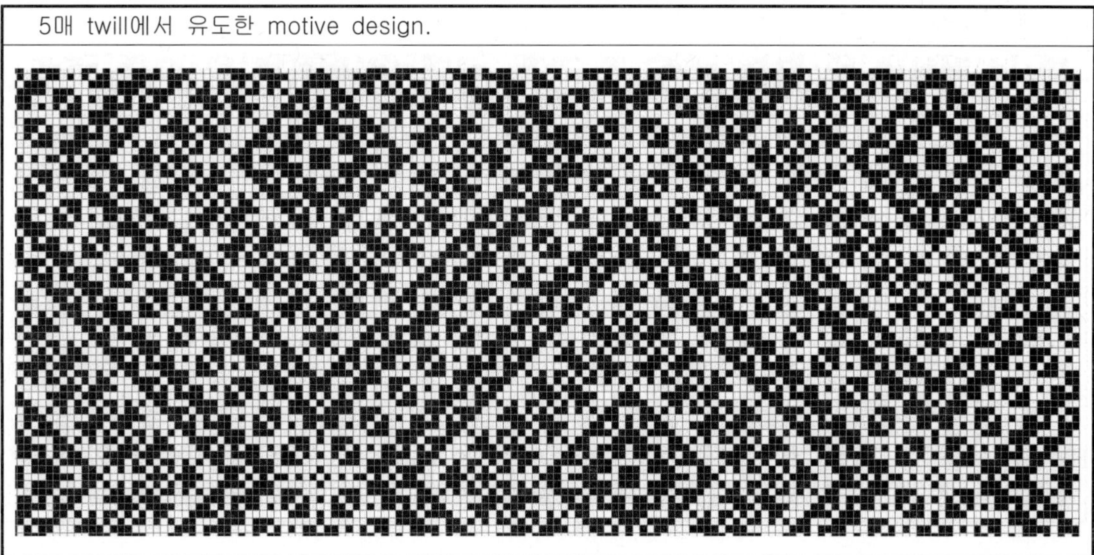

위 motive design을 45° 회전으로 생성한 design.

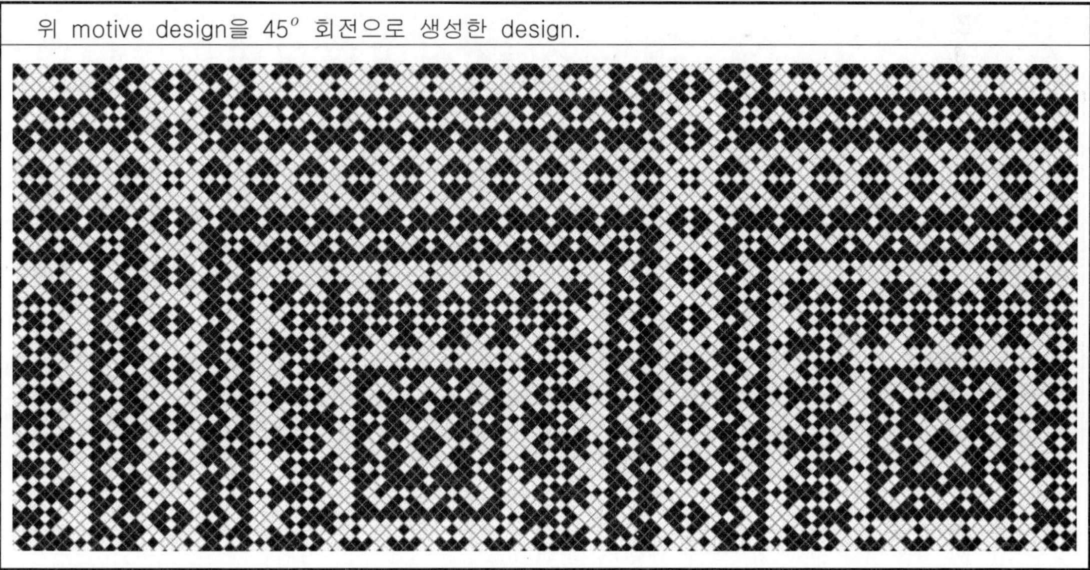

위 motive design을 부분적으로 발췌하여 생성한 design.

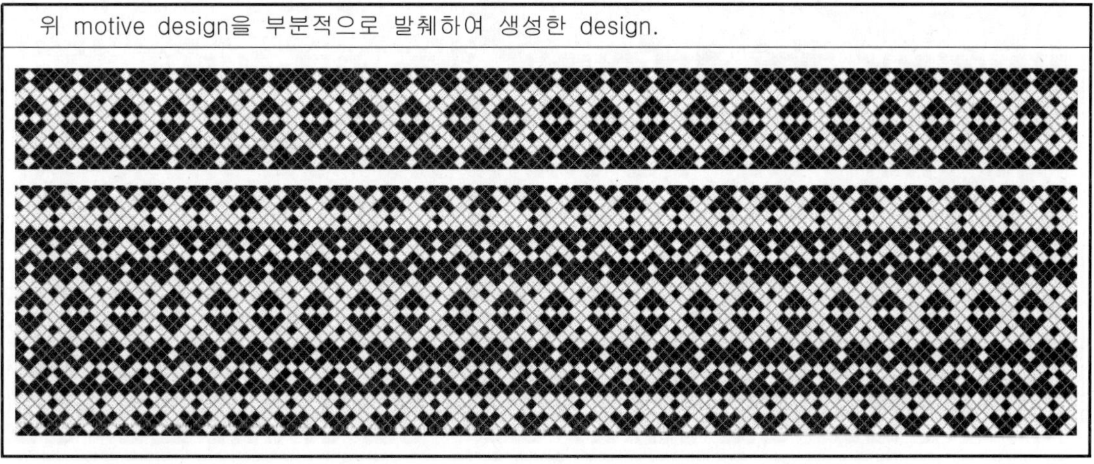

5매 twill에서 유도한 motive design.

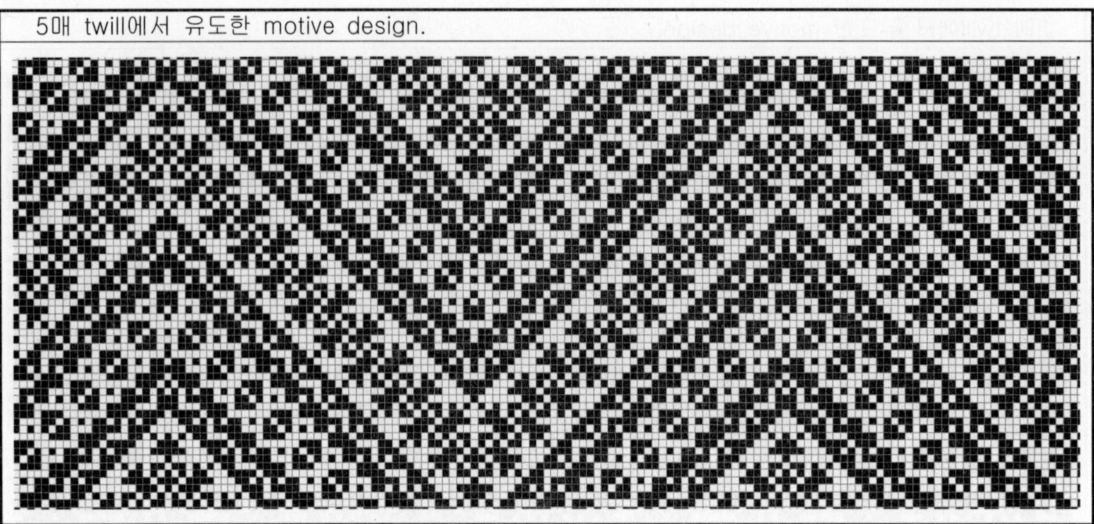

위 motive design을 45° 회전으로 생성한 design.

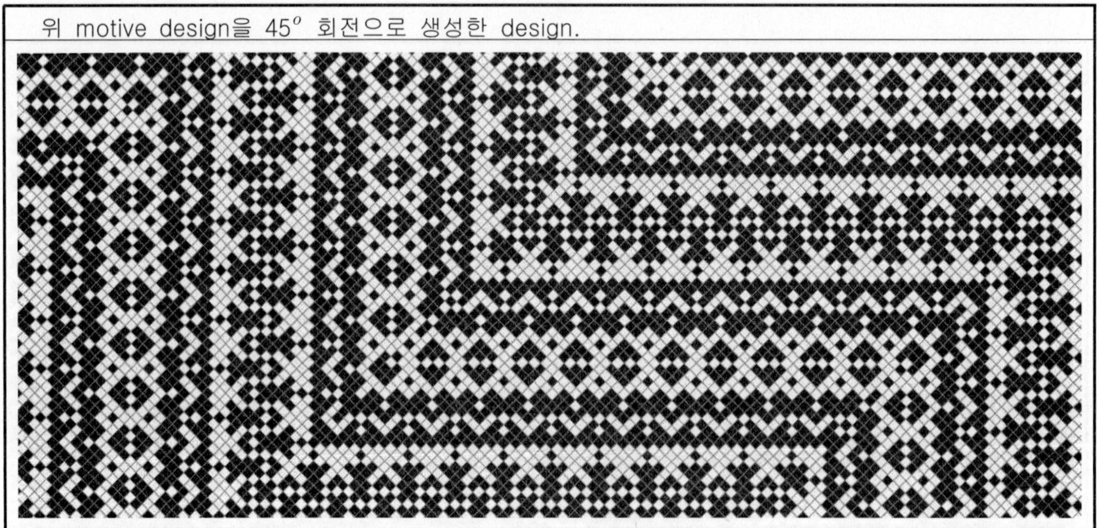

위 motive design을 90° 회전으로 생성한 design.

5매 twill에서 유도한 motive design.

위 motive design을 -45° 회전으로 생성한 design.

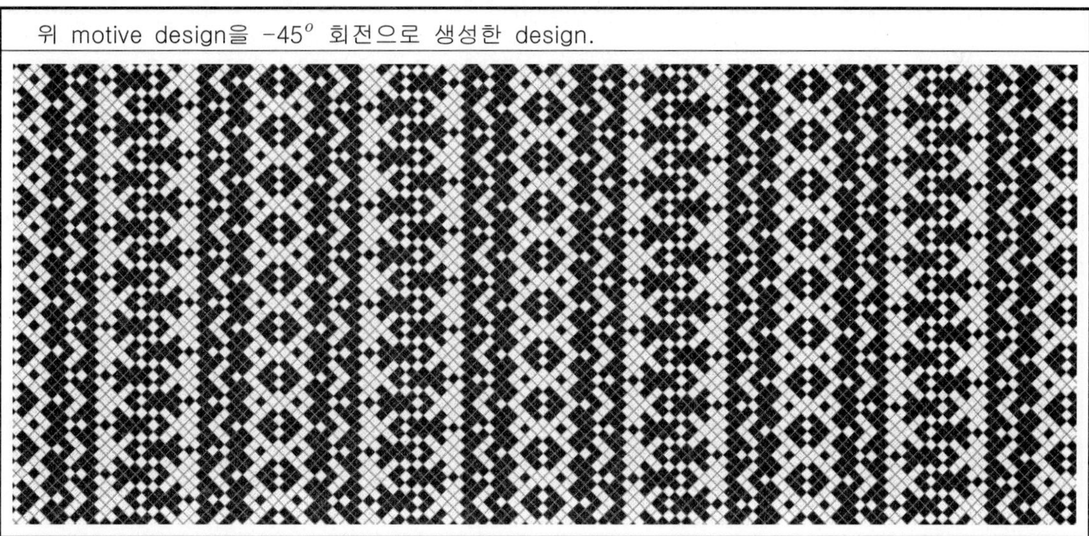

위 motive design을 45° 회전으로 생성한 design.

10매 twill을 디자인 확장법으로 유도한 design.

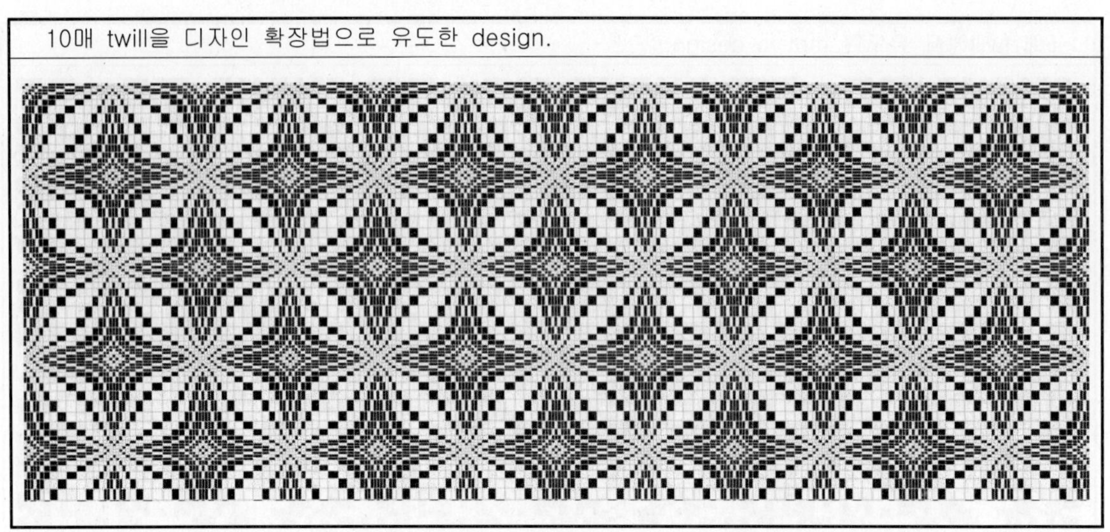

위 motive design을 45° 회전으로 생성한 design.

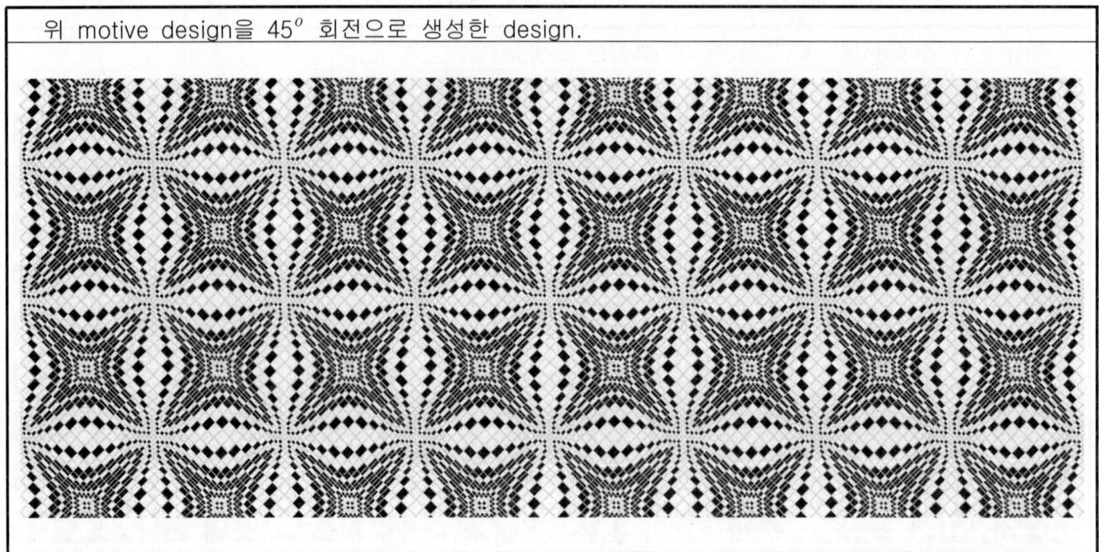

위 design을 부분적으로 발췌하여 생성한 design.

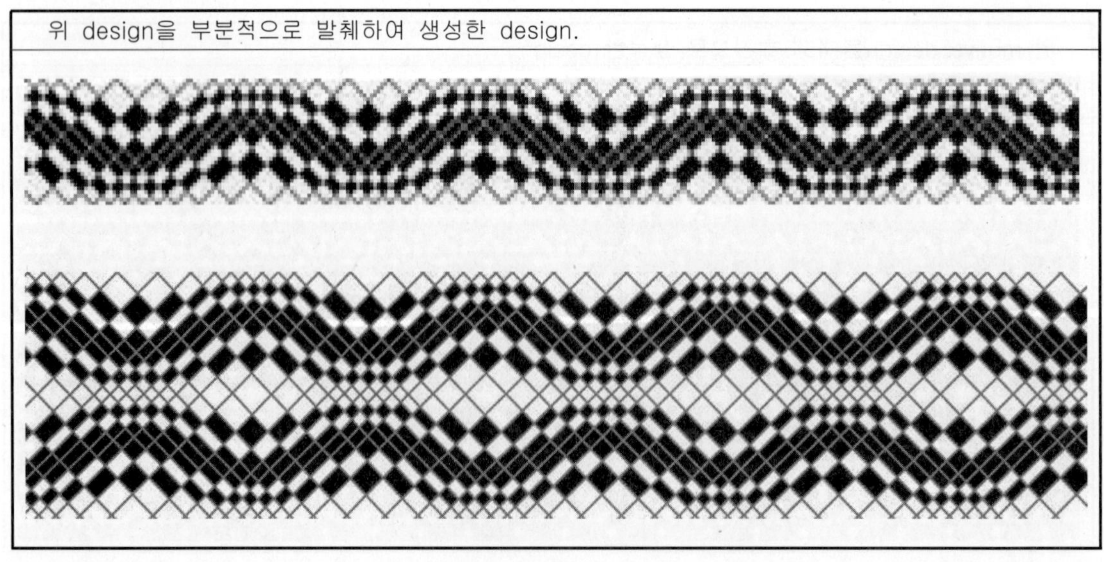

· 10매 twill을 디자인 확장법으로 유도한 design.

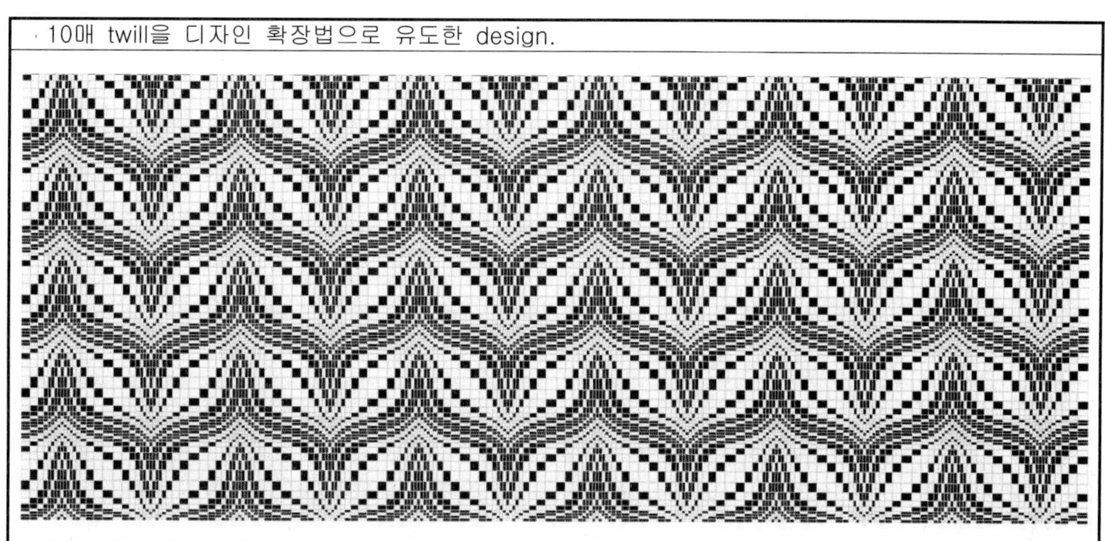

위 motive design을 45° 회전으로 생성한 design.

위 motive design을 90° 회전으로 생성한 design.

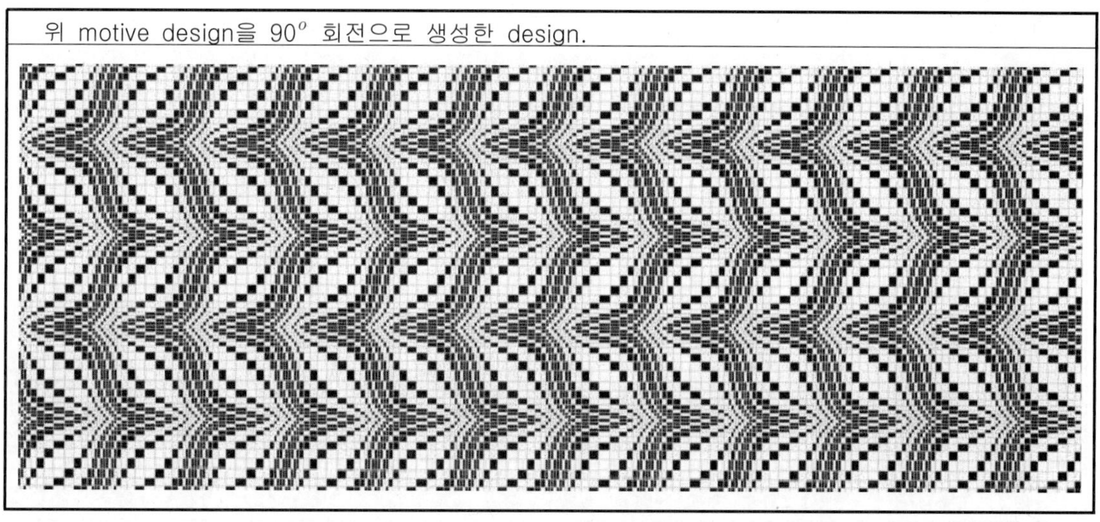

10매 twill을 디자인 확장법으로 유도한 design.

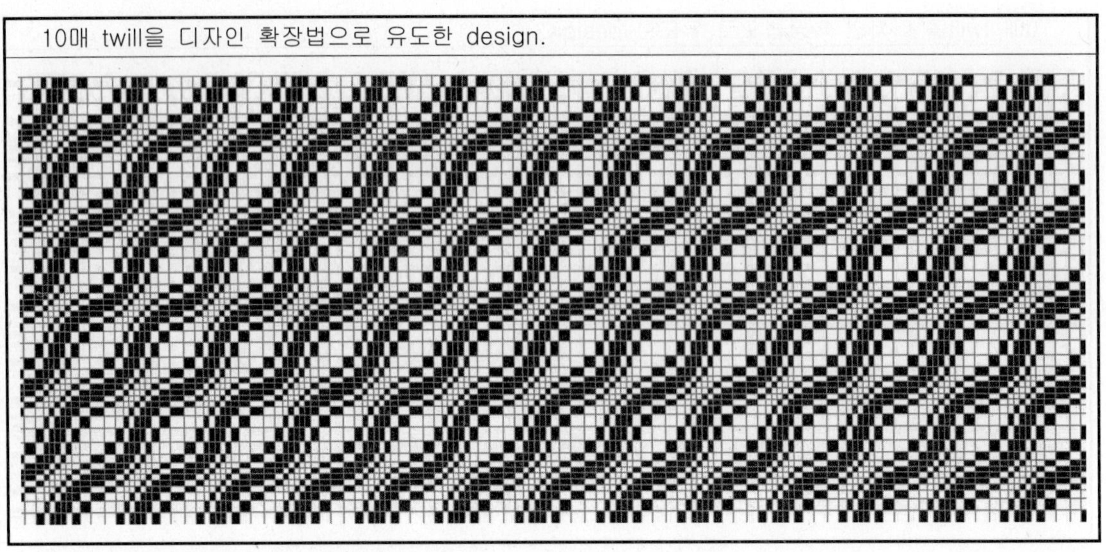

위 motive design을 45° 회전으로 생성한 design.

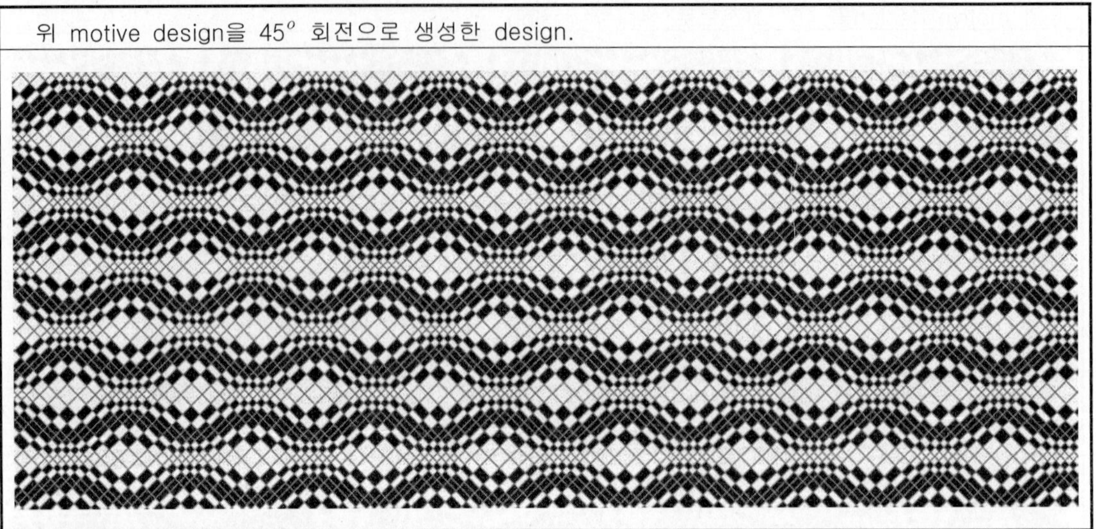

위 motive design을 315°(-45°) 회전으로 생성한 design.

제3장 새로운 디자인 활용처

새로운 디자인 적용 후, 2종류의 품종을 교차 식재.

새로운 디자인 적용하기 전, 대구수목원 잔니광상.

새로운 디자인 적용 후, 꽃밭 이랑을 헤링본 모양으로 식재.

새로운 디자인 적용 전, 일본 북해도 관광화원 꽃이랑.

새로운 디자인 적용 후, 파종 시기를 다르게 식재.

새로운 디자인 적용 전, 낙동강 강변공원 메밀밭.

새로운 디자인 적용 후.

새로운 디자인 적용 전, 대구 문화예술회관 화단 축대.

새로운 디자인 적용 후, 가로수 보호망 무늬장식.

새로운 디자인 적용 전, 가로수 보호망.

새로운 디자인 적용 후, 수로 덮개 장식무늬.

새로운 디자인 적용 전, 수로 덮개.

새로운 디자인 적용 후, 노란색과 붉은색 백일홍을 교차 식재한 꽃밭의 다양한 변화.

새로운 디자인 적용 전, 청송 국도변의 백일홍 공원.

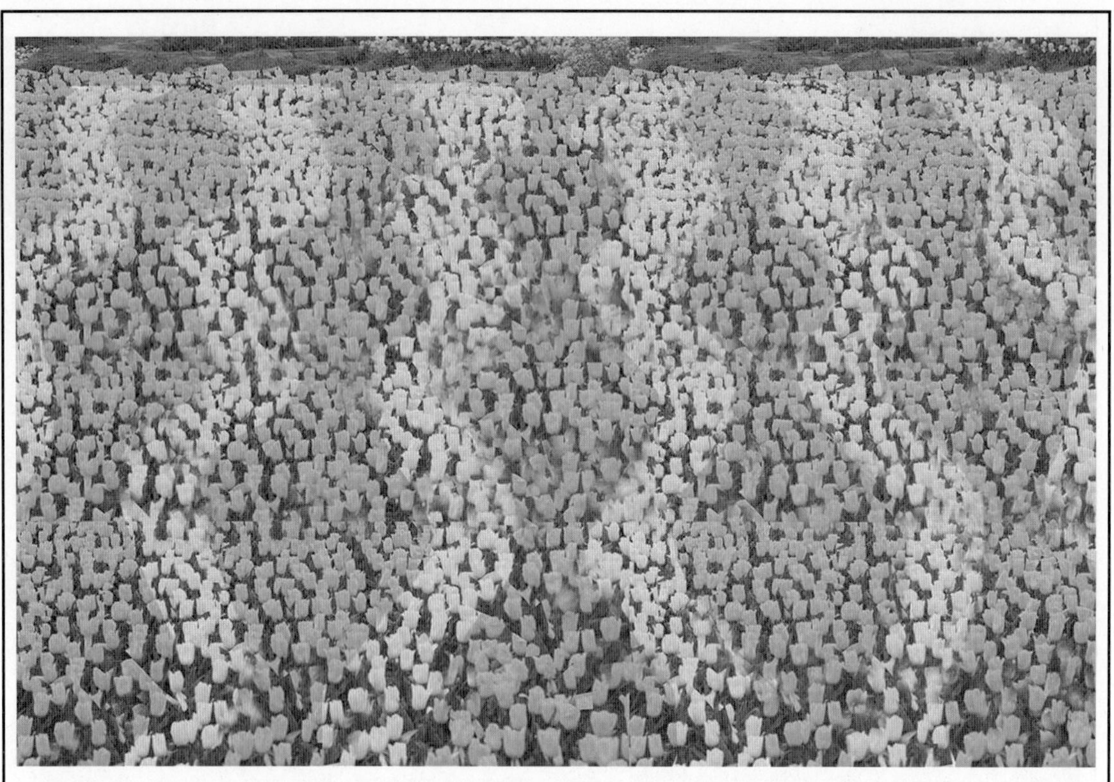

새로운 디자인 적용 후, 노란색과 붉은색 튤립을 교차 식재하여 입체감을 높인다.

새로운 디자인 적용 전, 거제도의 해안 튤립공원.

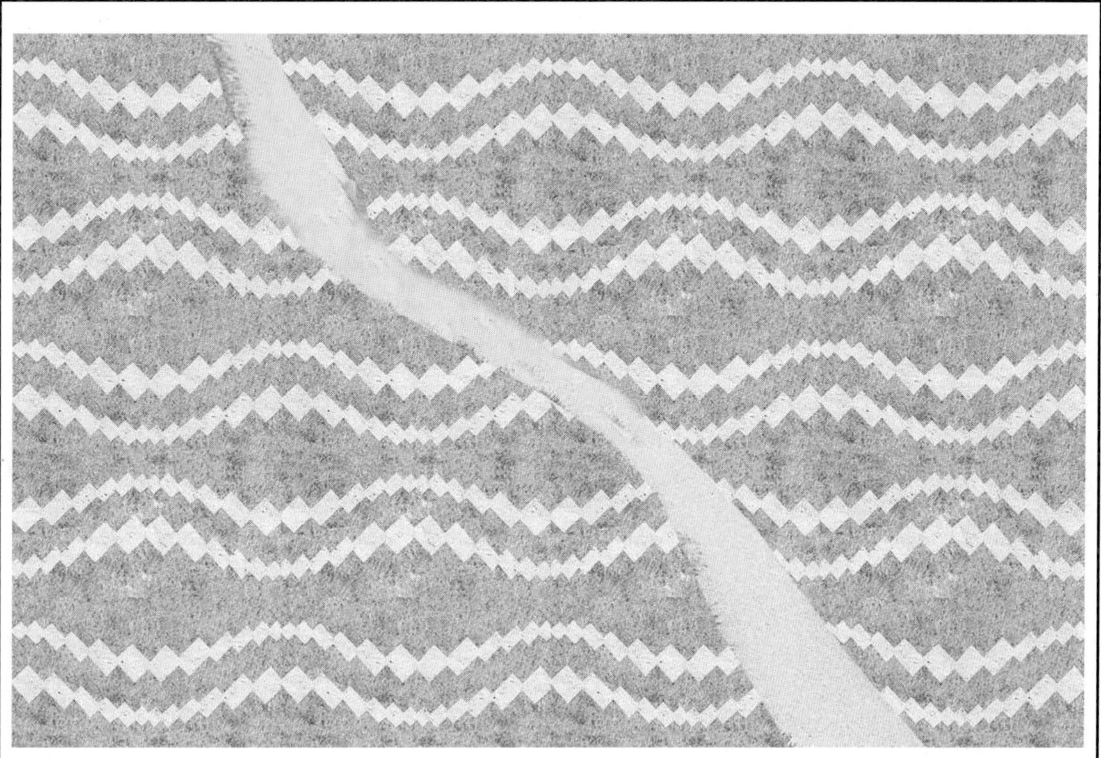

새로운 디자인 적용 후.

새로운 디자인 적용 전, 일본 북해도 라벤다 농원.

새로운 디자인 적용 후, 아파트 어린이 놀이터 바닥에 무늬 모자이크.

새로운 디자인 적용 전, 아파트 어린이 놀이터.

02. 인도 광장 장식

새로운 디자인 적용 후의 모습.

새로운 디자인 적용 전의 모습 - 건물 출입구 보도블록.

새로운 디자인 적용 후의 모습.

새로운 디자인 적용 전의 모습 - 보도블록.

새로운 디자인 적용 후.

새로운 디자인 적용 전 - 도심의 보도블록 모습(길만 수직으로 내려다본 모습).

새로운 디자인 적용 후의 모습.

새로운 디자인 적용 전의 모습 - 제주 해안도로 노견 인도.

새로운 디자인 적용 후의 모습 - 공공건물 앞 보도블록 무늬장식.

새로운 디자인 적용 선의 모습 - 공공건물 앞 보도블록.

새로운 디자인 적용 후의 모습 – 아파트단지 내 보도블록 무늬장식.

새로운 디자인 적용 전의 모습 – 아파트단지 내 보도블록.

새로운 디자인 적용 후의 모습.

새로운 디자인 적용 전의 모습 - 아파트 광장.

새로운 디자인 적용 후의 모습.

새로운 디자인 적용 전의 보도블록.

새로운 디자인 적용 후의 모습.

새로운 디지인 적용 전의 모습 - 일상적 생활 주변의 보도 모습.

새로운 디자인 적용 후의 모습.

새로운 디자인 적용 전의 모습 - 야외 공연장.

03. 벽면 건물 장식

새로운 디자인 적용 후의 건물 정면 모습.

새로운 디자인 적용 전의 건물 정면 모습.

새로운 디자인 적용 후의 모습 - 아파트 외관 벽면 장식.

새로운 디자인 적용 전의 모습 - 아파트 외관 벽면.

새로운 디자인 적용 후의 모습 - 건물 측면 디자인.

새로운 디자인 적용 전의 모습 - 건물 측면.

새로운 디자인 적용 후의 모습.

새로운 디자인 적용 전의 모습.

　　　　제3장　벽면 건물 장식

새로운 디자인 적용 후의 모습.

새로운 니사인 적용 전의 모습.

새로운 디자인 적용 후의 모습.

새로운 디자인 적용 전의 모습 - 식당 건물.

새로운 디자인 적용 후의 모습 - 공공건물의 외관 장식무늬.

새로운 디자인 적용 전의 모습 - 공공건물의 외관.

새로운 디자인 적용 후의 모습 - 실내 벽면 디자인.

새로운 디자인 적용 전의 모습 - 실내 벽면.

새로운 디자인 적용 후의 모습.

새로운 디자인 적용 전의 모습.

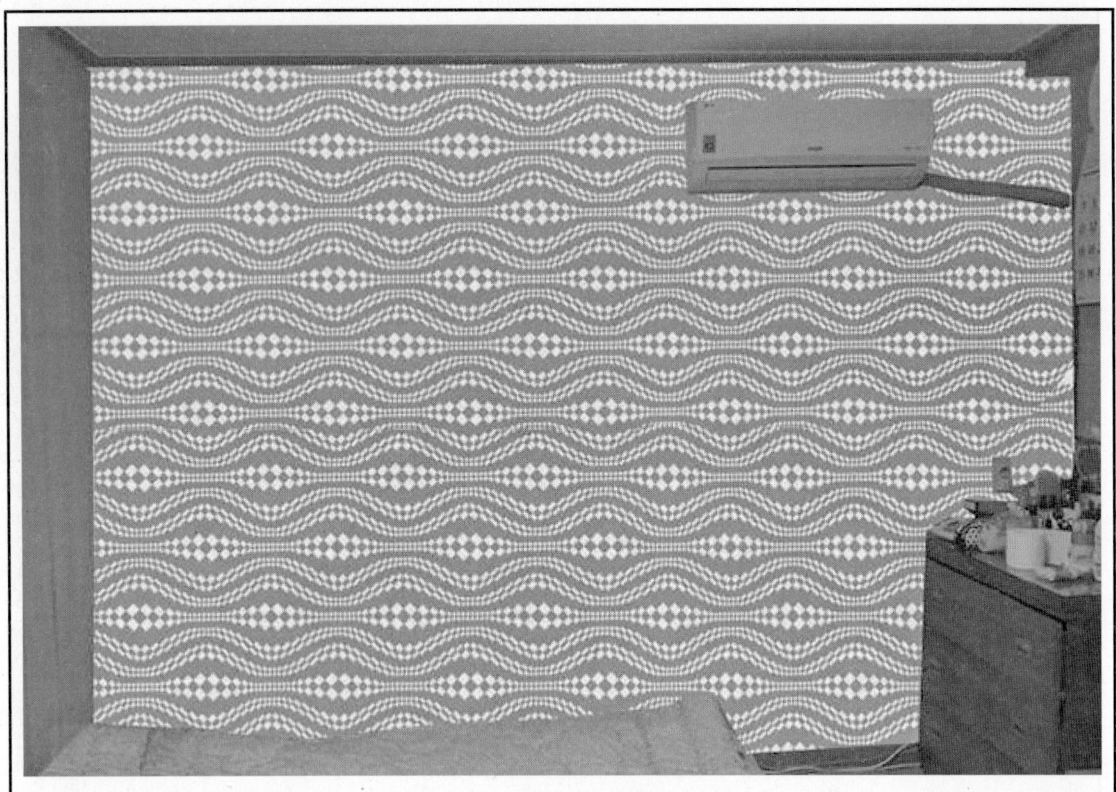

새로운 디자인 적용 후의 모습 - 용도에 다른 실내 벽면 디자인.

새로운 디자인 적용 전의 모습.

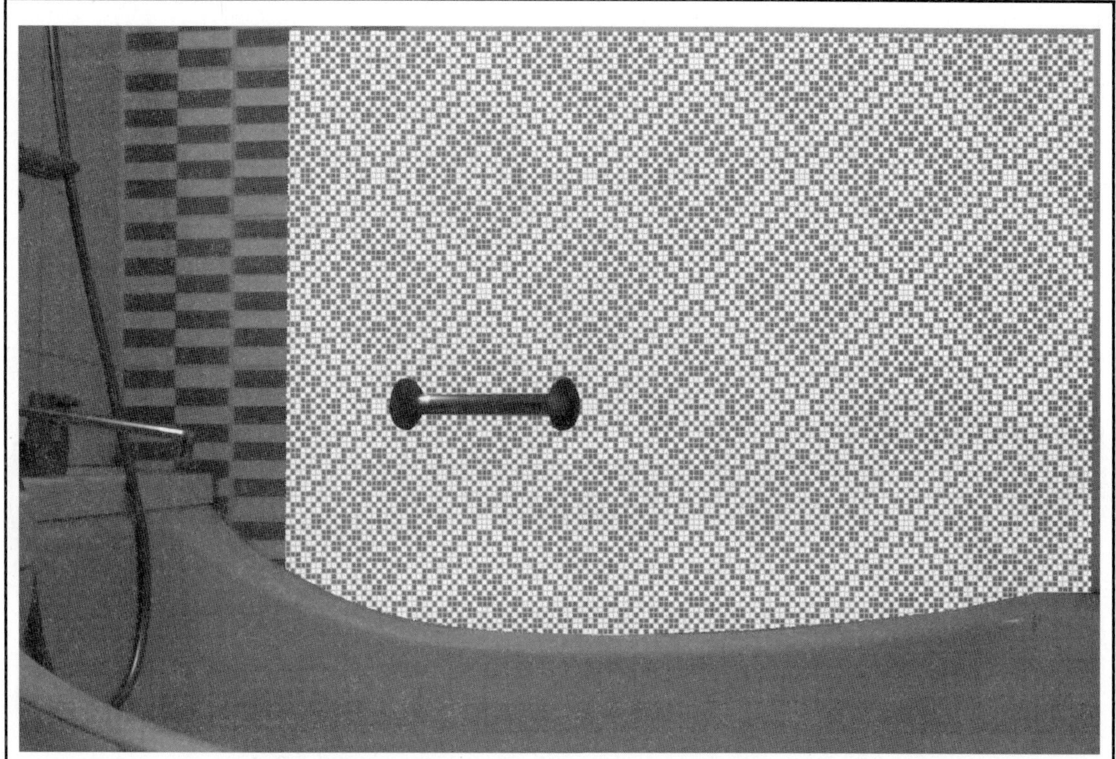

새로운 디자인 적용 후의 모습 – 욕실 벽면 장식무늬.

새로운 디자인 적용 전의 모습 – 욕실 벽면

새로운 디자인 적용 후의 모습 - 건물의 외관 장식무늬.

새로운 디자인 적용 전의 모습.

새로운 디자인 적용 후의 모습 - 실내 벽면 장식.

새로운 디자인 적용 전의 모습 - 실내 벽면.

새로운 디자인 적용 후의 모습 – 건물 입구 디자인.

새로운 디자인 적용 전의 모습.

04. 기둥 다리 장식

새로운 디자인 적용 후의 모습.

새로운 디자인 적용 전의 모습 - 건물 내부 기둥.

새로운 디자인 적용 후의 모습 – 육교 난간 장식무늬.

새로운 디자인 적용 전의 모습 – 육교.

  제3장   기둥 다리 장식

새로운 디자인 적용 후의 모습 – 고속도로 교각 장식무늬.

새로운 디자인 적용 전의 모습 – 고속도로 교각.

새로운 디자인 적용 후의 모습 – 학교 정문 장식무늬.

새로운 디자인 적용 전의 모습 – 학교 정문.

새로운 디자인 적용 후의 모습 - 고속도로 교각 장식.

새로운 디자인 적용 전의 모습 - 고속도로 교각.

새로운 디자인 적용 후의 모습 - 고가다리 상판 장식무늬.

새로운 디자인 적용 전의 모습 - 고가다리 상판.

새로운 디자인 적용 후의 모습 - 교각 상판 장식무늬.

새로운 디자인 적용 전의 모습.

새로운 디자인 적용 후의 모습 - 고가도로 다리 상판 무늬장식.

새로운 디자인 적용 전의 모습.

새로운 디자인 적용 후의 모습 – 고가도로 교각 무늬장식.

새로운 디자인 적용 전의 모습 – 고가도로 교각.

새로운 디자인 적용 후의 모습 - 대구 전철 3호선 고가철교 상판 무늬장식.

새로운 디자인 적용 전의 모습 - 대구 전철 3호선 고가철교 상판.

새로운 디자인 적용 후의 모습 – 대구 전철 3호선 교각 무늬장식.

새로운 디자인 적용 전의 모습 – 대구 전철 3호선 교각.

새로운 디자인 적용 후의 모습 - 고가도로 교각과 상판 무늬장식.

새로운 디자인 적용 전의 모습.

새로운 디자인 적용 후의 모습 – 고가도로 교각 무늬장식.

새로운 디자인 적용 전의 모습 – 고가노도 교각.

새로운 디자인 적용 후의 모습 - 지하철역 내부 기둥 무늬장식.

새로운 디자인 적용 전의 모습 - 지하철역 내부 기둥.

새로운 디자인 적용 후.

새로운 디자인 적용 전 - 건물 울타리와 연결된 간이식 출입문.

새로운 디자인 적용 후.

새로운 디자인 적용 전 - 건물 울타리.

새로운 디자인 적용 후 – 바다 선박의 난간 무늬장식.

새로운 디자인 석용 전 – 바다 신빅의 닌간.

새로운 디자인 적용 후.

새로운 디자인 적용 전. 선박 난간.

새로운 디자인 적용 후 - 공장건물의 난간 가림막 장식무늬.

새로운 디자인 적봉 선 - 높은 언덕에 자리힌 공장건물의 난간 가림막.

새로운 디자인 적용 후 - 언덕길 난간 장식무늬.

새로운 디자인 적용 전 - 언덕길 난간.

새로운 디자인 적용 후 - 바닷가 위험지역 안전 가림막 장식무늬.

새로운 디지인 적용 전 - 바닷가 위험지역 안전 가림막.

새로운 디자인 적용 후 – 언덕길 안전 가림막 장식무늬.

새로운 디자인 적용 전 – 언덕길 안전 가림막.

새로운 디자인 적용 후.

새로운 디자인 적용 선 - 주차장과 보도 사이의 안전 가림막.

새로운 디자인 적용 후 - 학교 울타리 장식무늬.

새로운 디자인 적용 전 - 학교 울타리.

새로운 디자인 적용 후 - 아파트단지 울타리 장식무늬.

새로운 디자인 적용 전 - 아파트단지 울타리.

새로운 디자인 적용 후 - 바닷가 난간 안전 가림막.

새로운 디자인 적용 전 - 바닷가 난간.

새로운 디자인 적용 후 - 건물이나 사무실 출입구 정면 장식무늬.

새로운 디자인 적용 전 - 건물이나 사무실 출입구 정면 징식무늬.

새로운 디자인 적용 후.

새로운 디자인 적용 전 - 사무실 출입로 가림막.

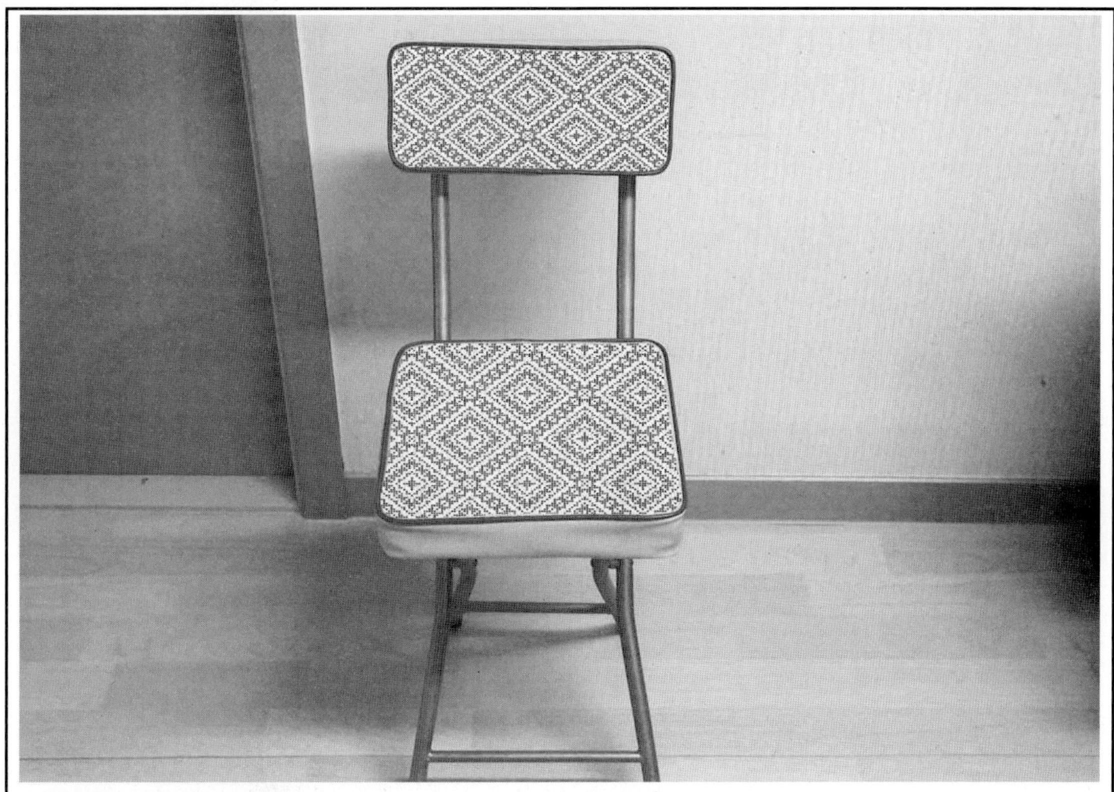

새로운 디자인 적용 후.

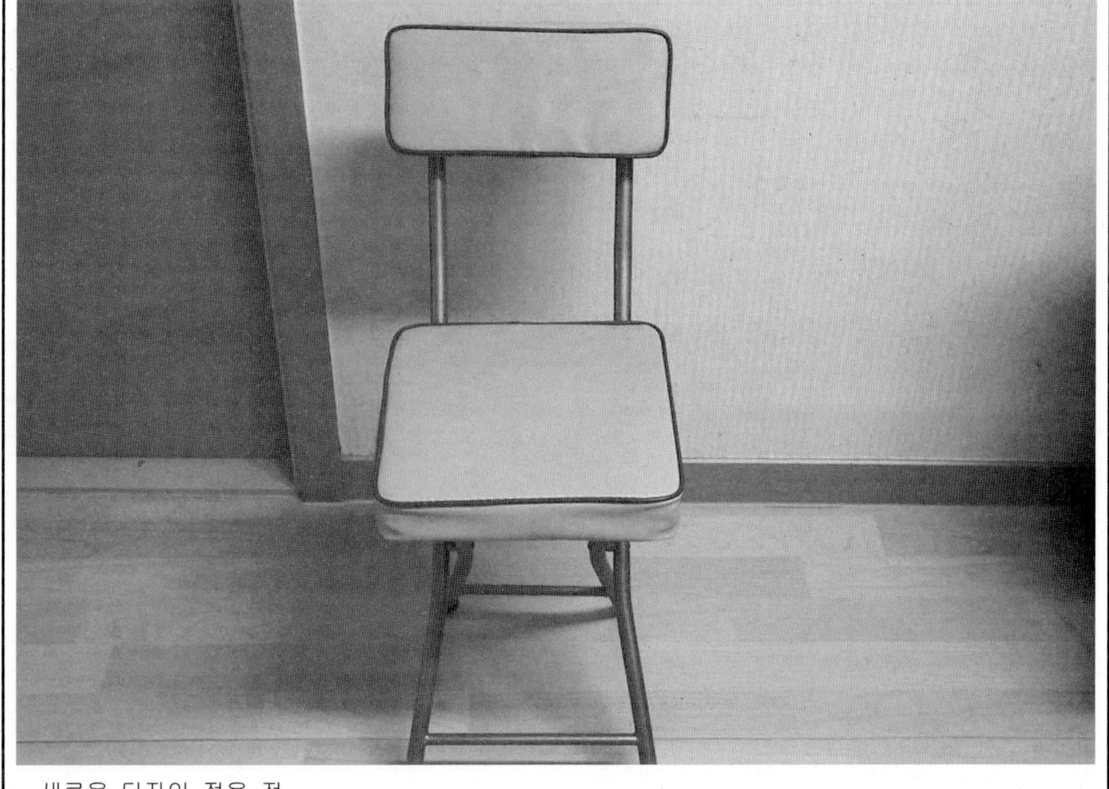

새로운 디자인 적용 전.

새로운 디자인 적용 후.

새로운 디자인 적용 전 - 각종 실내 가림막.

새로운 디자인 적용 후 – 각종 소품 외면 무늬장식.

새로운 디자인 적용 전 – 가종 소품 외면 무늬장식.

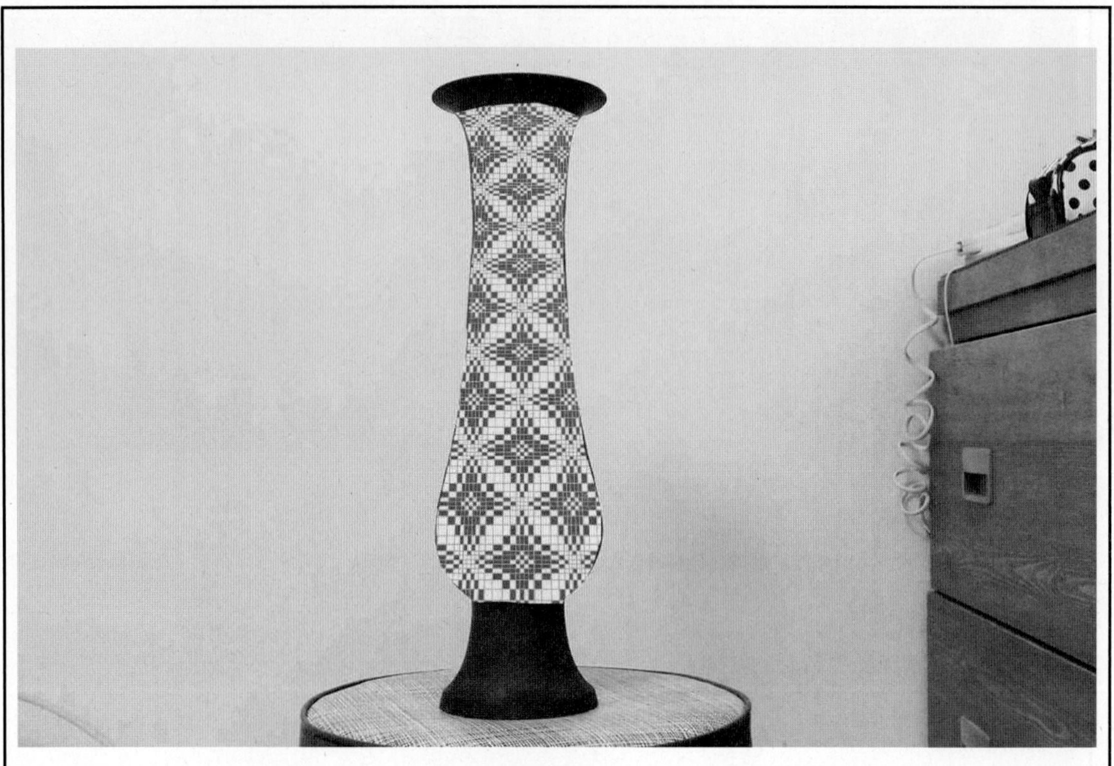

새로운 디자인 적용 후 – 각종 장식용 공예품 문양 장식.

새로운 디자인 적용 전 – 각종 장식용 공예품 문양 장식

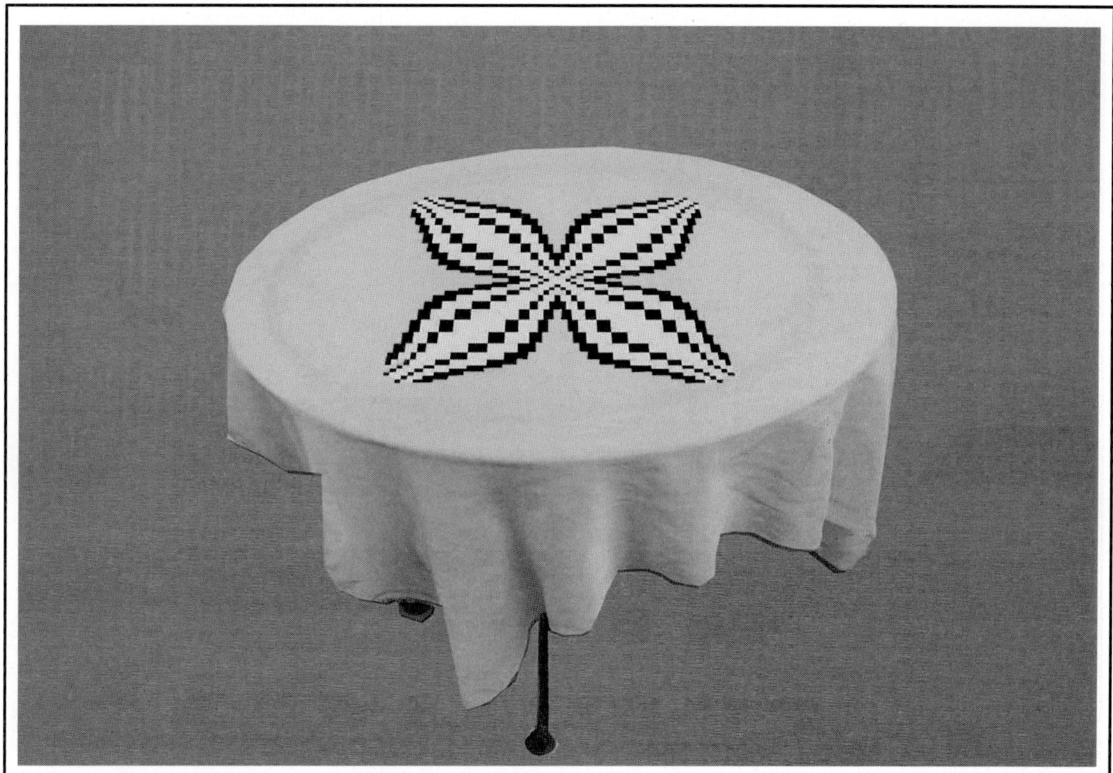

새로운 디자인 적용 후 – 식탁보나 테이블보 장식.

새로운 디자인 적용 전 – 식탁보나 테이블보 장식.

새로운 디자인 적용 후 - 싱크대 또는 문짝 문양.

새로운 디자인 적용 전 - 싱크대 또는 문짝 문양

새로운 디자인 적용 후 - 각종 소품 외면 무늬장식.

새로운 디자인 적용 전 - 각종 소품 외면 무늬장식.

새로운 디자인 적용 후.

새로운 디자인 적용 전.

 제3장 가구 공예 장식

제4장　새로운 디자인 자료집

제4장 새로운 디자인 자료집의 "04. 디자인 의장 기준선(motive twill line)"은
design 유도에 필요한 line(twill 직물조직)을 중심으로 수록되었습니다.
Design 의장에 필요한 더 많은 직물조직(주자, 변화, georgette 등의 직물조직)
은 노바출판사가 발행한 「새로운 직물조직」 책을 참조하시기 바랍니다.

01. 마름모형 디자인

Design No. DA 04001

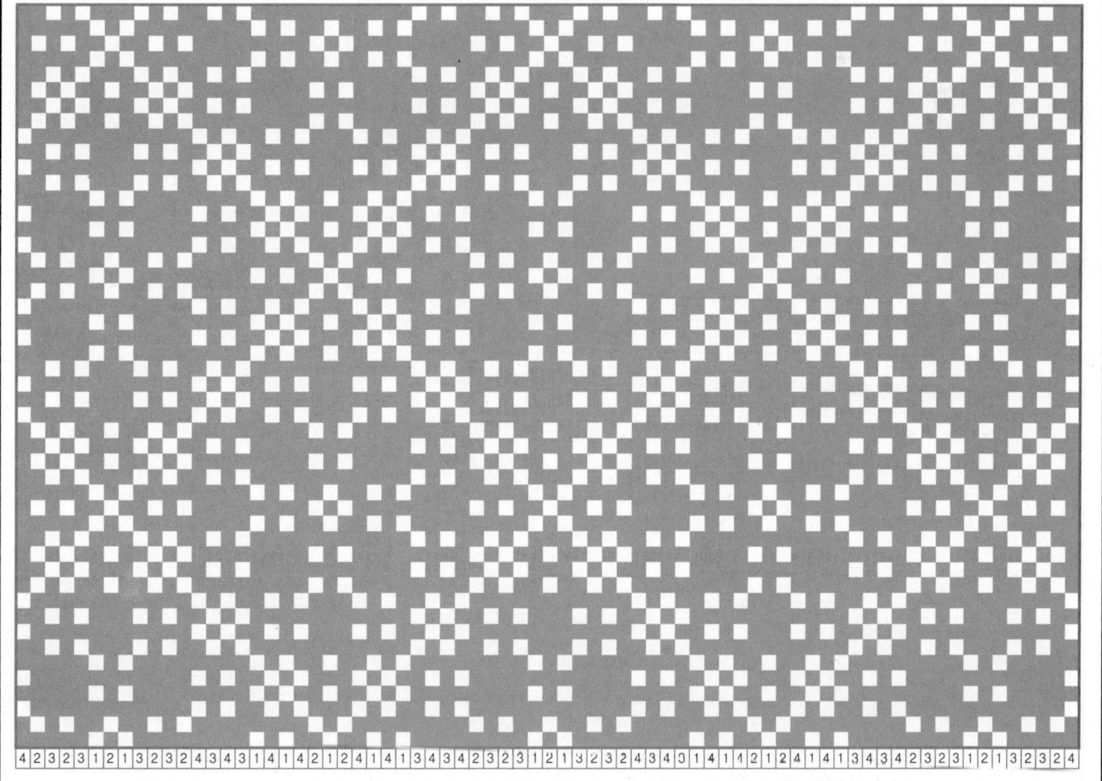

Design No. DA 04003

4 2 3 2 3 1 2 1 3 2 3 2 4 3 4 3 1 4 1 4 2 1 2 4 1 4 1 3 4 3 4 2 3 2 3 1 2 1 3 2 3 2 4 3 4 3 1 4 1 4 2 1 2 4 1 4 1 3 4 3 4 2 3 2 3 1 2 1 3 2 3 2 4

4 2 3 2 3 1 2 1 3 2 3 2 4 3 4 3 1 4 1 4 2 1 2 4 1 4 1 3 4 3 4 2 3 2 3 1 2 1 3 2 3 2 4 3 4 3 1 4 1 4 2 1 2 4 1 4 1 3 4 3 4 2 3 2 3 1 2 1 3 2 3 2 4

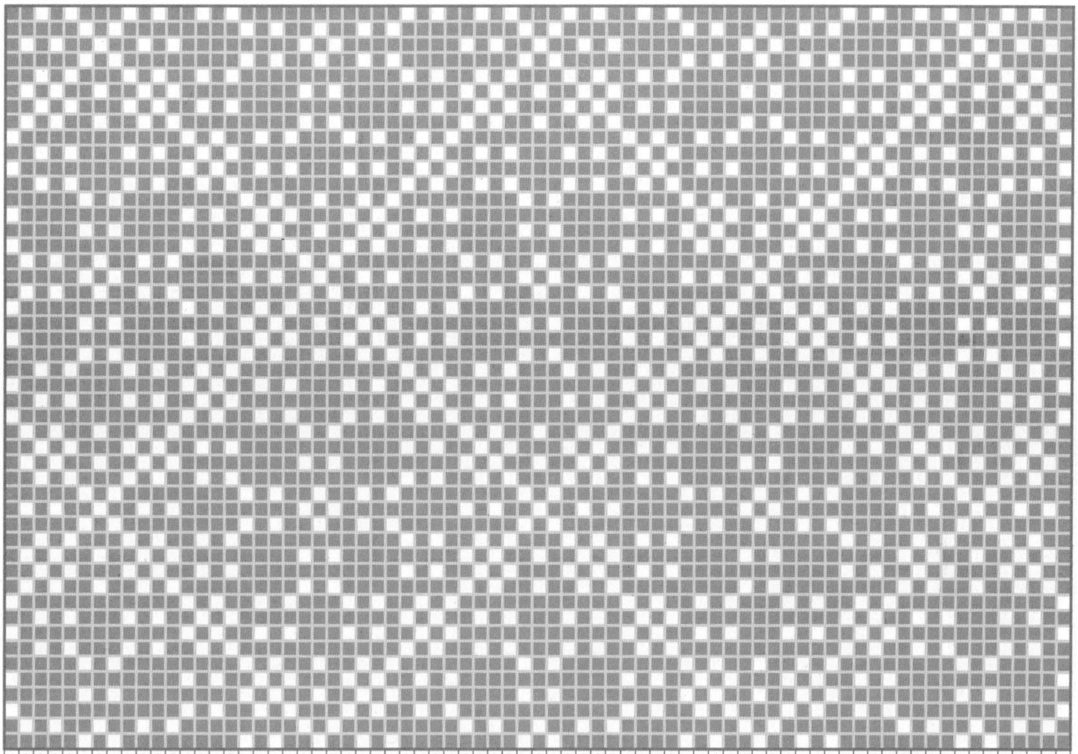

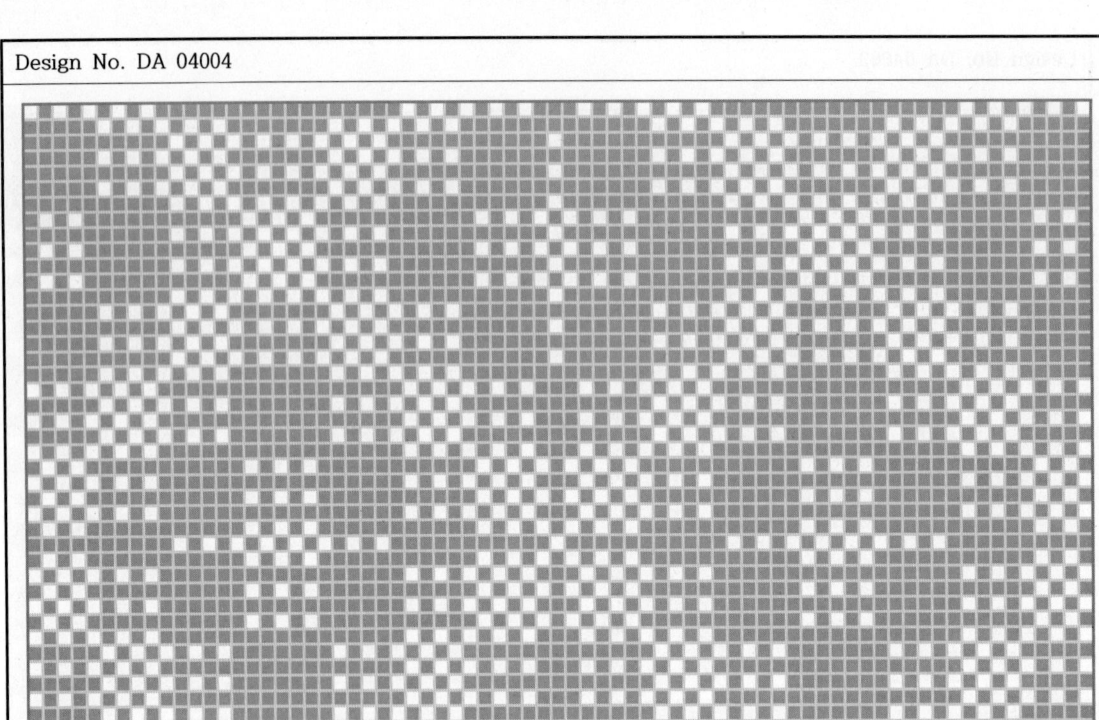
4 1 4 1 4 3 4 3 4 3 2 3 2 3 2 1 2 1 2 1 2 3 2 3 2 3 4 3 4 3 4 1 4 1 4 1 2 1 4 1 4 1 4 3 4 3 4 3 2 3 2 3 2 1 2 1 2 1 2 3 2 3 2 3 4 3 4 3 4 1 4 1 4

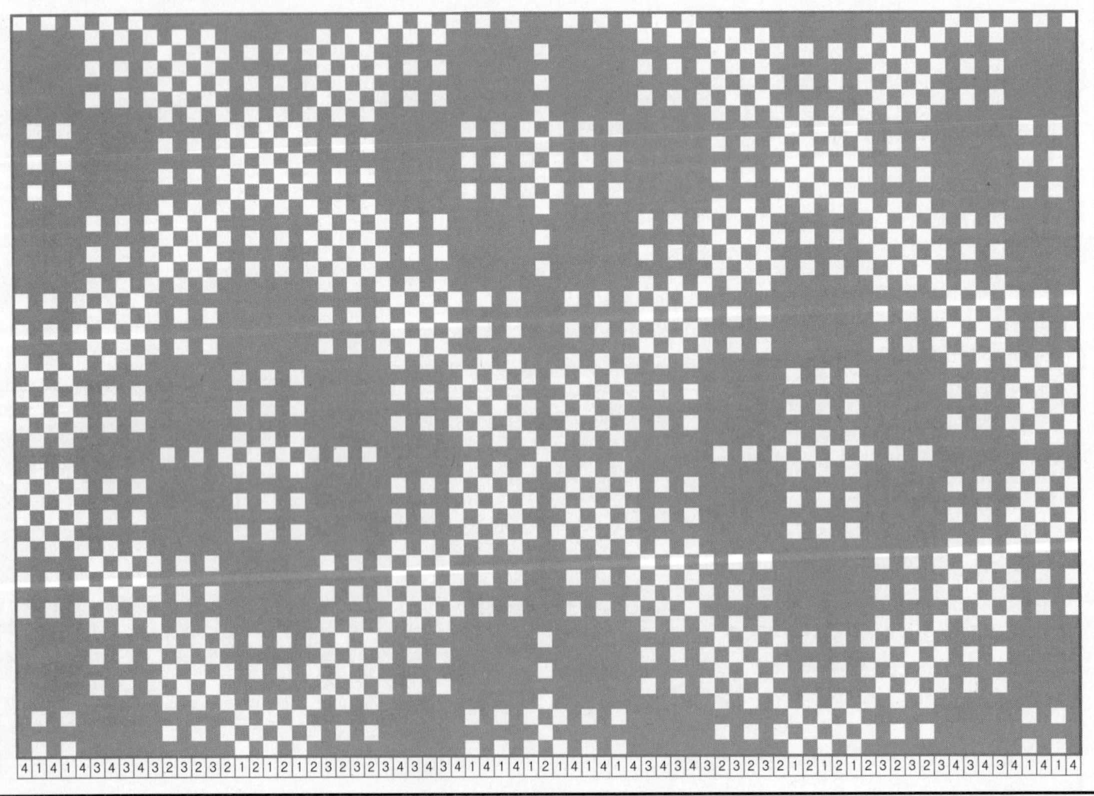
4 1 4 1 4 3 4 3 4 3 2 3 2 3 2 1 2 1 2 1 2 3 2 3 2 3 4 3 4 3 4 1 4 1 4 1 2 1 4 1 4 1 4 3 4 3 4 3 2 3 2 3 2 1 2 1 2 1 2 3 2 3 2 3 4 3 4 3 4 1 4 1 4

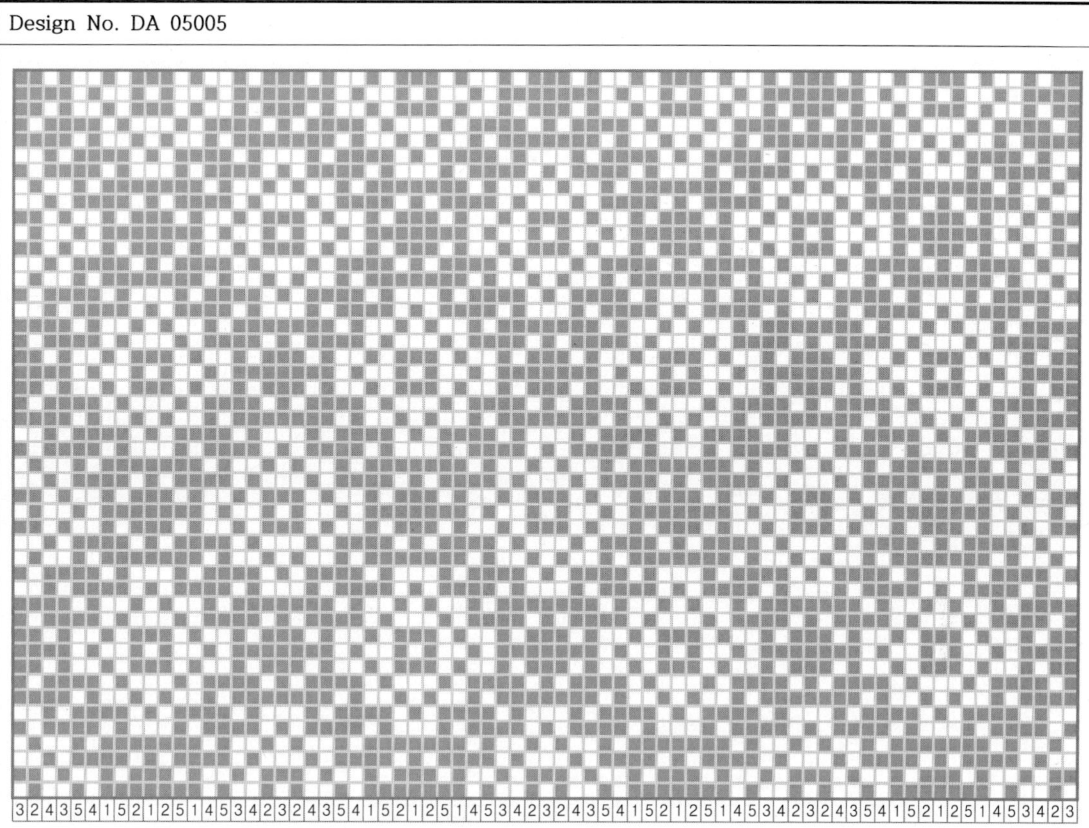

3 2 4 3 5 4 1 5 2 1 2 5 1 4 5 3 4 2 3 2 4 3 5 4 1 5 2 1 2 5 1 4 5 3 4 2 3 2 4 3 5 4 1 5 2 1 2 5 1 4 5 3 4 2 3 2 4 3 5 4 1 5 2 1 2 5 1 4 5 3 4 2 3

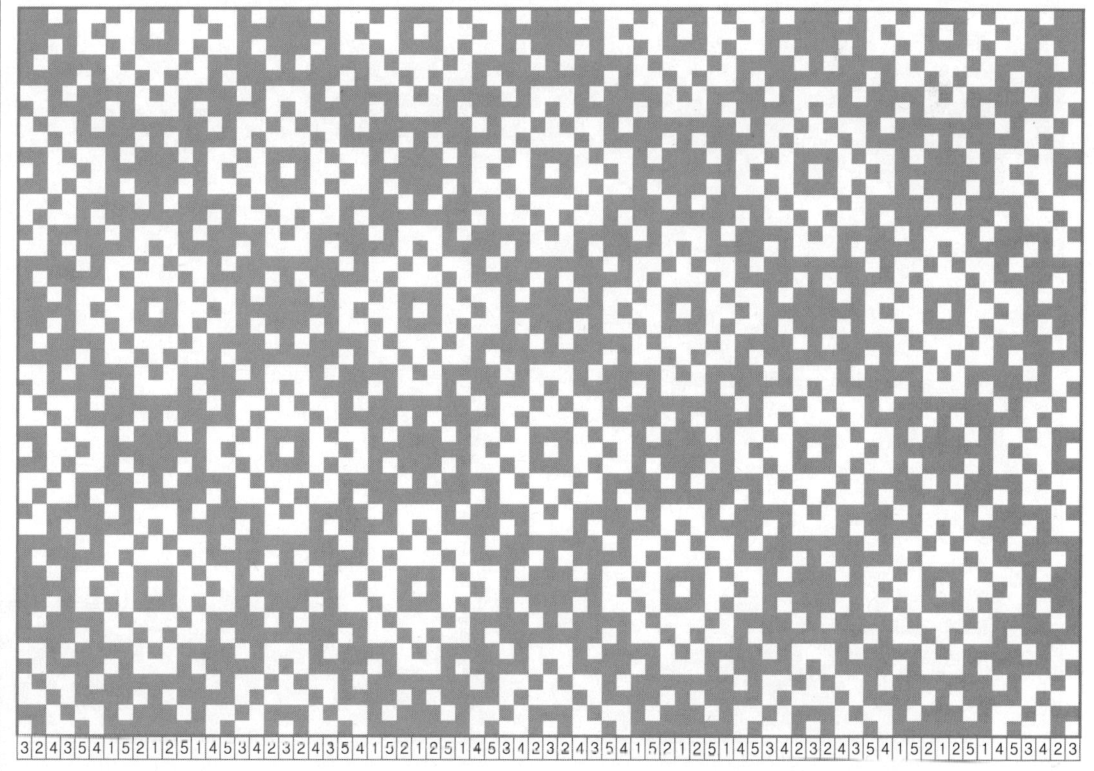

3 2 4 3 5 4 1 5 2 1 2 5 1 4 5 3 4 2 3 2 4 3 5 4 1 5 2 1 2 5 1 4 5 3 4 2 3 2 4 3 5 4 1 5 2 1 2 5 1 4 5 3 4 2 3 2 4 3 5 4 1 5 2 1 2 5 1 4 5 3 4 2 3

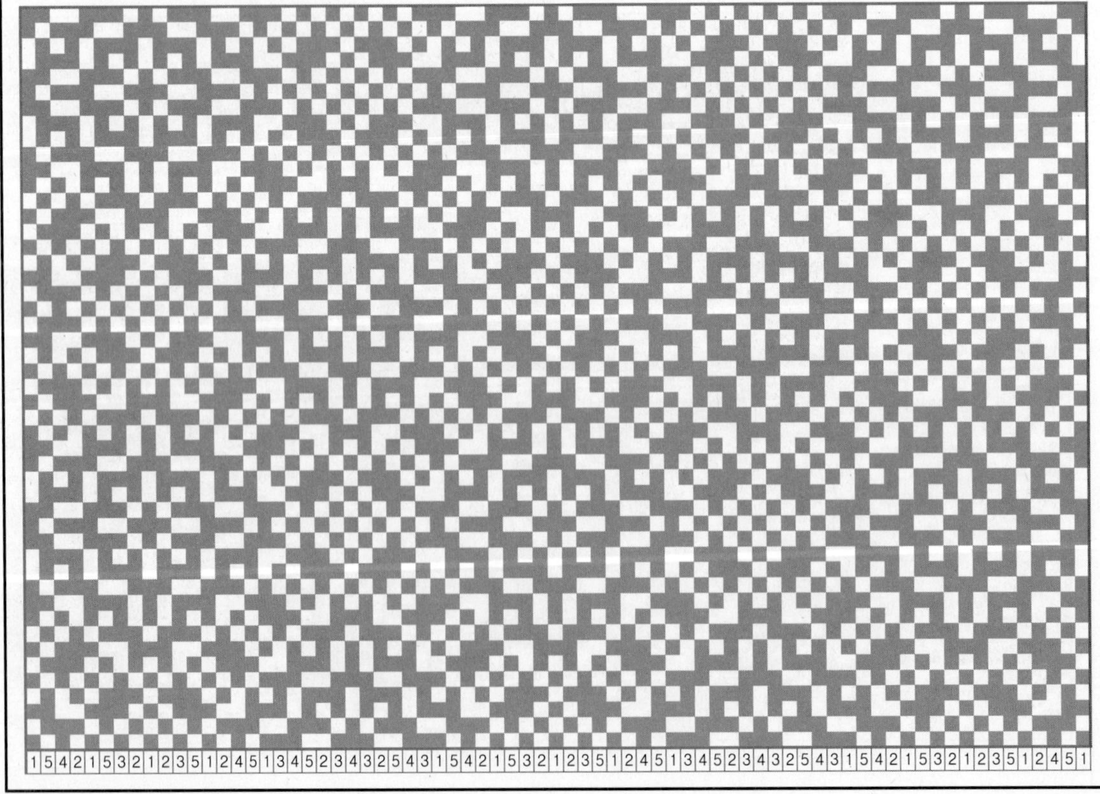

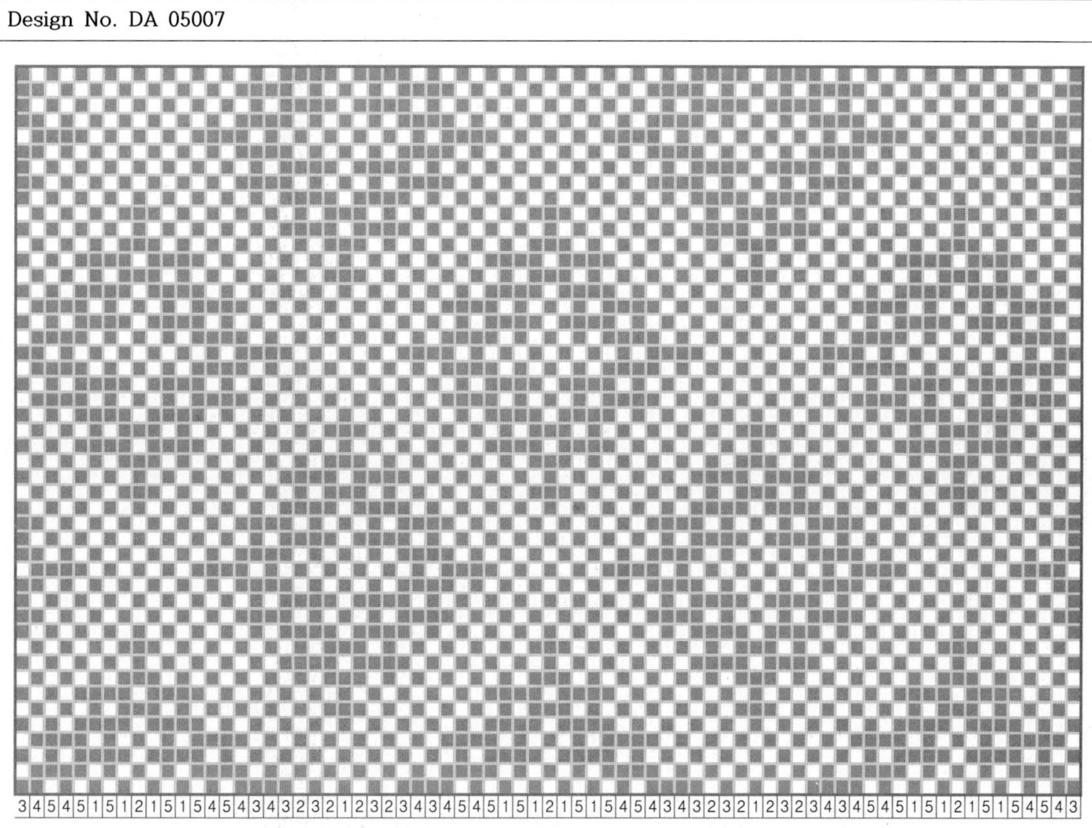

3 4 5 4 5 1 5 1 2 1 5 1 5 4 5 4 3 4 3 2 3 2 1 2 3 2 3 4 3 4 5 4 5 1 5 1 2 1 5 1 5 4 5 4 3 4 3 2 3 2 1 2 3 2 3 4 3 4 5 4 5 1 5 1 2 1 5 1 5 4 5 4 3

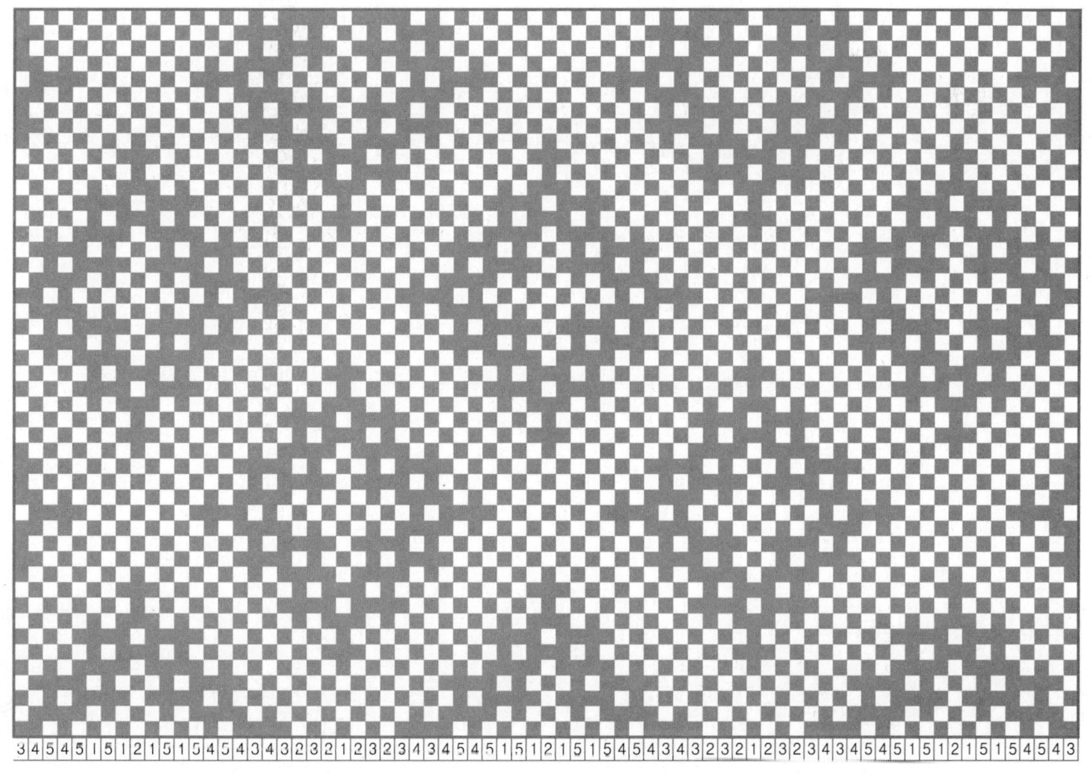

3 4 5 4 5 1 5 1 2 1 5 1 5 4 5 4 3 4 3 2 3 2 1 2 3 2 3 4 3 4 5 4 5 1 5 1 2 1 5 1 5 4 5 4 3 4 3 2 3 2 1 2 3 2 3 4 3 4 5 4 5 1 5 1 2 1 5 1 5 4 5 4 3

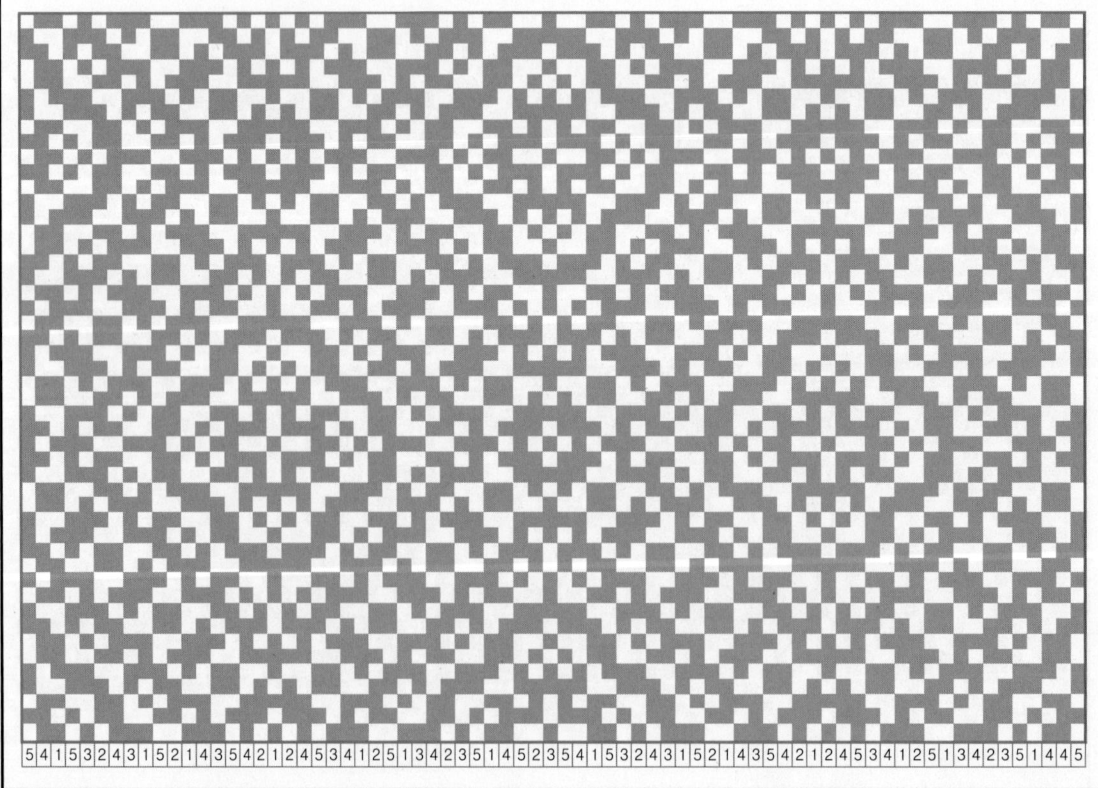

Design No. DA 05008

5 4 1 5 3 2 4 3 1 5 2 1 4 3 5 4 2 1 2 4 5 3 4 1 2 5 1 3 4 2 3 5 1 4 5 2 3 5 4 1 5 3 2 4 3 1 5 2 1 4 3 5 4 2 1 2 4 5 3 4 1 2 5 1 3 4 2 3 5 1 4 5 5

5 4 1 5 3 2 4 3 1 5 2 1 4 3 5 4 2 1 2 4 5 3 4 1 2 5 1 3 4 2 3 5 1 4 5 2 3 5 4 1 5 3 2 4 3 1 5 2 1 4 3 5 4 2 1 2 4 5 3 4 1 2 5 1 3 4 2 3 5 1 4 4 5

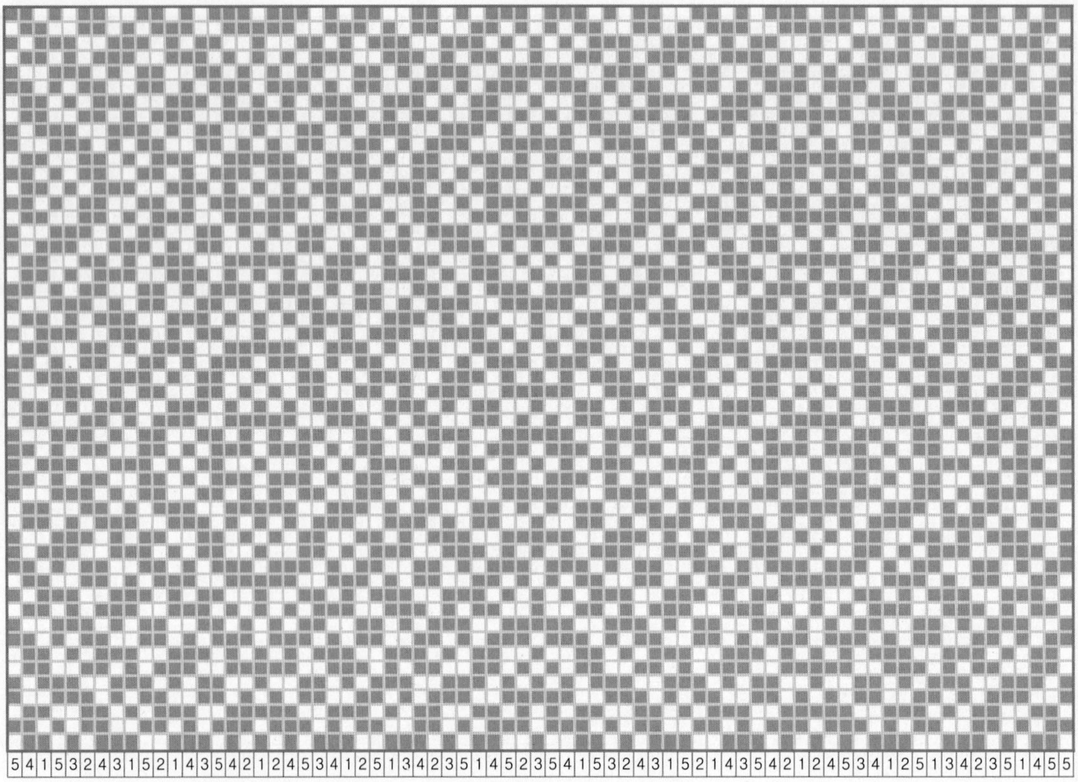

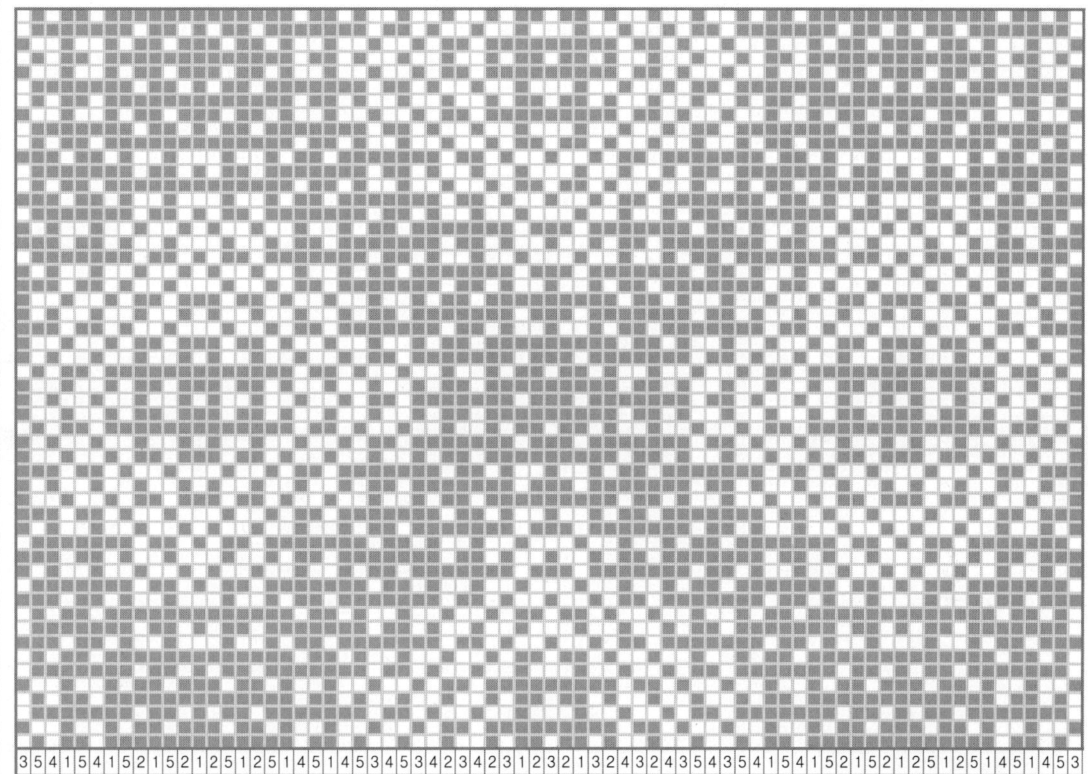
3 5 4 1 5 4 1 5 2 1 5 2 1 2 5 1 2 5 1 4 5 1 4 5 3 4 5 3 4 2 3 4 2 3 1 2 3 2 1 3 2 4 3 2 4 3 5 4 3 5 4 1 5 4 1 5 2 1 5 2 1 2 5 1 2 5 1 4 5 1 4 5 3

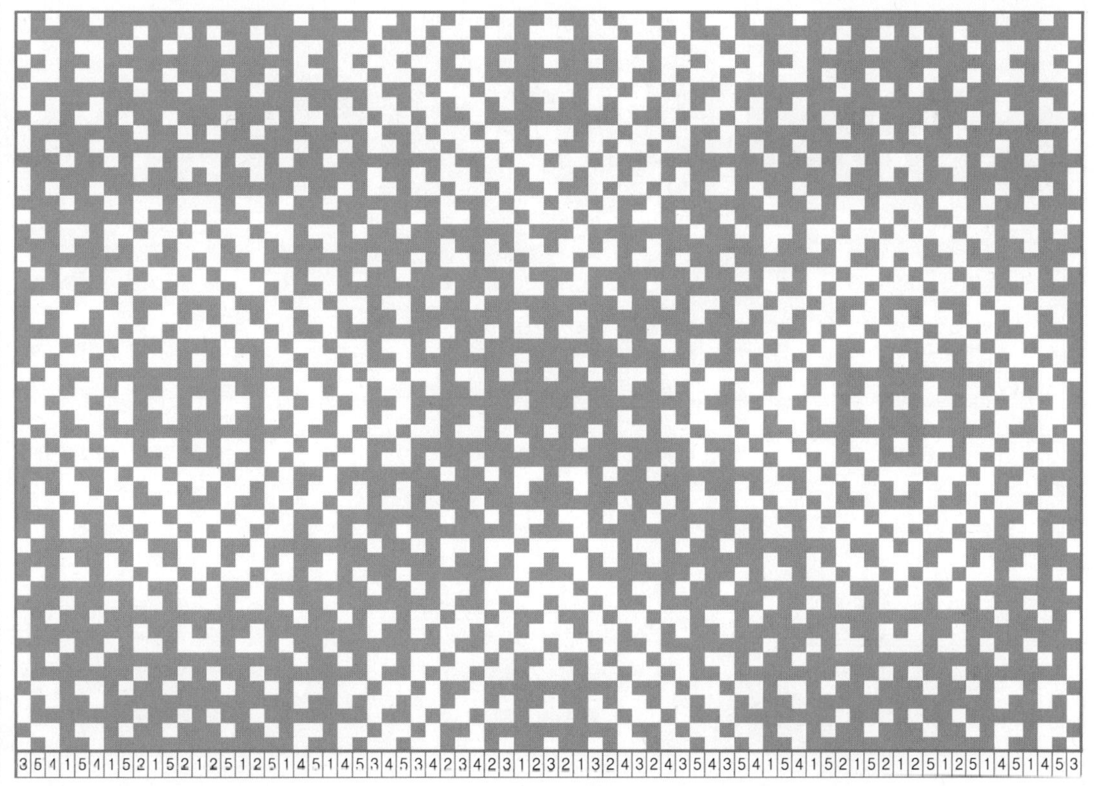
3 5 4 1 5 4 1 5 2 1 5 2 1 2 5 1 2 5 1 4 5 1 4 5 3 4 5 3 4 2 3 4 2 3 1 2 3 2 1 3 2 4 3 2 4 3 5 4 3 5 4 1 5 4 1 5 2 1 5 2 1 2 5 1 2 5 1 4 5 1 4 5 3

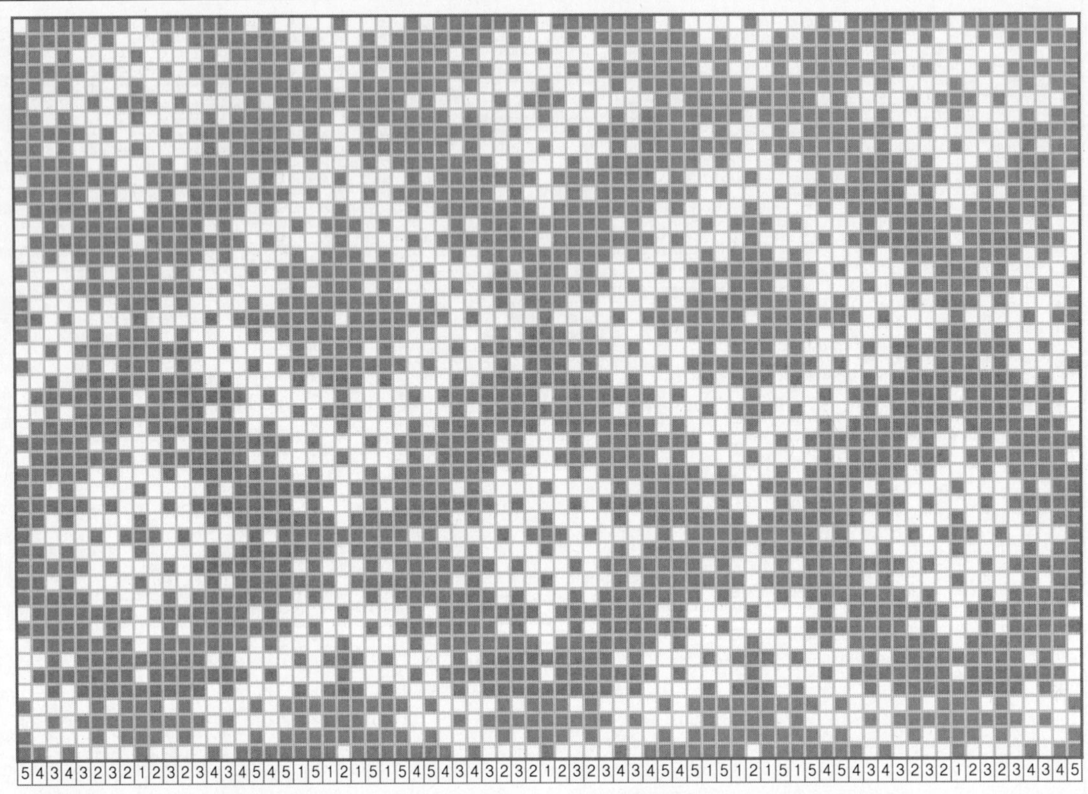

54343232123232344345451512151544543432321232234343454515121515445434343232123232343454

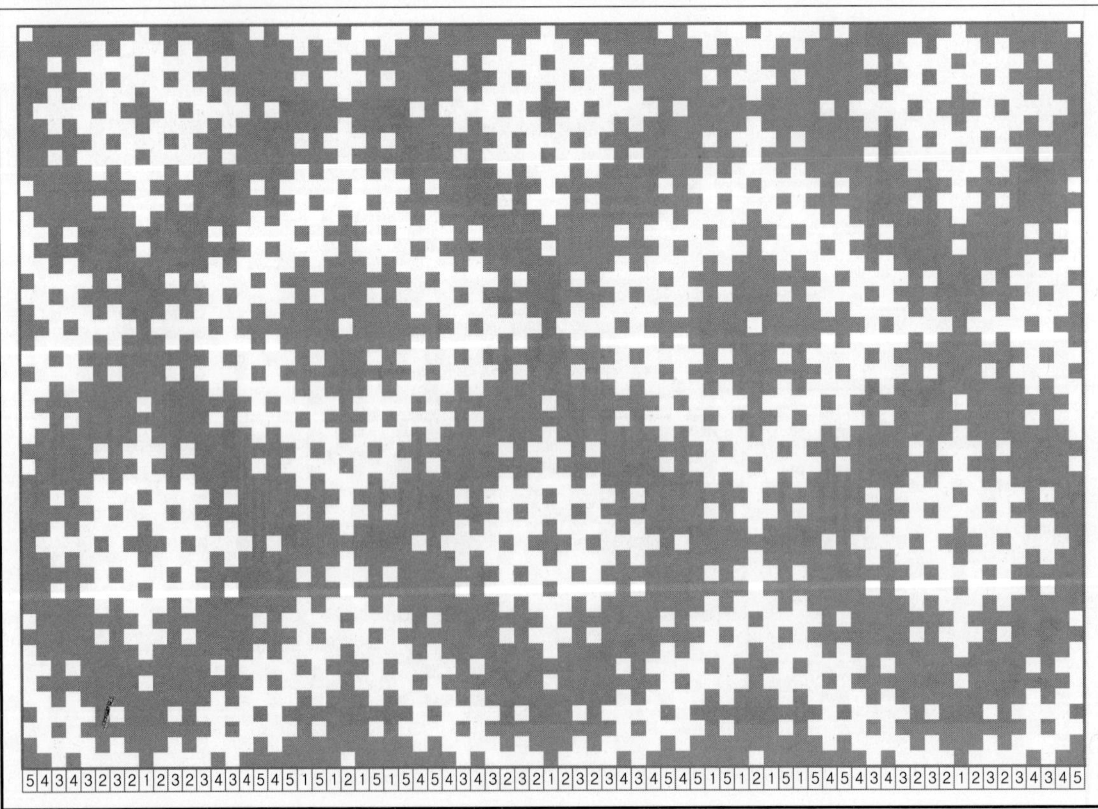

54343232123232344345451512151544543432321232234343454515121515445434343232123232343454

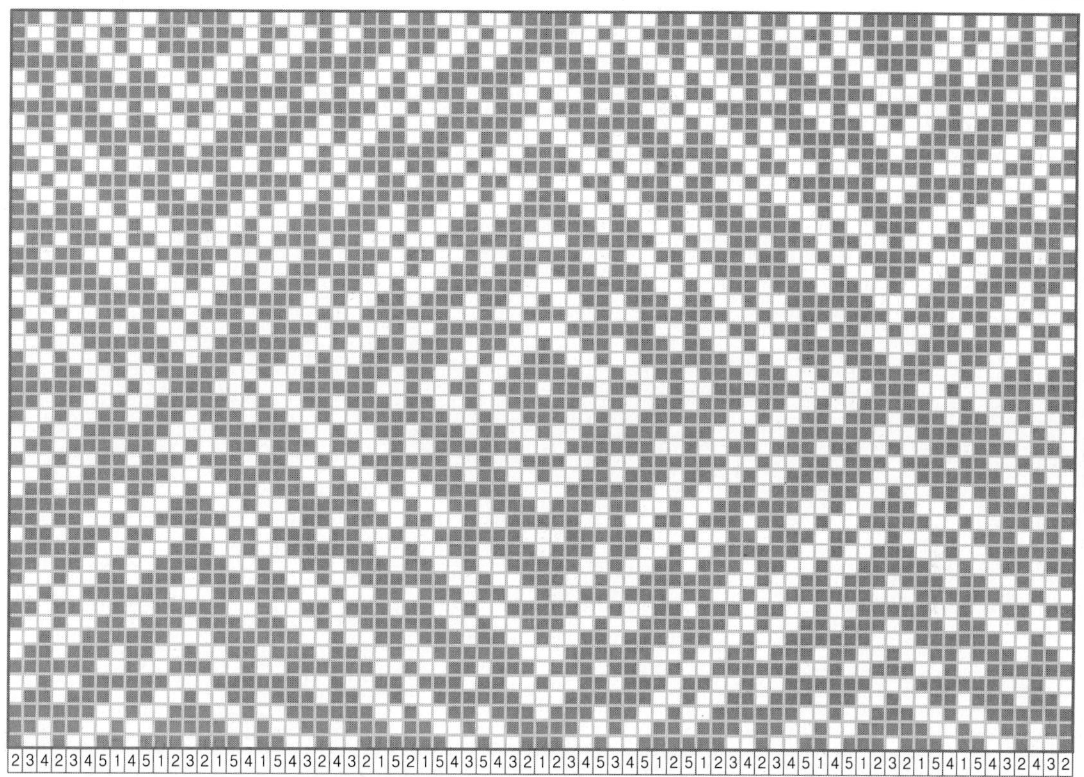

2 3 4 2 3 4 5 1 4 5 1 2 3 2 1 5 4 1 5 4 3 2 4 3 2 1 5 2 1 5 4 3 5 4 3 2 1 2 3 4 5 3 4 5 1 2 5 1 2 3 4 2 3 4 5 1 4 5 1 2 3 2 1 5 4 1 5 4 3 2 4 3 2

2 3 4 2 3 4 5 1 4 5 1 2 3 2 1 5 4 1 5 4 3 2 4 3 2 1 5 2 1 5 4 3 5 4 3 2 1 2 3 4 5 3 4 5 1 2 5 1 2 3 4 2 3 4 5 1 4 5 1 2 3 2 1 5 4 1 5 4 3 2 4 3 2

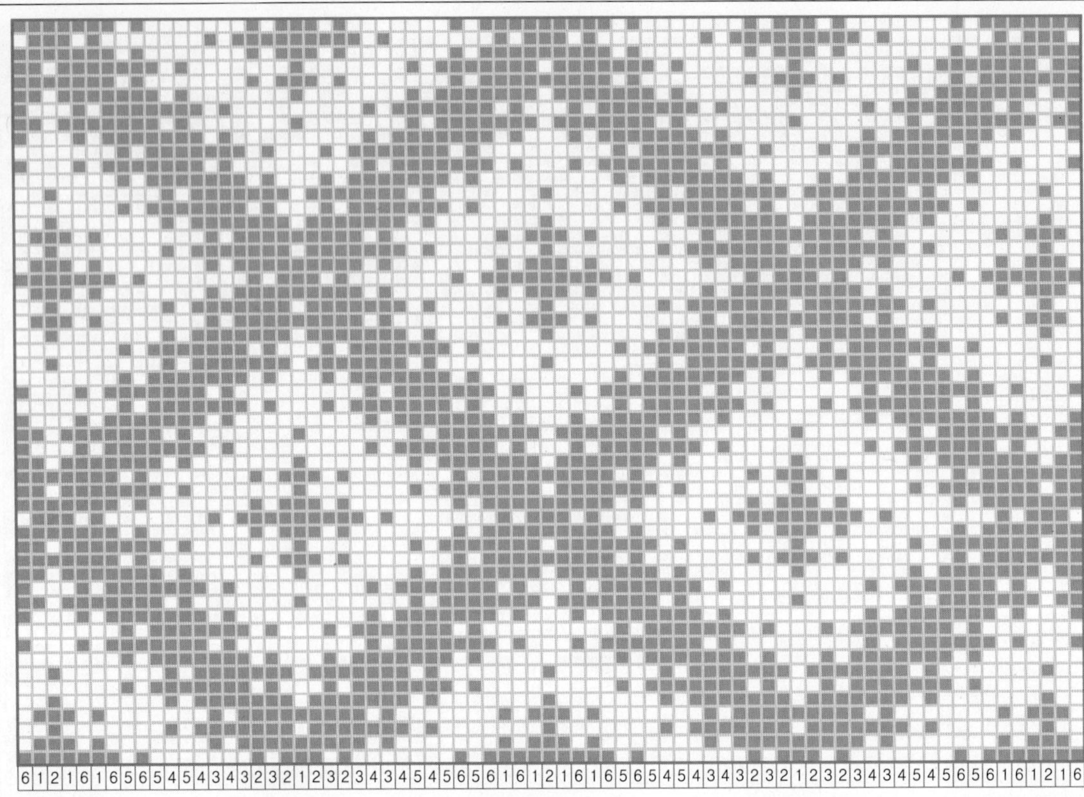

6 1 2 1 6 1 6 5 6 5 4 5 4 3 4 3 2 3 2 1 2 3 2 3 4 3 4 5 4 5 6 5 6 1 6 1 2 1 6 1 6 5 6 5 4 5 4 3 4 3 2 3 2 1 2 3 2 3 4 3 4 5 4 5 6 5 6 1 6 1 2 1 6

6 1 2 1 6 1 6 5 6 5 4 5 4 3 4 3 2 3 2 1 2 3 2 3 4 3 4 5 4 5 6 5 6 1 6 1 2 1 6 1 6 5 6 5 4 5 4 3 4 3 2 3 2 1 2 3 2 3 4 3 4 5 4 5 6 5 6 1 6 1 2 1 6

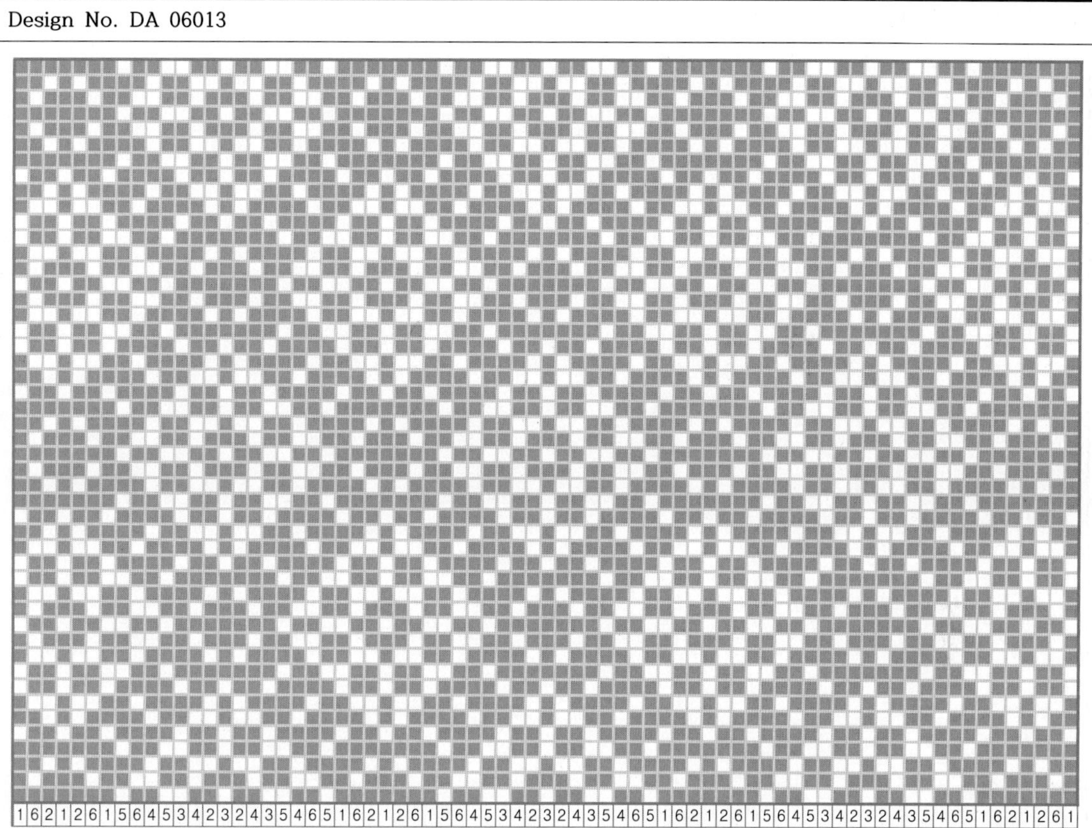

1 6 2 1 2 6 1 5 6 4 5 3 4 2 3 2 4 3 5 4 6 5 1 6 2 1 2 6 1 5 6 4 5 3 4 2 3 2 4 3 5 4 6 5 1 6 2 1 2 6 1 5 6 4 5 3 4 2 3 2 4 3 5 4 6 5 1 6 2 1 2 6 1

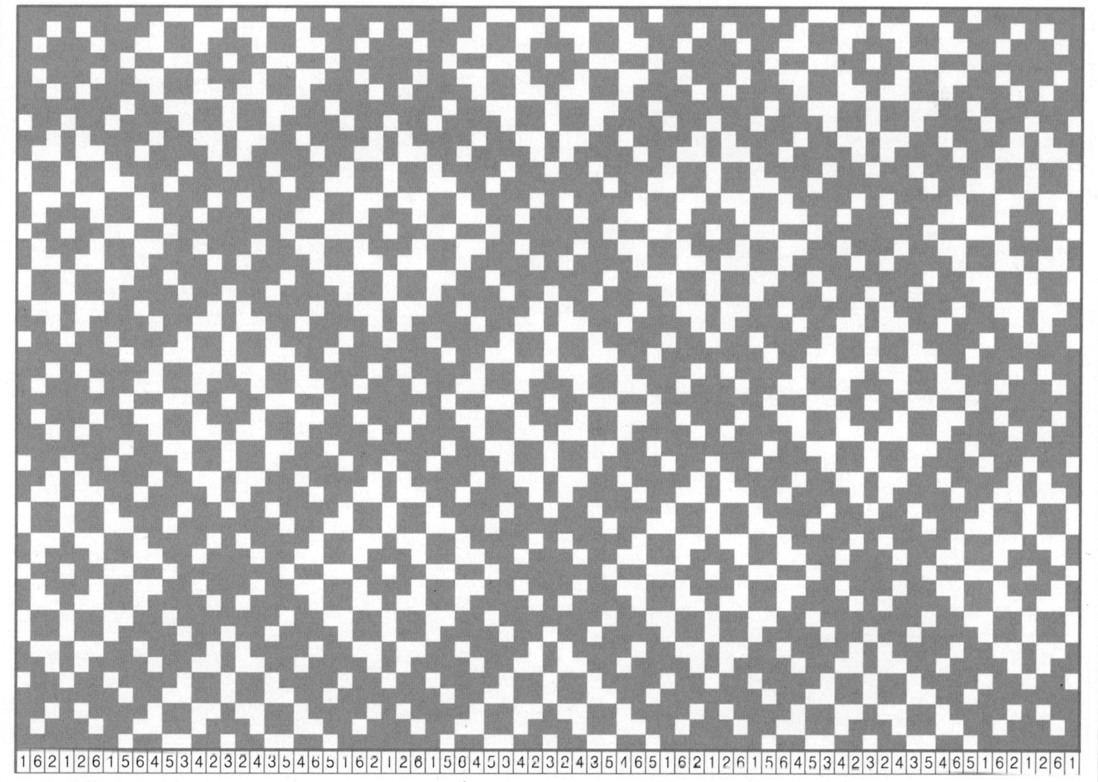

1 6 2 1 2 6 1 5 6 4 5 3 4 2 3 2 4 3 5 4 6 5 1 6 2 1 2 6 1 5 6 4 5 3 4 2 3 2 4 3 5 4 6 5 1 6 2 1 2 6 1 5 6 4 5 3 4 2 3 2 4 3 5 4 6 5 1 6 2 1 2 6 1

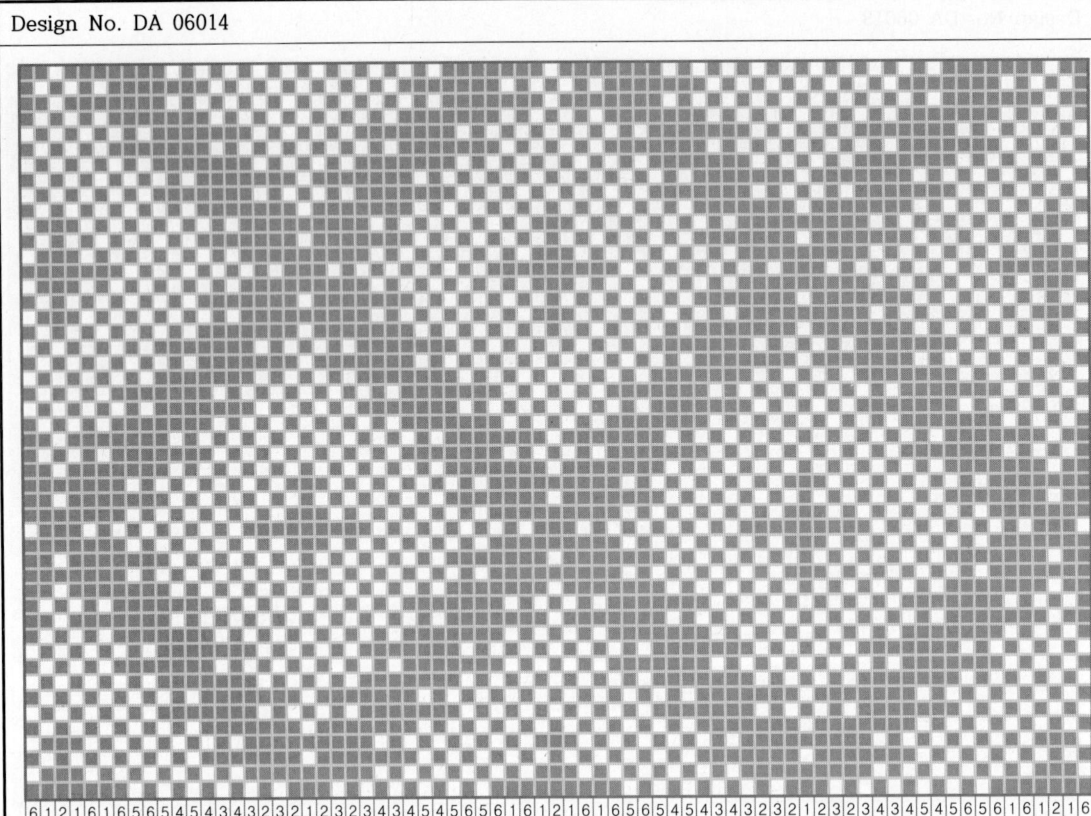

6 1 2 1 6 1 6 5 6 5 4 5 4 3 4 3 2 3 2 1 2 3 2 3 4 3 4 5 4 5 6 5 6 1 6 1 2 1 6 1 6 5 6 5 4 5 4 3 4 3 2 3 2 1 2 3 2 3 4 3 4 5 4 5 6 5 6 1 6 1 2 1 6

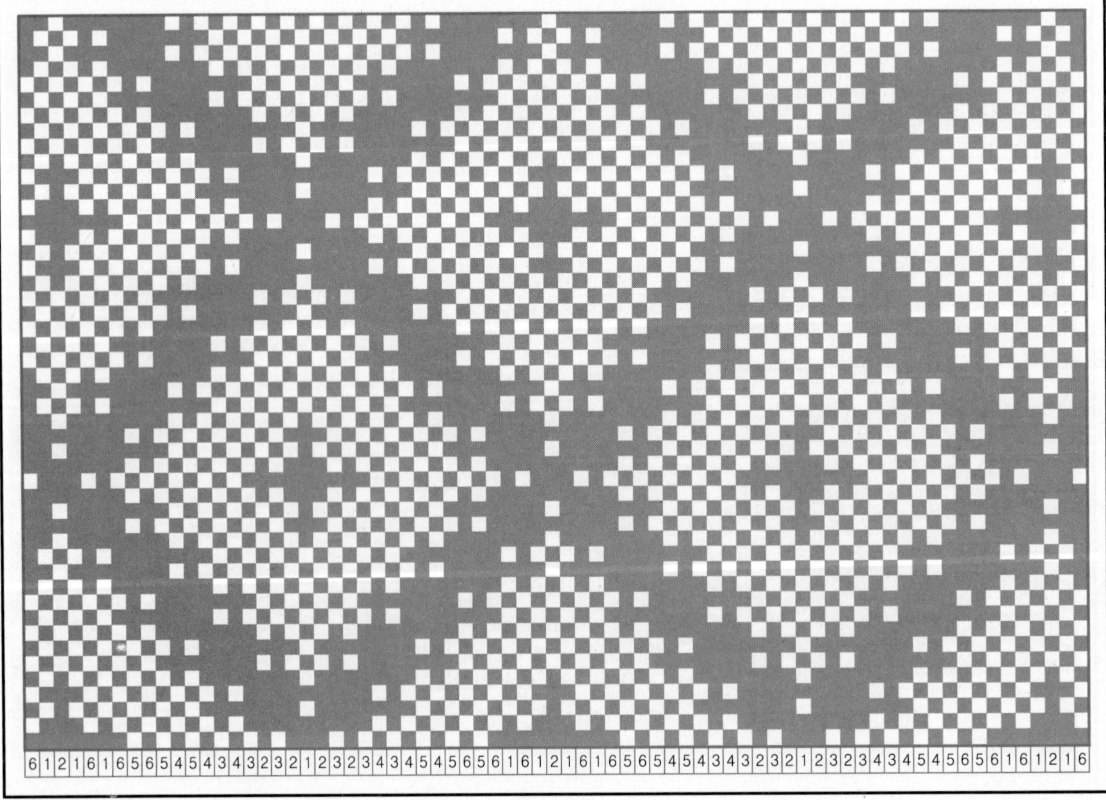

6 1 2 1 6 1 6 5 6 5 4 5 4 3 4 3 2 3 2 1 2 3 2 3 4 3 4 5 4 5 6 5 6 1 6 1 2 1 6 1 6 5 6 5 4 5 4 3 4 3 2 3 2 1 2 3 2 3 4 3 4 5 4 5 6 5 6 1 6 1 2 1 6

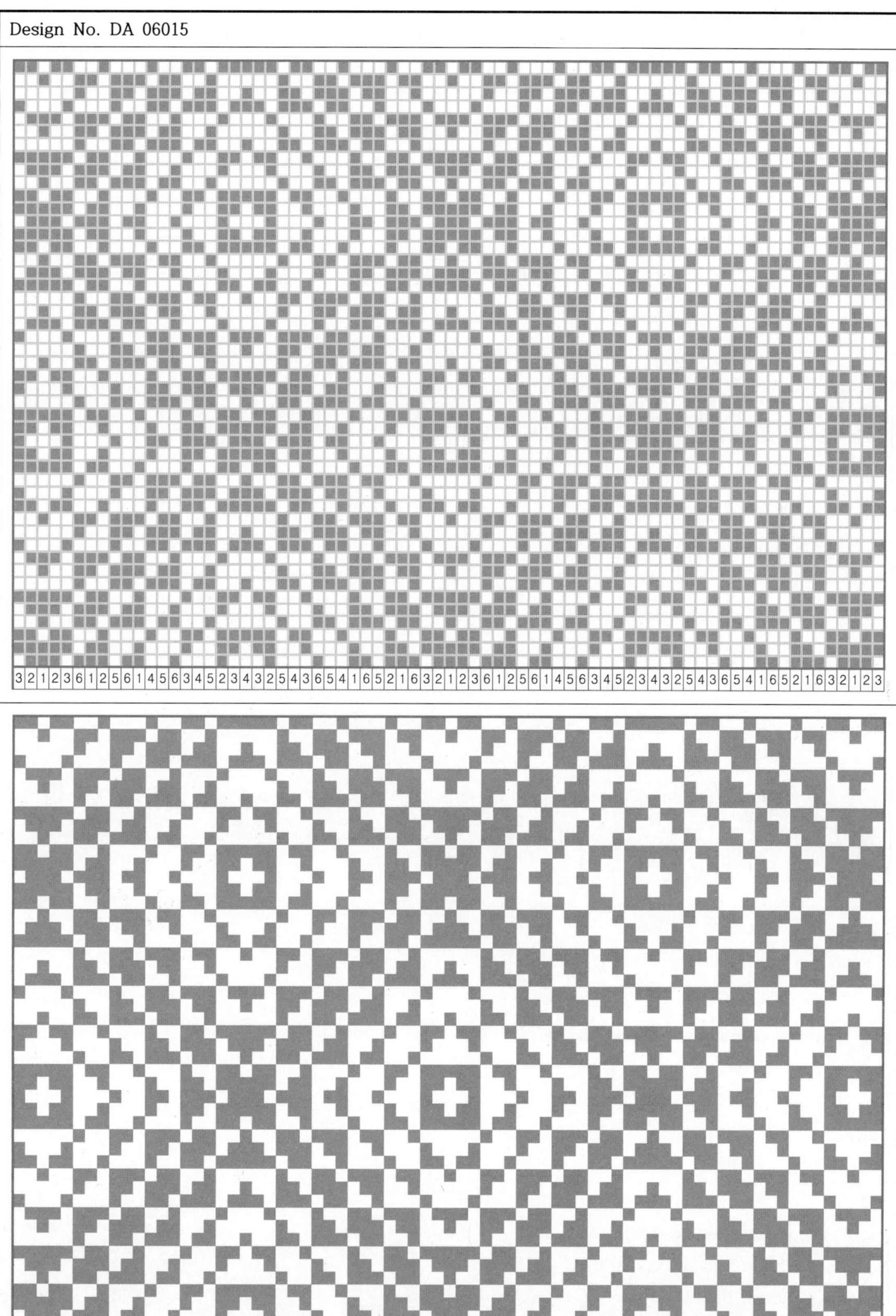

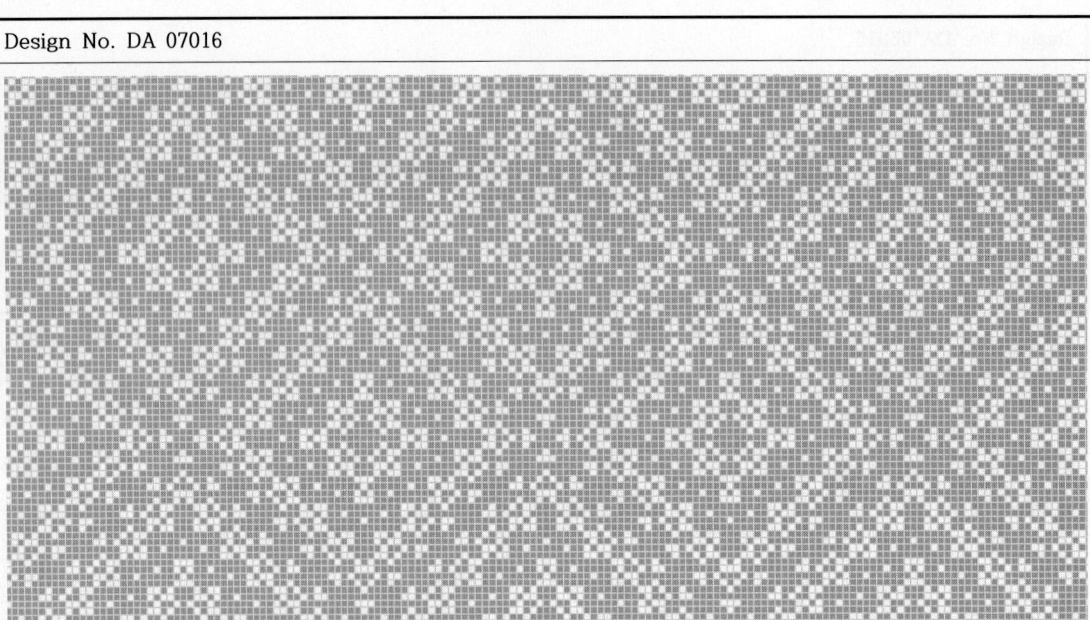

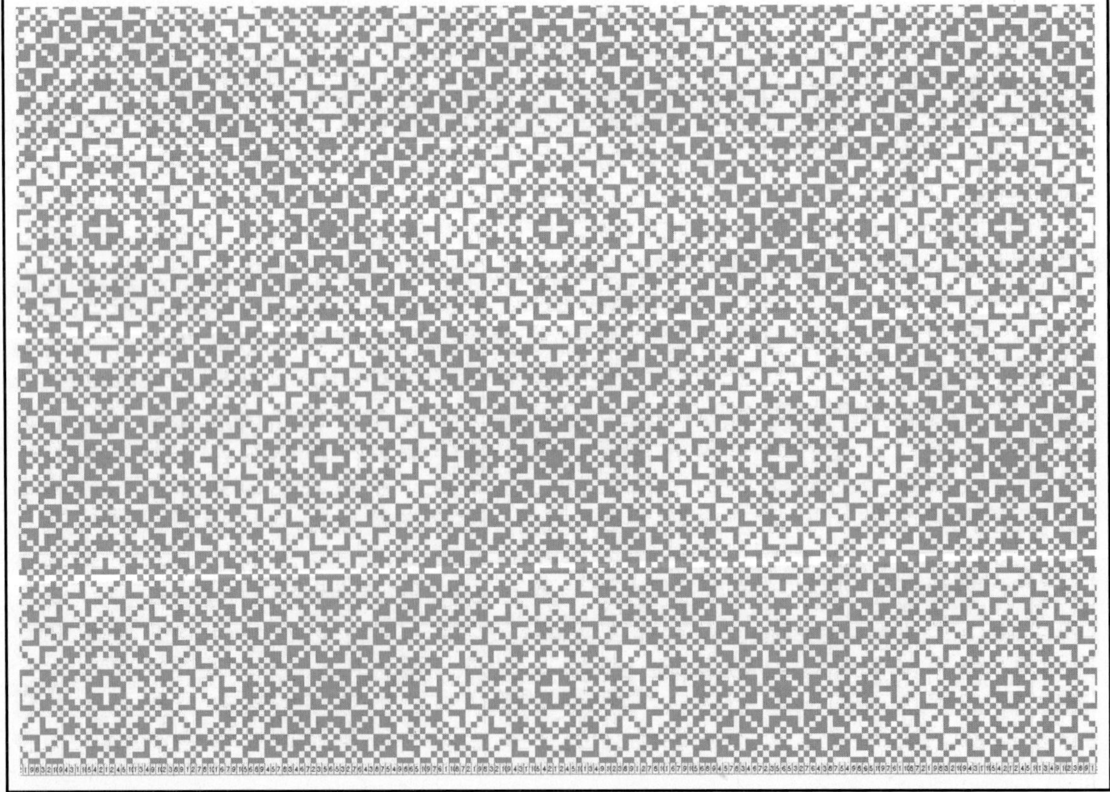

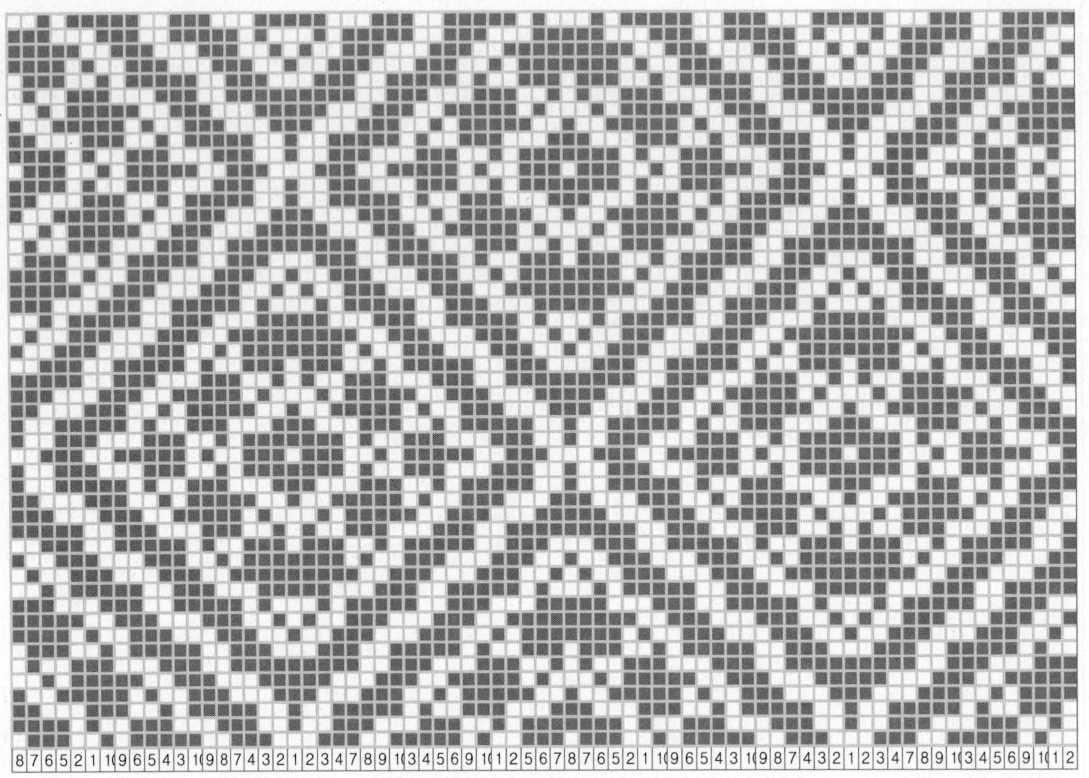

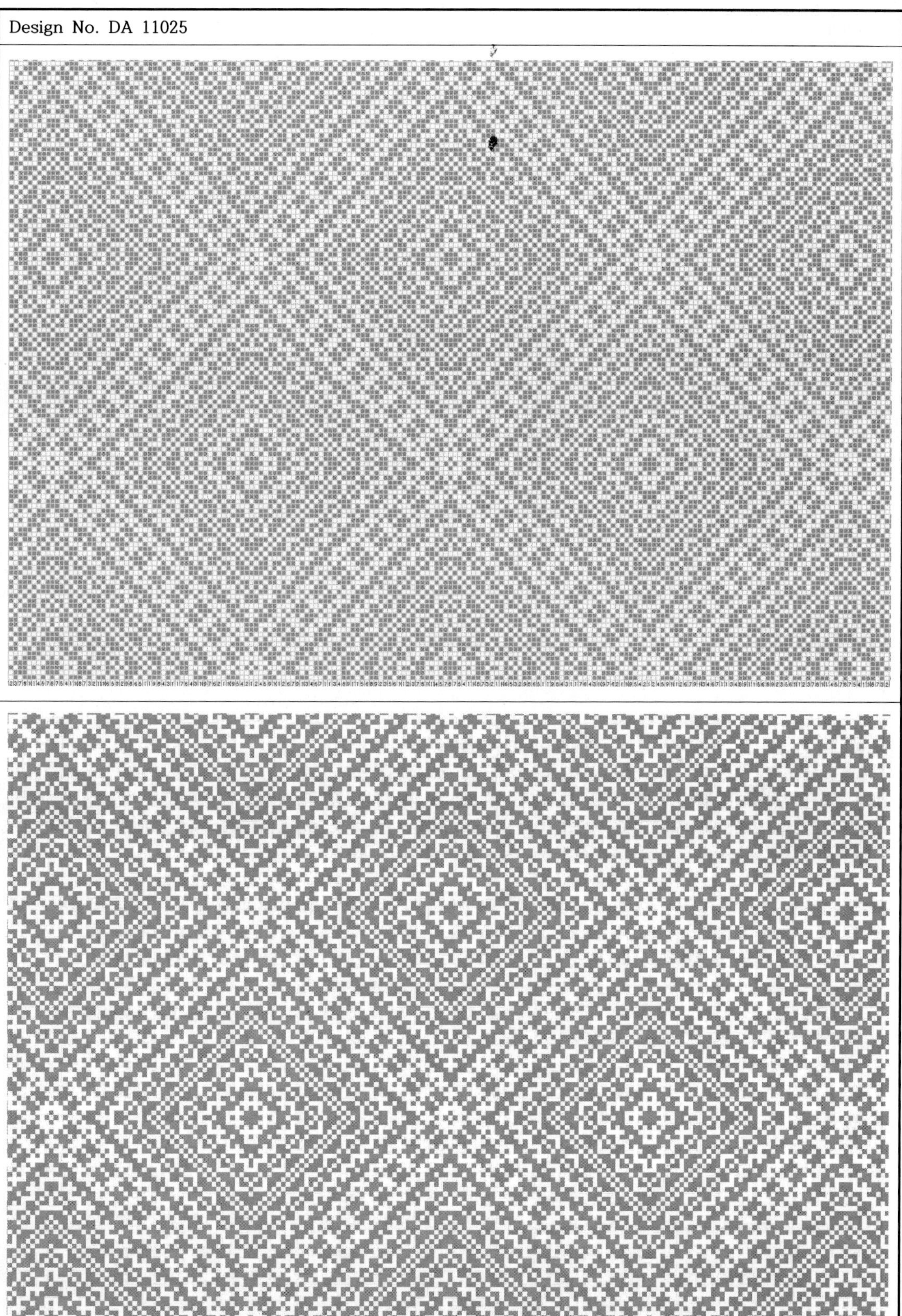

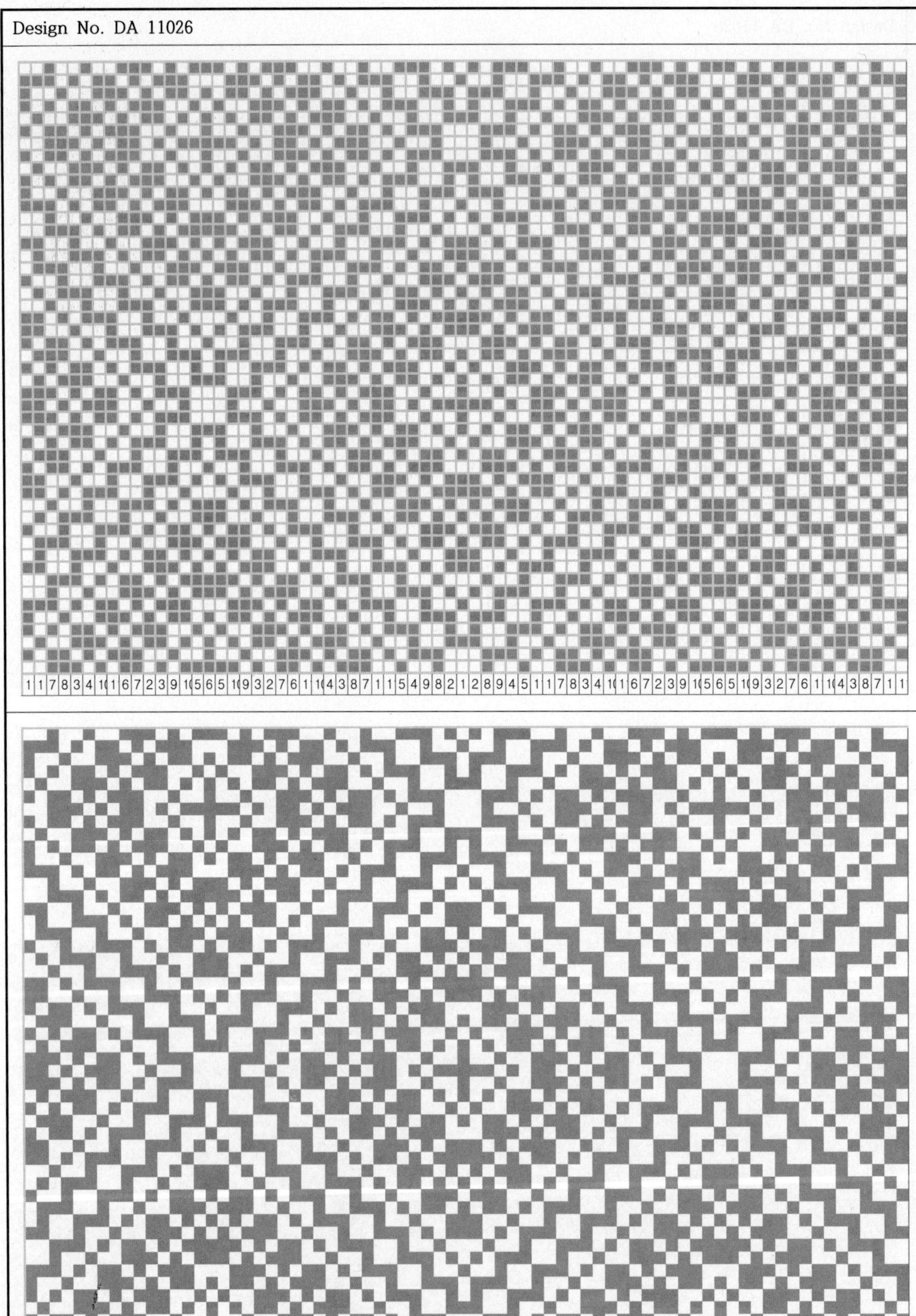

Design No. DA 16028

　　　　제4장　마름모형 디자인

Design No. DA 18033

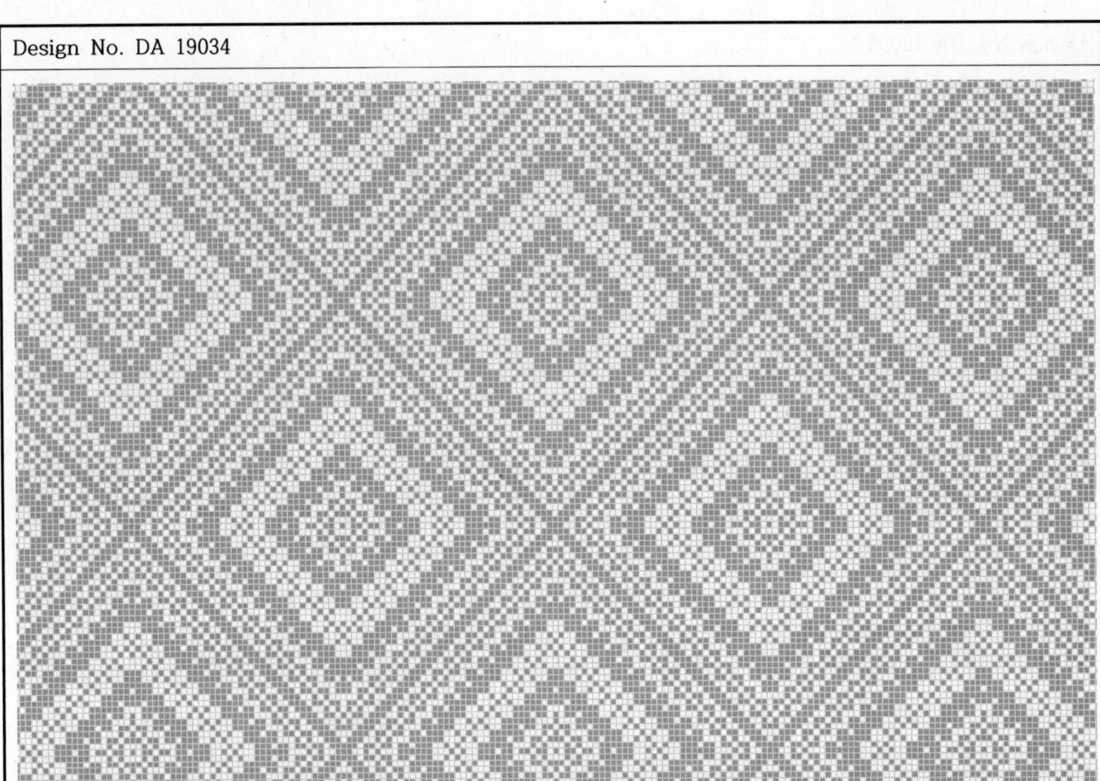

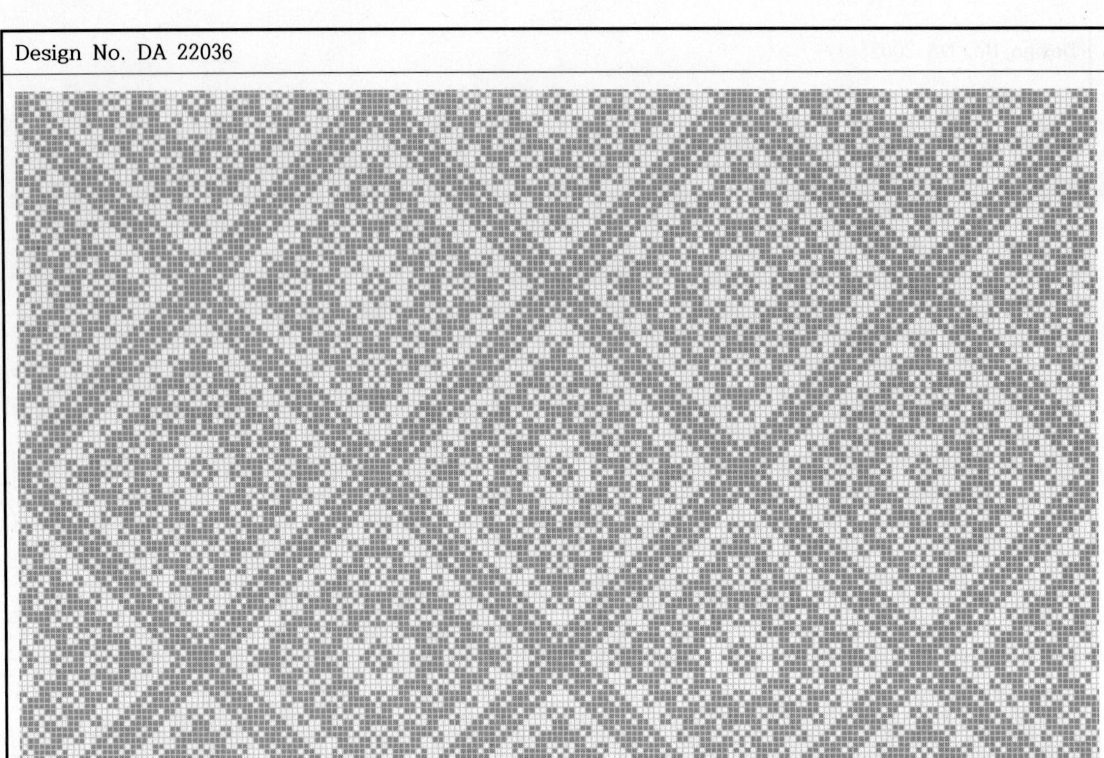

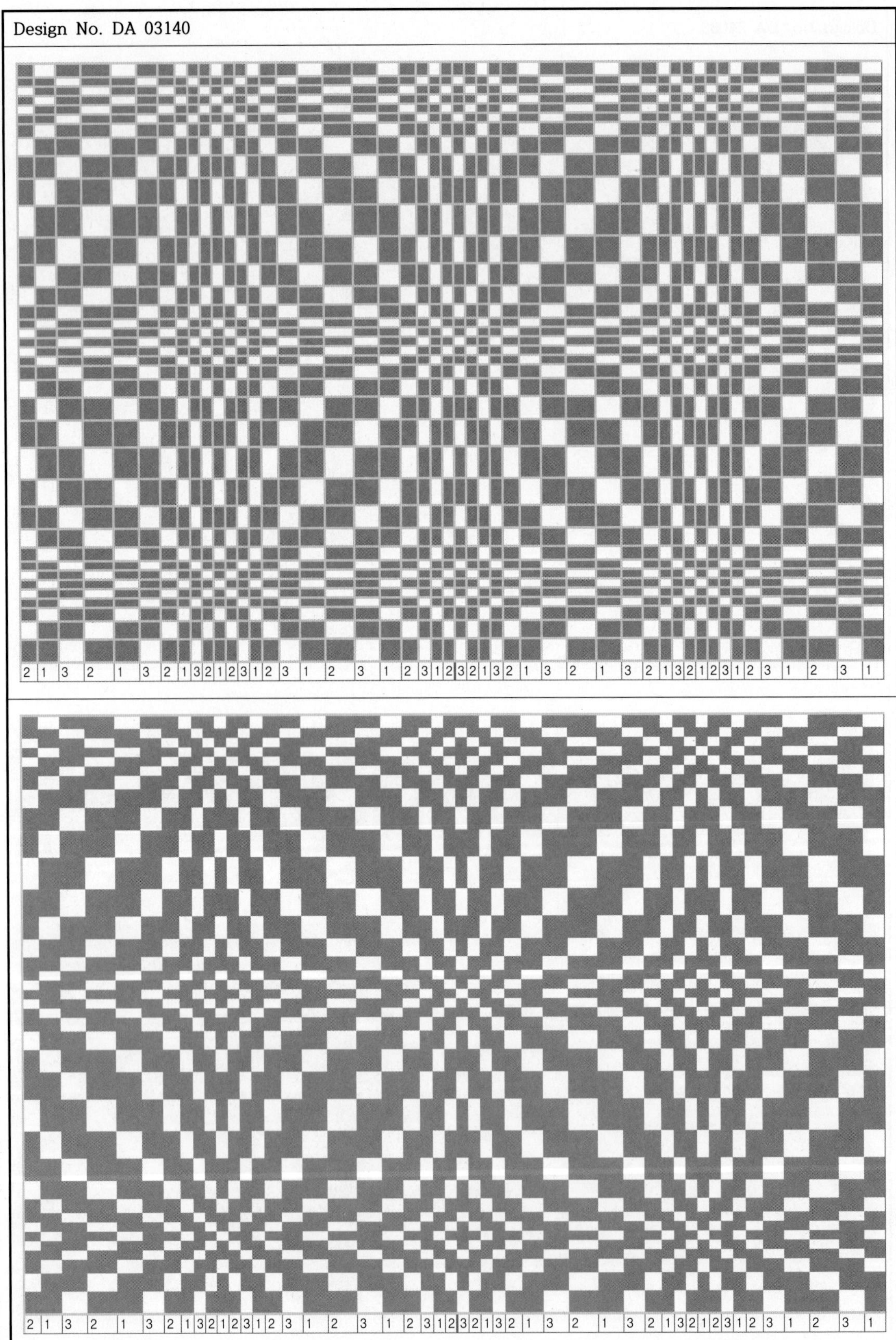

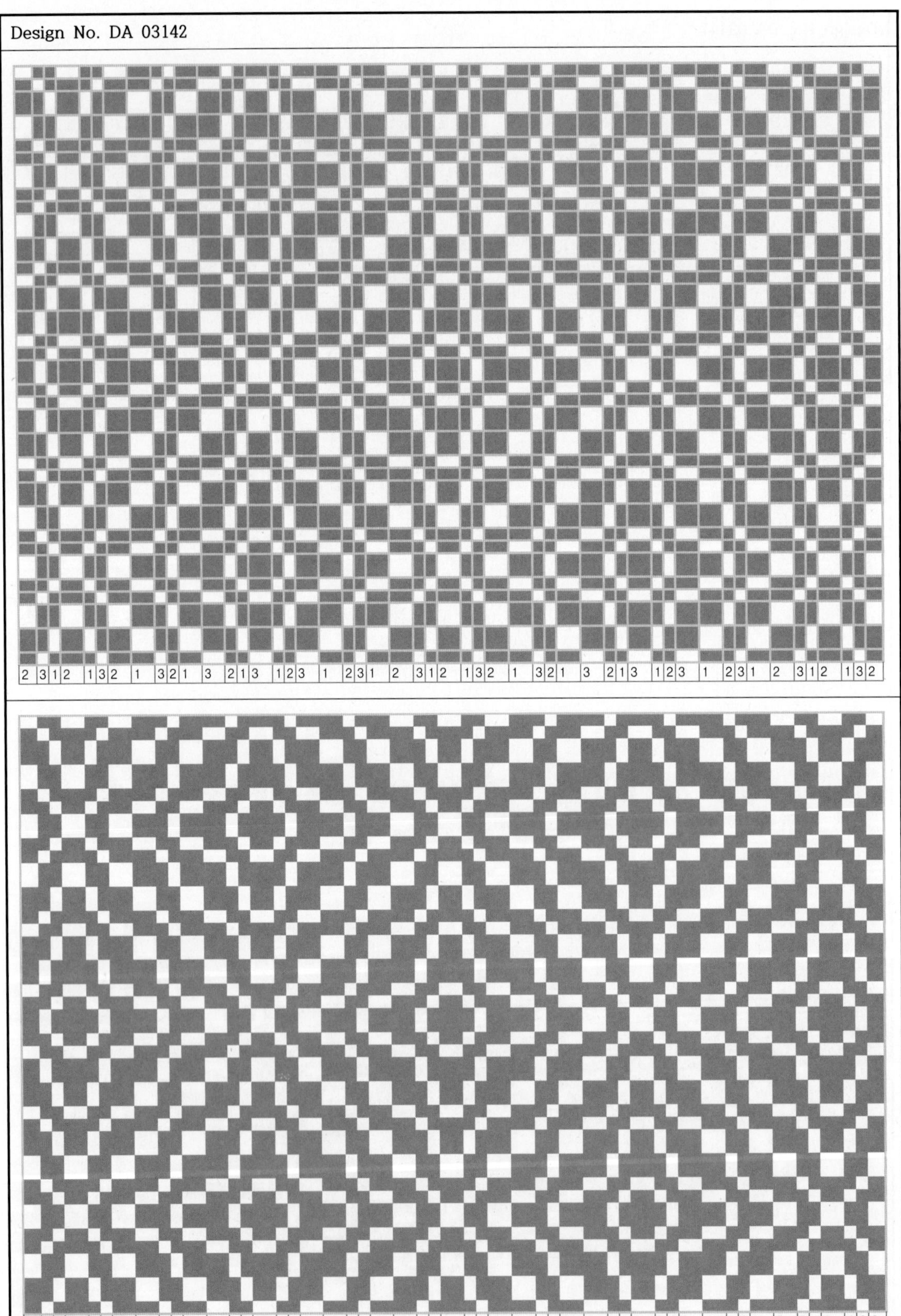

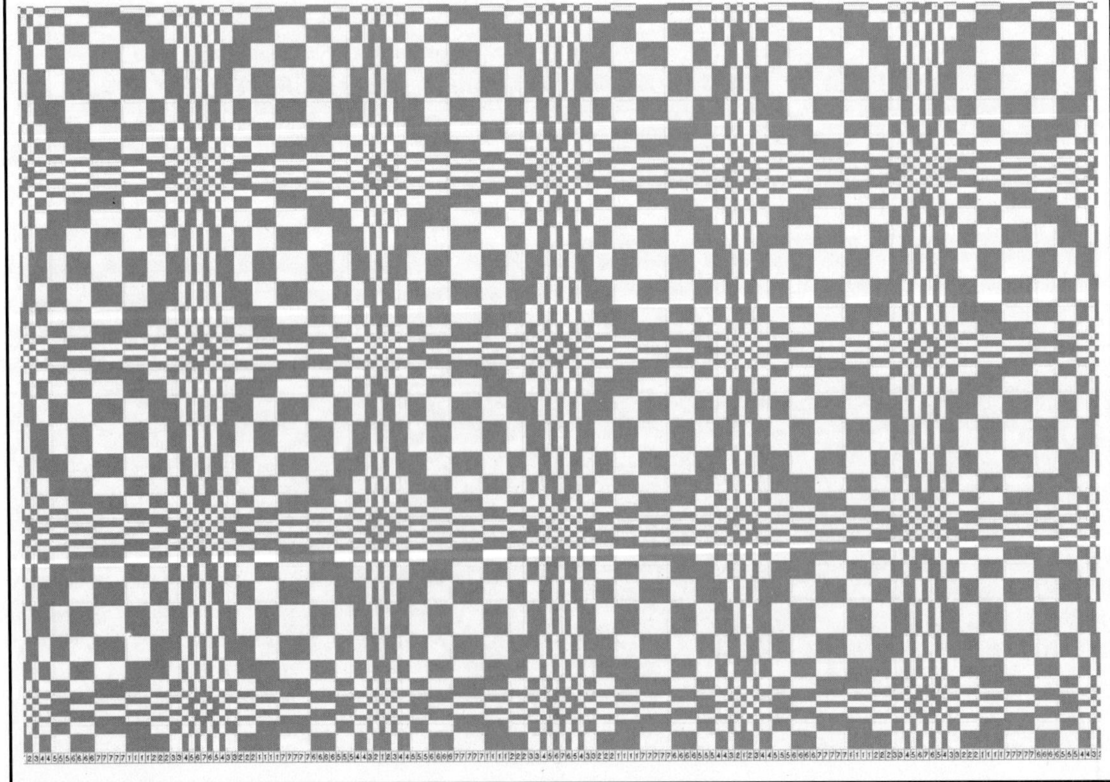

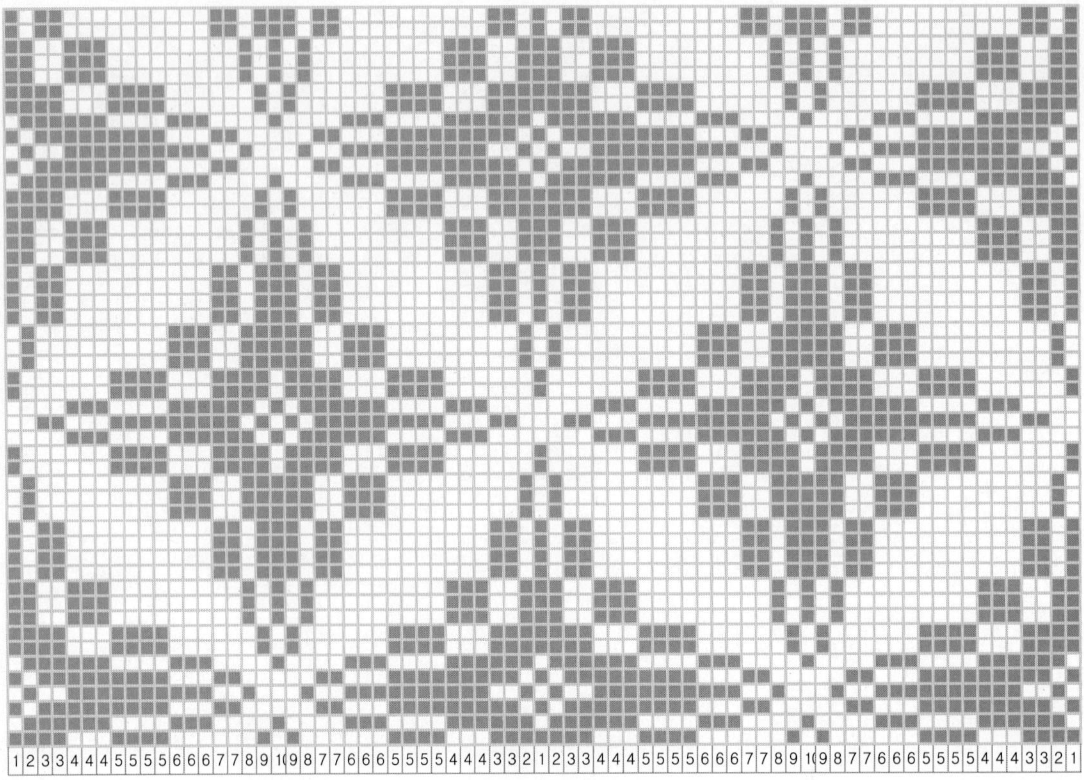

Design No. HB 04001

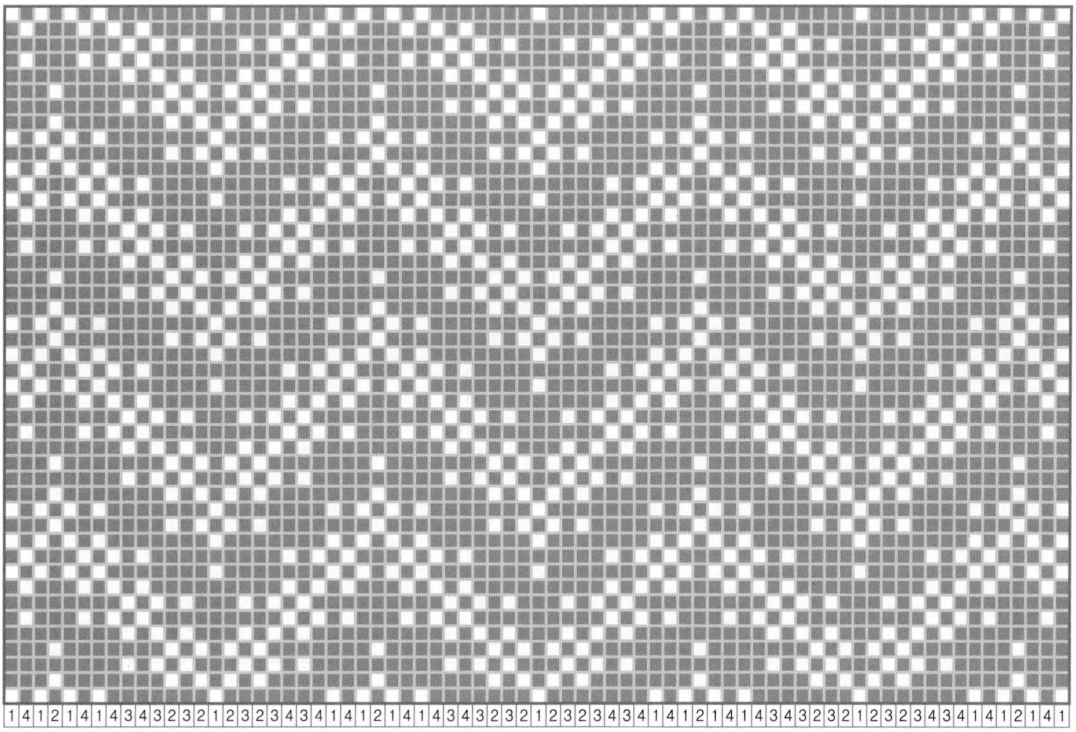

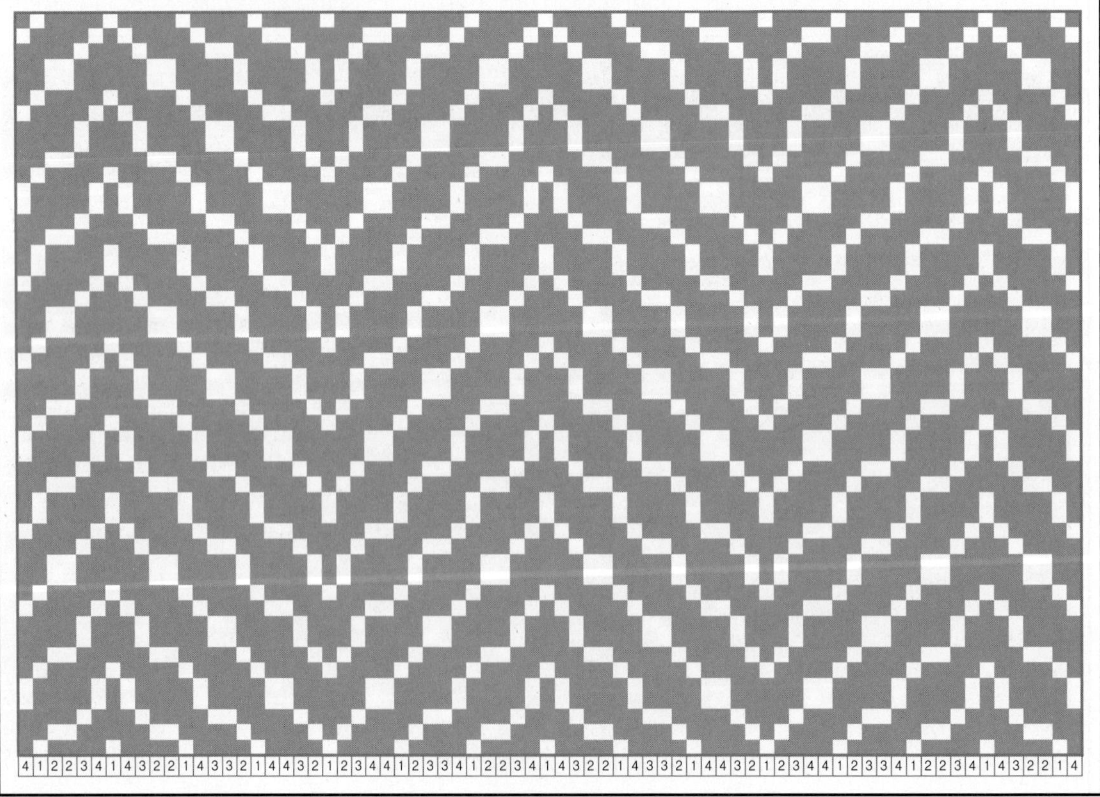

Design No. HB 04003

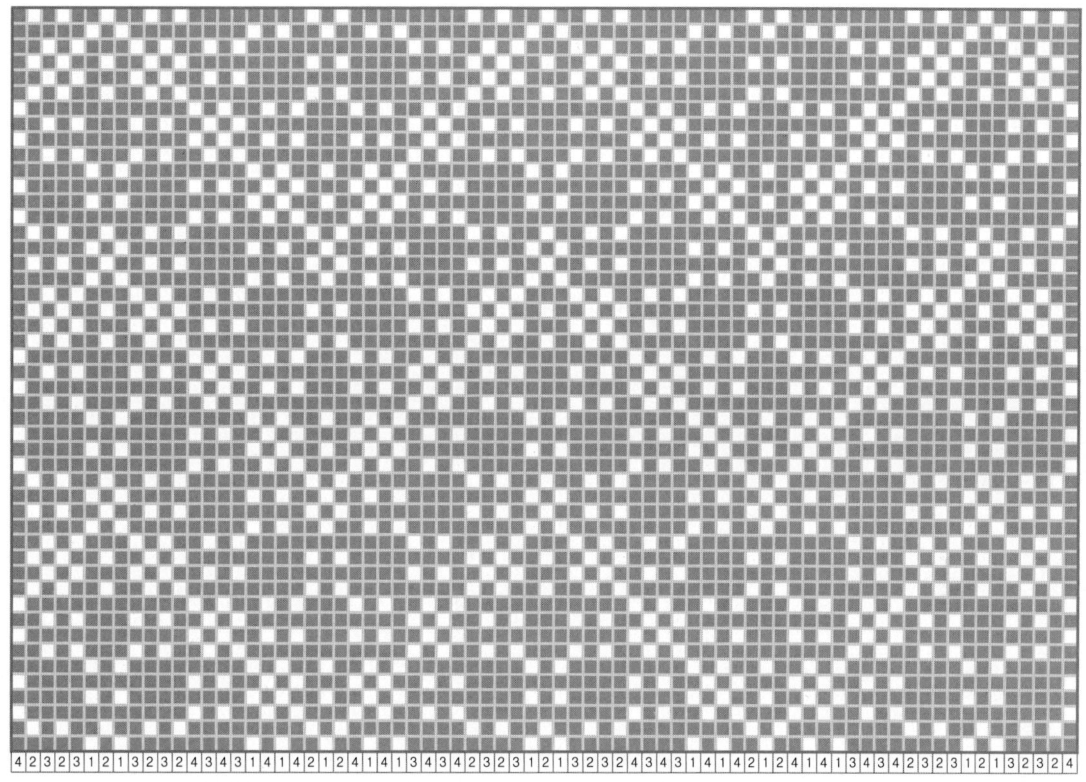

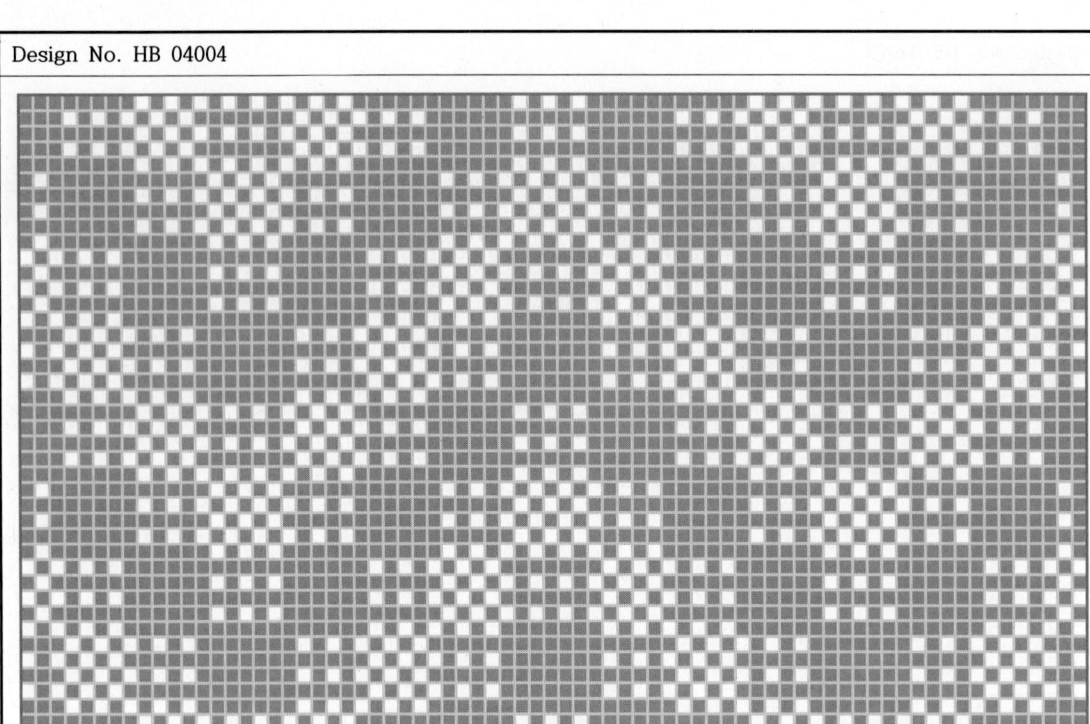

4 1 4 3 4 3 4 3 2 3 2 3 2 1 2 1 2 1 2 3 2 3 2 3 4 3 4 3 4 1 4 1 4 1 2 1 2 1 2 1 4 1 4 1 4 3 4 3 4 3 2 3 2 3 2 1 2 1 2 1 2 3 2 3 2 3 4 3 4 3 4 1 4

4 1 4 3 4 3 4 3 2 3 2 3 2 1 2 1 2 1 2 3 2 3 2 3 4 3 4 3 4 1 4 1 4 1 2 1 2 1 2 1 4 1 4 1 4 3 4 3 4 3 2 3 2 3 2 1 2 1 2 1 2 3 2 3 2 3 4 3 4 3 4 1 4

Design No. HB 05005

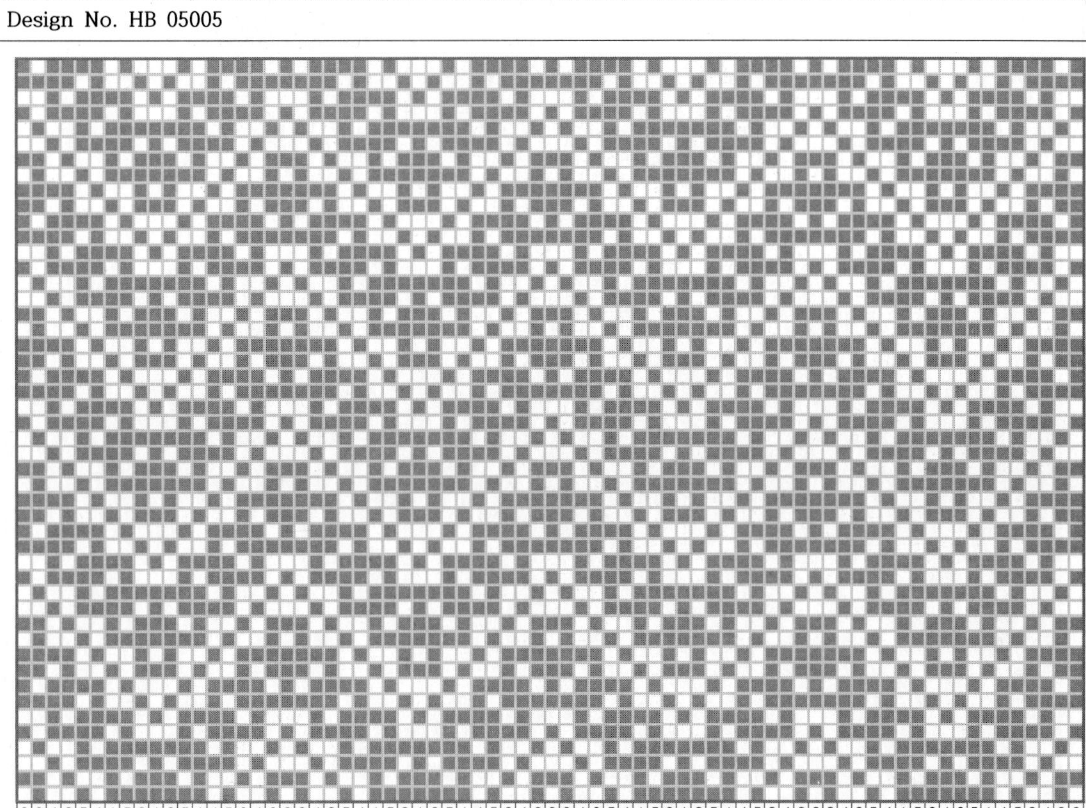

3243541521251453423243541521251453423243541521251453423243541521251453423

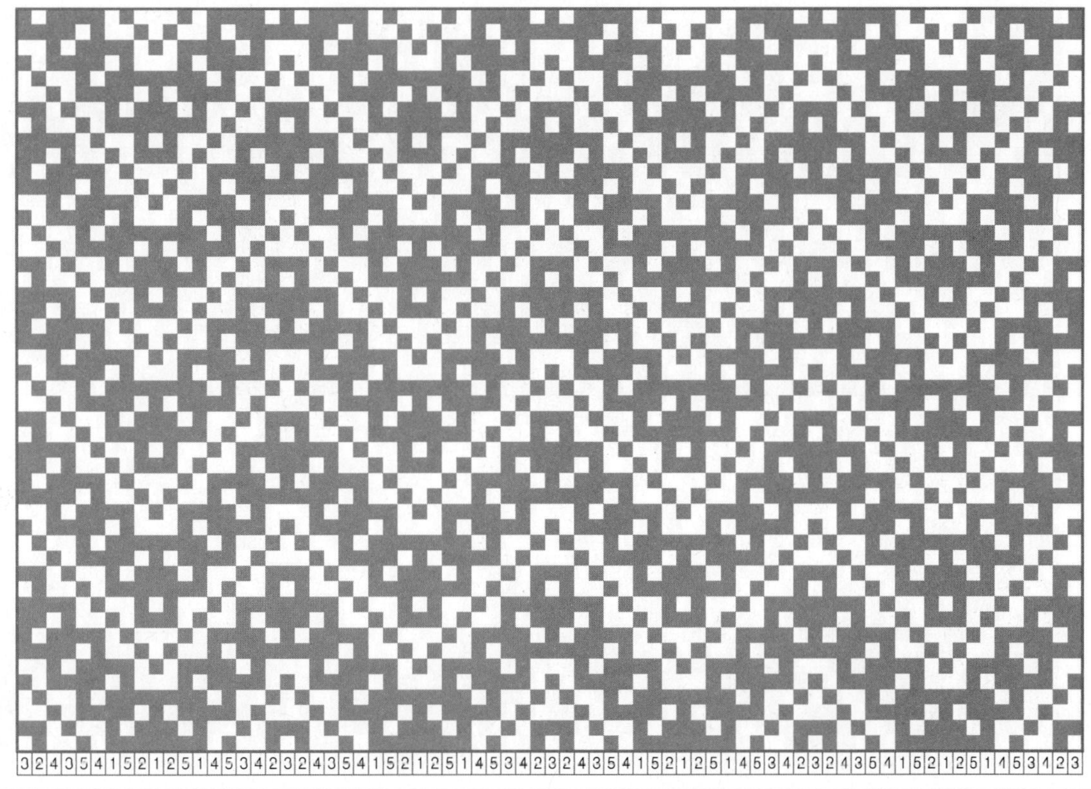

3243541521251453423243541521251453423243541521251453423243541521251453123

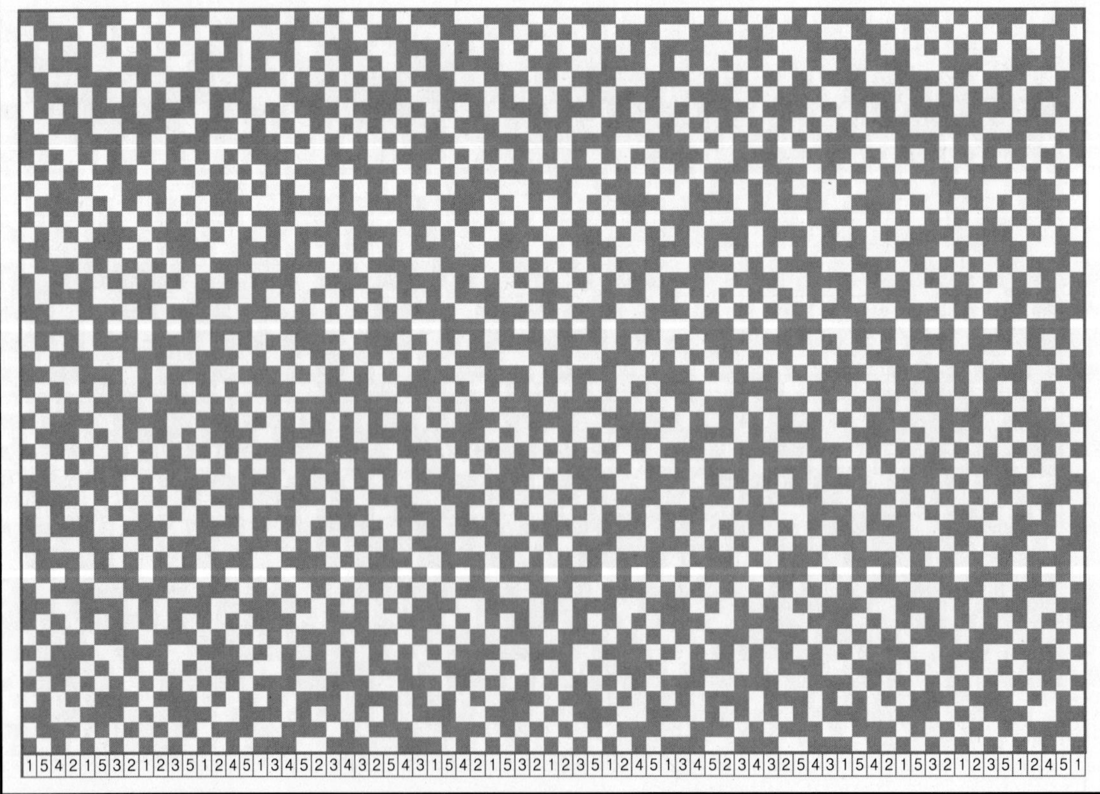

Design No. HB 05007

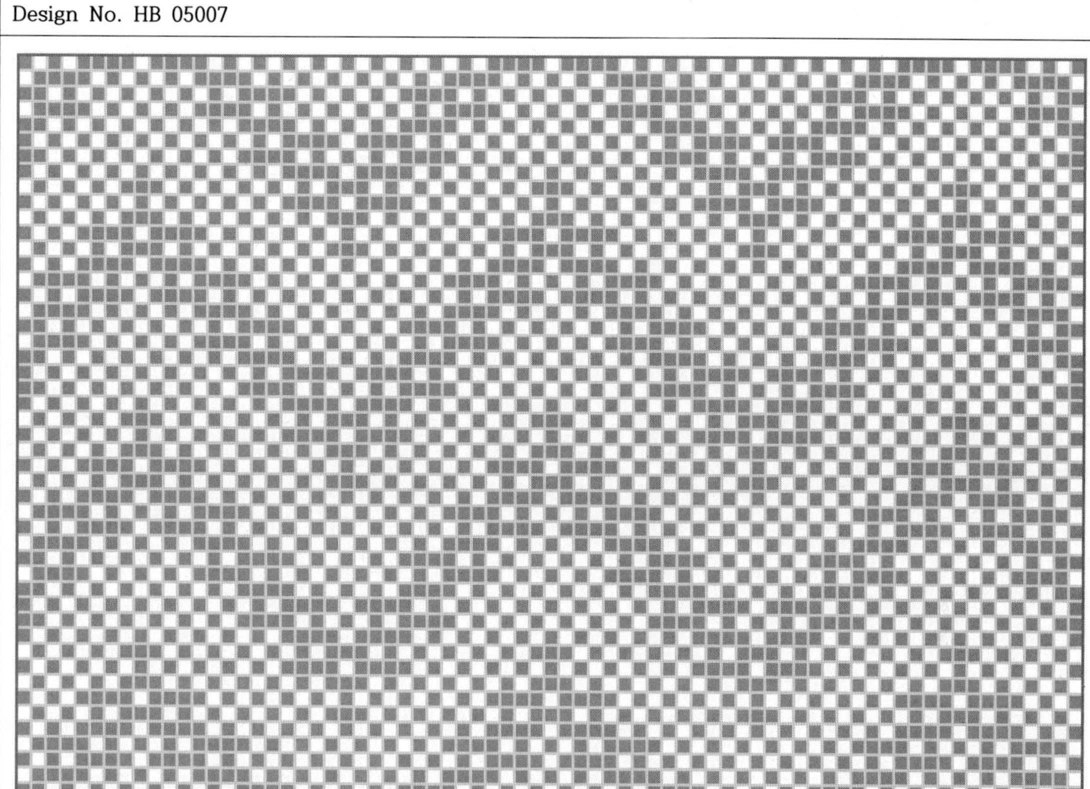

3 4 5 4 5 1 5 1 2 1 5 1 5 4 5 4 3 4 3 2 3 2 1 2 3 2 3 4 3 4 5 4 5 1 5 1 2 1 5 1 5 4 5 4 3 4 3 2 3 2 1 2 3 2 3 4 3 4 5 4 5 1 5 1 2 1 5 1 5 4 5 4 3

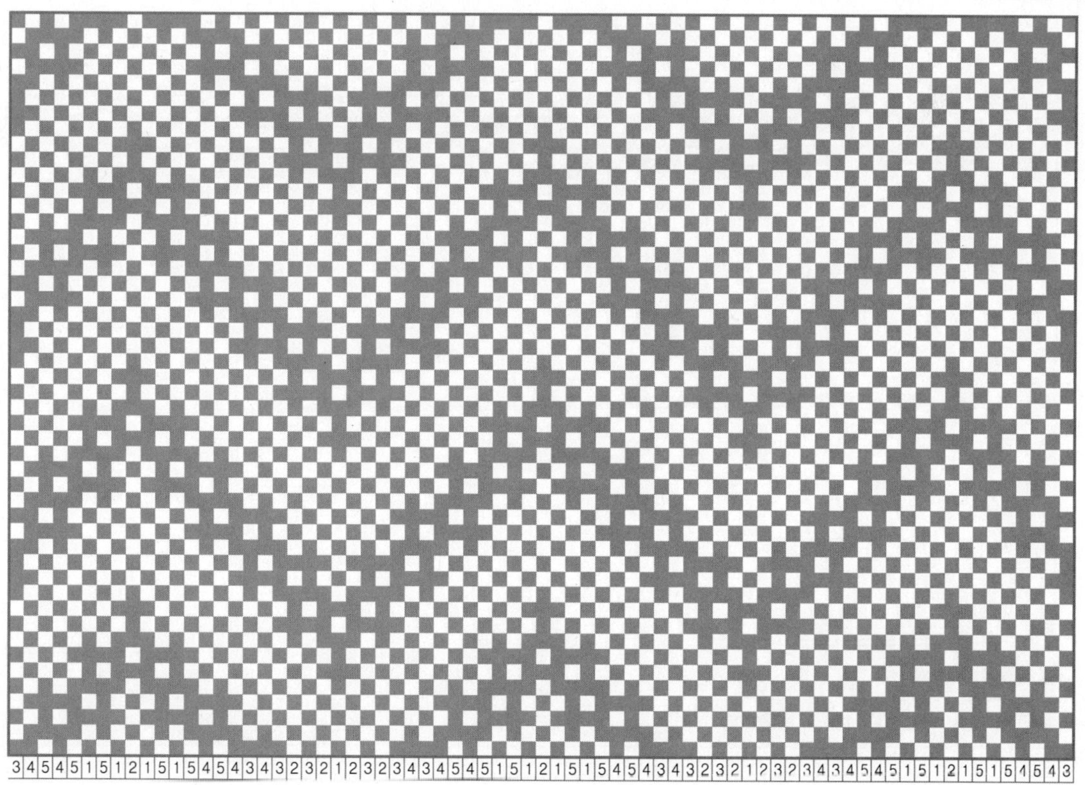

3 4 5 4 5 1 5 1 2 1 5 1 5 4 5 4 3 4 3 2 3 2 1 2 3 2 3 4 3 4 5 4 5 1 5 1 2 1 5 1 5 4 5 4 3 4 3 2 3 2 1 2 3 2 3 4 3 4 5 4 5 1 5 1 2 1 5 1 5 4 5 4 3

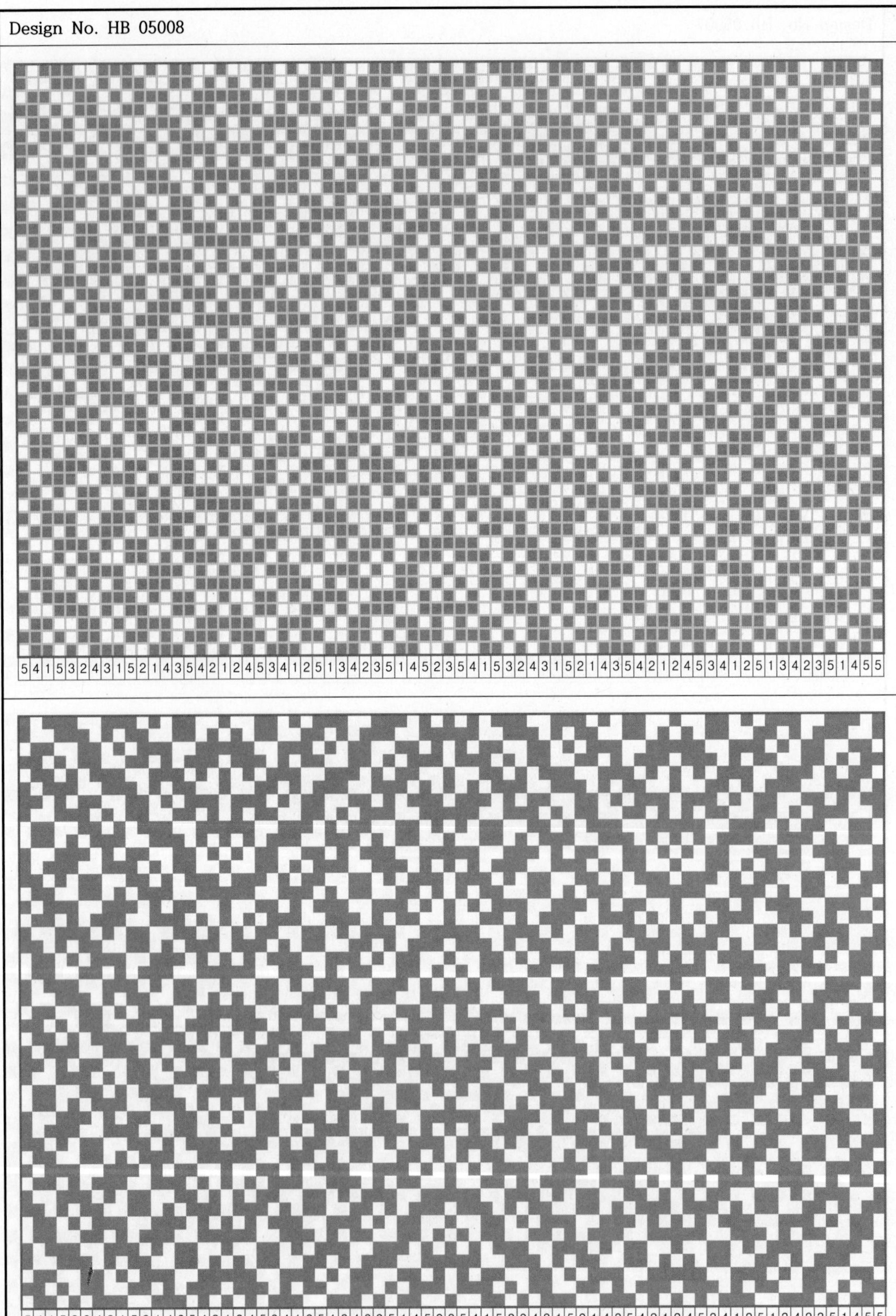

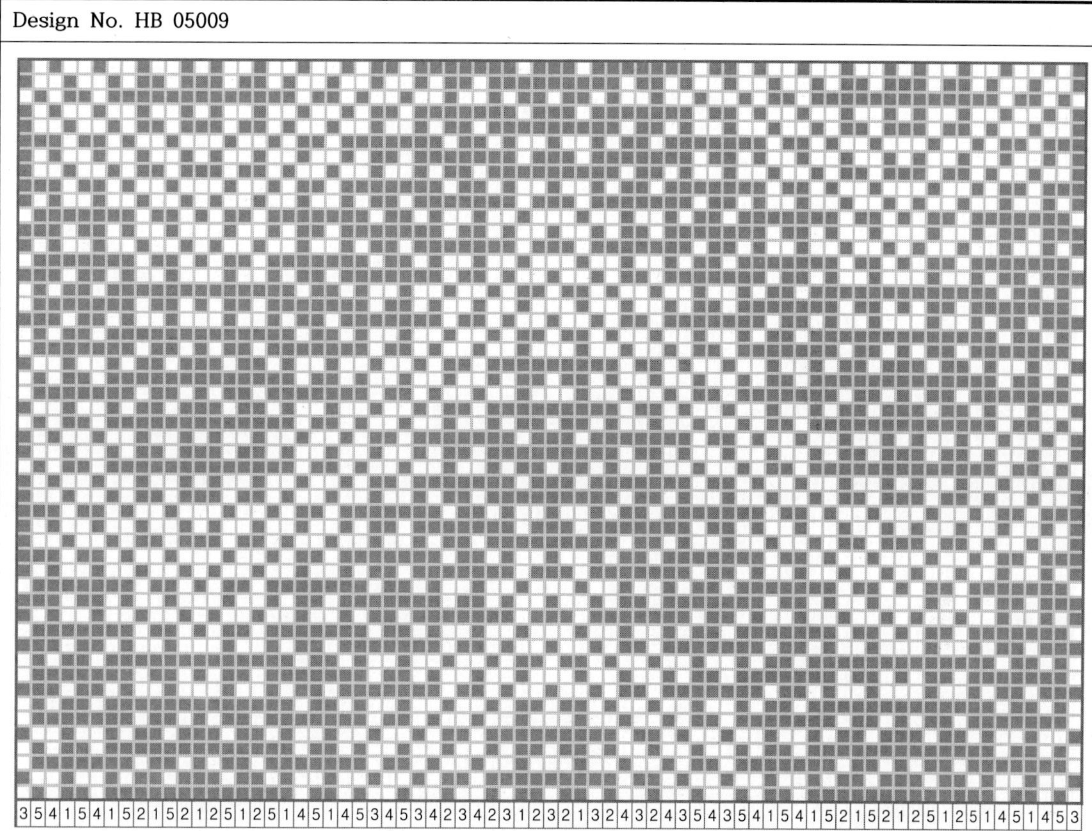

3 5 4 1 5 4 1 5 2 1 5 2 1 2 5 1 2 5 1 4 5 1 4 5 3 4 5 3 4 2 3 4 2 3 1 2 3 2 1 3 2 4 3 2 4 3 5 4 3 5 4 1 5 4 1 5 2 1 5 2 1 2 5 1 2 5 1 4 5 1 4 5 3

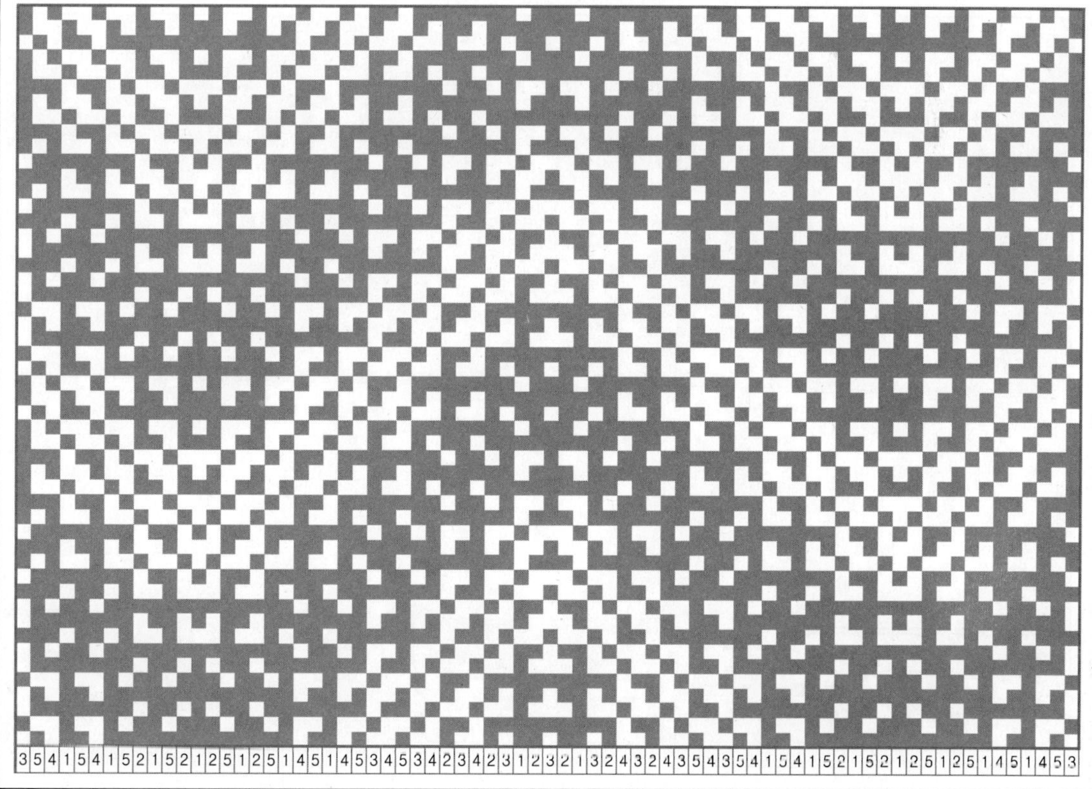

3 5 4 1 5 4 1 5 2 1 5 2 1 2 5 1 2 5 1 4 5 1 4 5 3 4 5 3 4 2 3 4 2 3 1 2 3 2 1 3 2 4 3 2 4 3 5 4 3 5 4 1 5 4 1 5 2 1 5 2 1 2 5 1 2 5 1 4 5 1 4 5 3

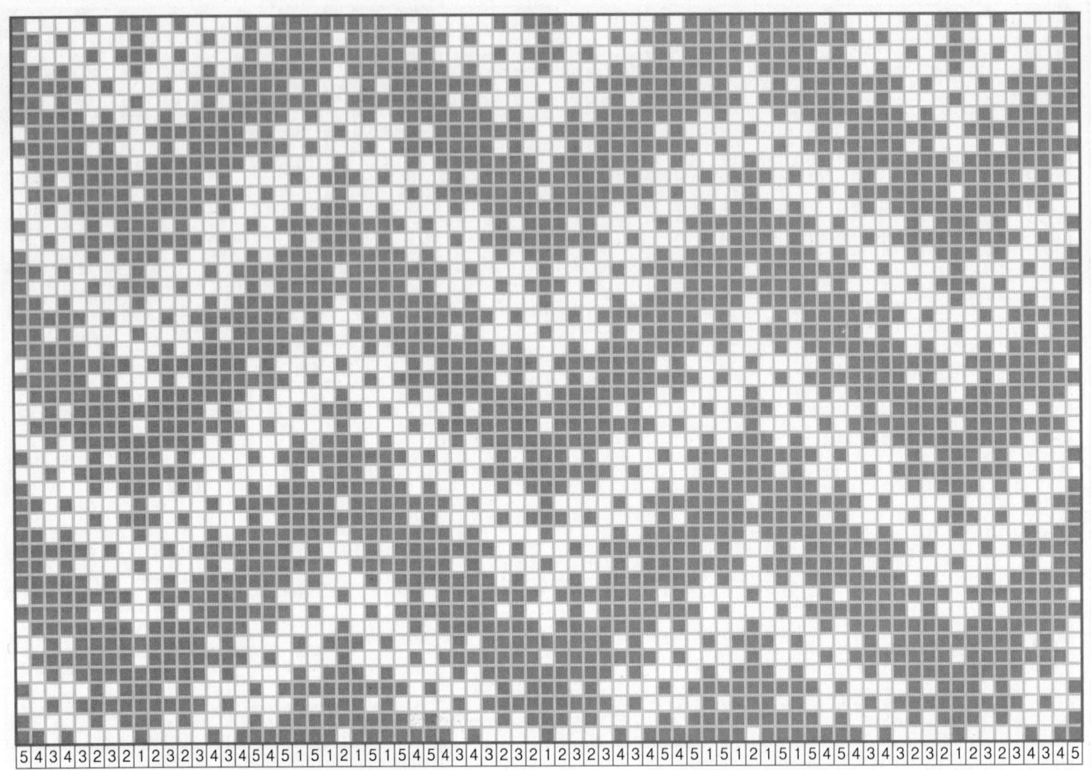

5 4 3 4 3 2 3 2 1 2 3 2 3 4 3 4 5 4 5 1 5 1 2 1 5 1 5 4 5 4 3 4 3 2 3 2 1 2 3 2 3 4 3 4 5 4 5 1 5 1 2 1 5 1 5 4 5 4 3 4 3 2 3 2 1 2 3 2 3 4 3 4 5

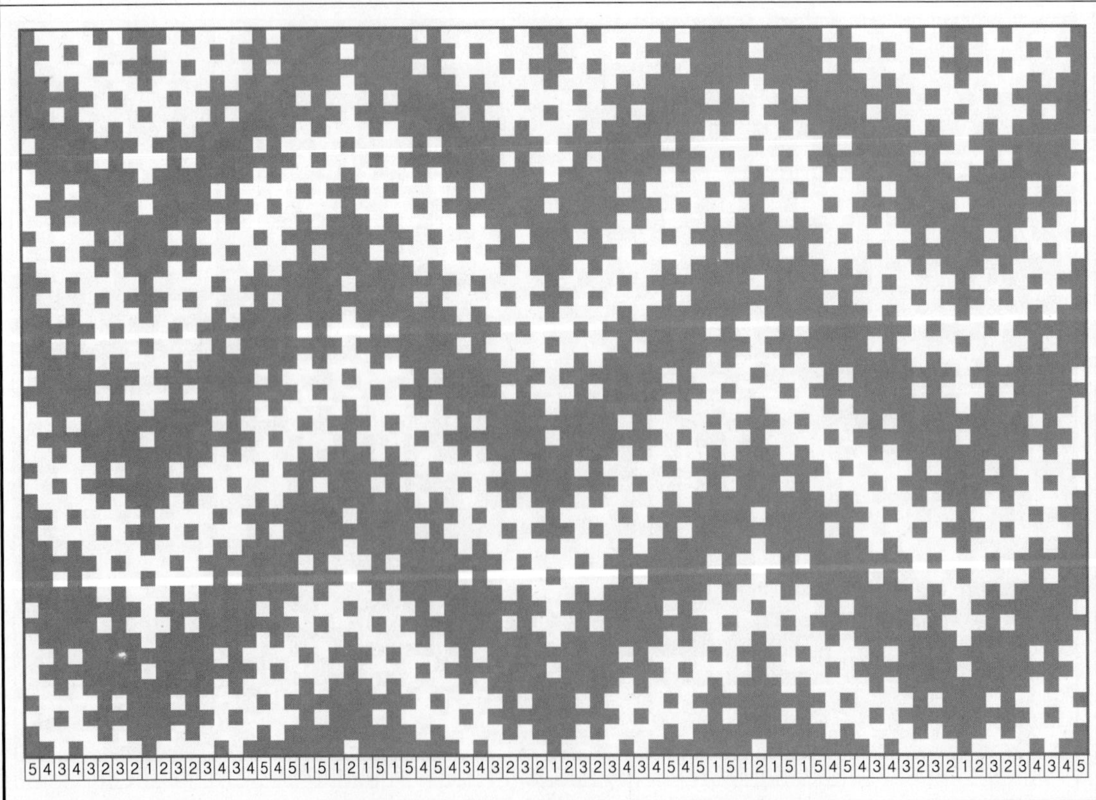

5 4 3 4 3 2 3 2 1 2 3 2 3 4 3 4 5 4 5 1 5 1 2 1 5 1 5 4 5 4 3 4 3 2 3 2 1 2 3 2 3 4 3 4 5 4 5 1 5 1 2 1 5 1 5 4 5 4 3 4 3 2 3 2 1 2 3 2 3 4 3 4 5

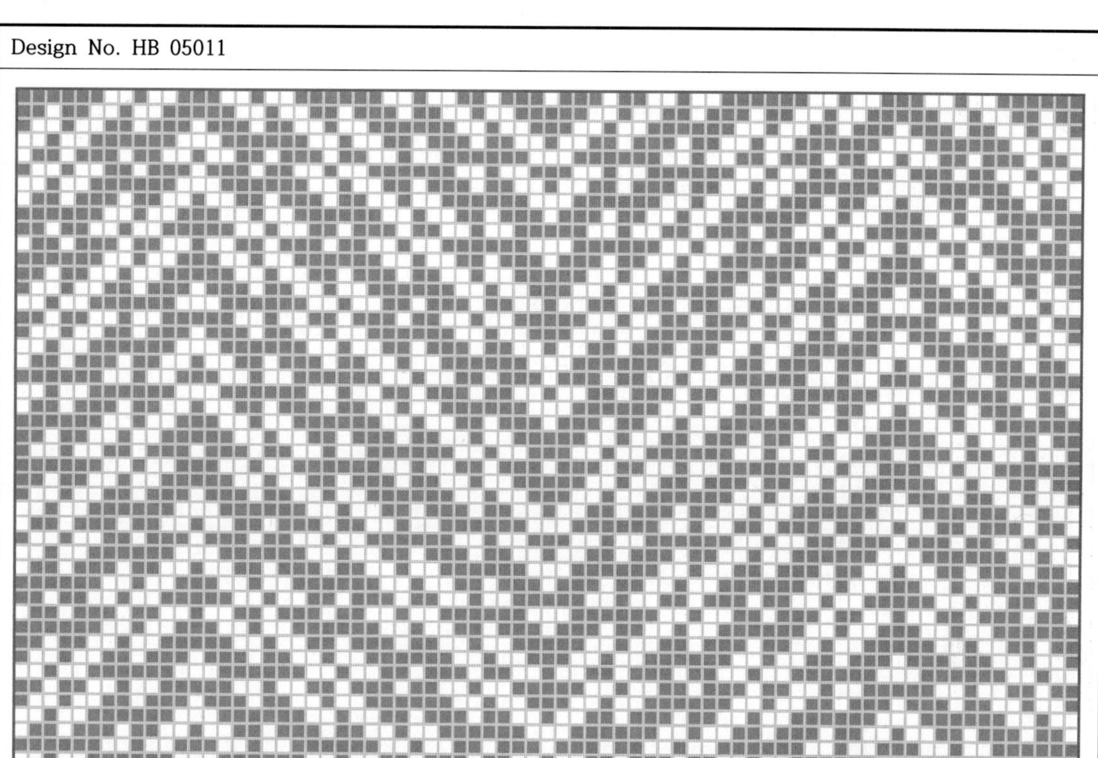

2 3 4 2 3 4 5 1 4 5 1 2 3 2 1 5 4 1 5 4 3 2 4 3 2 1 5 2 1 5 4 3 5 4 3 2 1 2 3 4 5 3 4 5 1 2 5 1 2 3 4 2 3 4 5 1 4 5 1 2 3 2 1 5 4 1 5 4 3 2 4 3 2

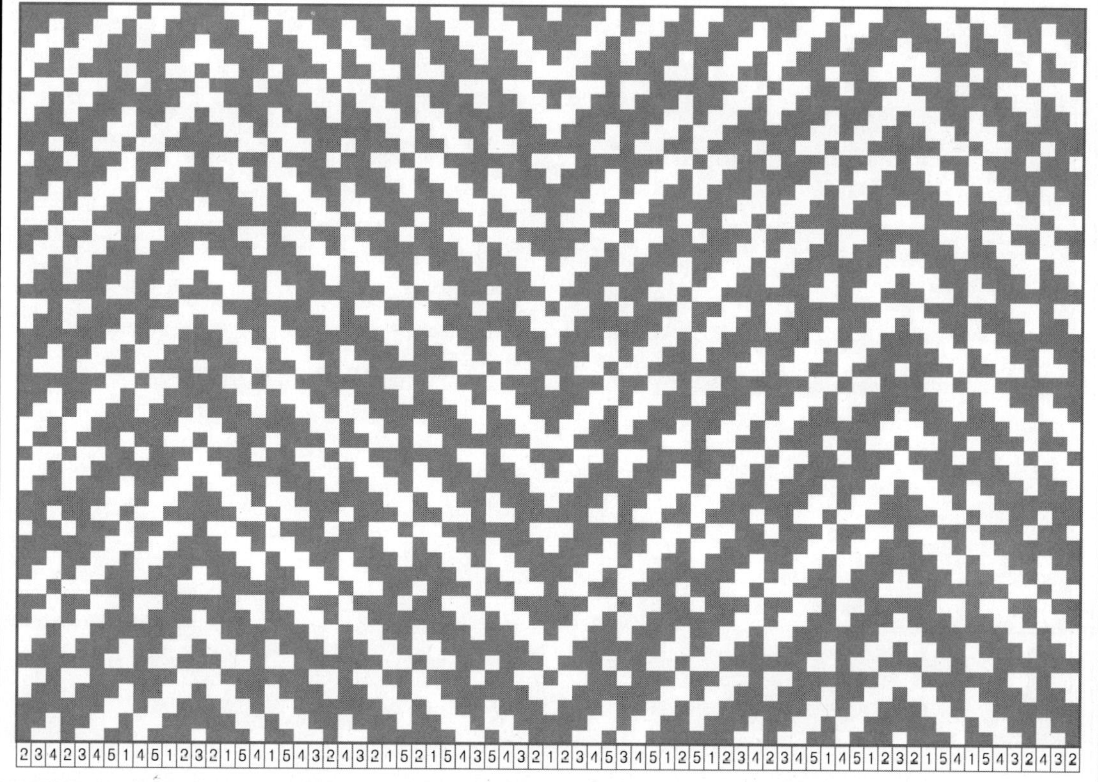

2 3 4 2 3 4 5 1 4 5 1 2 3 2 1 5 4 1 5 4 3 2 4 3 2 1 5 2 1 5 4 3 5 4 3 2 1 2 3 4 5 3 4 5 1 2 5 1 2 3 4 2 3 4 5 1 4 5 1 2 3 2 1 5 4 1 5 4 3 2 4 3 2

6 1 2 1 6 1 6 5 6 5 4 5 4 3 4 3 2 3 2 1 2 3 2 3 4 3 4 5 4 5 6 5 6 1 6 1 2 1 6 1 6 5 6 5 4 5 4 3 4 3 2 3 2 1 2 3 2 3 4 3 4 5 4 5 6 5 6 1 6 1 2 1 6

6 1 2 1 6 1 6 5 6 5 4 5 4 3 4 3 2 3 2 1 2 3 2 3 4 3 4 5 4 5 6 5 6 1 6 1 2 1 6 1 6 5 6 5 4 5 4 3 4 3 2 3 2 1 2 3 2 3 4 3 4 5 4 5 6 5 6 1 6 1 2 1 6

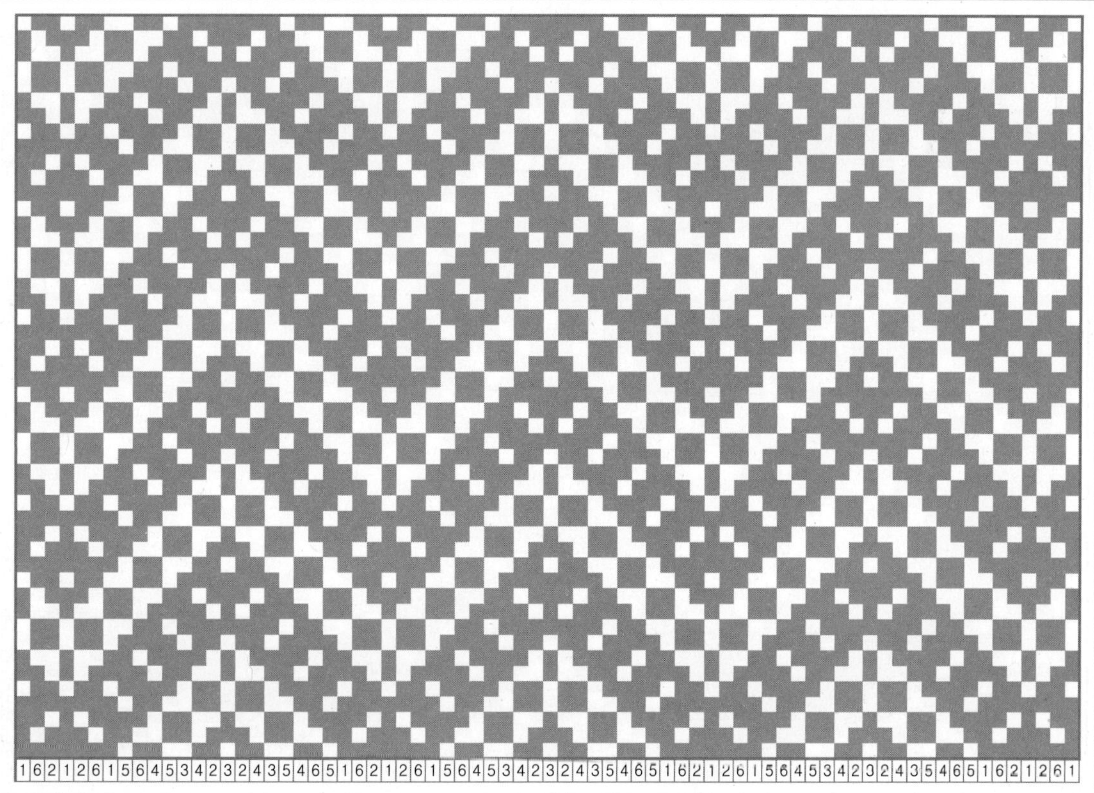

1 6 2 1 2 6 1 5 6 4 5 3 4 2 3 2 4 3 5 4 6 5 1 6 2 1 2 6 1 5 6 4 5 3 4 2 3 2 4 3 5 4 6 5 1 6 2 1 2 6 1 5 6 4 5 3 4 2 3 2 4 3 5 4 6 5 1 6 2 1 2 6 1

1 6 2 1 2 6 1 5 6 4 5 3 4 2 3 2 4 3 5 4 6 5 1 6 2 1 2 6 1 5 6 4 5 3 4 2 3 2 4 3 5 4 6 5 1 6 2 1 2 6 1 5 6 4 5 3 4 2 3 2 4 3 5 4 6 5 1 6 2 1 2 6 1

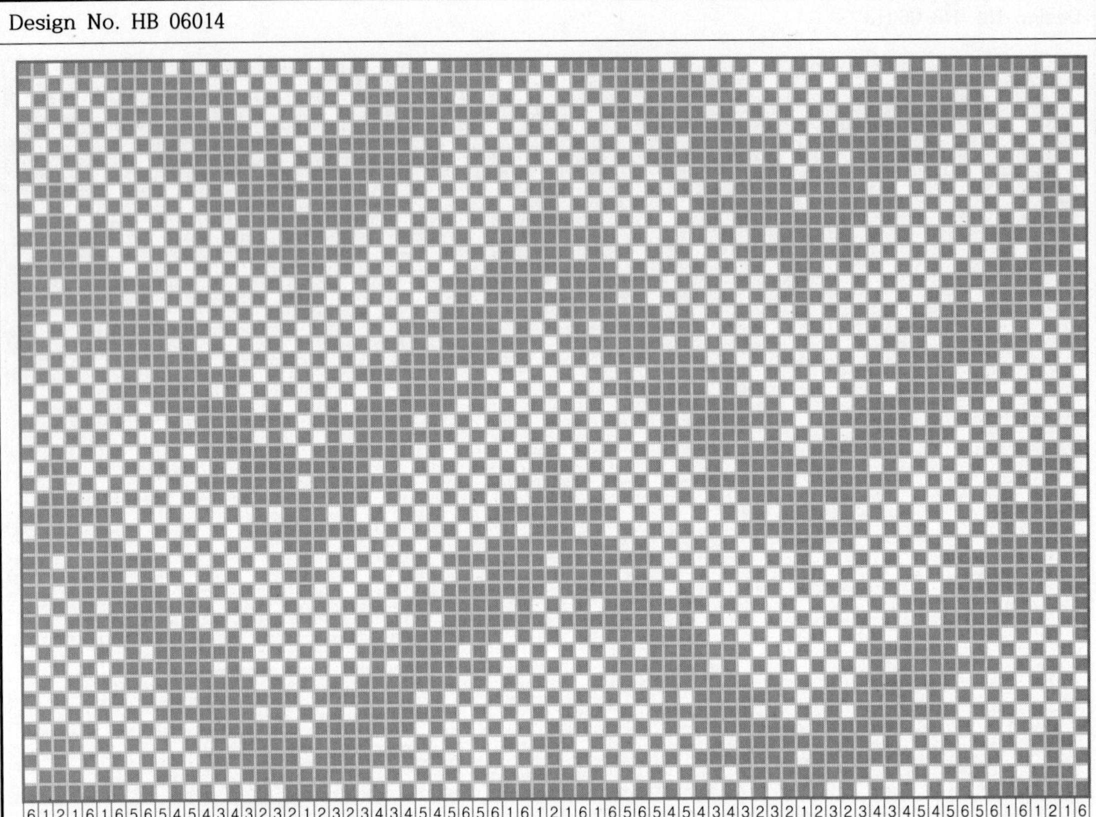

6121616565454343232123234345456561612161656545434323212323434545656161216

6121616565454343232123234345456561612161656545434323212323434545656161216

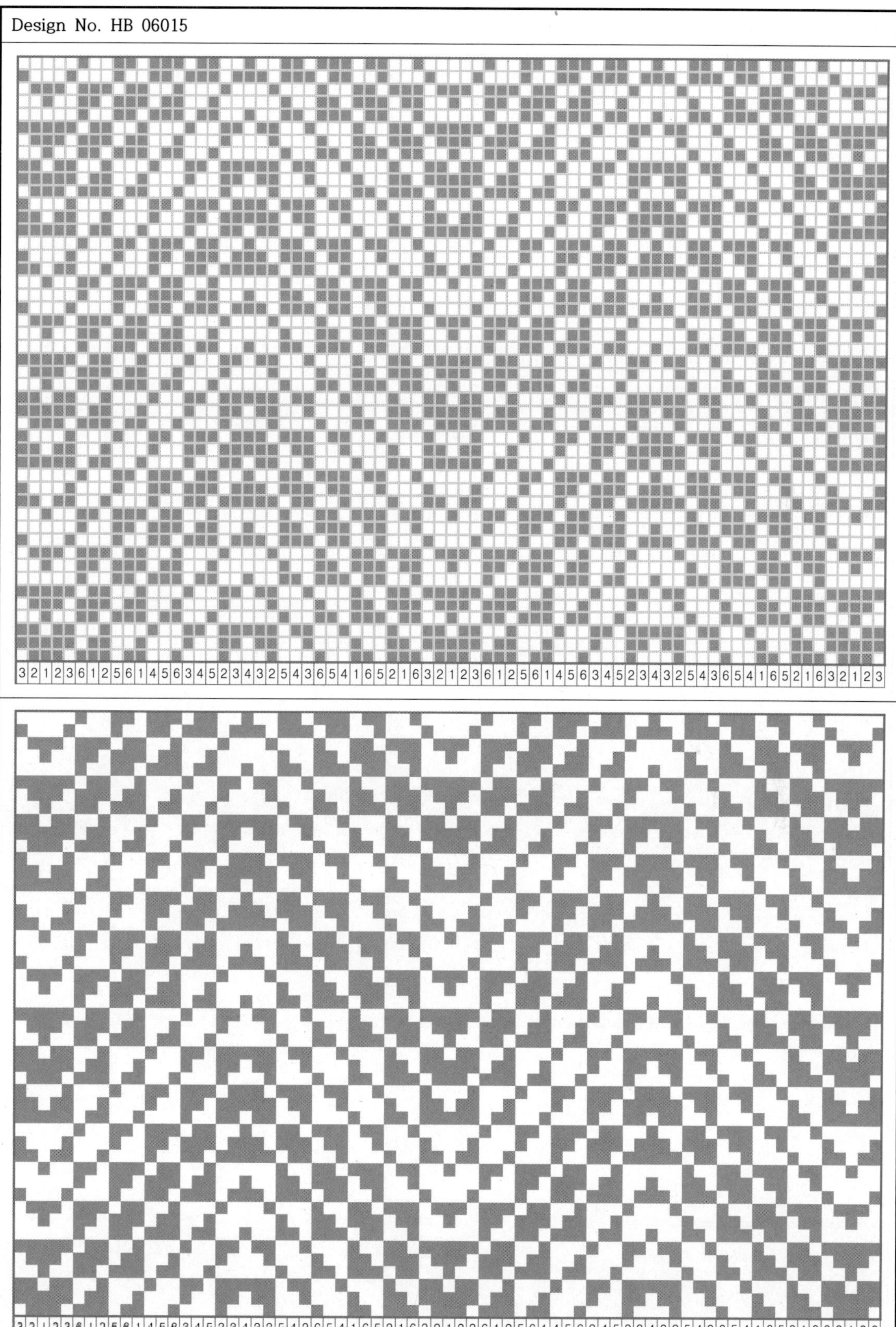

3 2 1 2 3 6 1 2 5 6 1 4 5 6 3 4 5 2 3 4 3 2 5 4 3 6 5 4 1 6 5 2 1 6 3 2 1 2 3 6 1 2 5 6 1 4 5 6 3 4 5 2 3 4 3 2 5 4 3 6 5 4 1 6 5 2 1 6 3 2 1 2 3

3 2 1 2 3 6 1 2 5 6 1 4 5 6 3 4 5 2 3 4 3 2 5 4 3 0 5 4 1 0 5 2 1 0 3 2 1 2 3 6 1 2 5 6 1 4 5 6 3 4 5 2 3 4 3 2 5 1 3 6 5 1 1 6 5 2 1 6 3 2 1 2 3

Design No. HB 09018

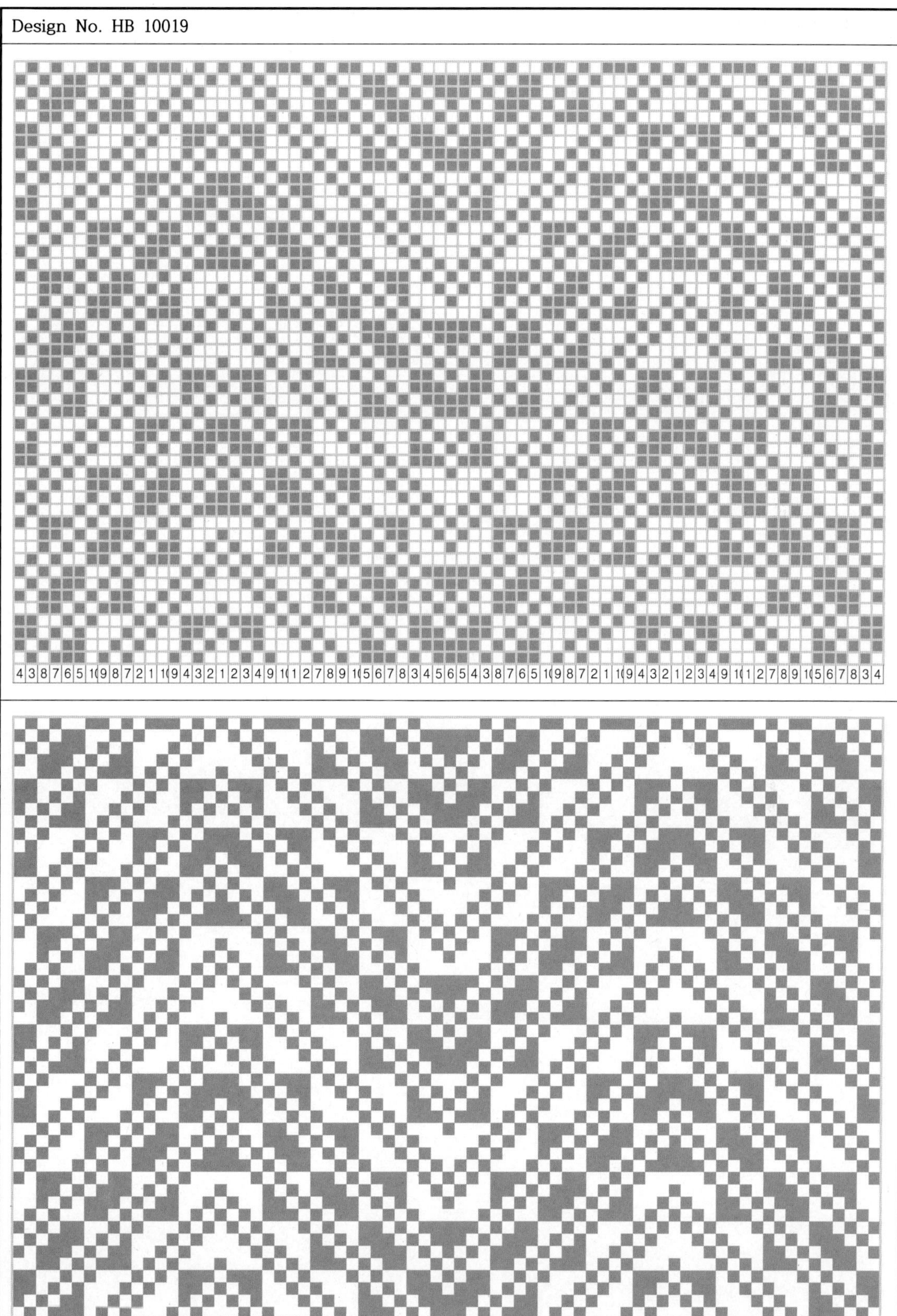

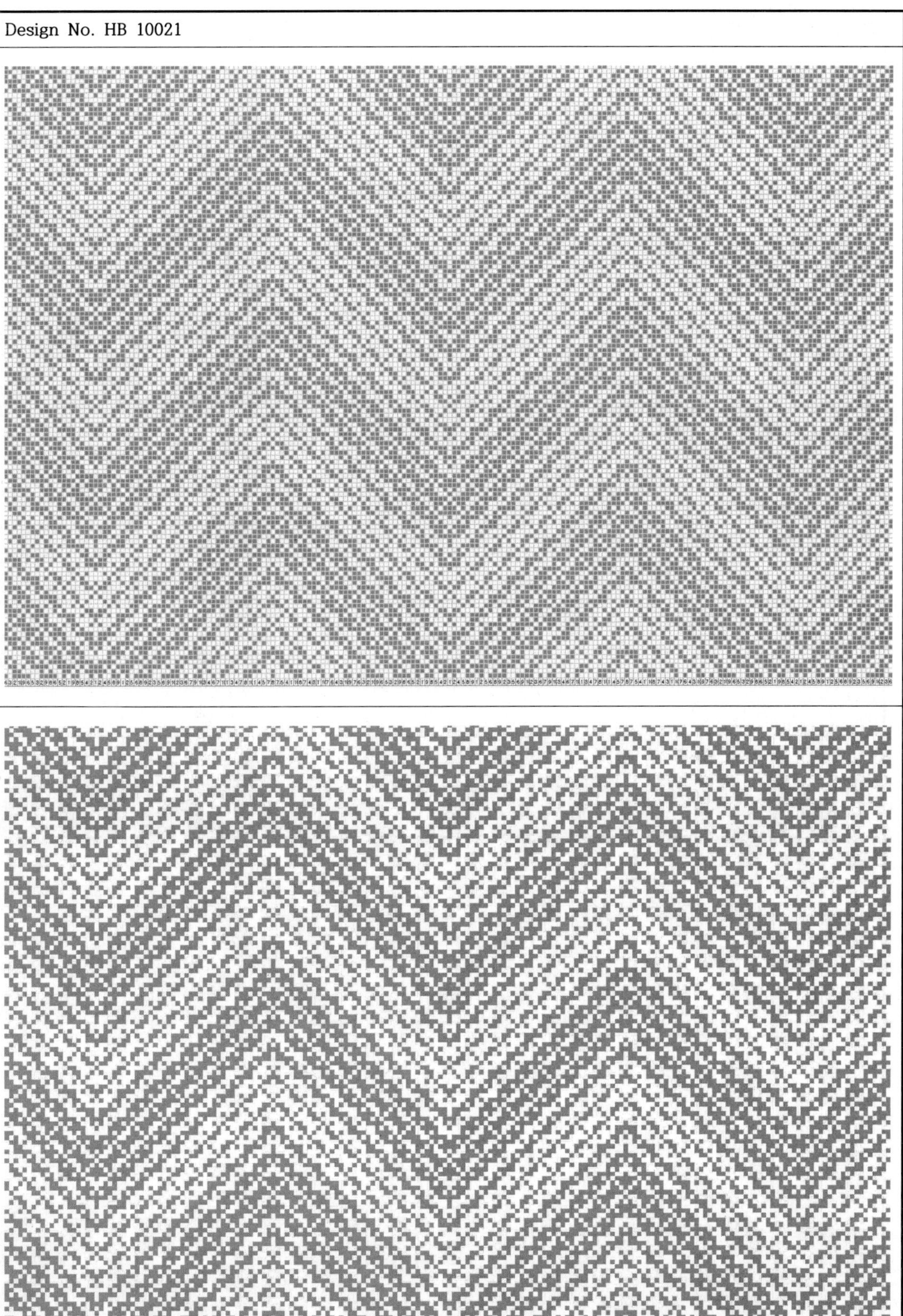

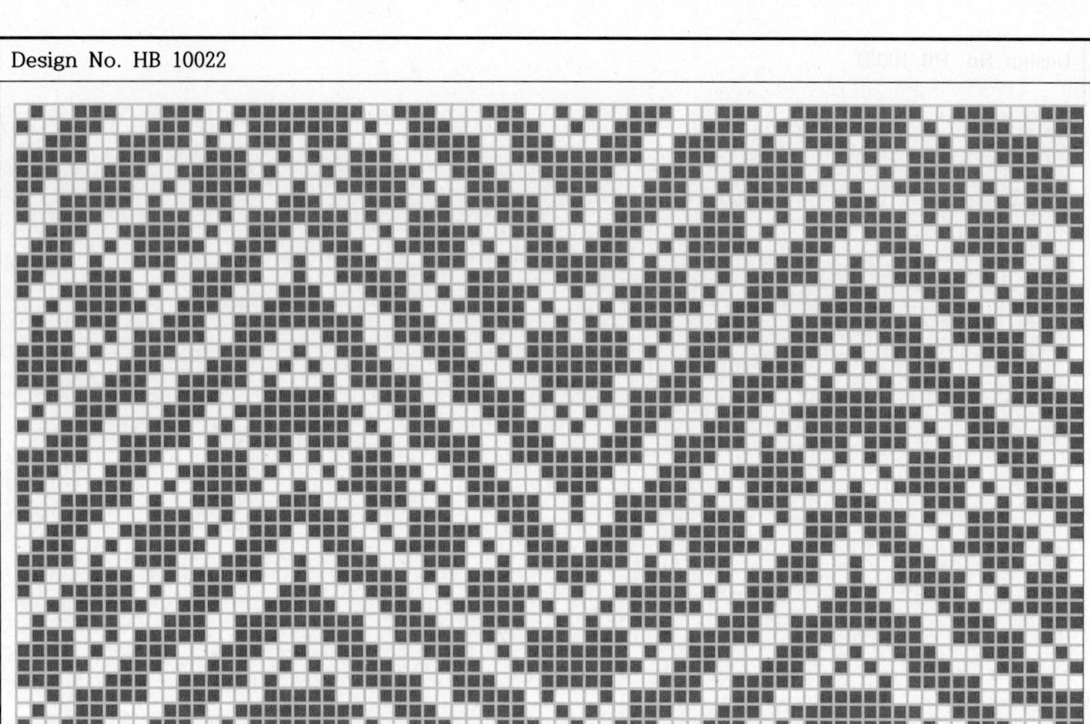

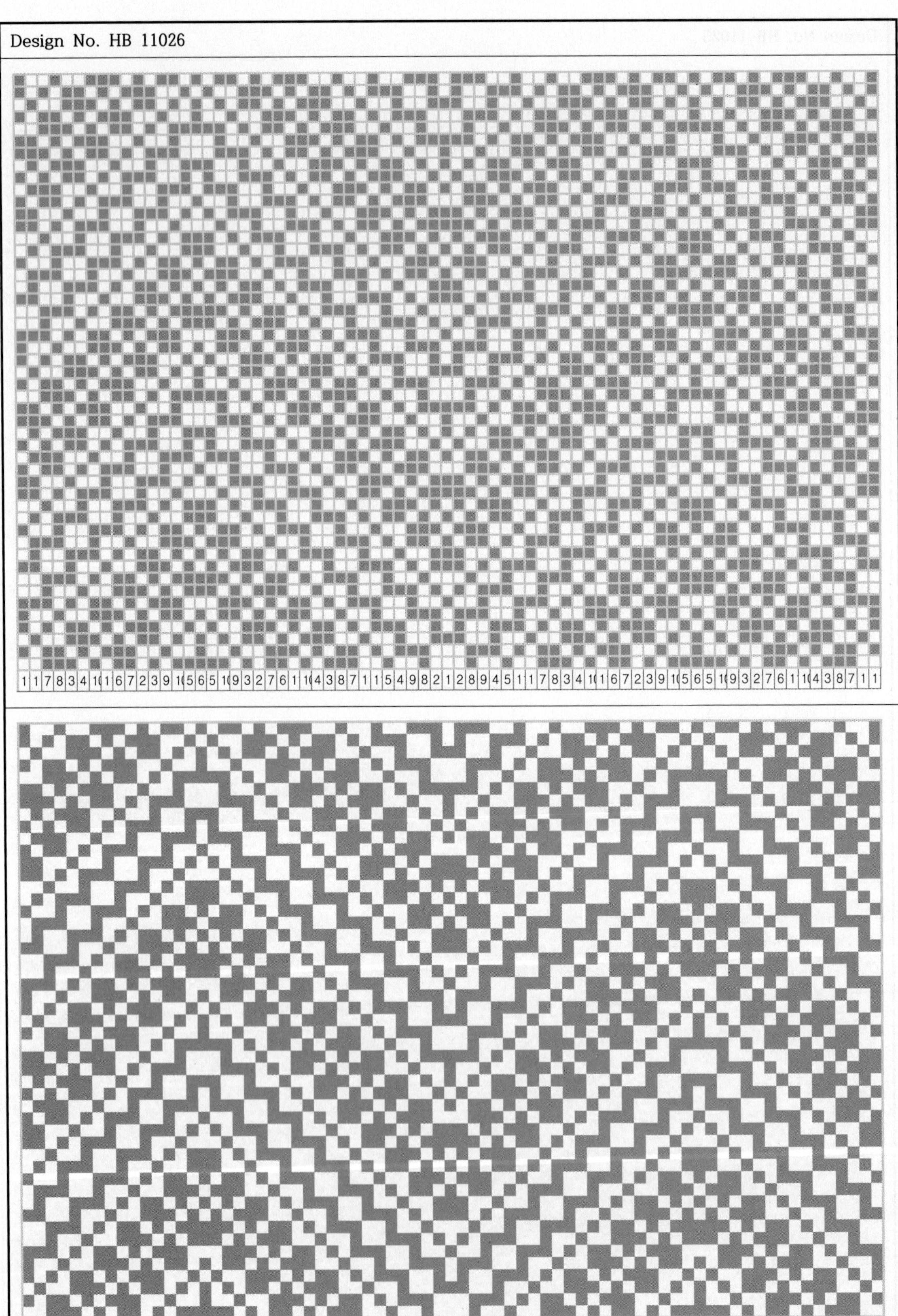

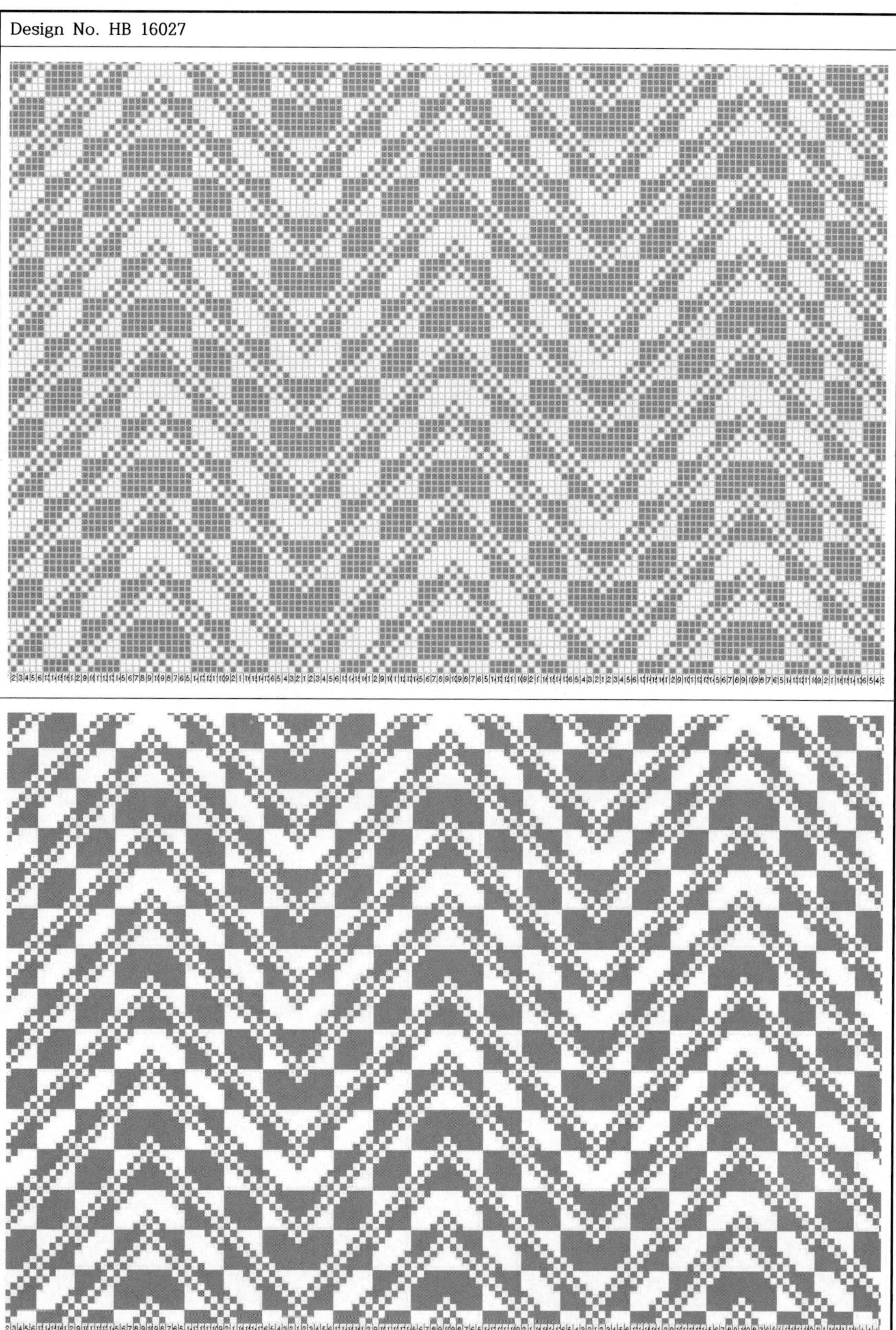

Design No. HB 19034

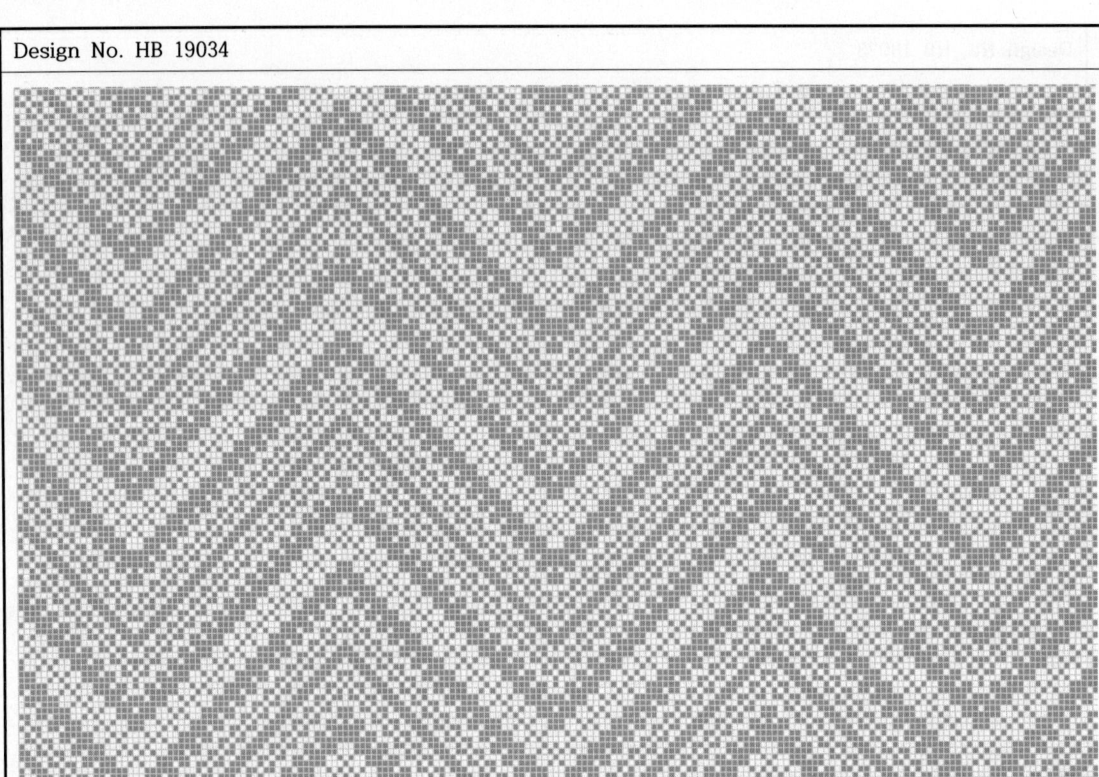

Design No. HB 20035

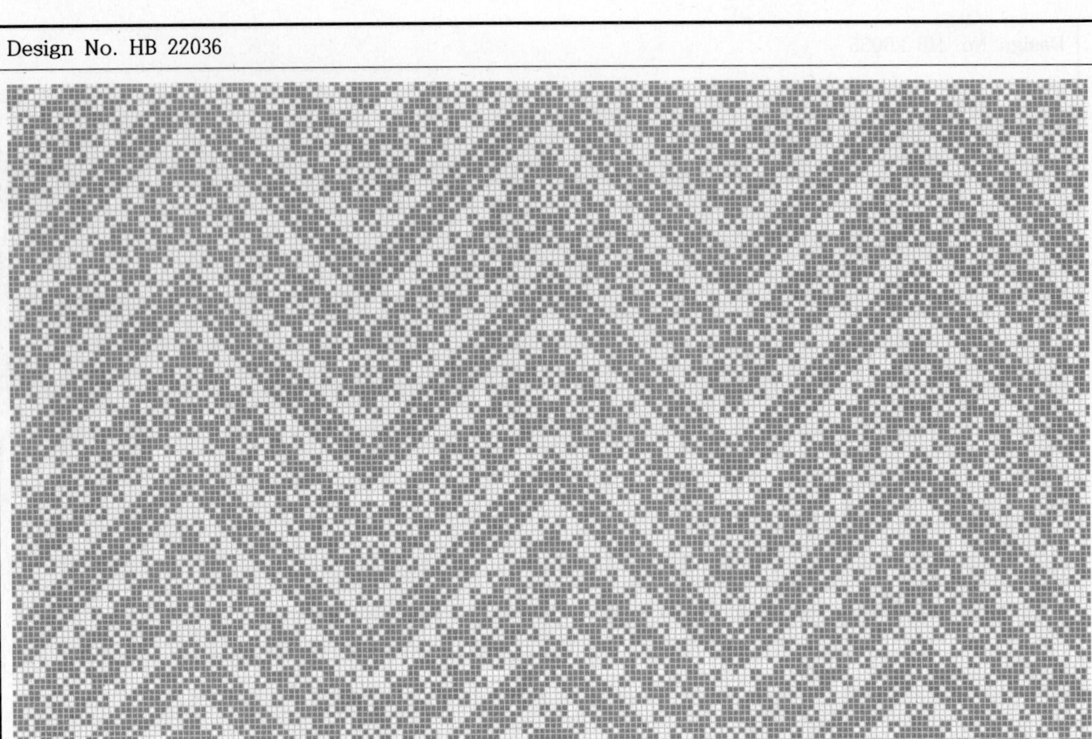

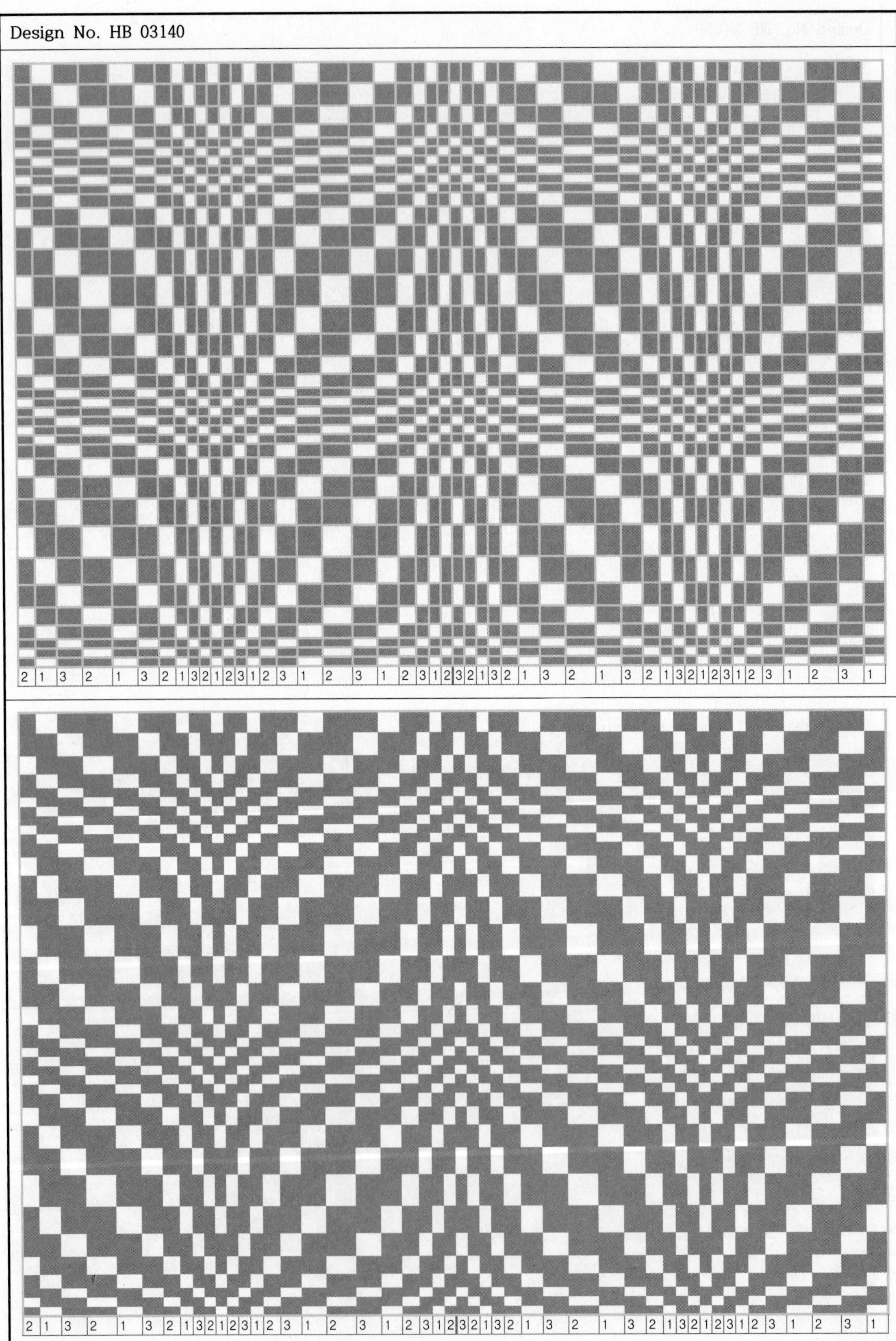

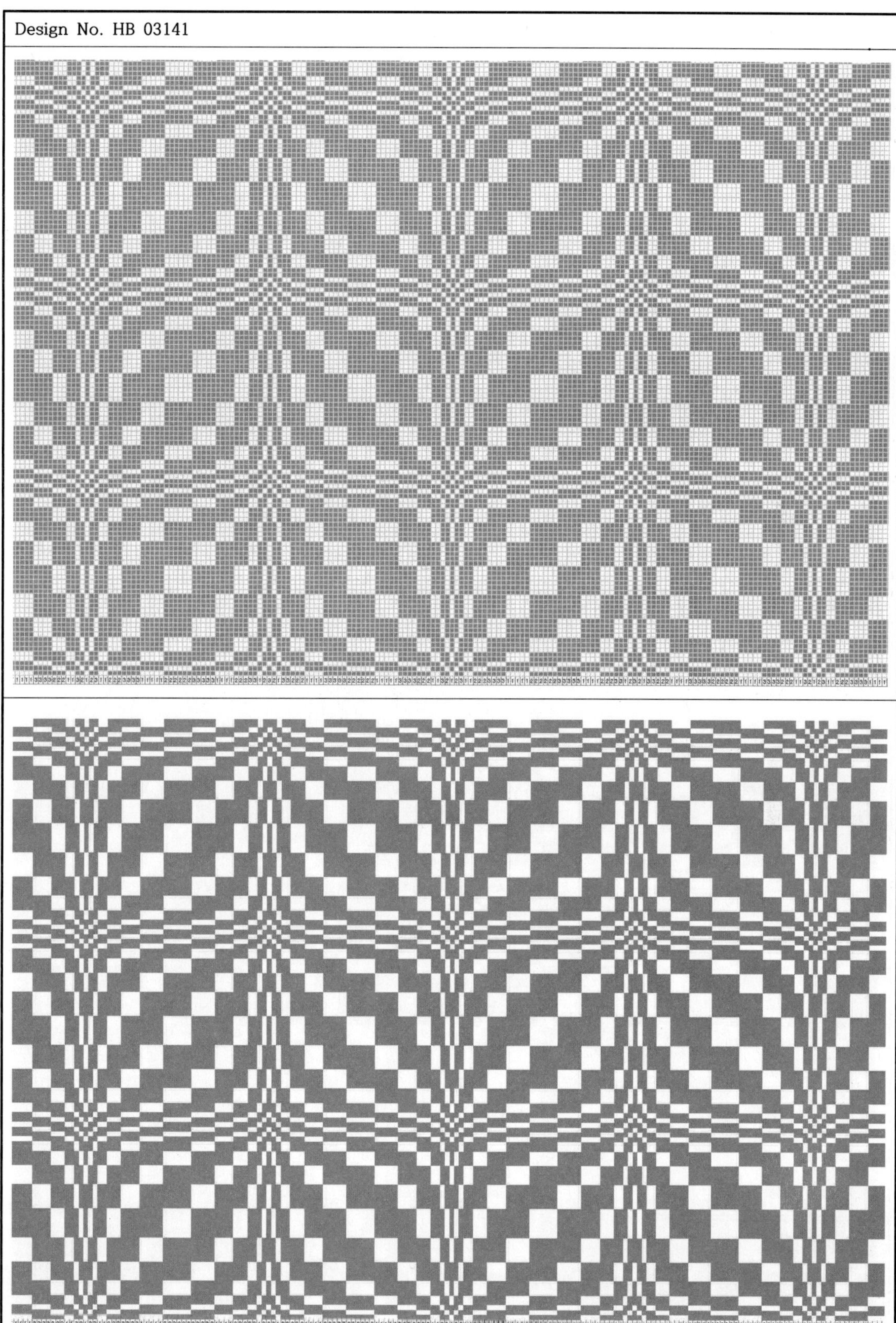

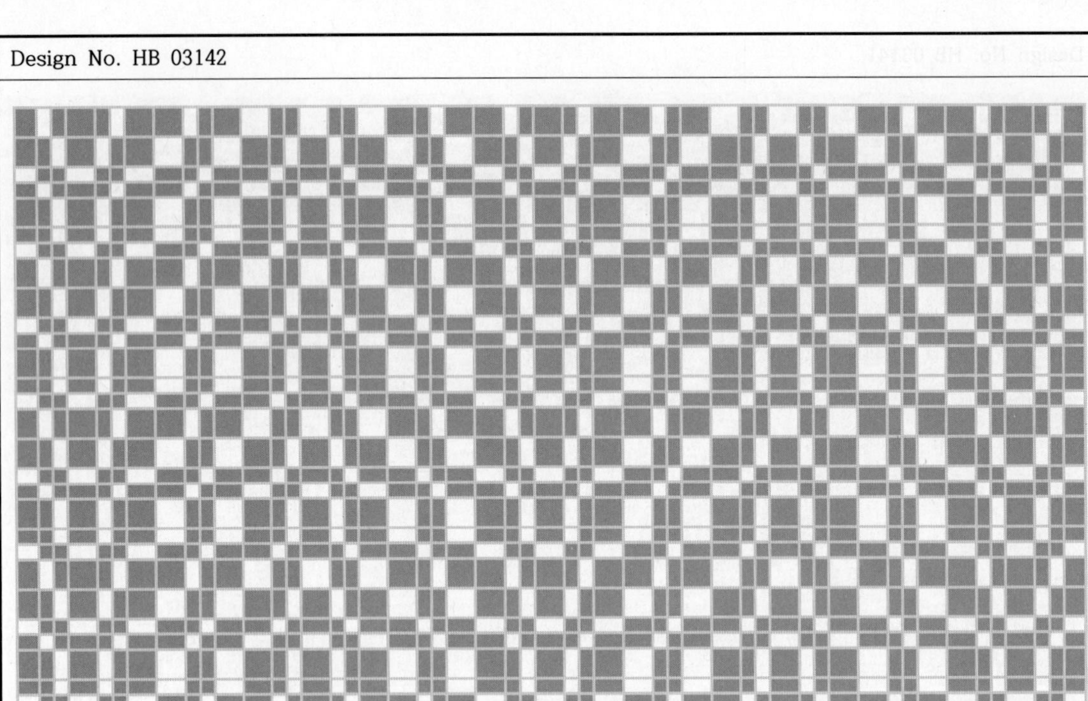

2 3 1 2 1 3 2 1 3 2 1 3 2 1 3 1 2 3 1 2 3 1 2 3 1 2 3 1 2 3 1 2 3 2 1 3 2 1 3 1 2 3 1 2 3 1 2 3 1 2 3 1 2 3 1 2 3 1 3 2

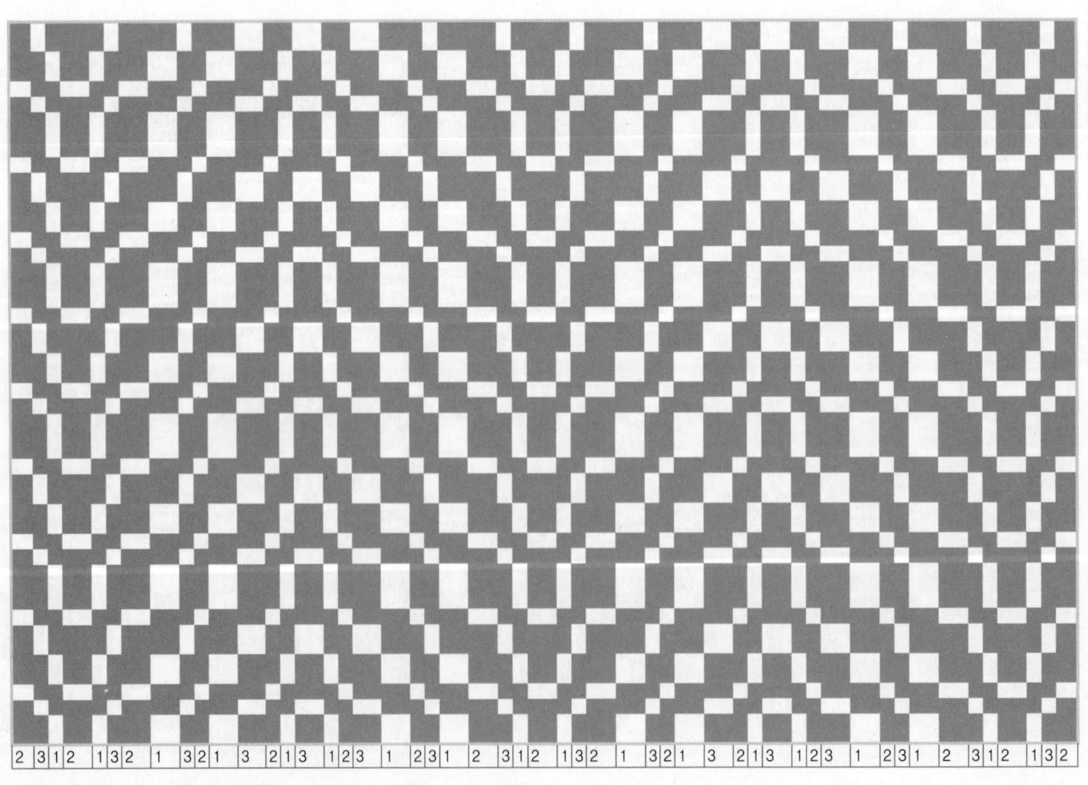

2 3 1 2 1 3 2 1 3 2 1 3 2 1 3 1 2 3 1 2 3 1 2 3 1 2 3 1 2 3 1 2 3 2 1 3 2 1 3 1 2 3 1 2 3 1 2 3 1 2 3 1 2 3 1 2 3 1 3 2

Design No. HB 06143

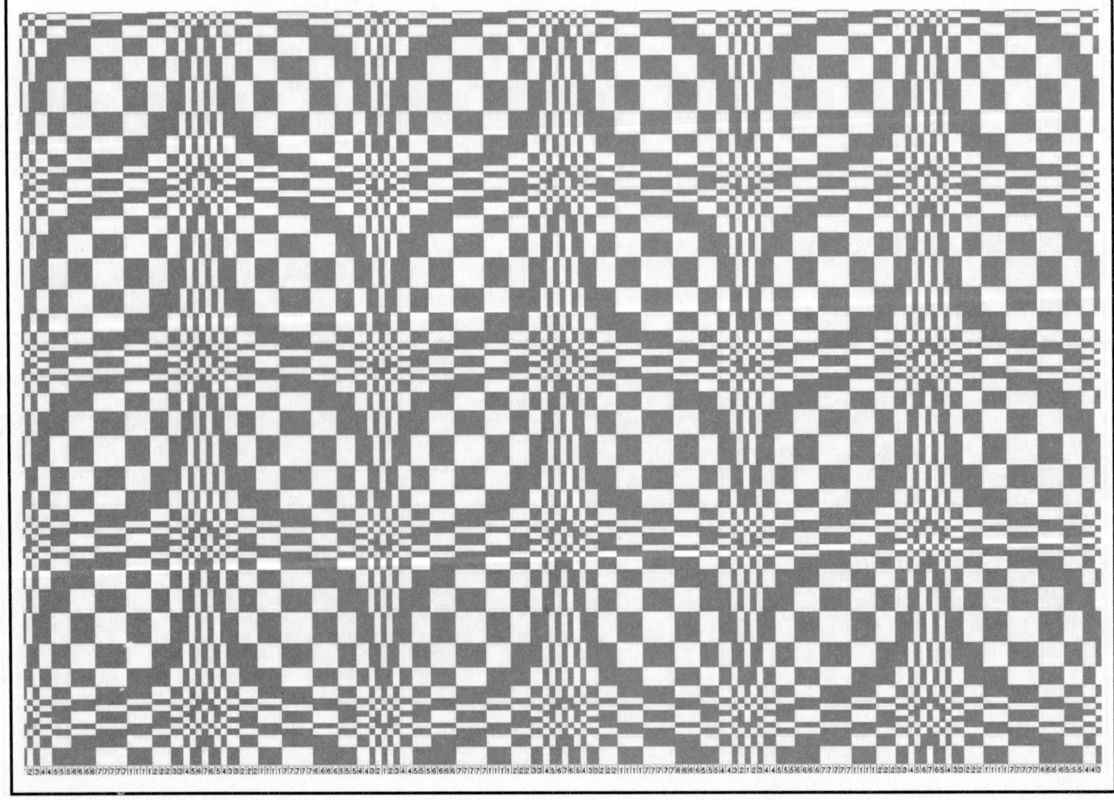

Design No. HB 10145

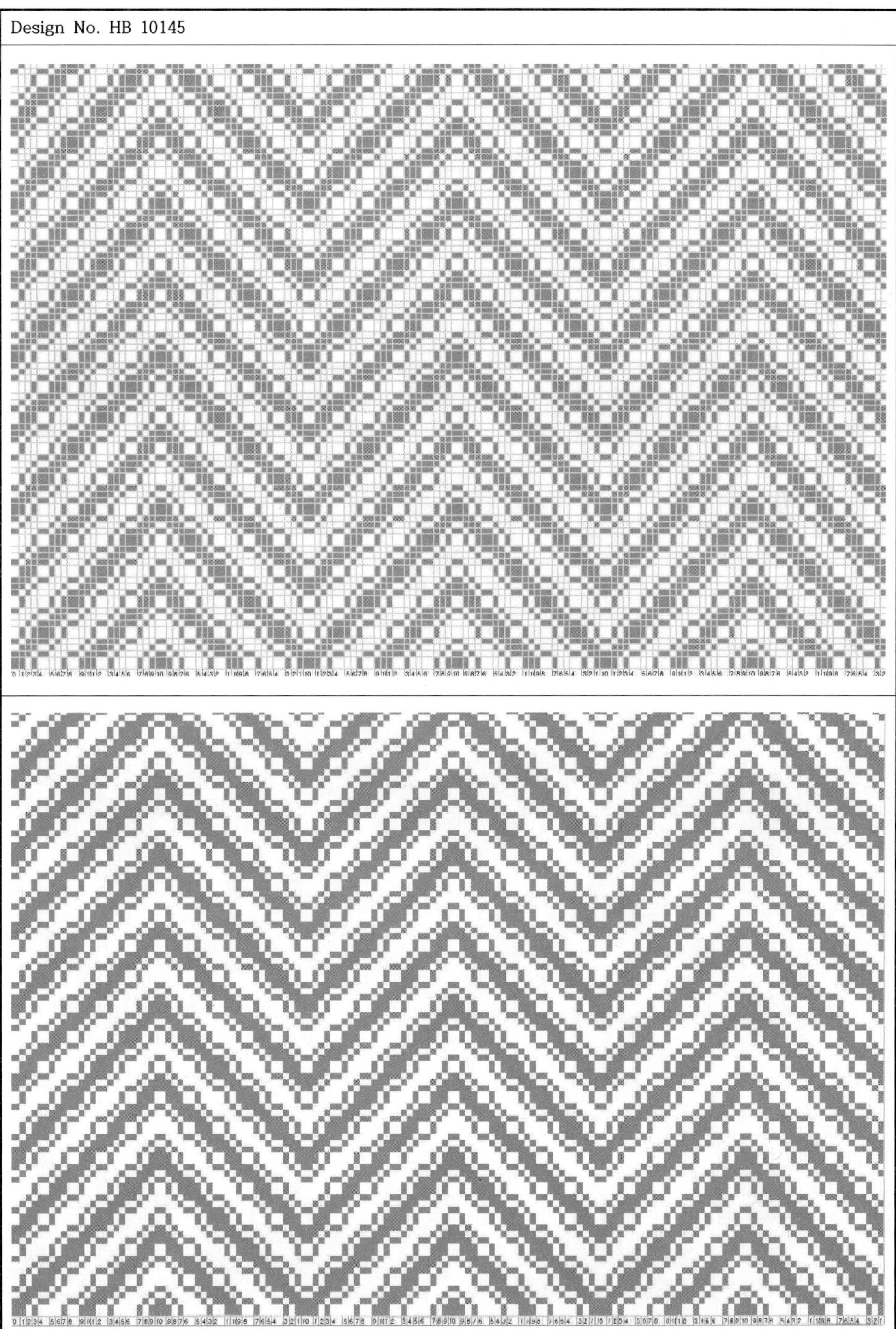

03. 수평이동 디자인

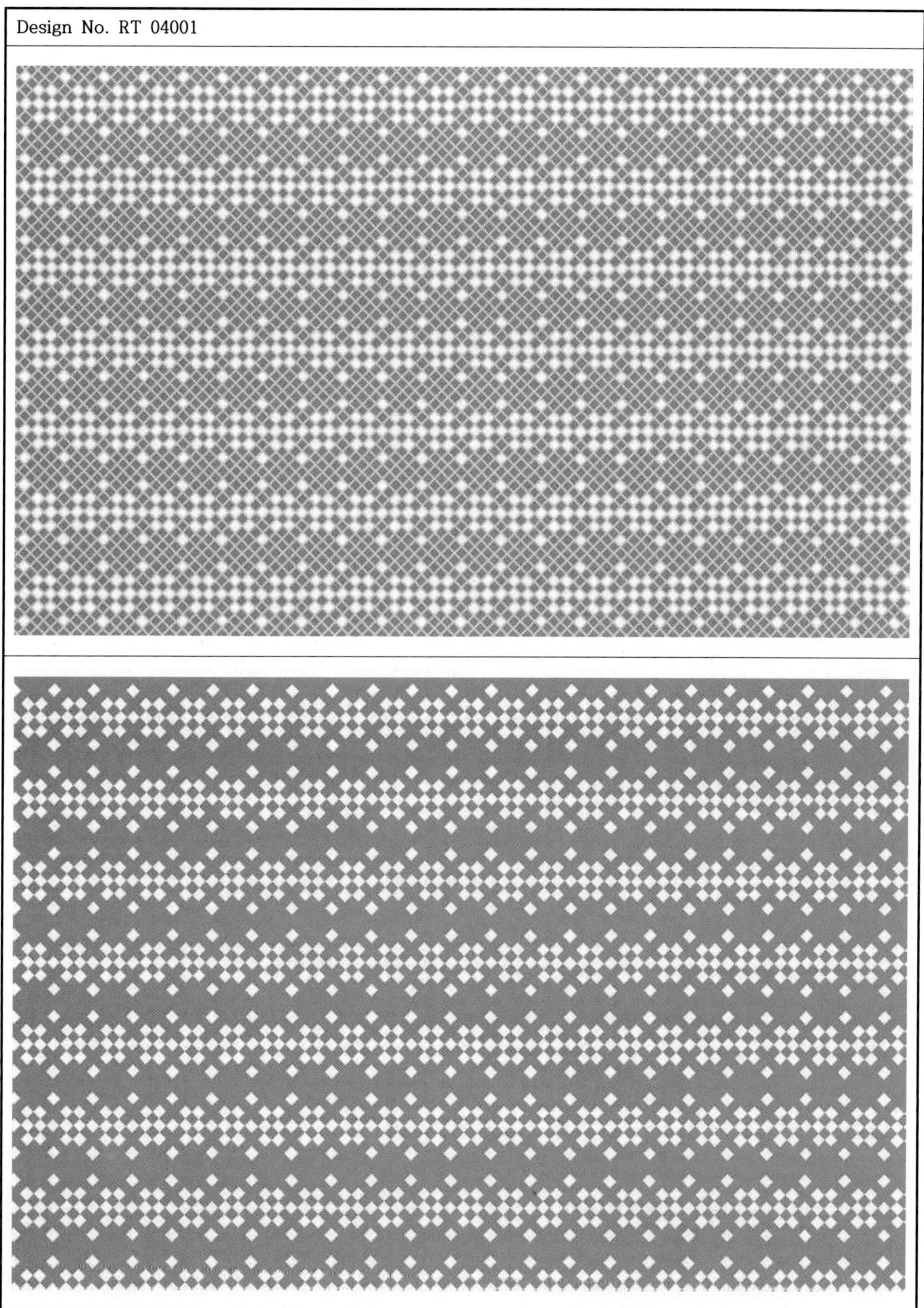

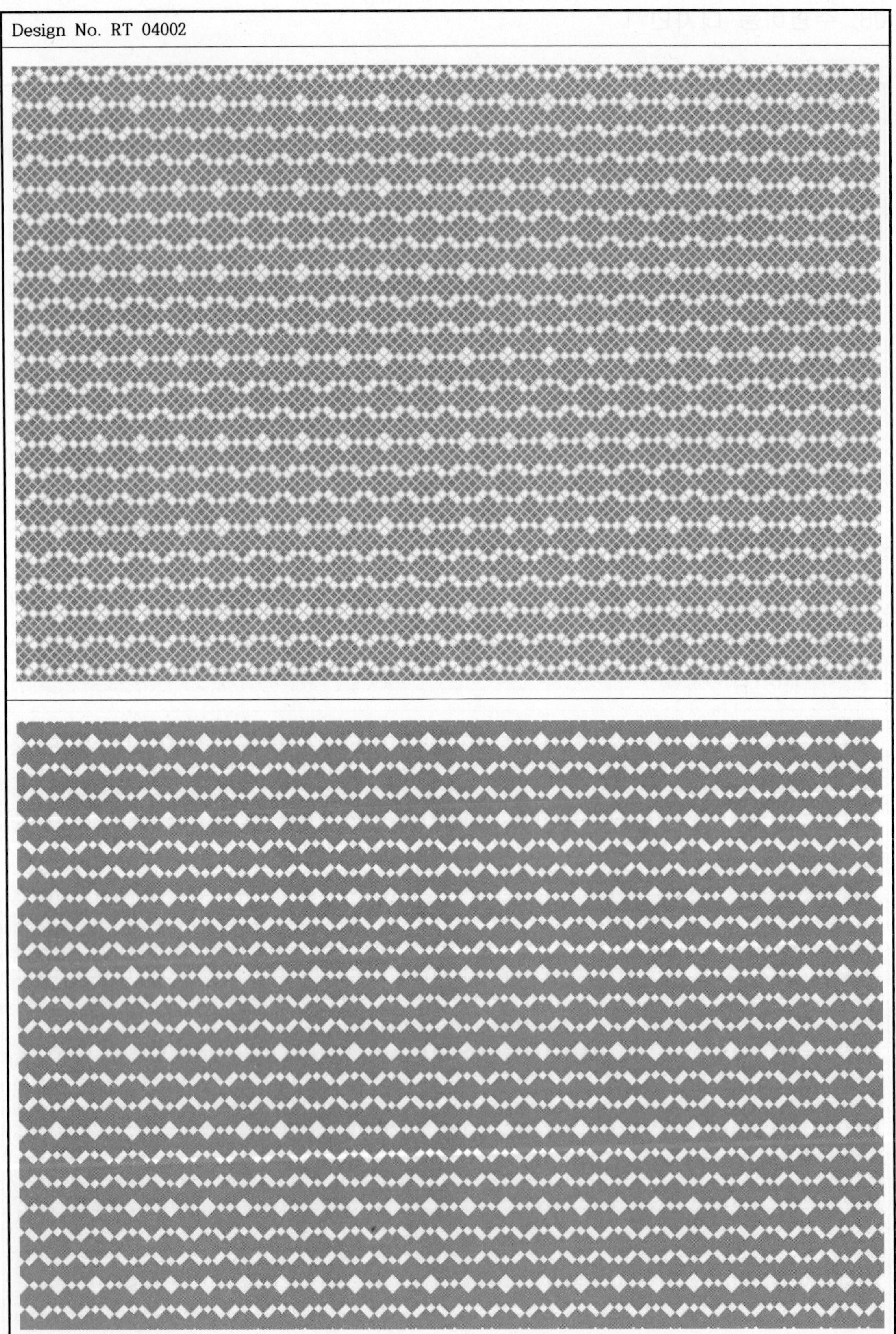

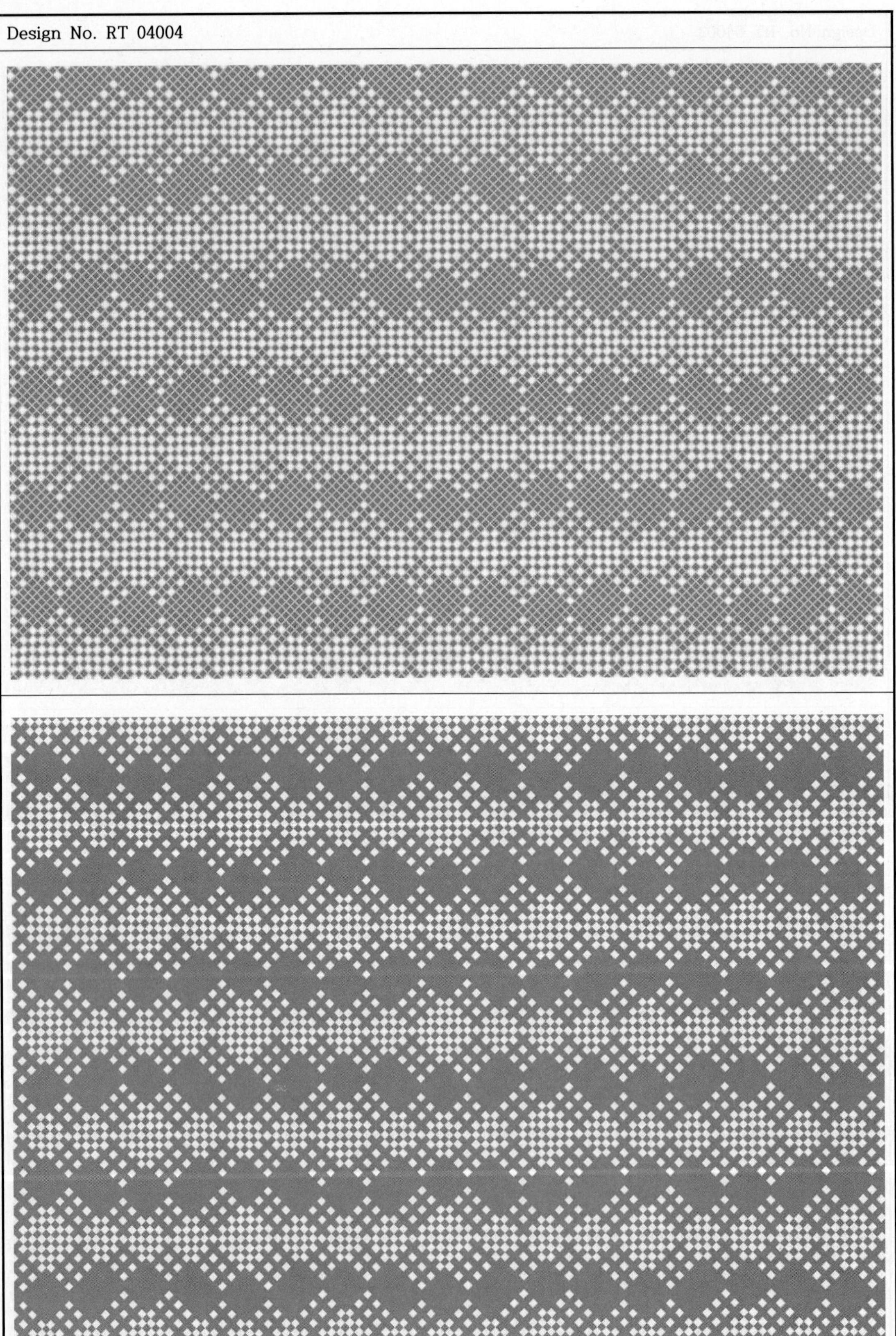

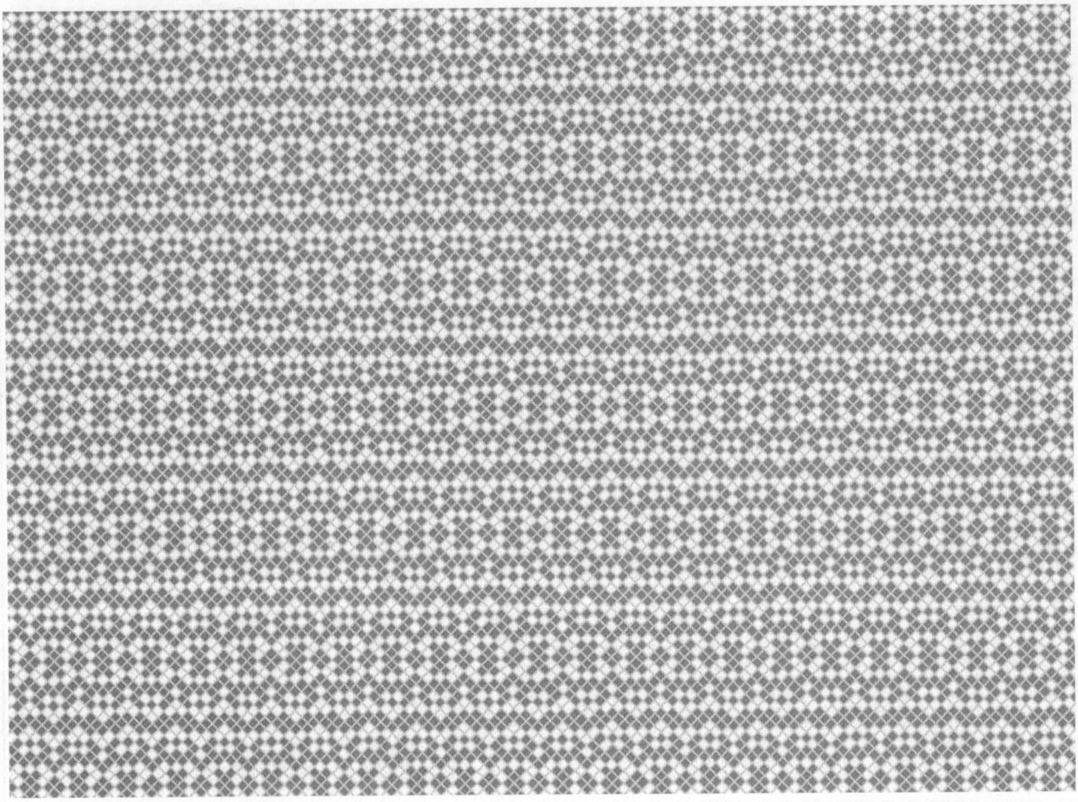

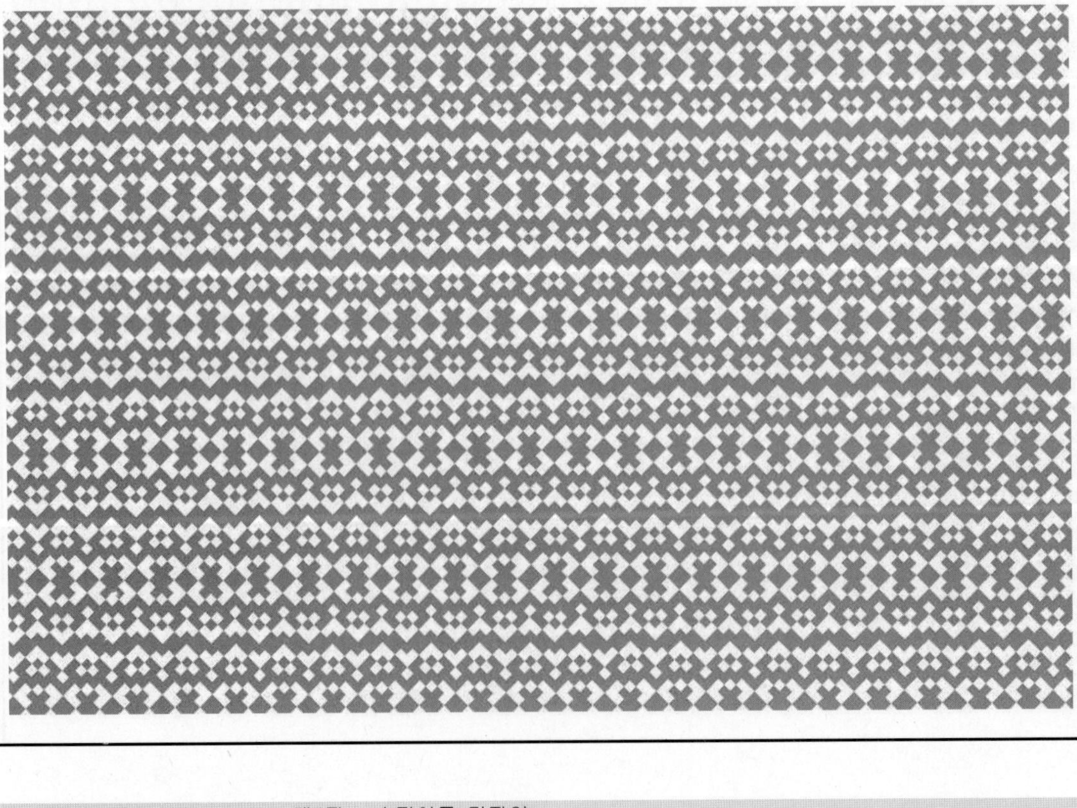

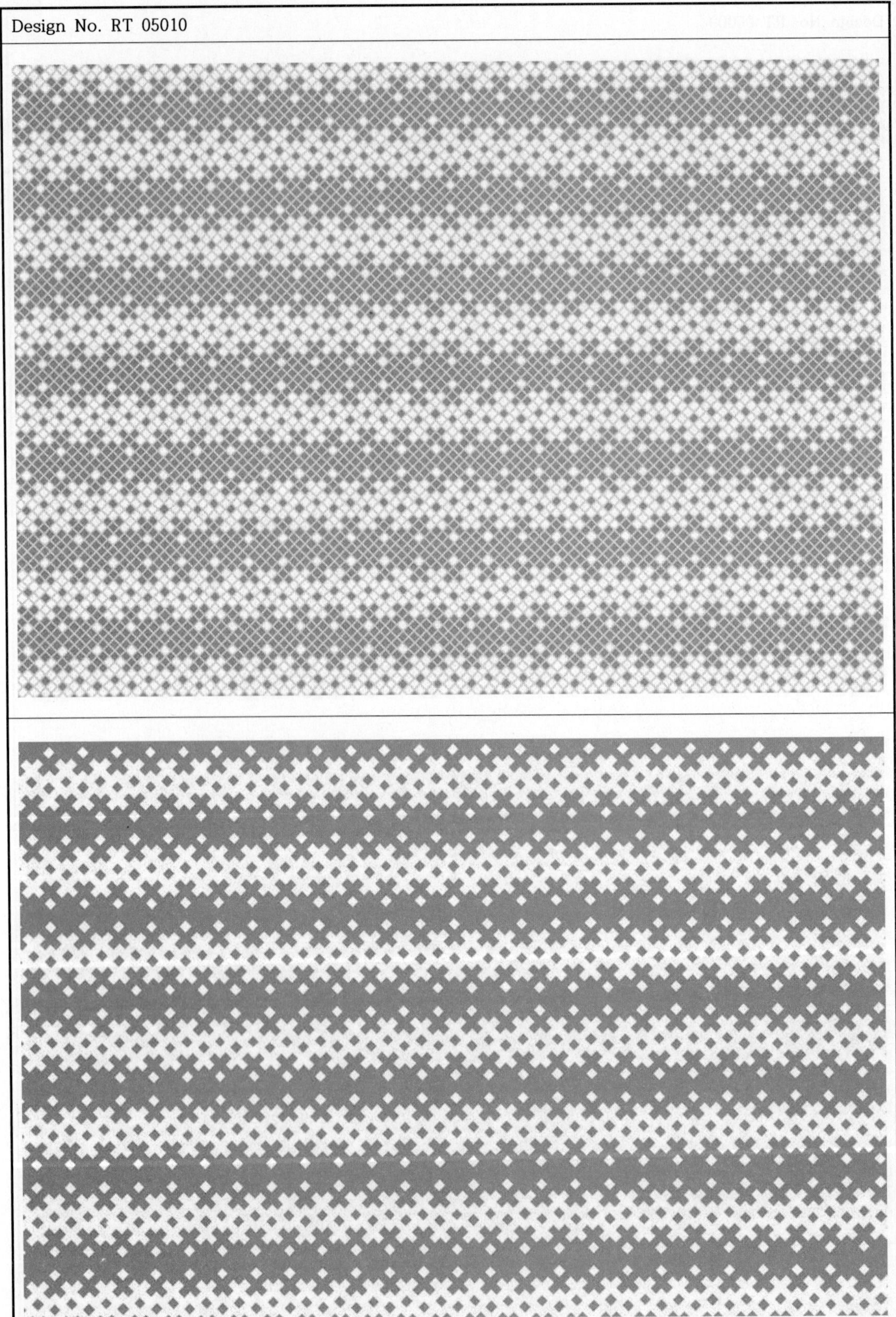

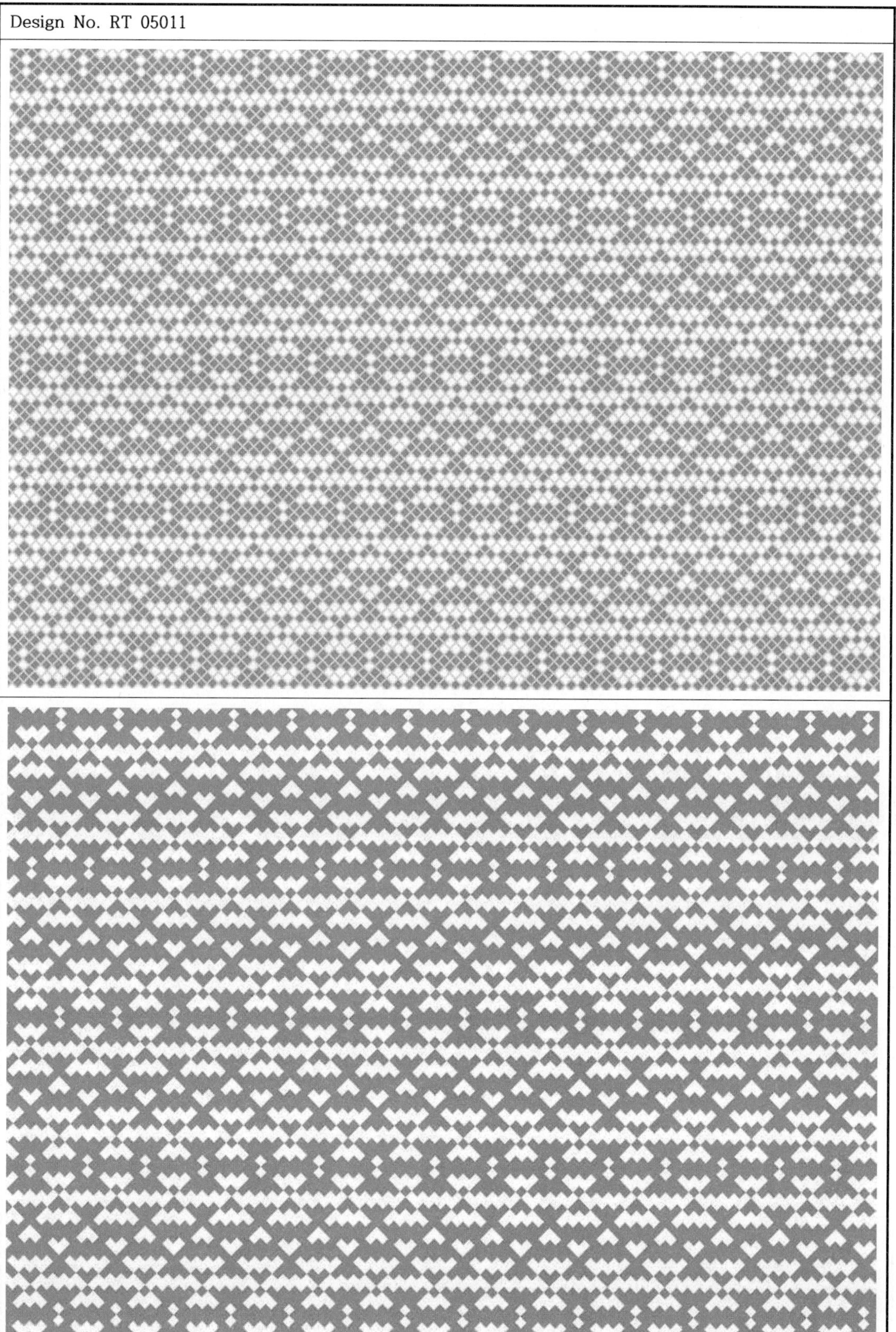

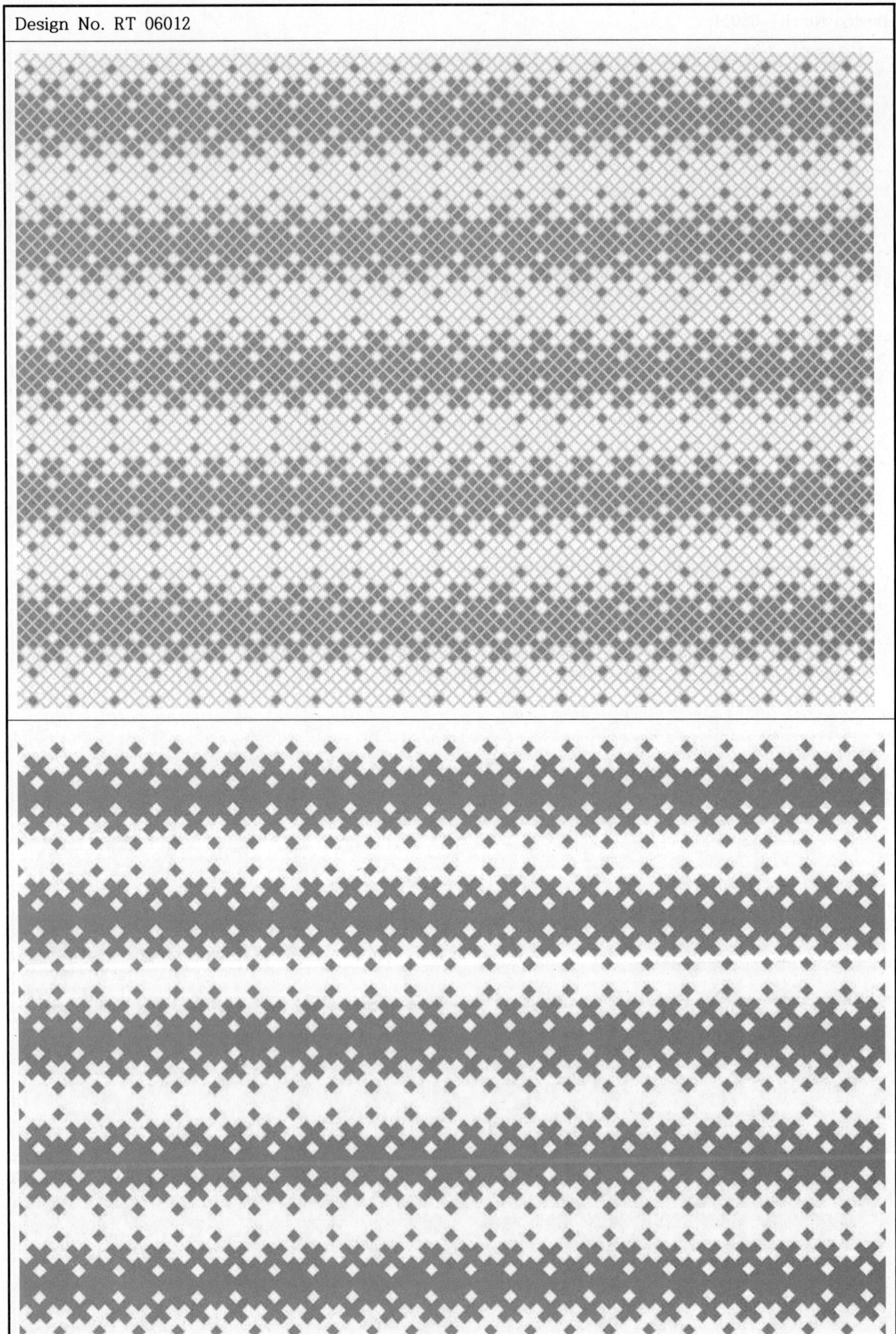

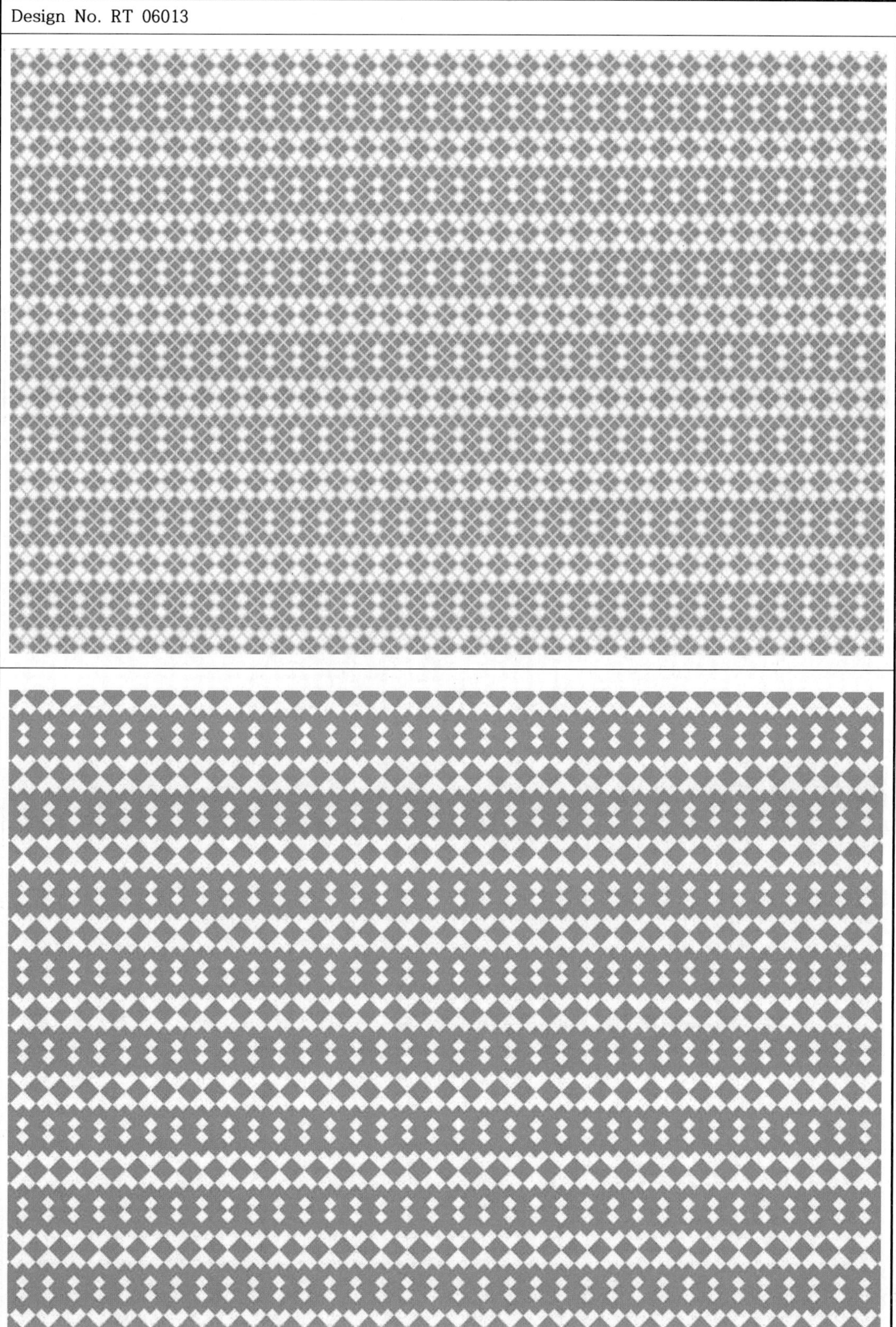

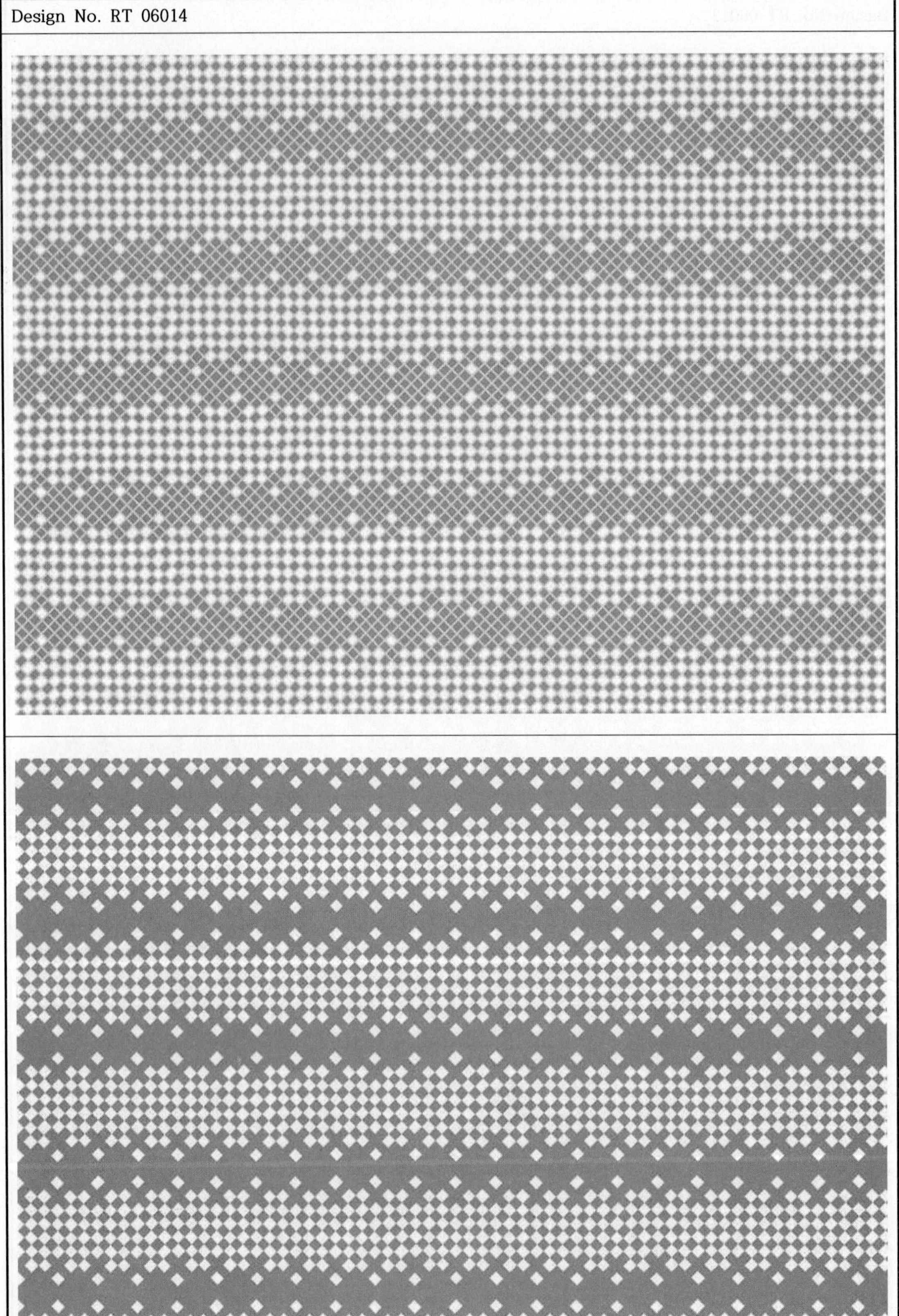

Design No. RT 06015

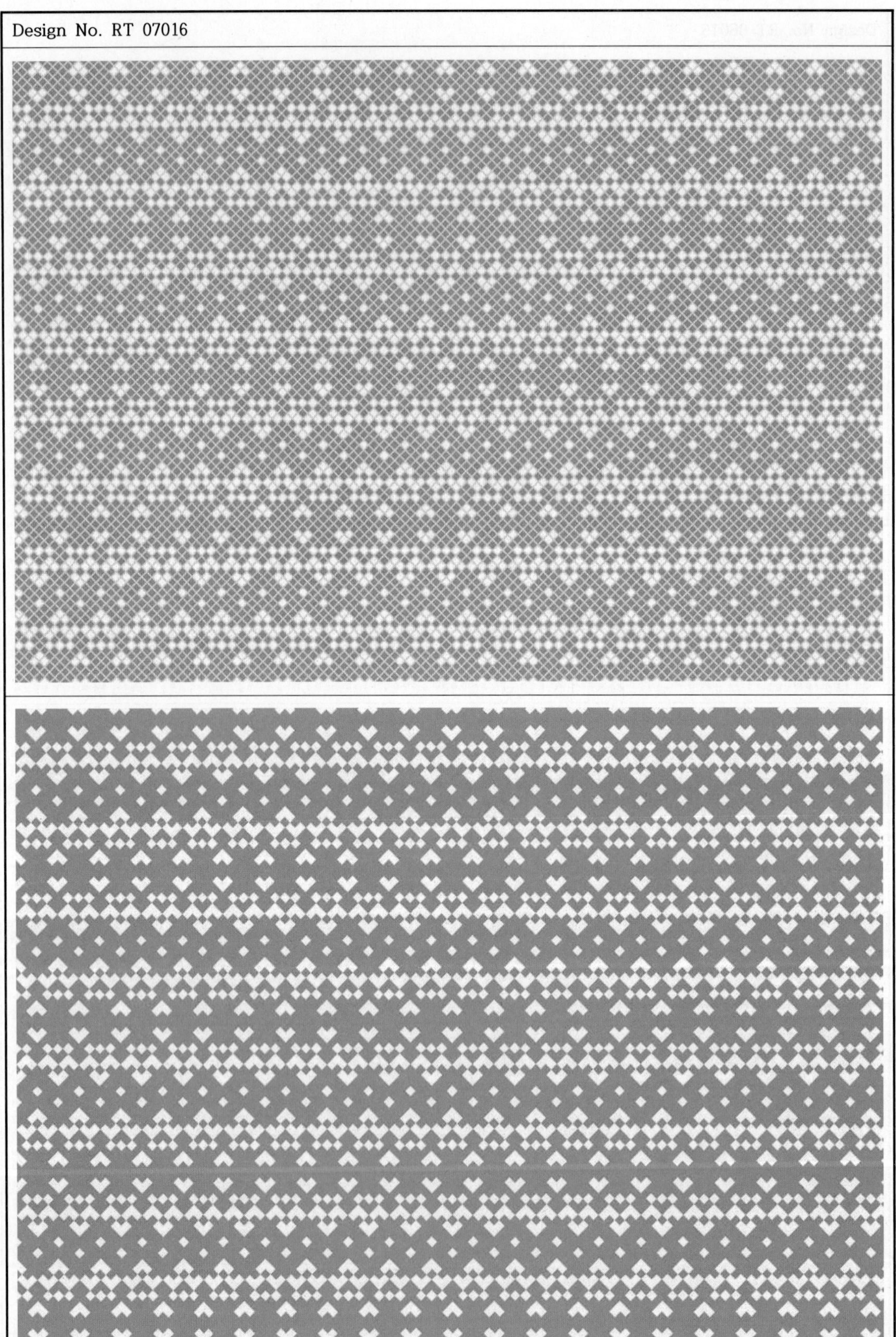

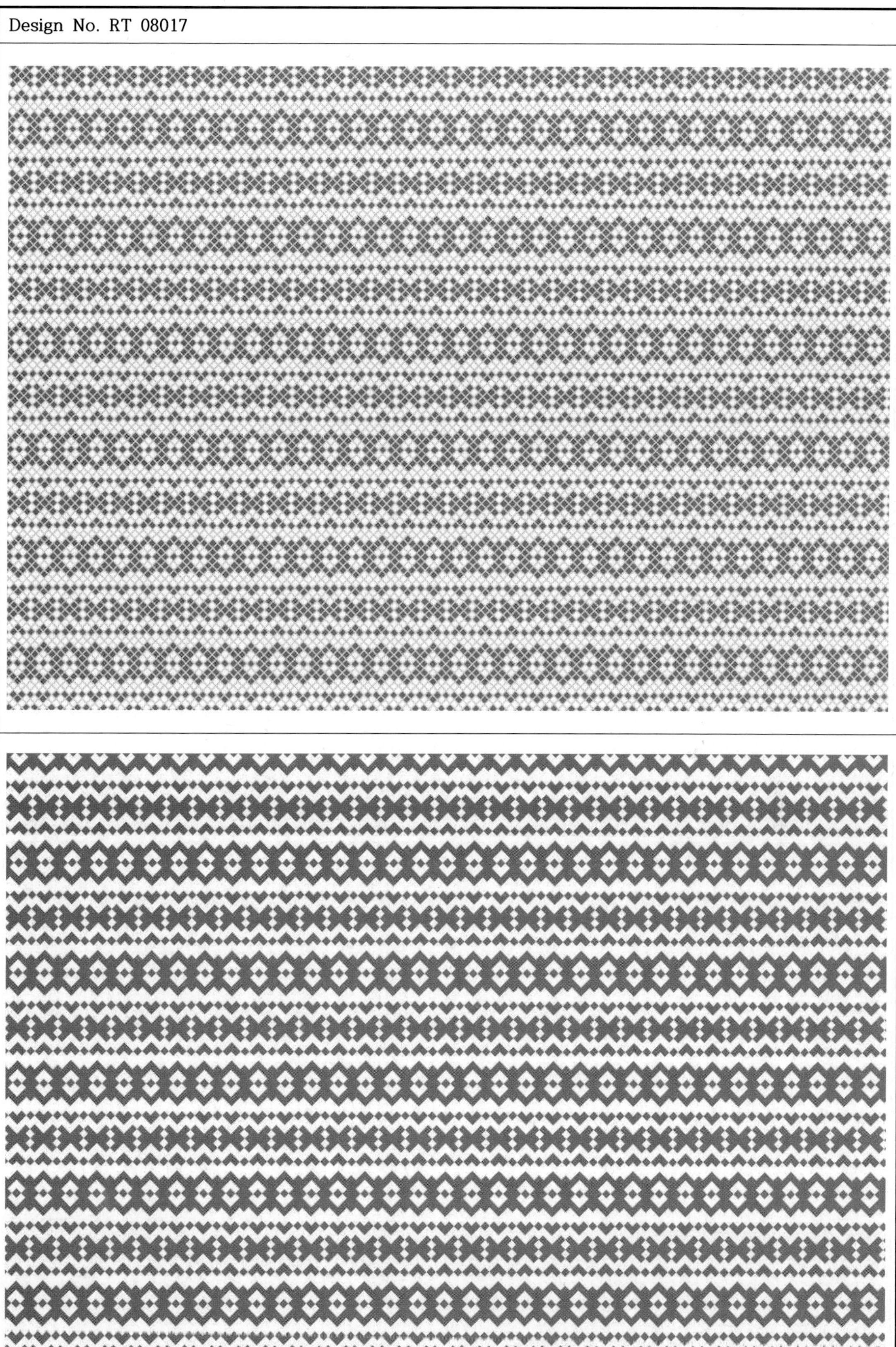

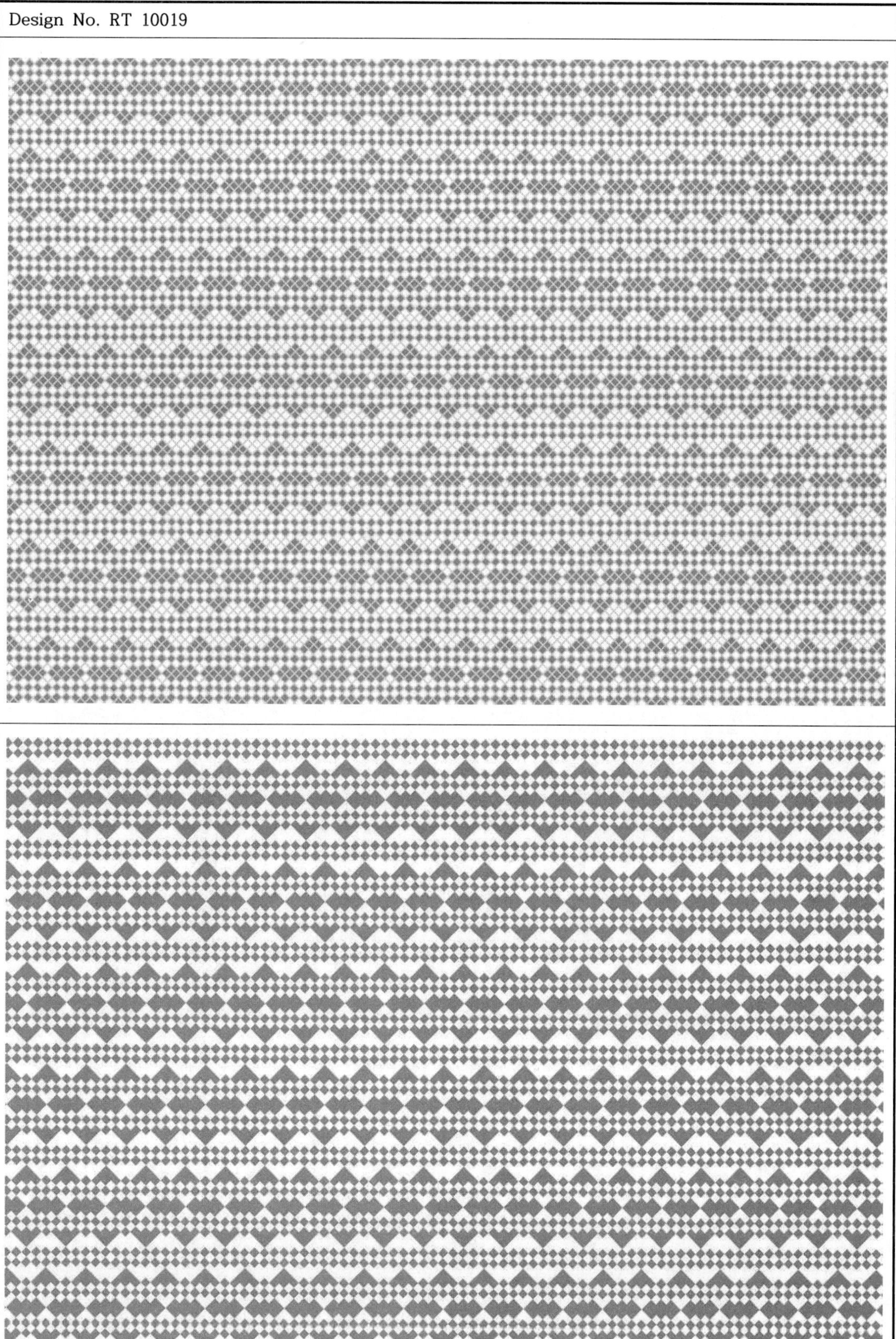

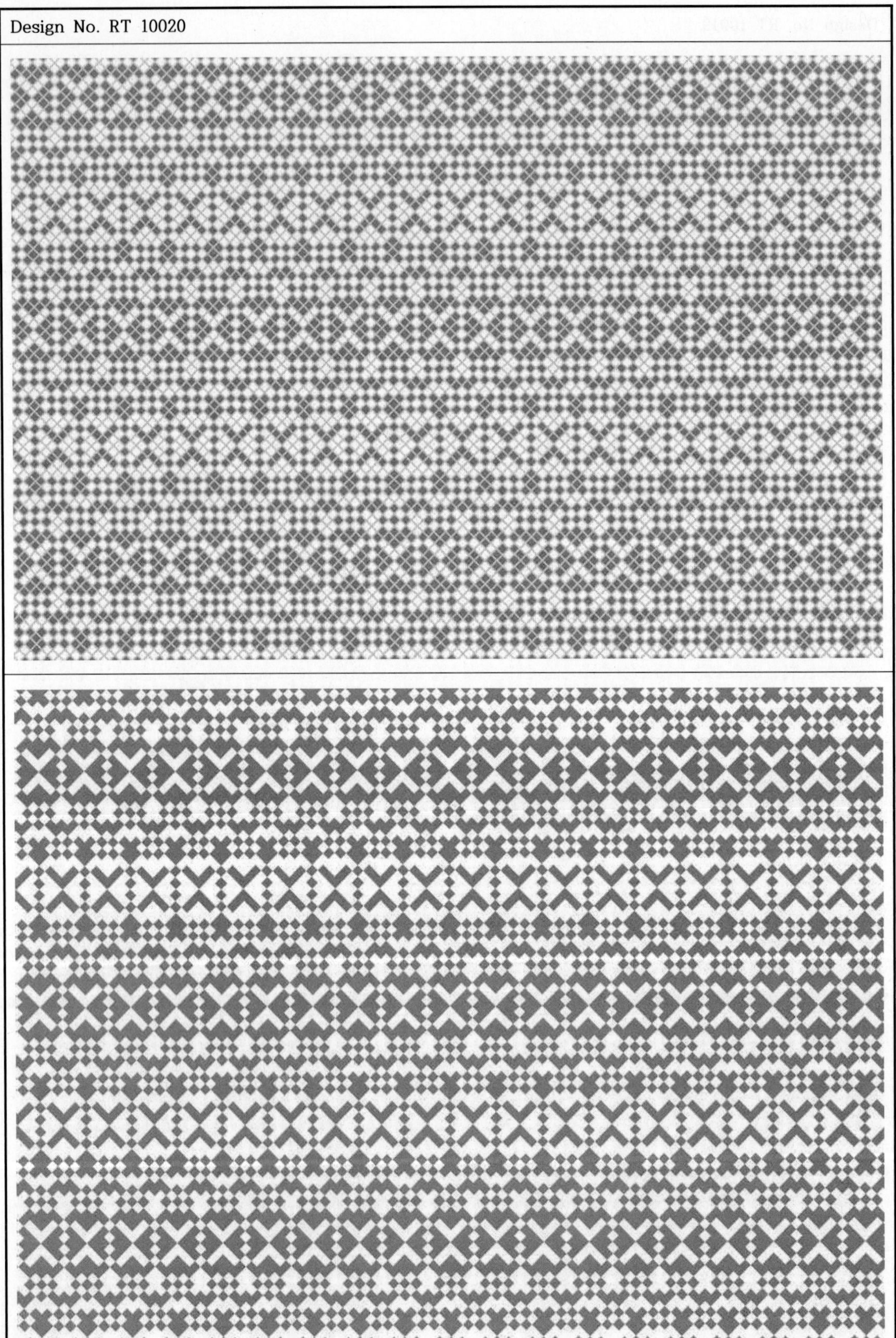

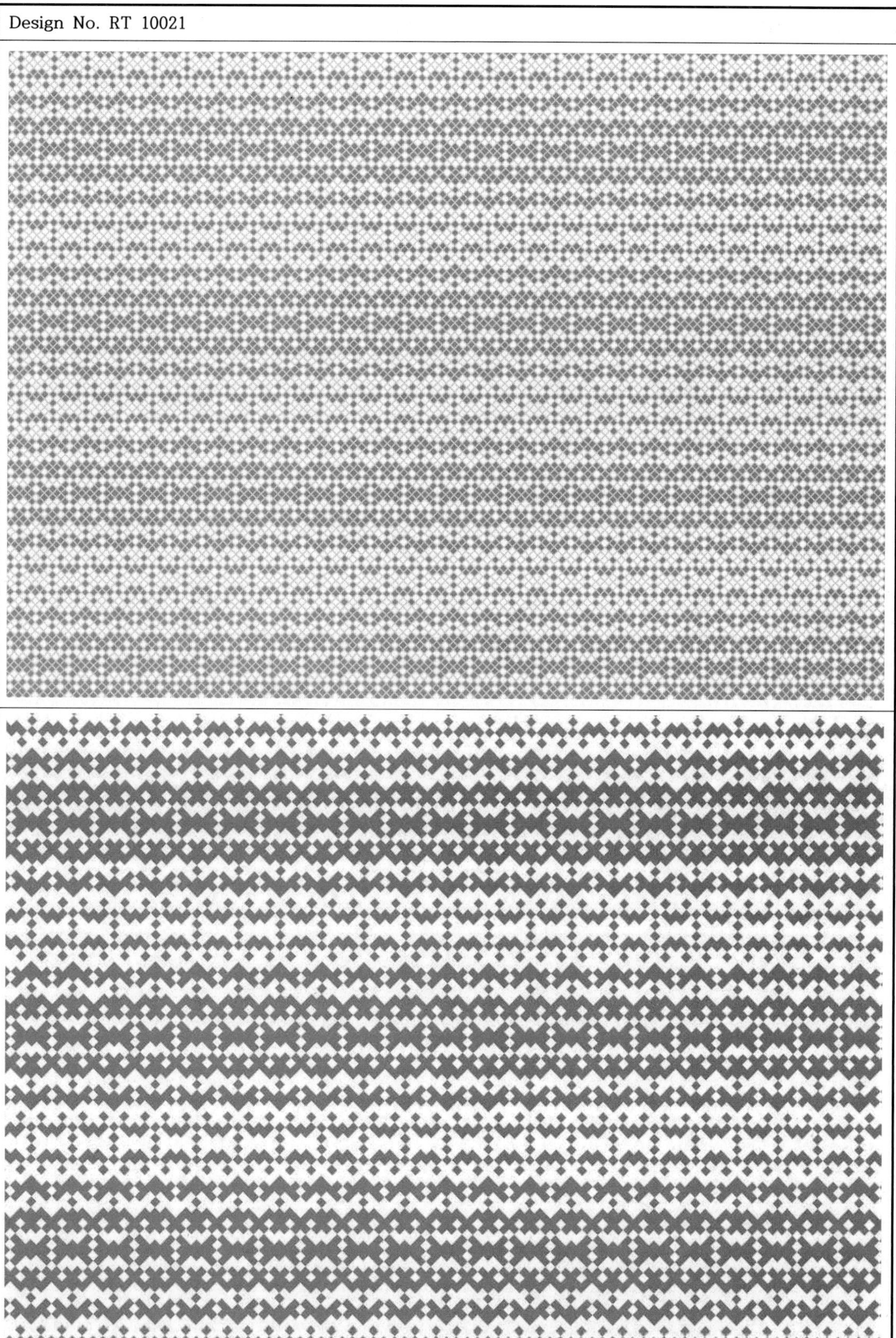

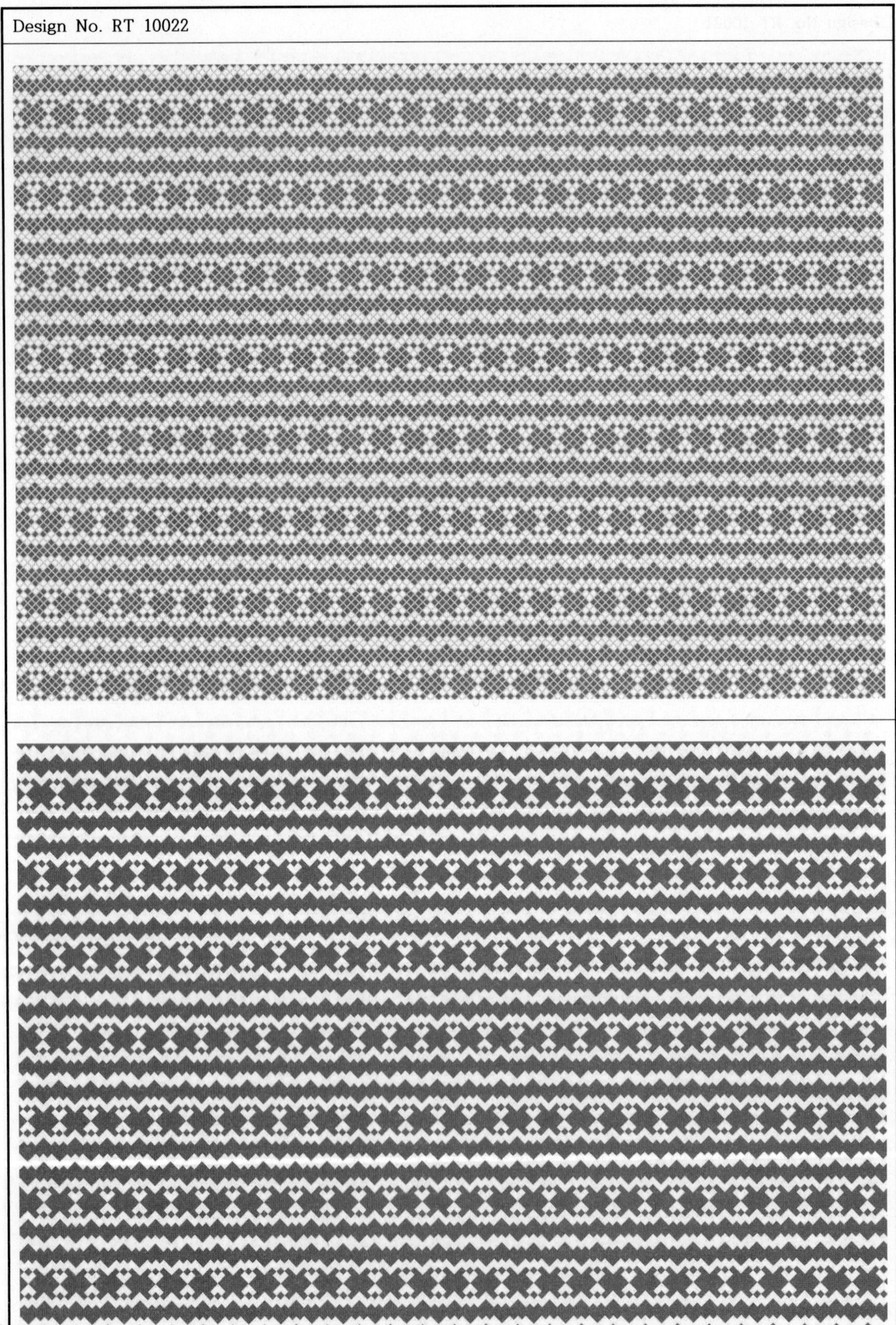

Design No. RT 11023

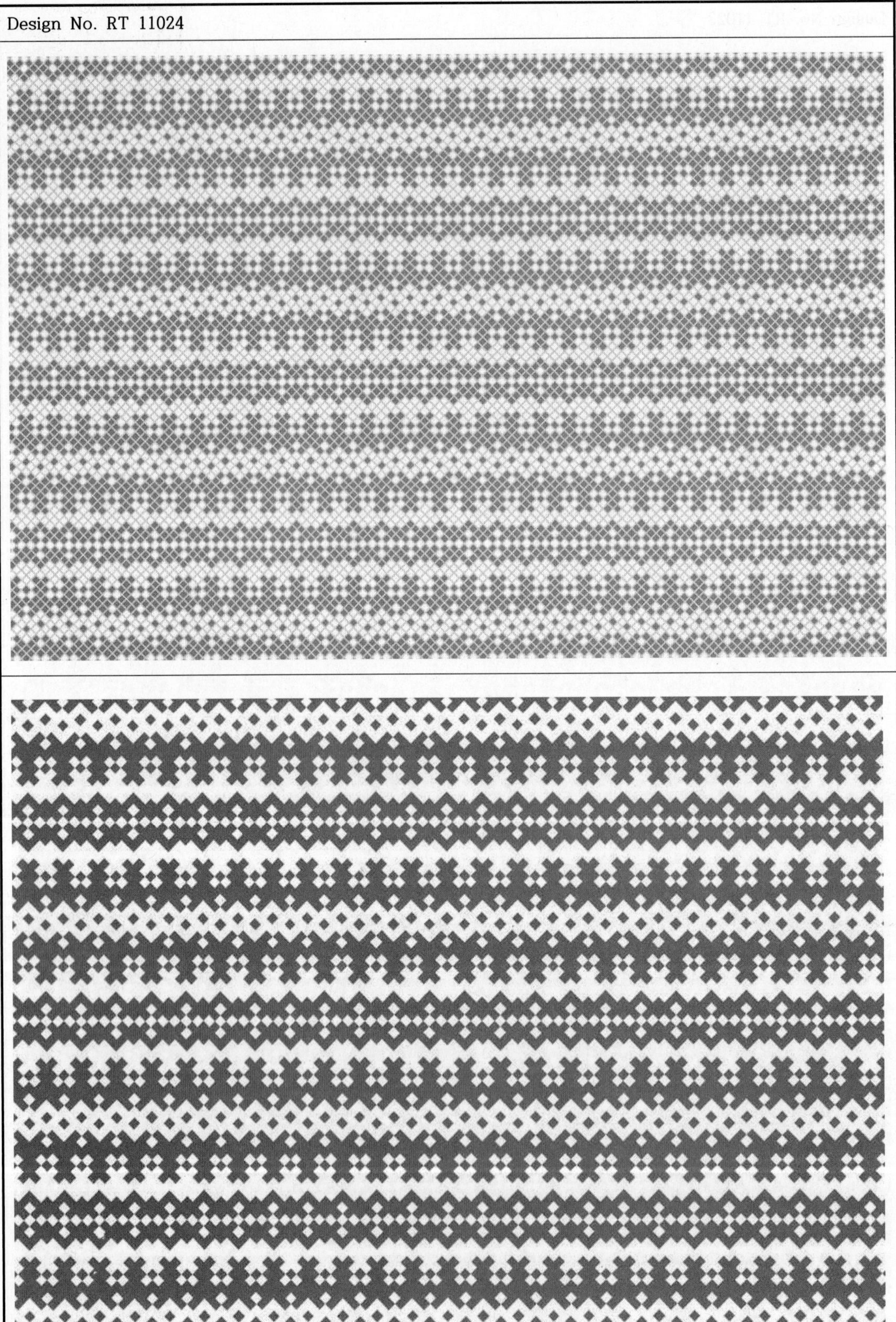

Design No. RT 16027

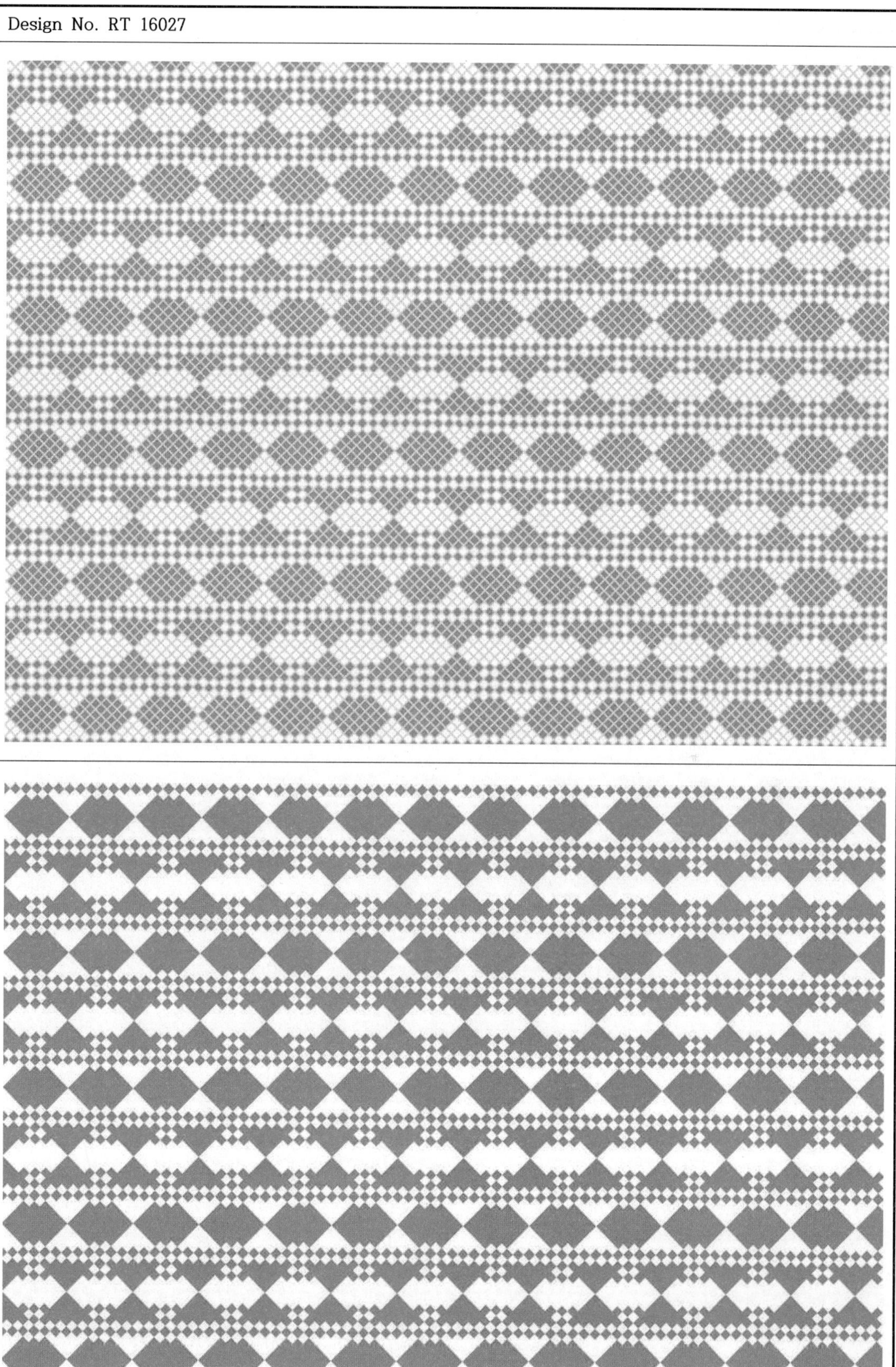

Design No. RT 16028

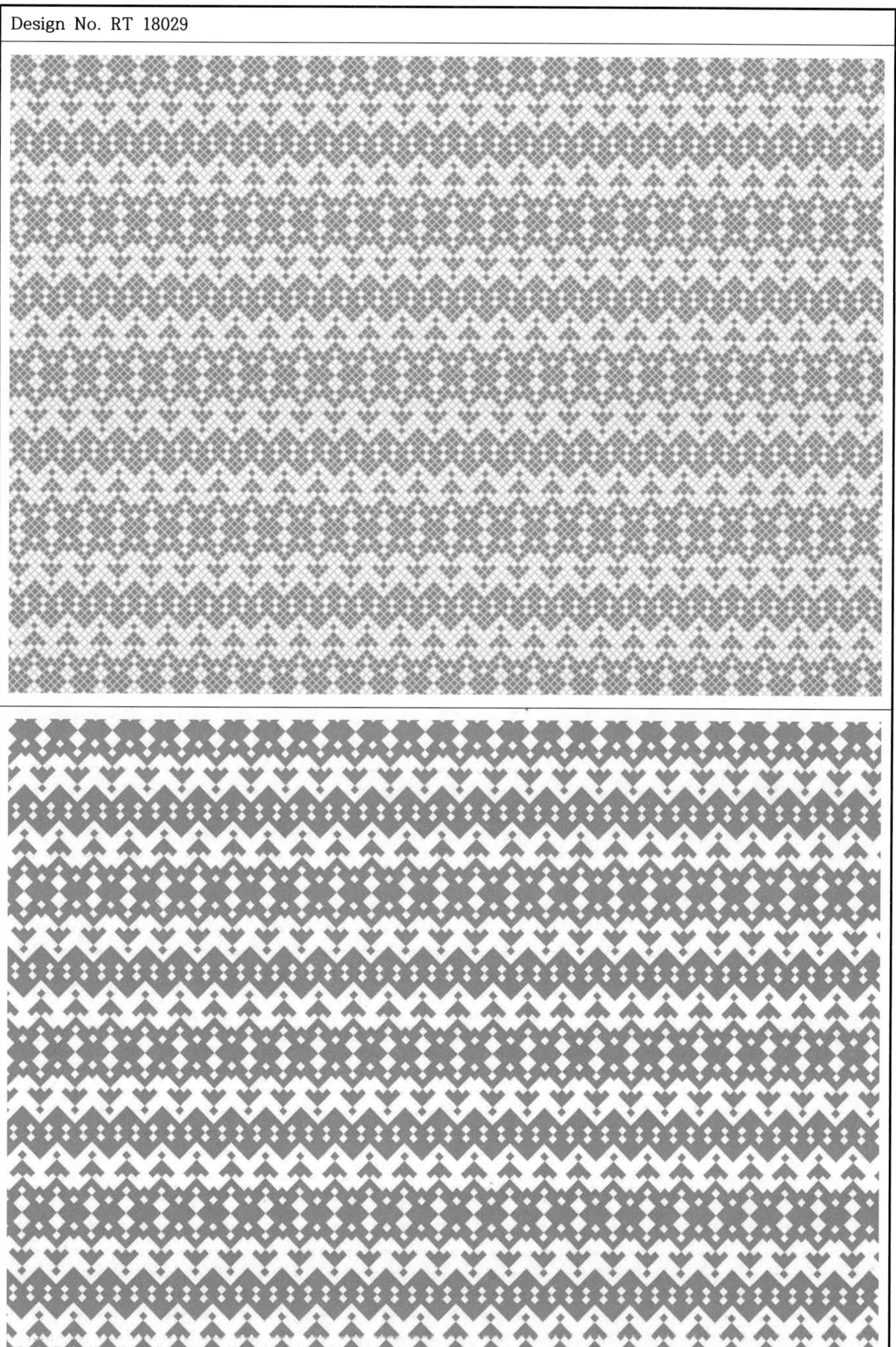

Design No. RT 18031

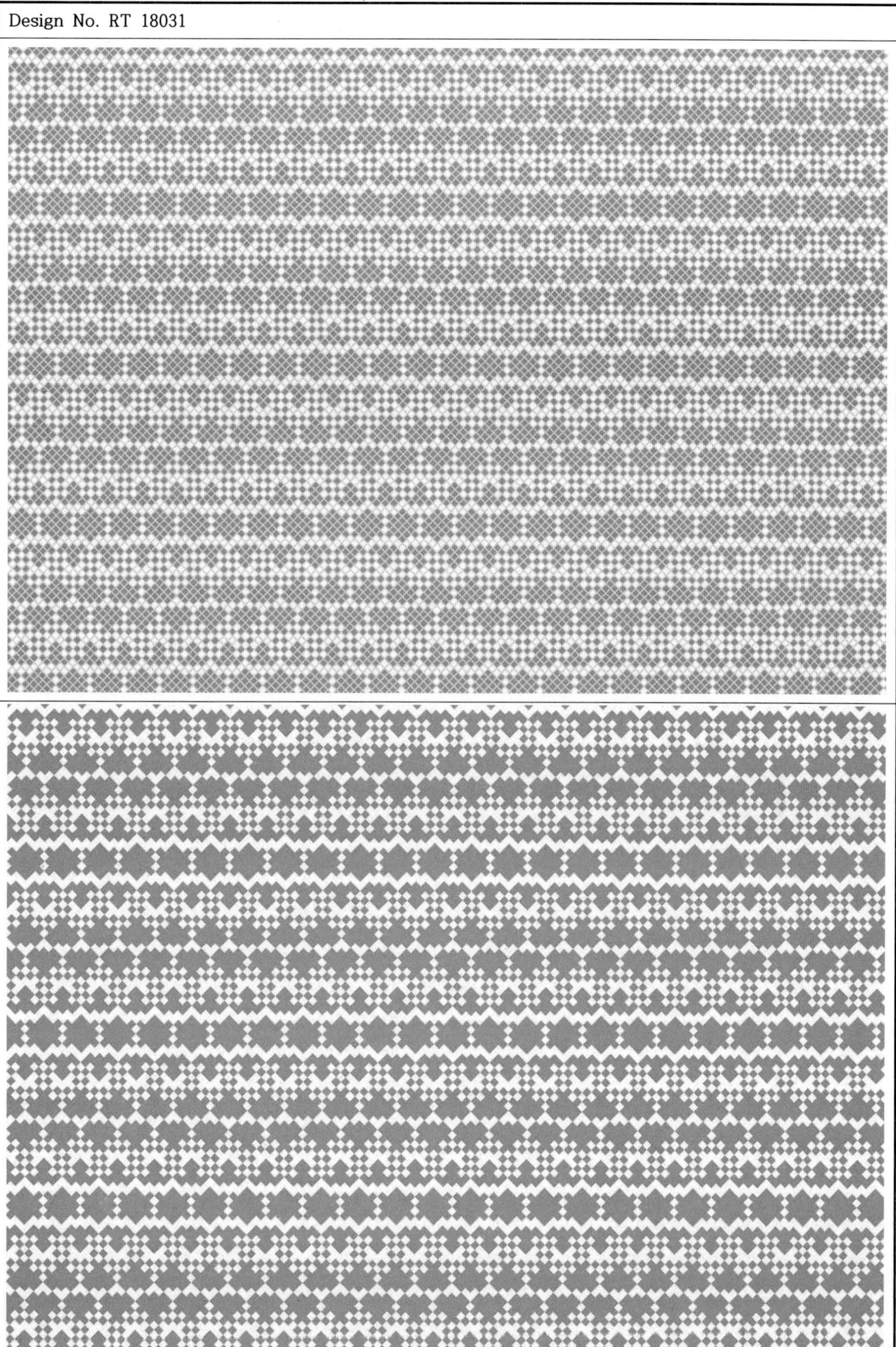

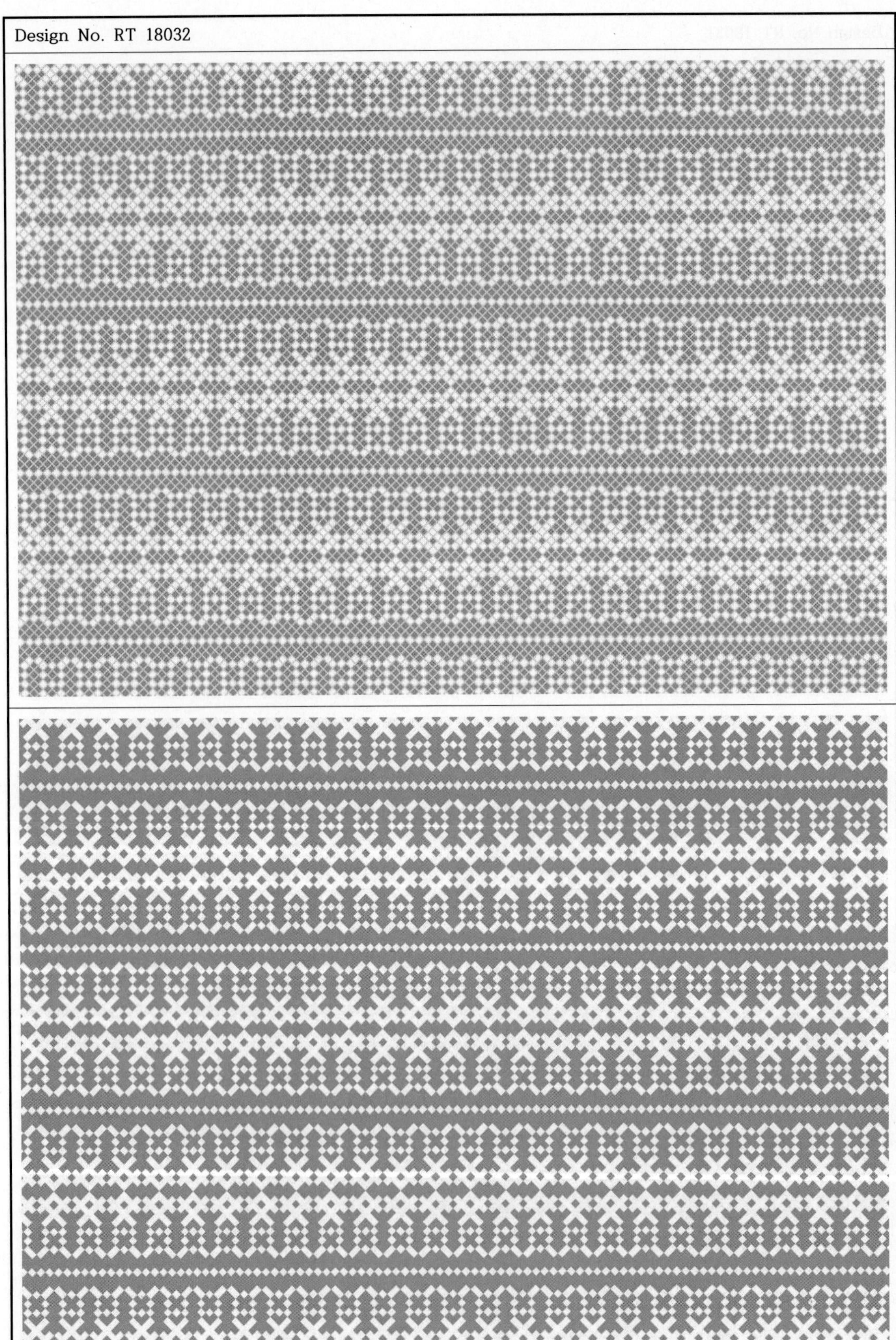

제4장 수평이동 디자인

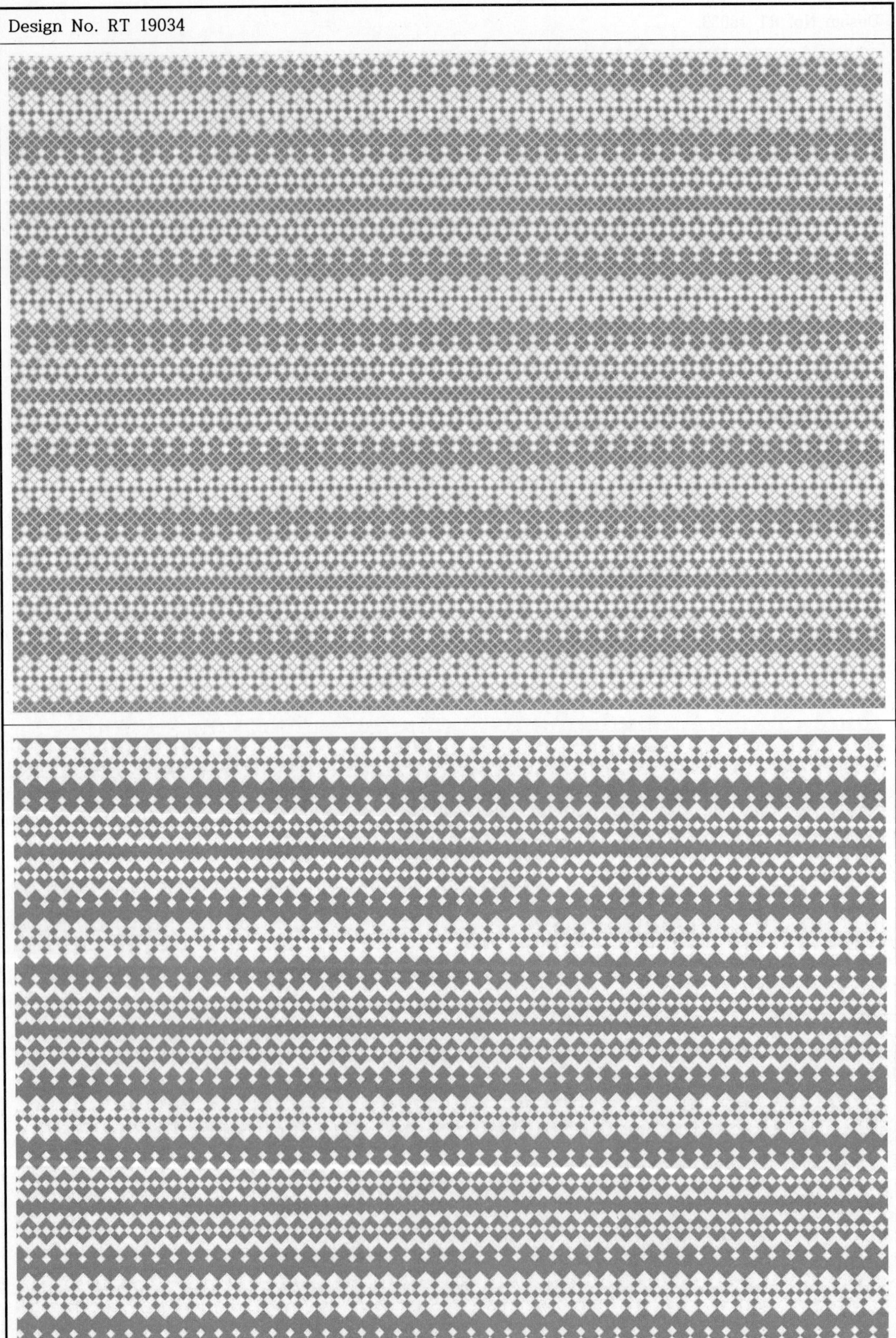

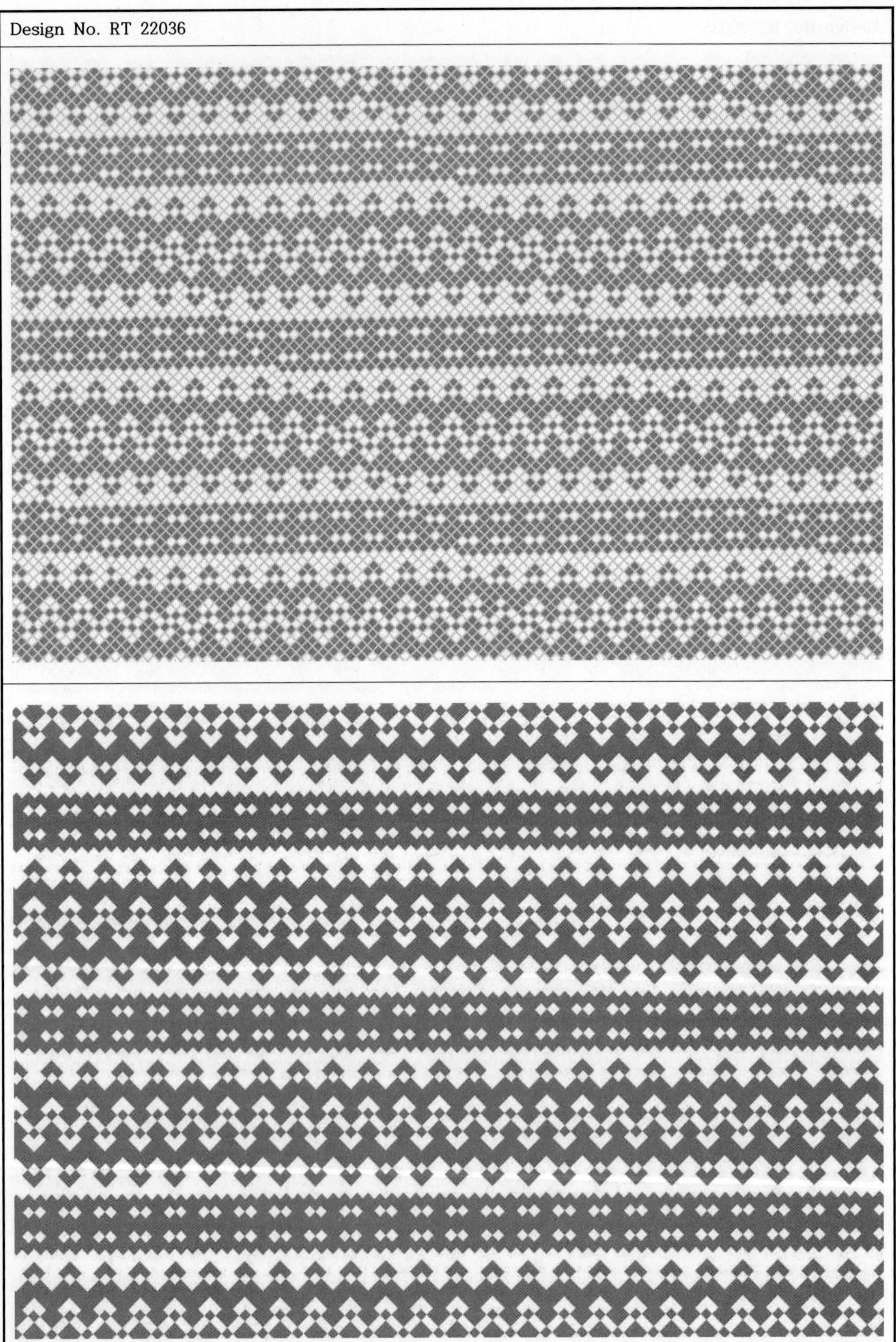

Design No. RT 24037

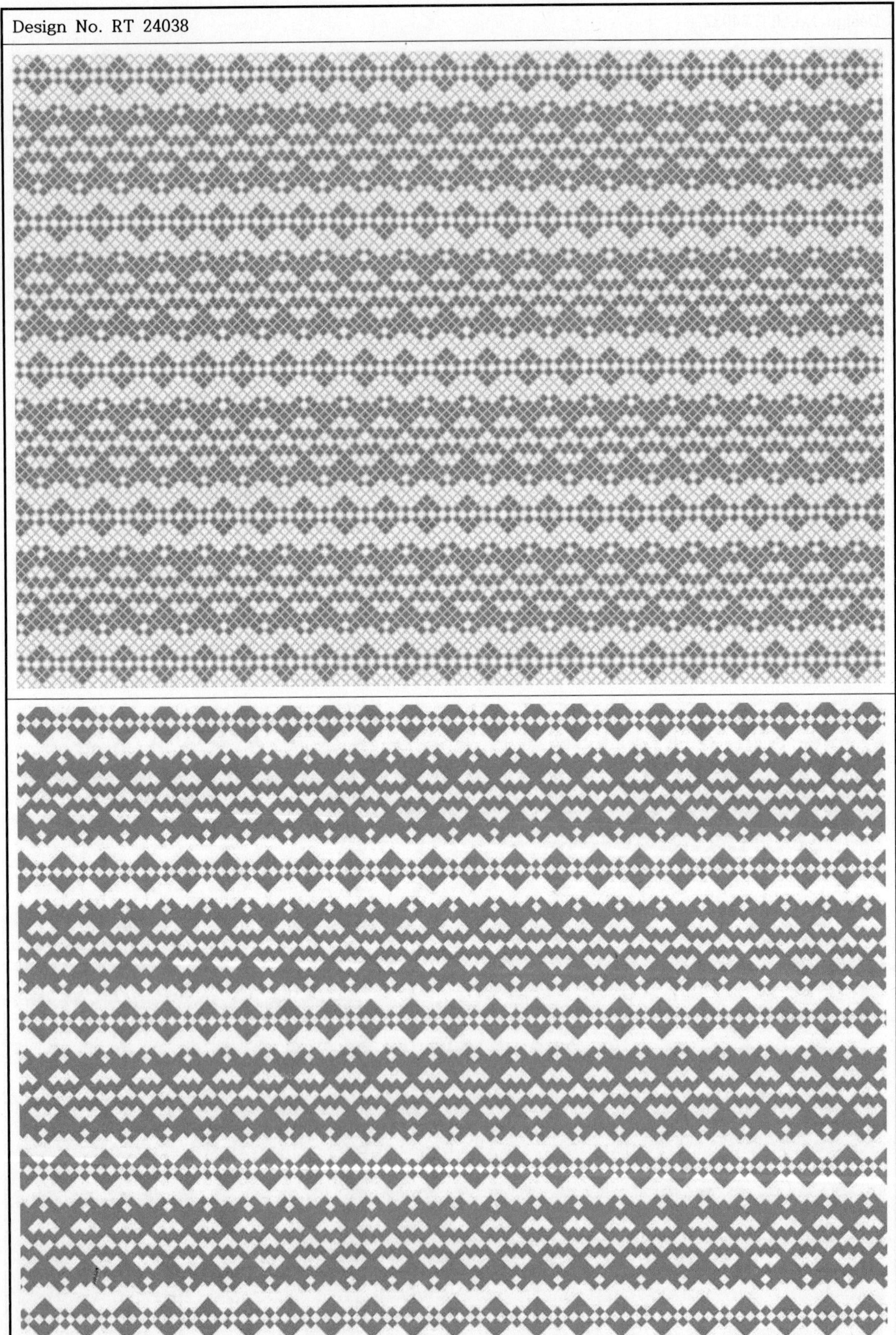

Design No. RT 03142

   제4장   수평이동 디자인

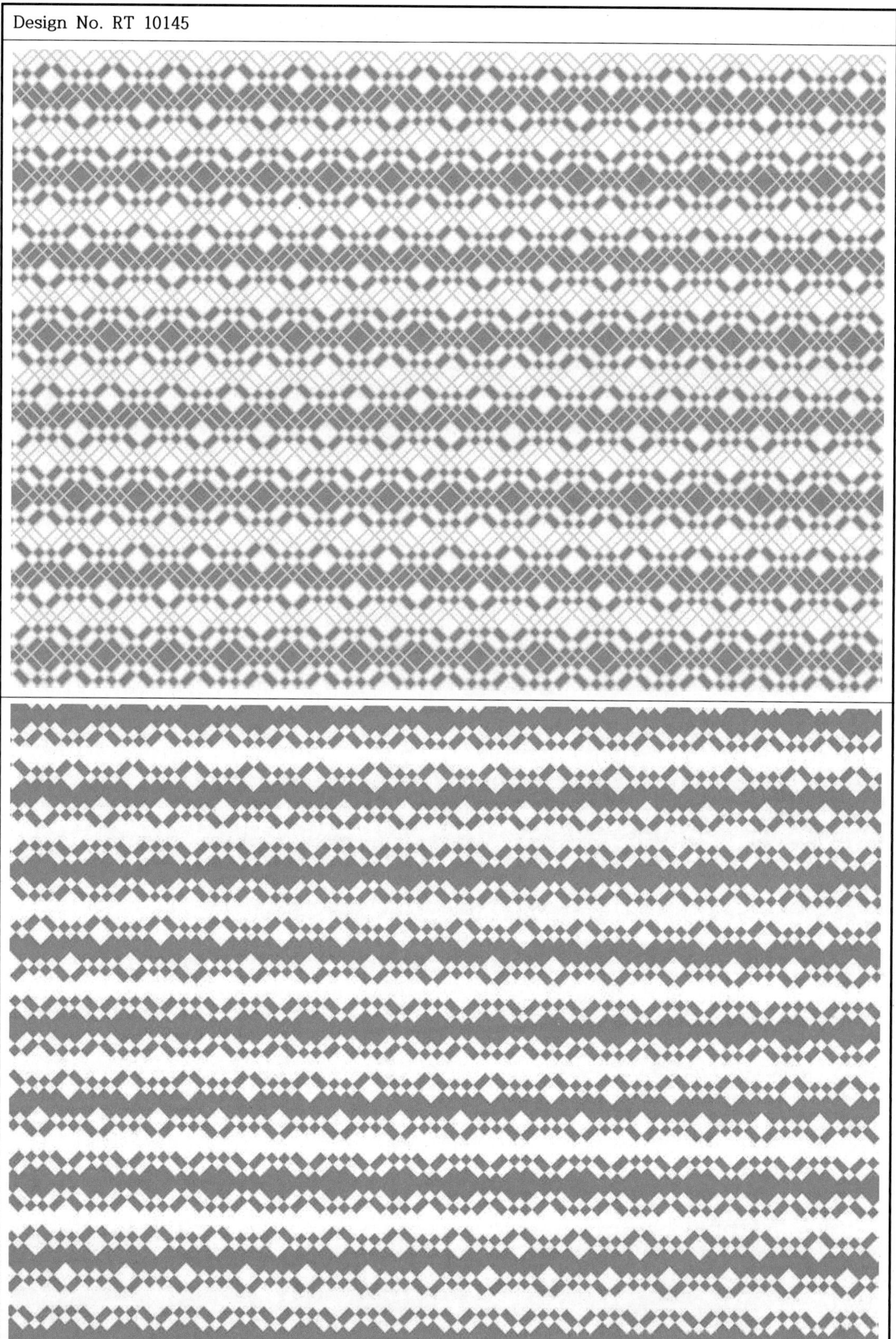

04. 디자인 의장 기준선

Design No. AP 04001
Gray 색상으로 표기된 부분은 Design one repeat

Design No. AP 04002

Design No. AP 04003

Design No. AP 05004
Gray 색상으로 표기된 부분은 Design one repeat

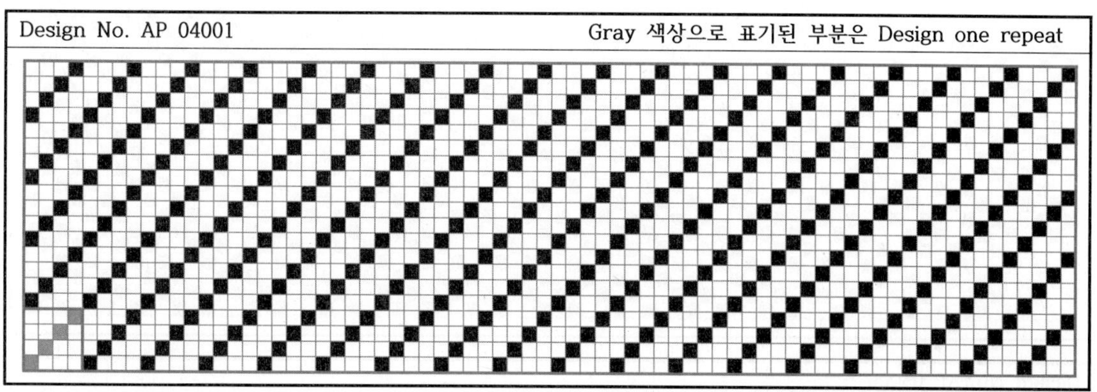

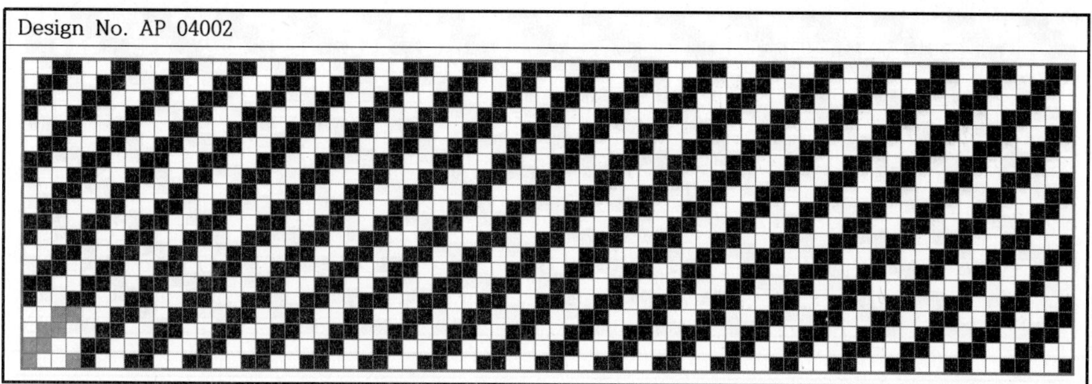

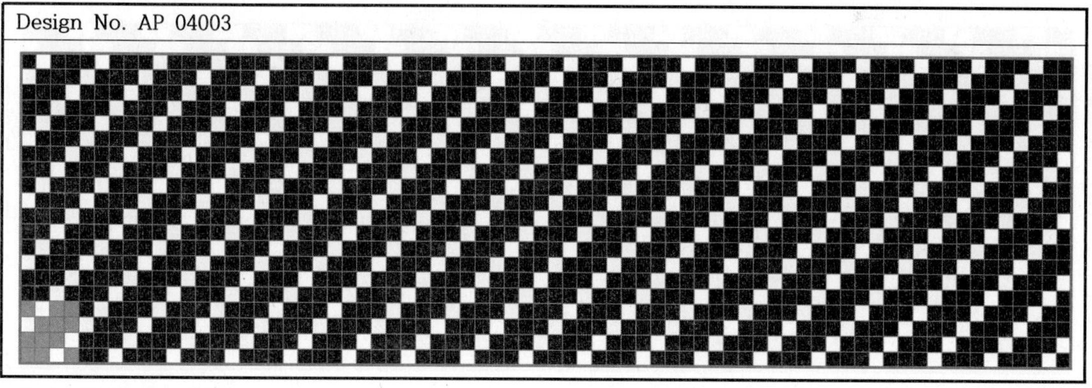

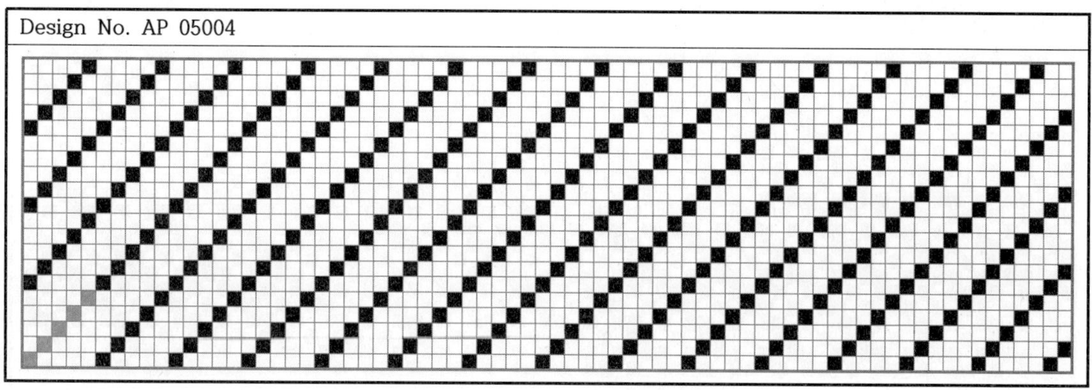

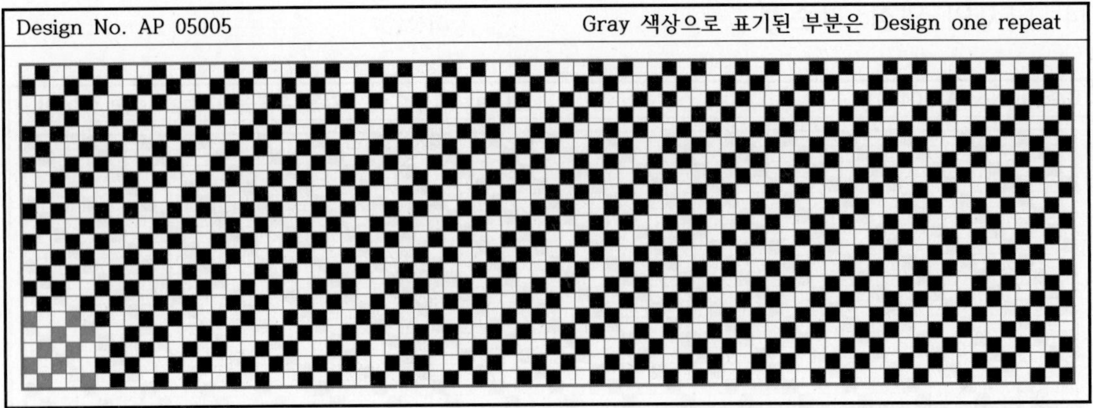

Design No. AP 05006

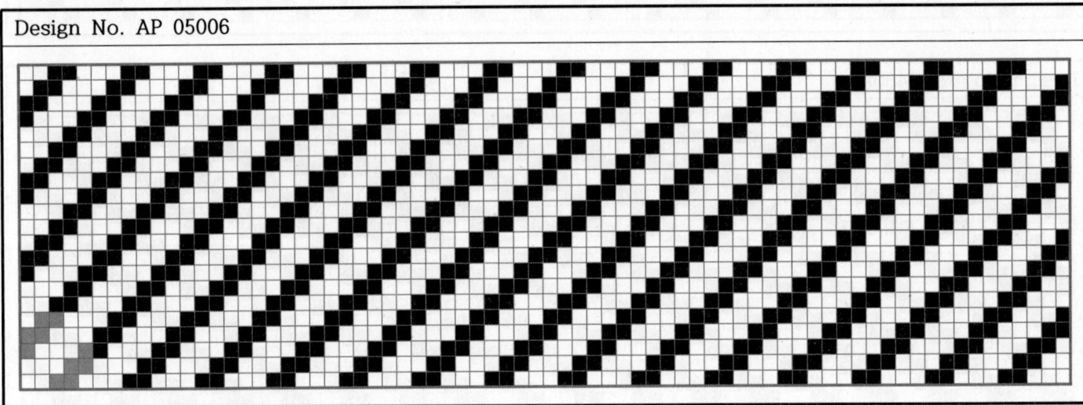

Design No. AP 05007

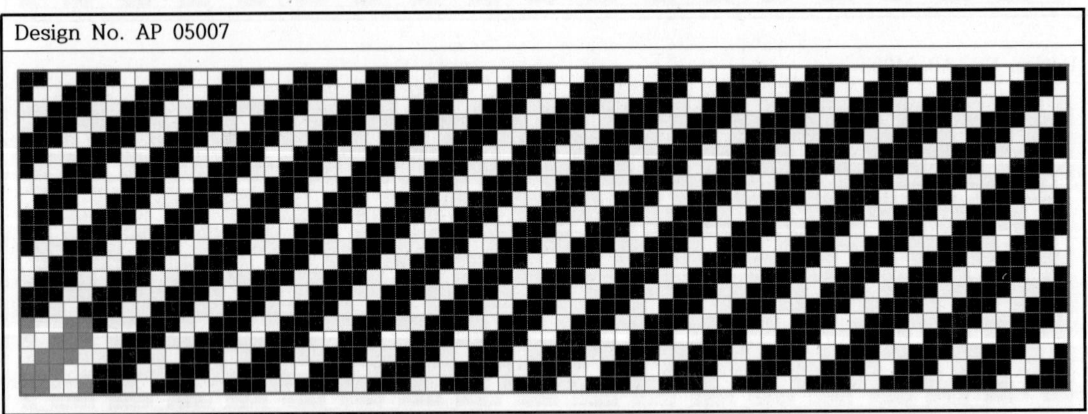

Design No. AP 05008

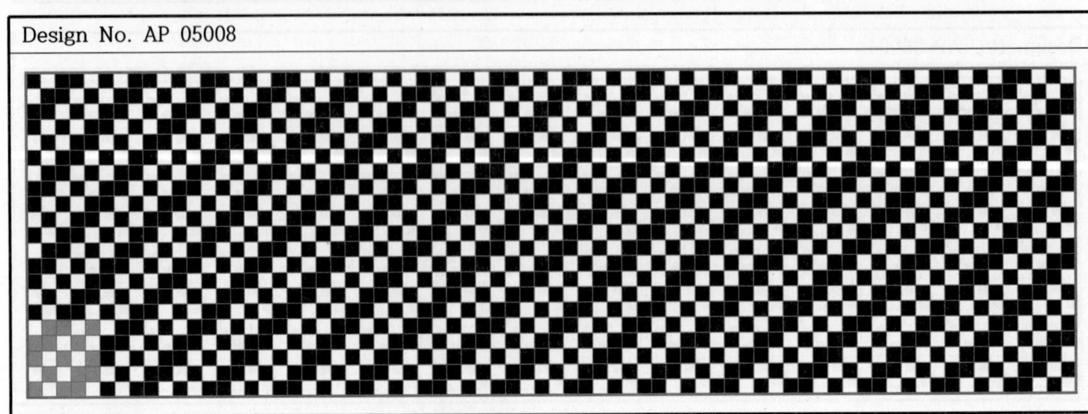

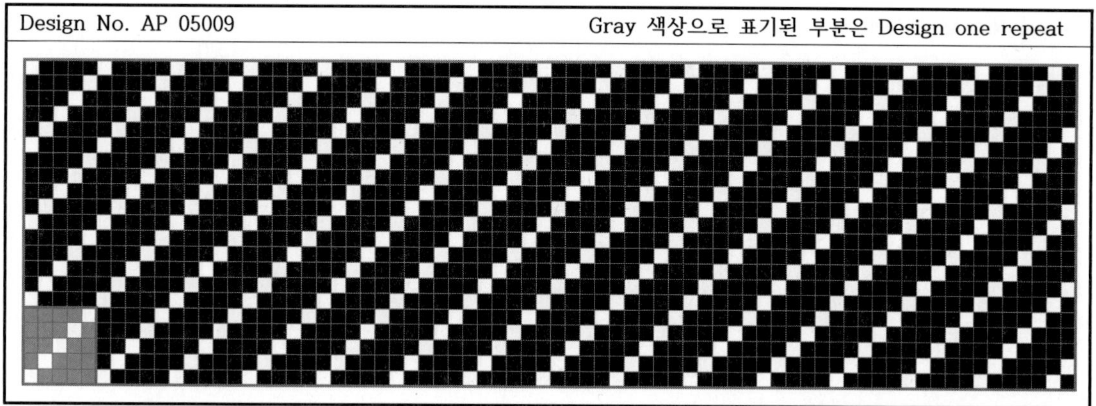

Design No. AP 06010

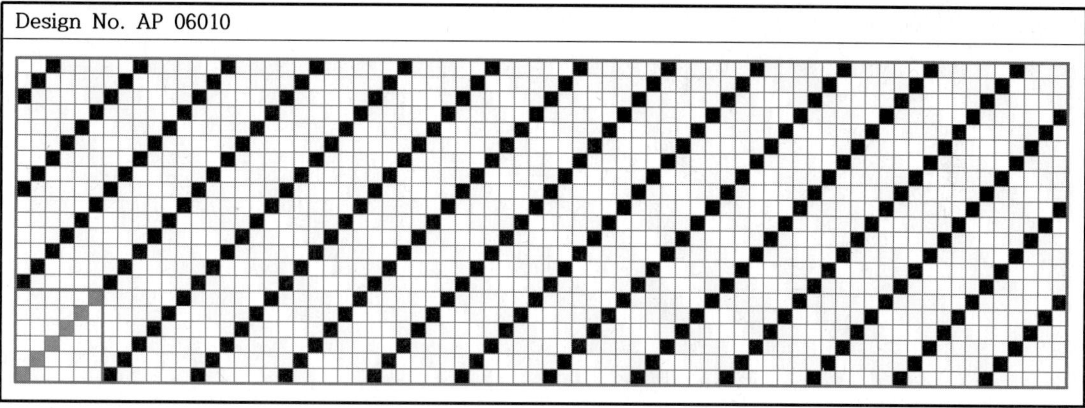

Design No. AP 06011

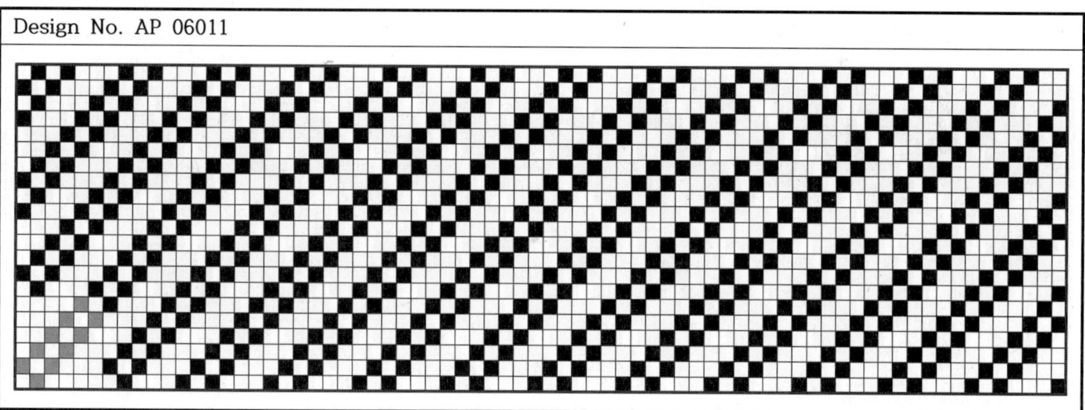

Design No. AP 06012

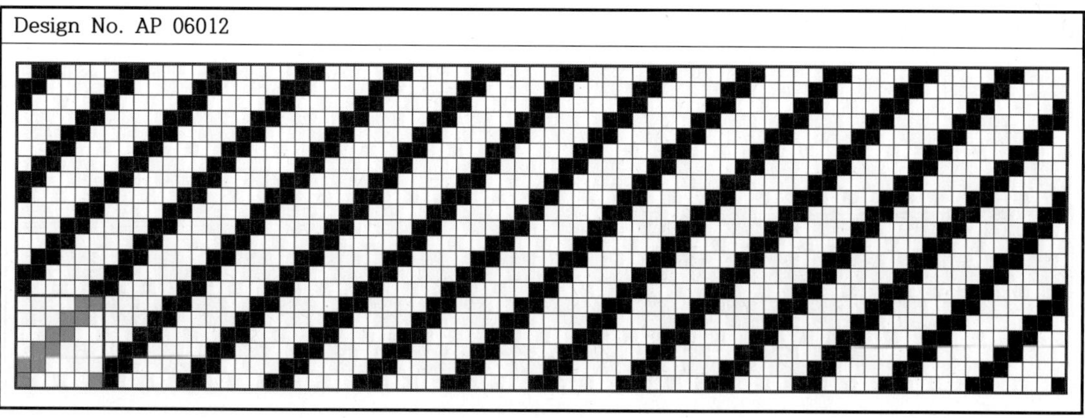

Design No. AP 06013

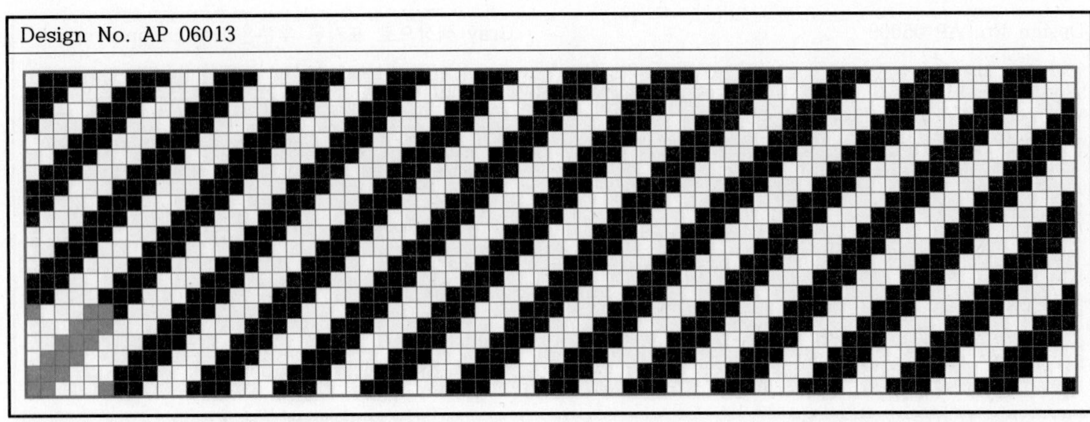

Design No. AP 06014

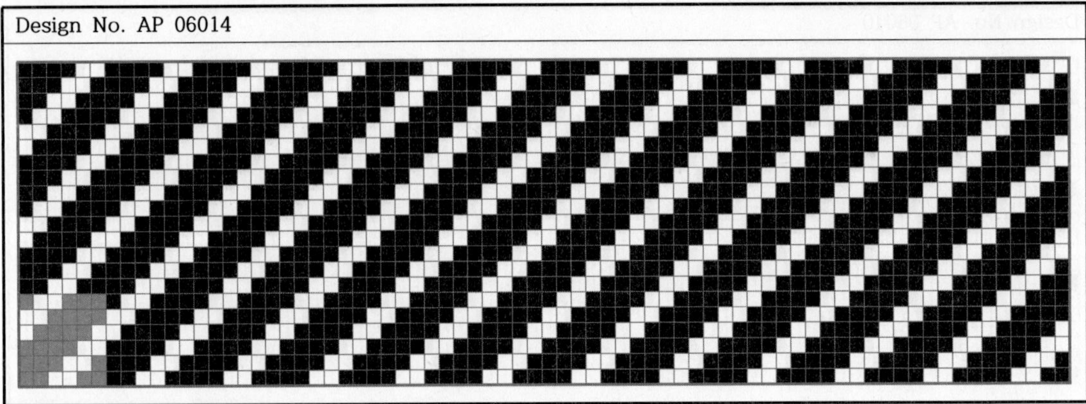

Design No. AP 06015

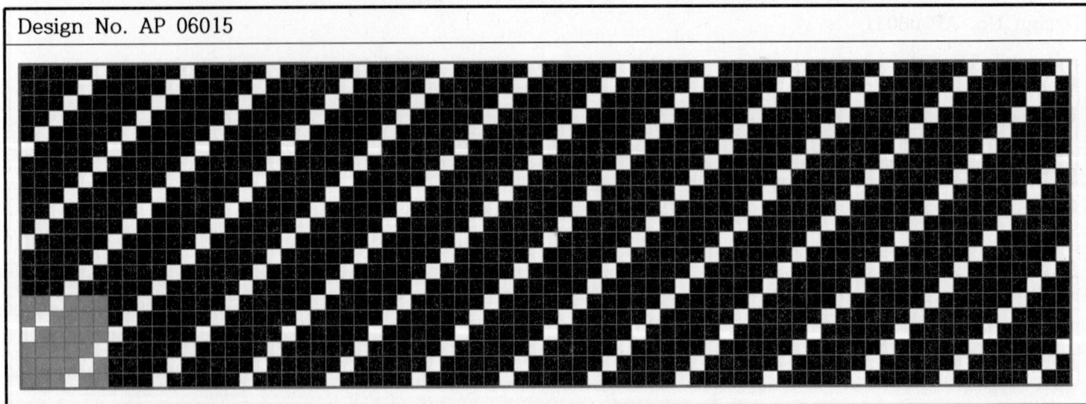

Design No. AP 06016

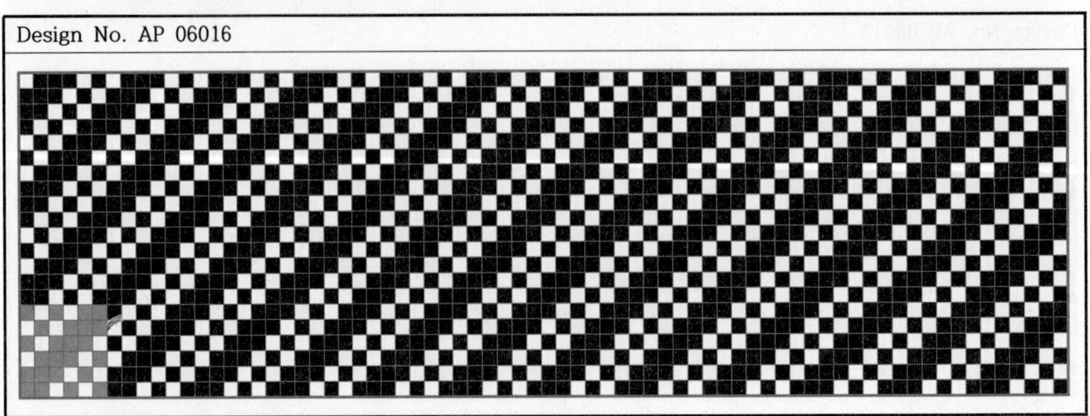

Design No. AP 06017

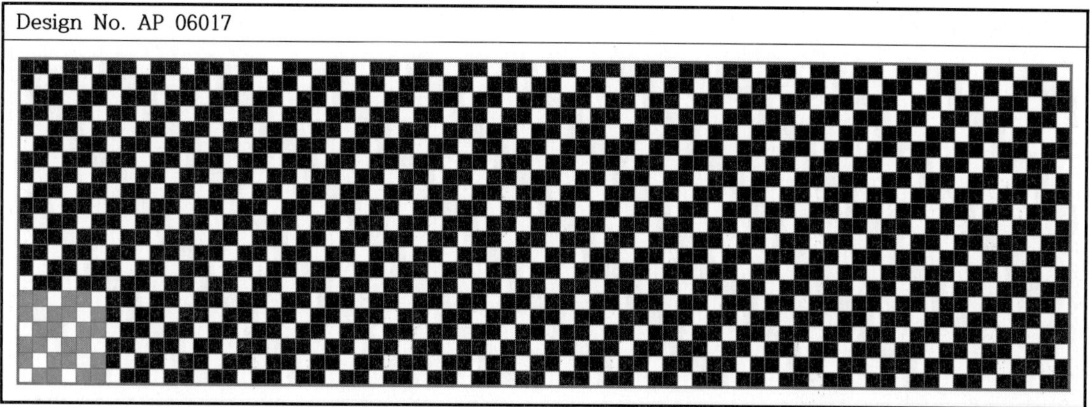

Design No. AP 07018

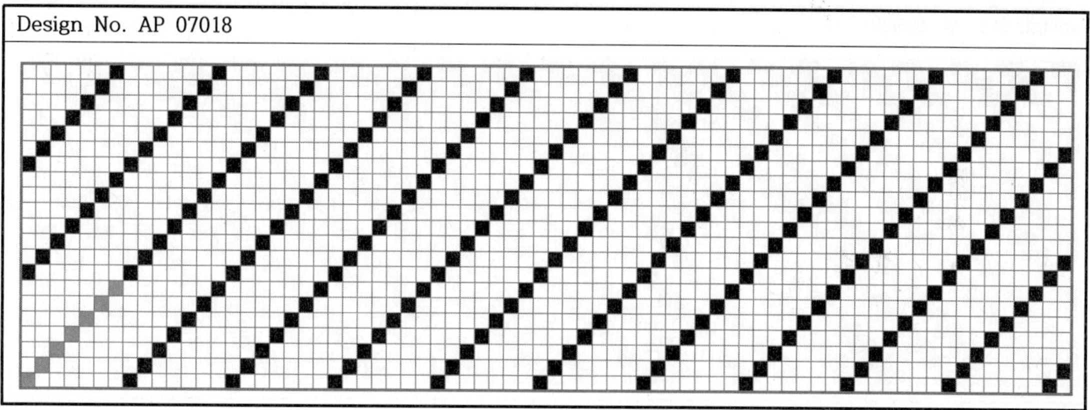

Design No. AP 07019

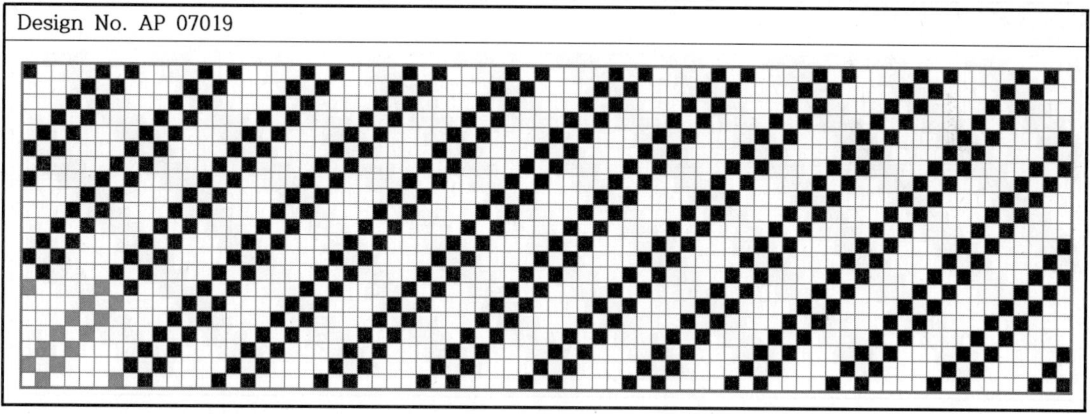

Design No. AP 07020

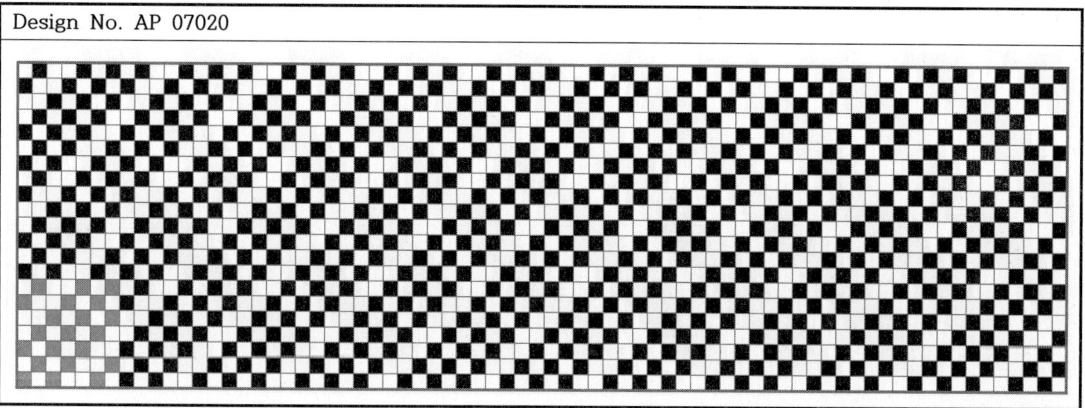

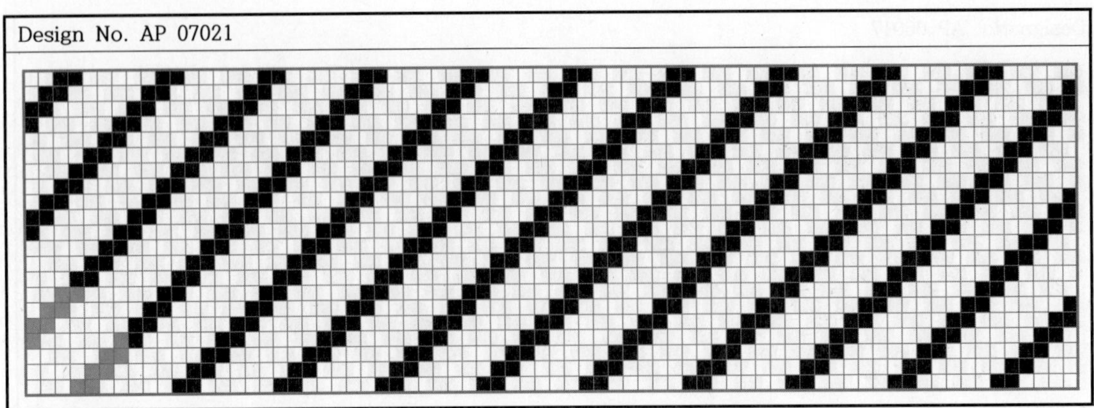

Design No. AP 07021

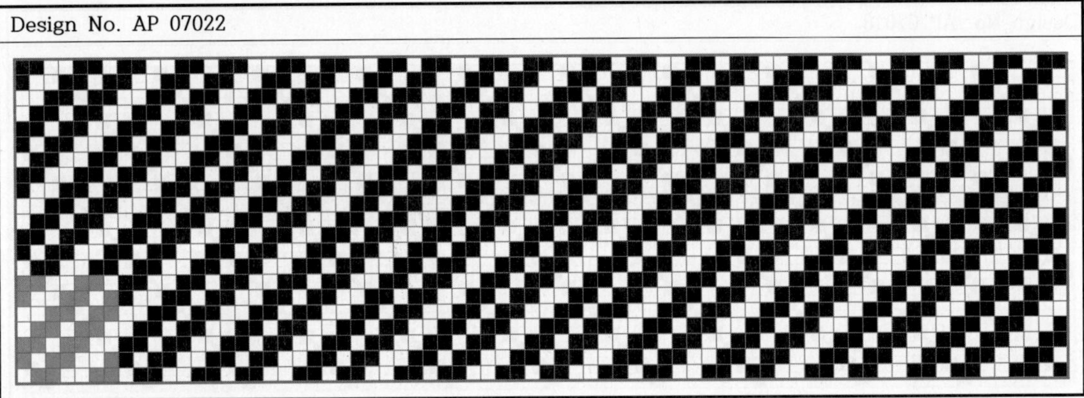

Design No. AP 07022

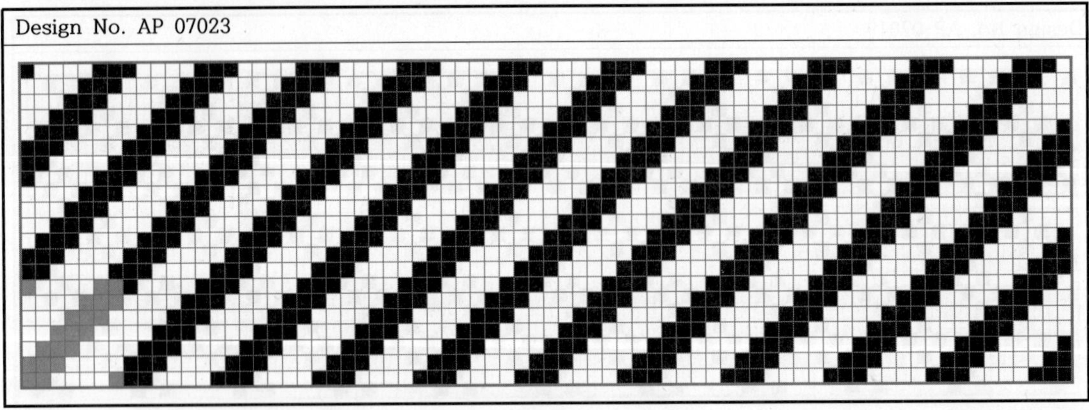

Design No. AP 07023

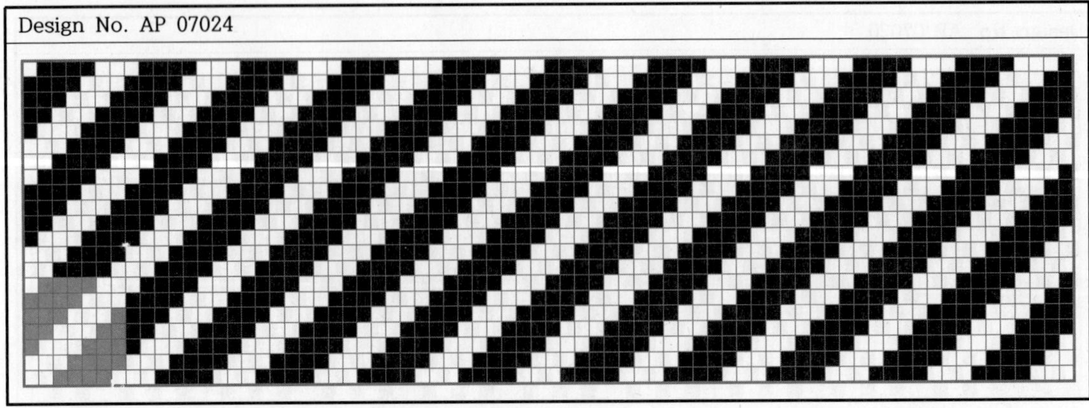

Design No. AP 07024

Design No. AP 07025

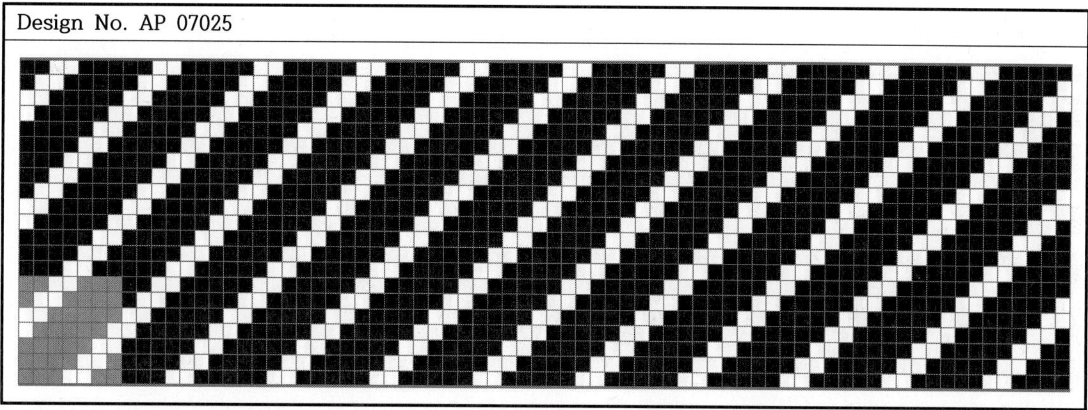

Design No. AP 07026

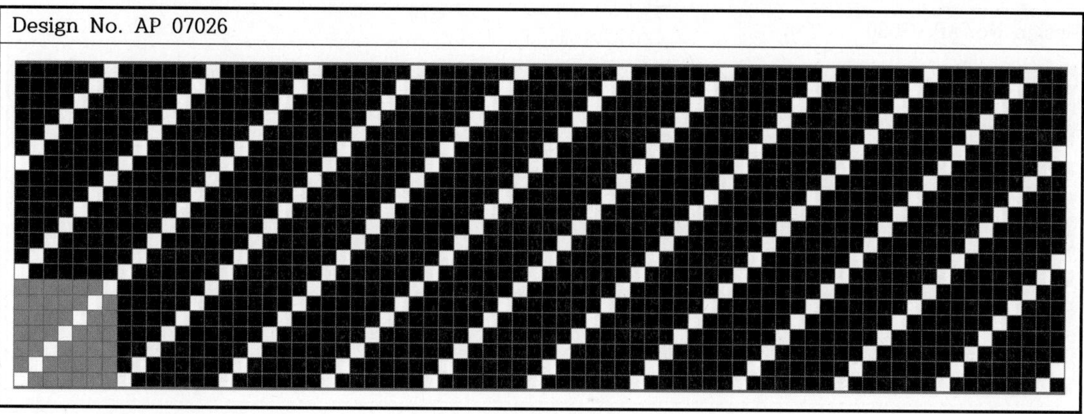

Design No. AP 07027

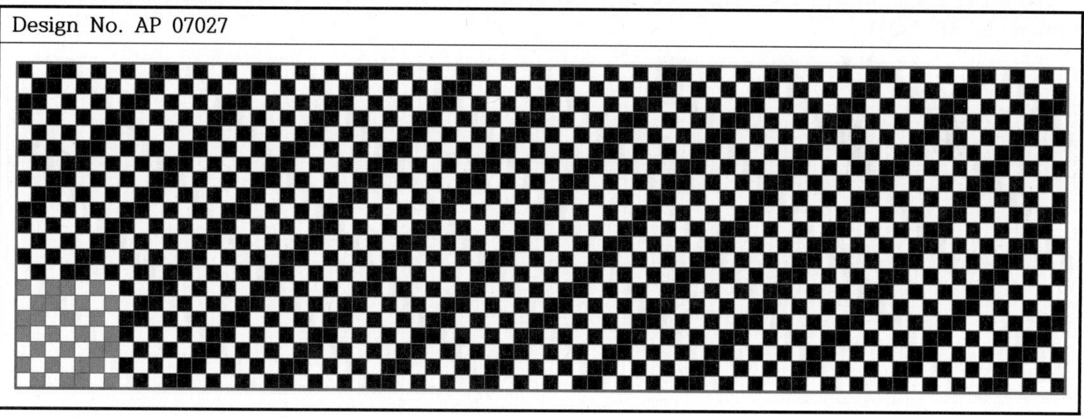

Design No. AP 07028

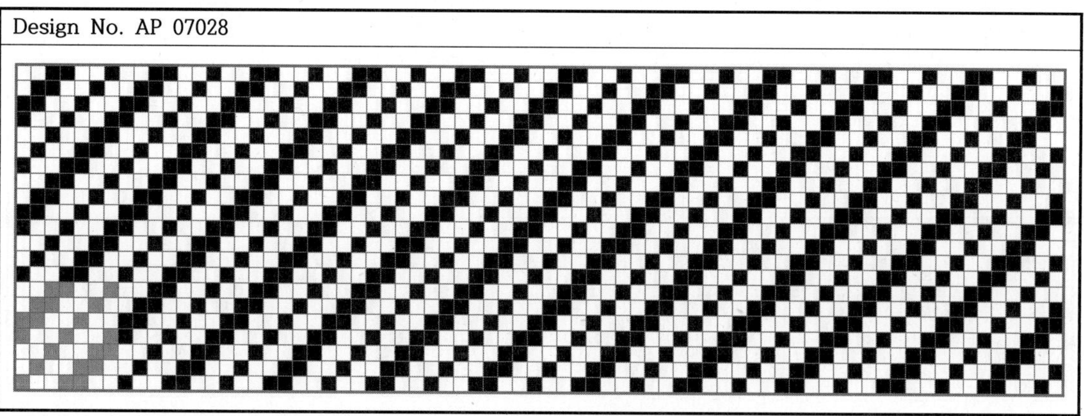

Design No. AP 07029

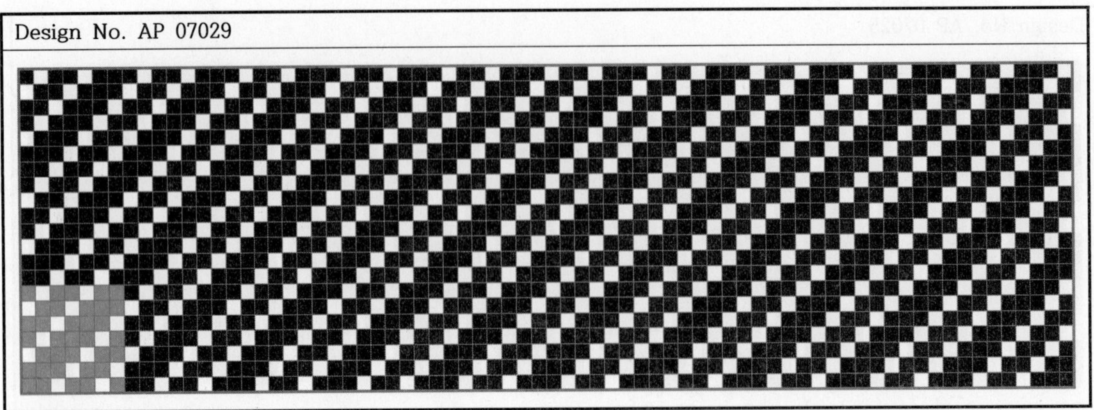

Design No. AP 07030

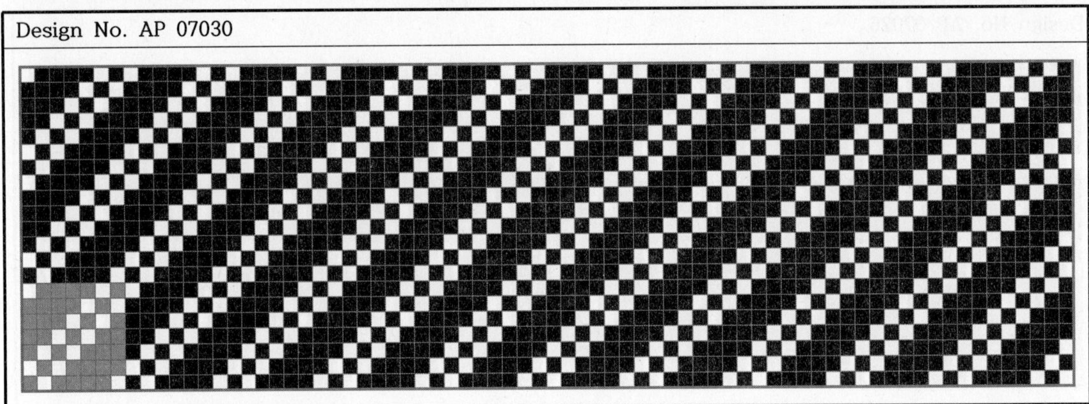

Design No. AP 08031

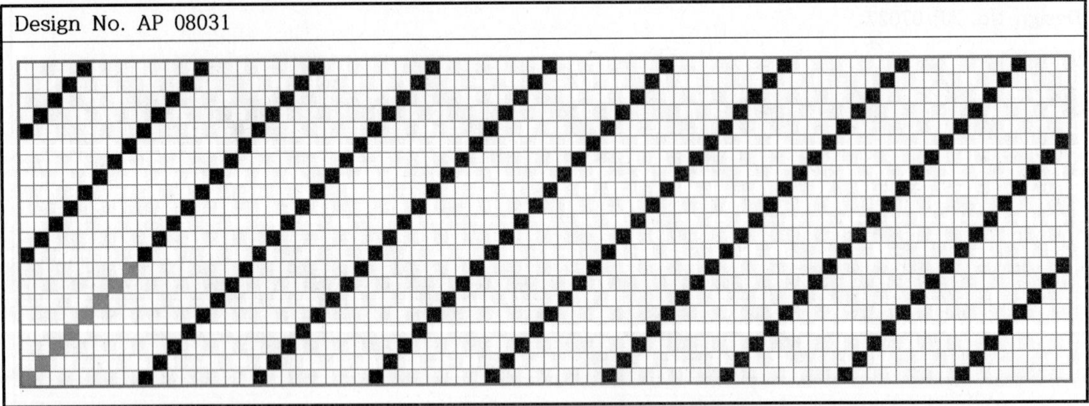

Design No. AP 08032

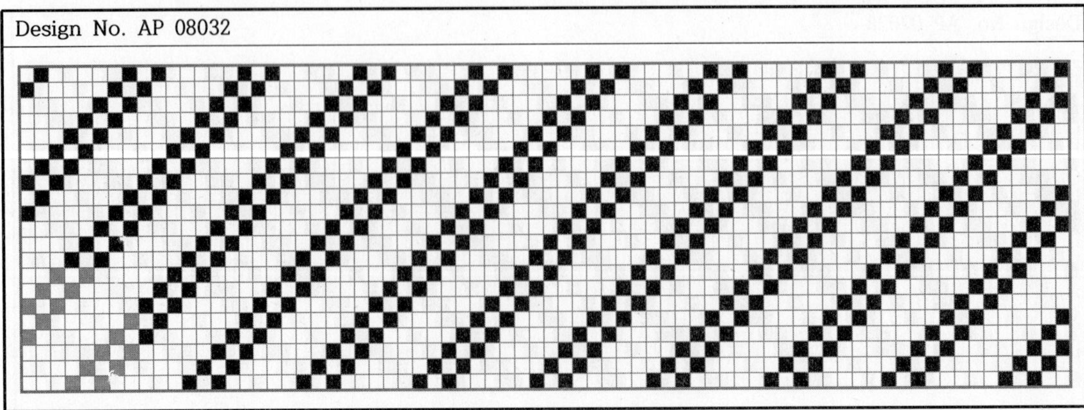

Design No. AP 08033

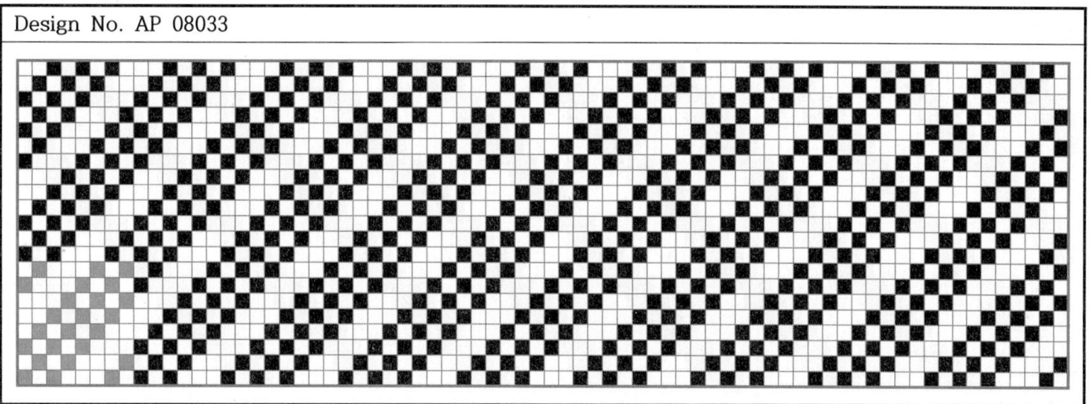

Design No. AP 08034

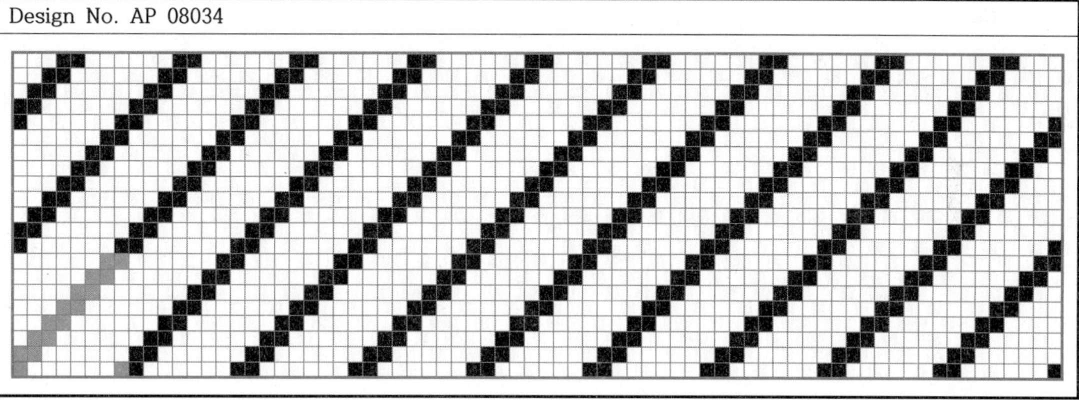

Design No. AP 08035

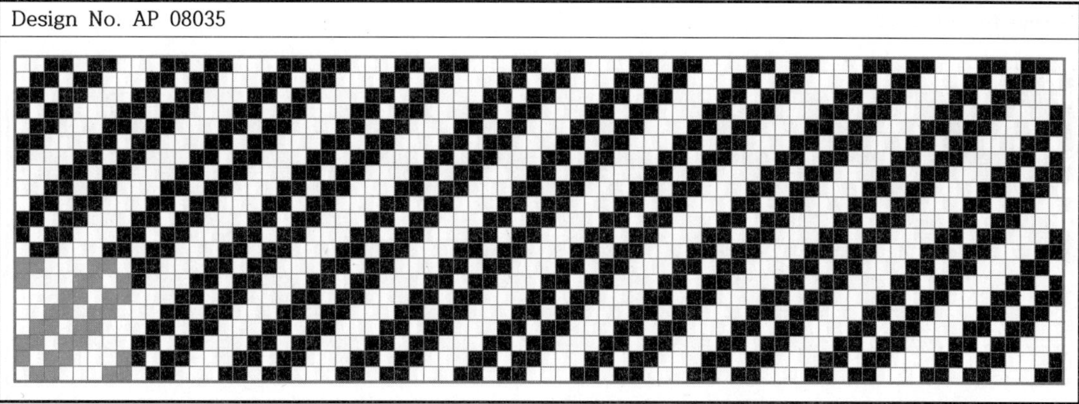

Design No. AP 08036

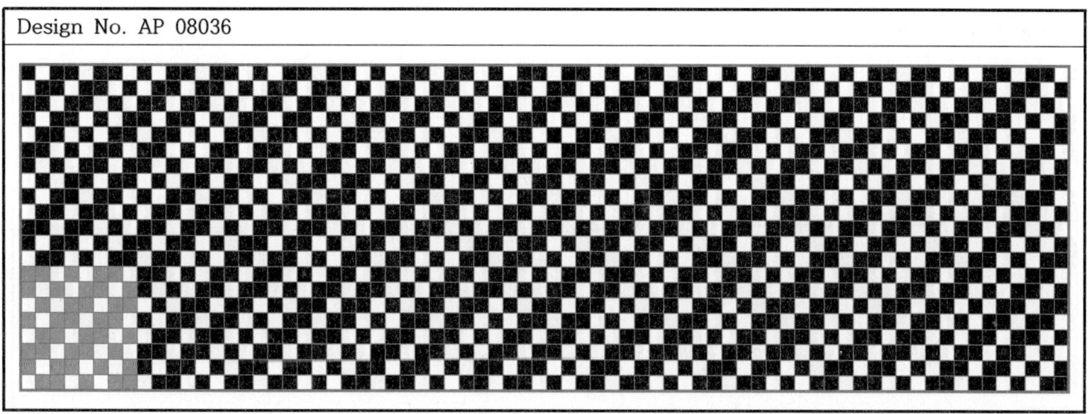

Design No. AP 08037

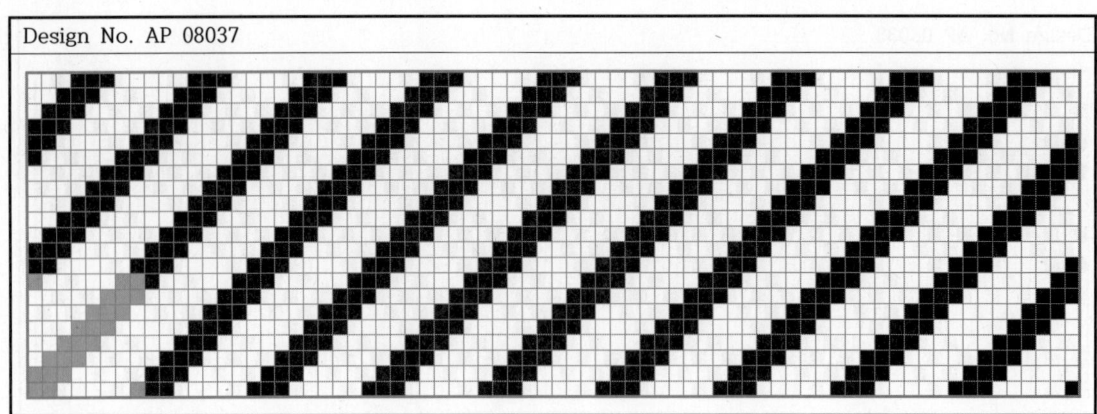

Design No. AP 08038

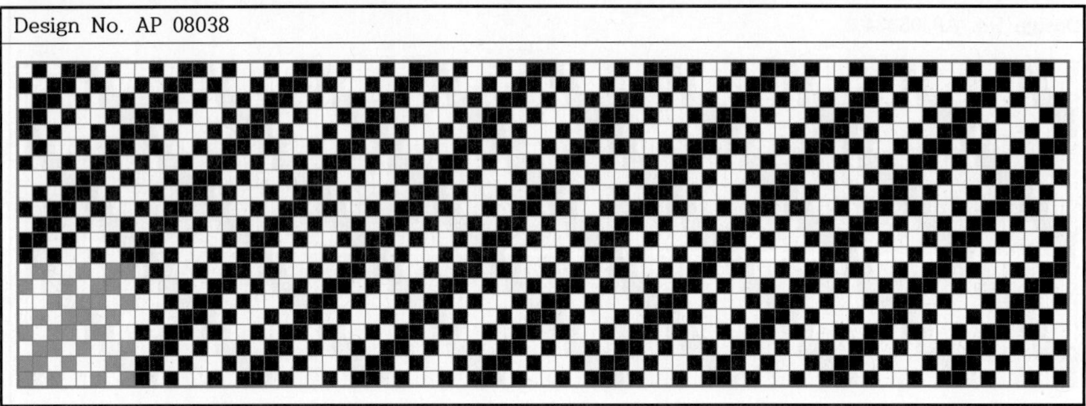

Design No. AP 08039

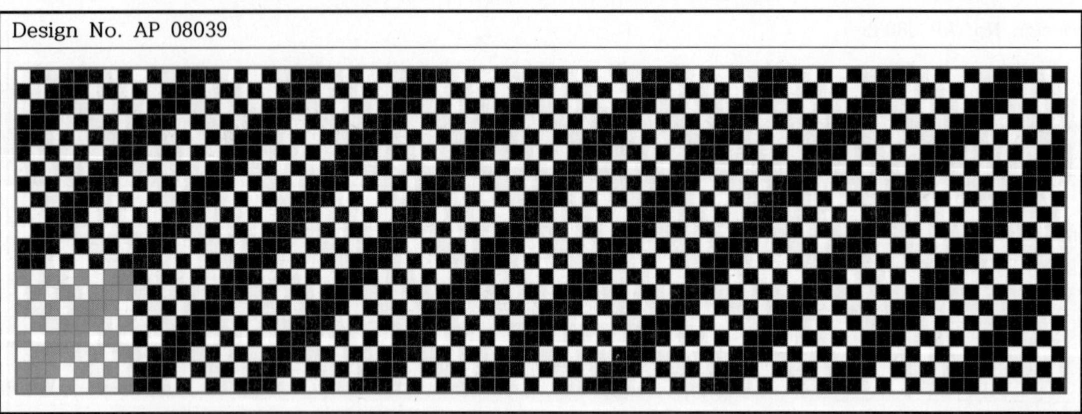

Design No. AP 08040

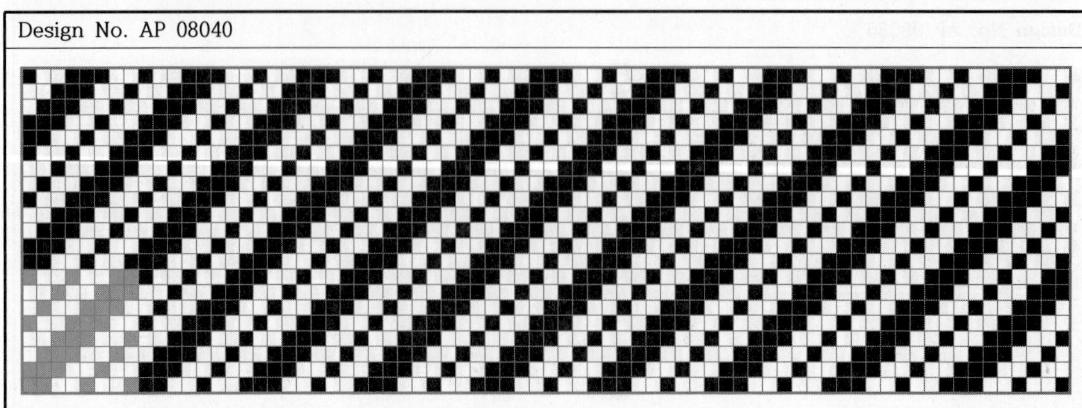

Design No. AP 08041

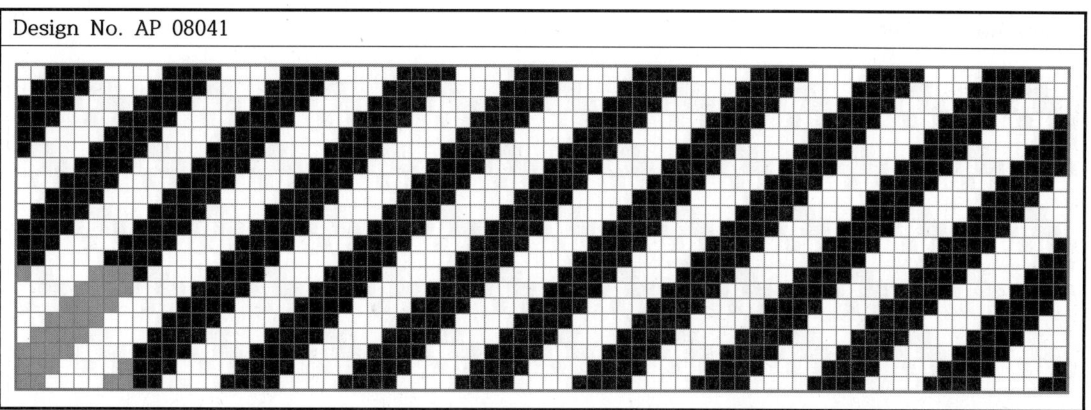

Design No. AP 08042

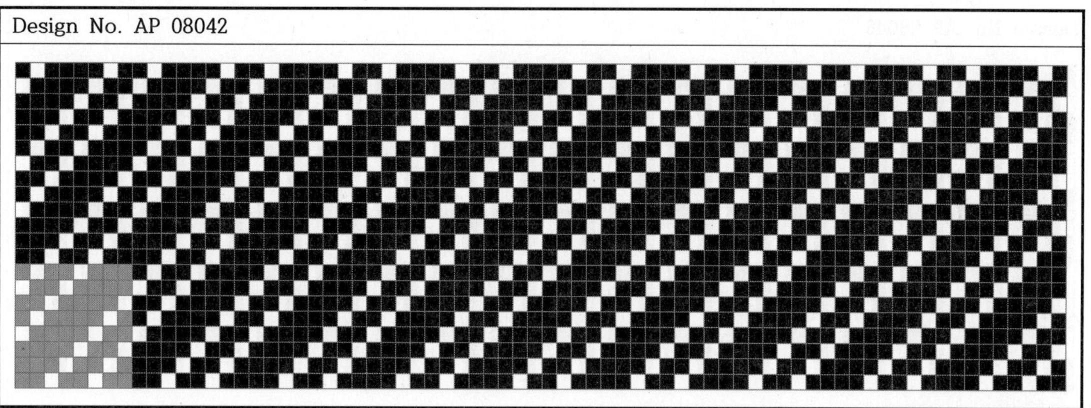

Design No. AP 08043

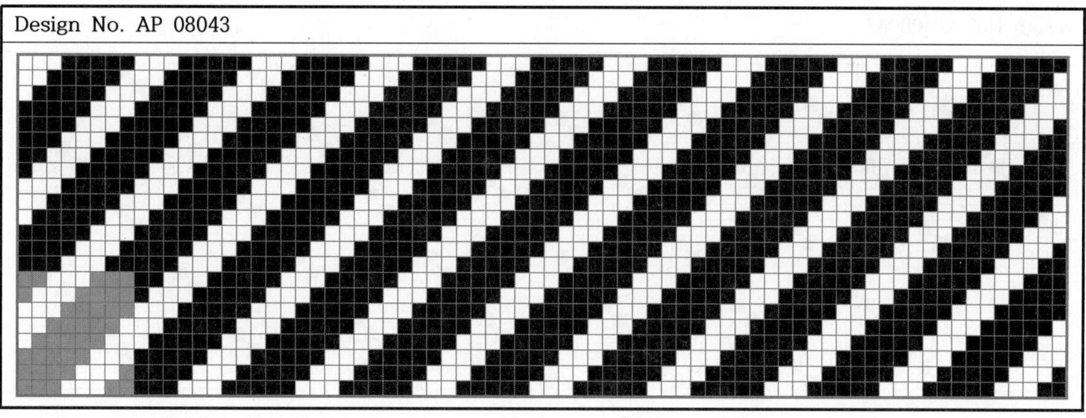

Design No. AP 08044

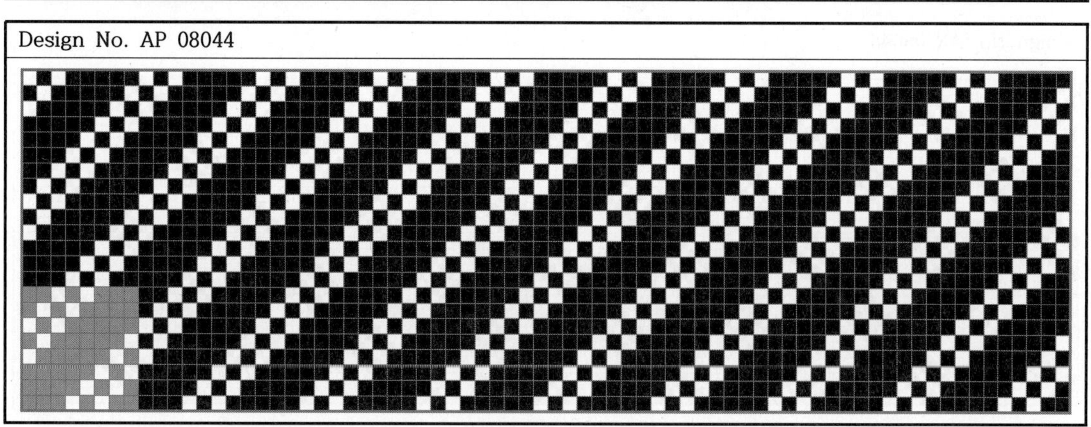

Design No. AP 08045

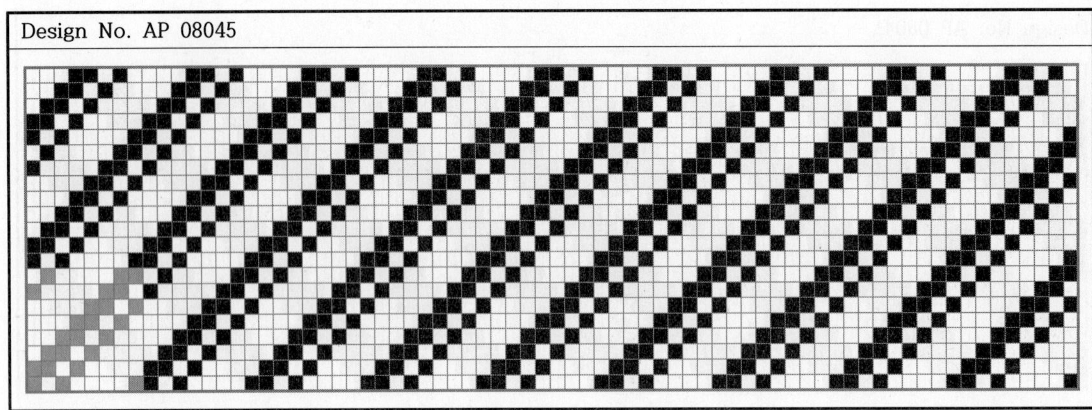

Design No. AP 08046

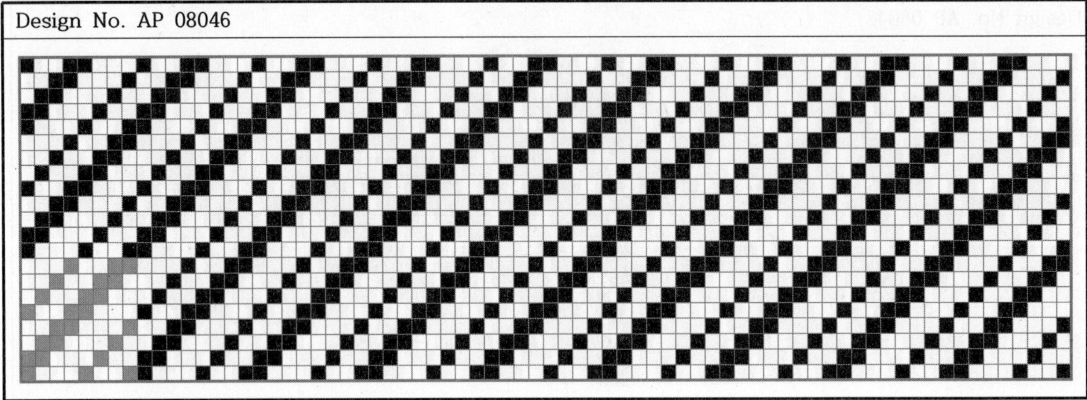

Design No. AP 09047

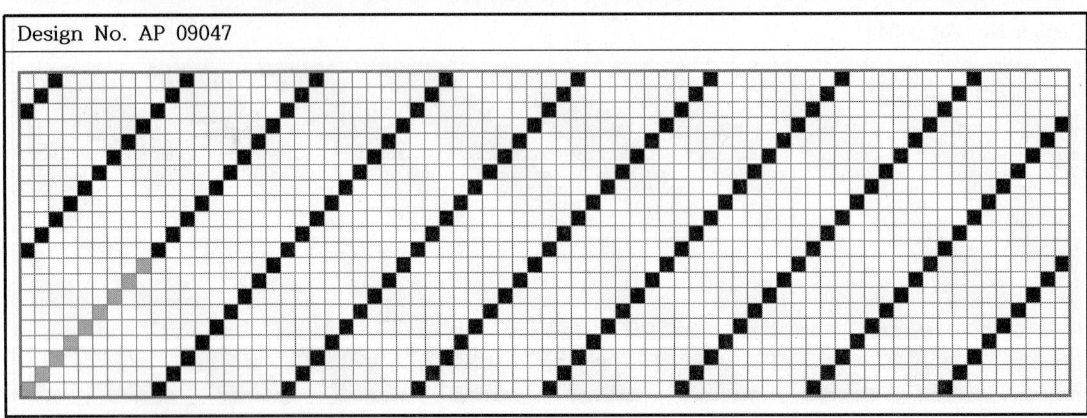

Design No. AP 09048

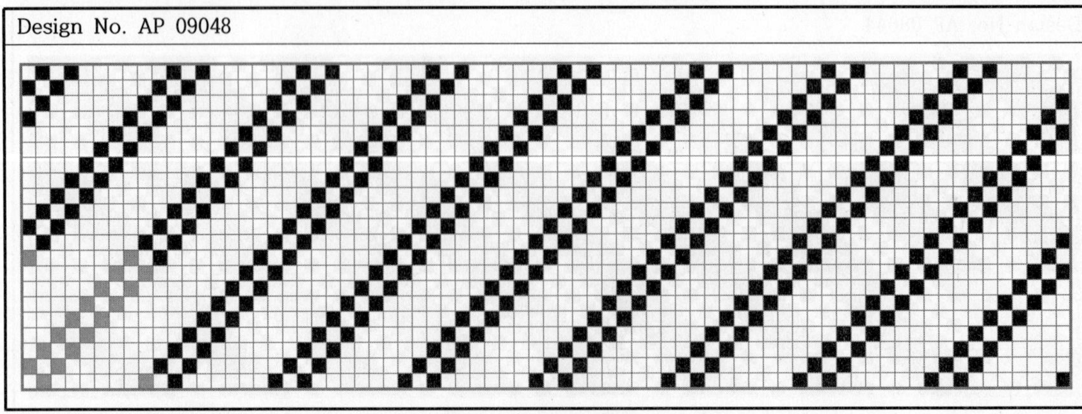

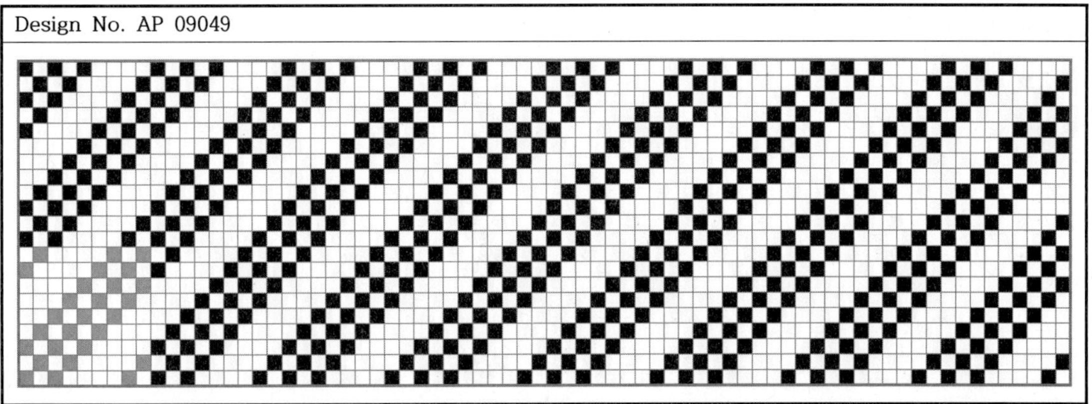

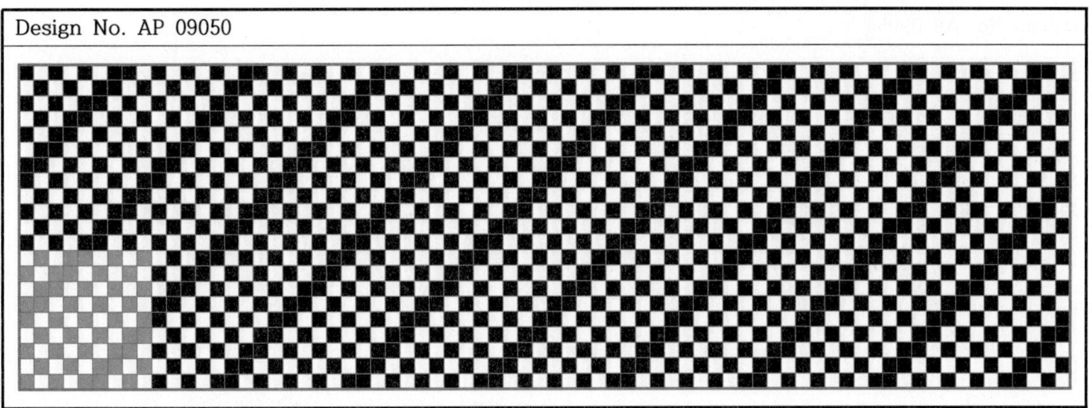

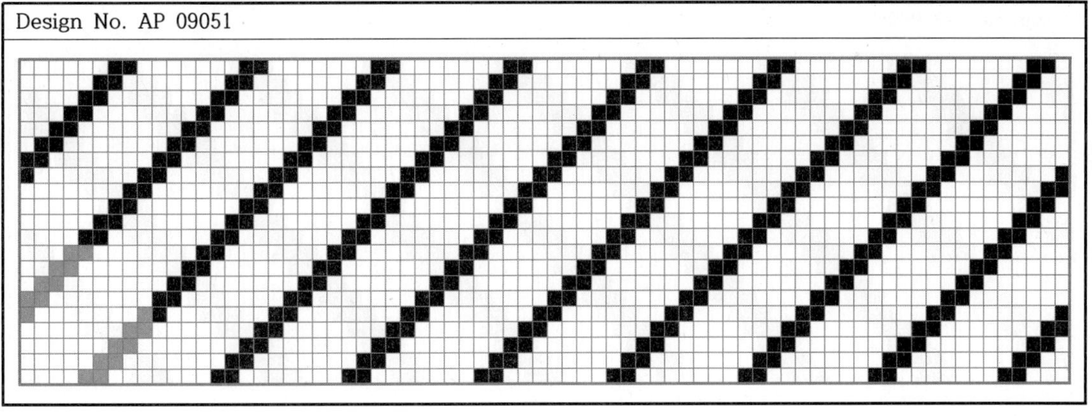

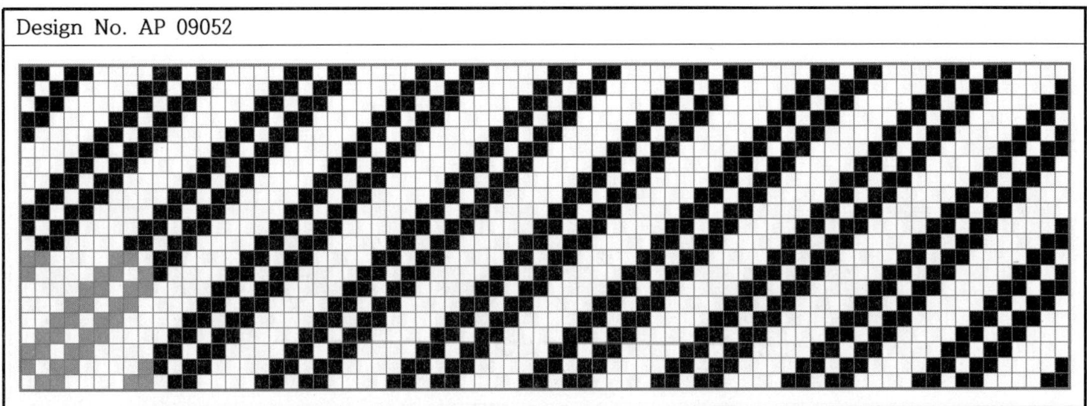

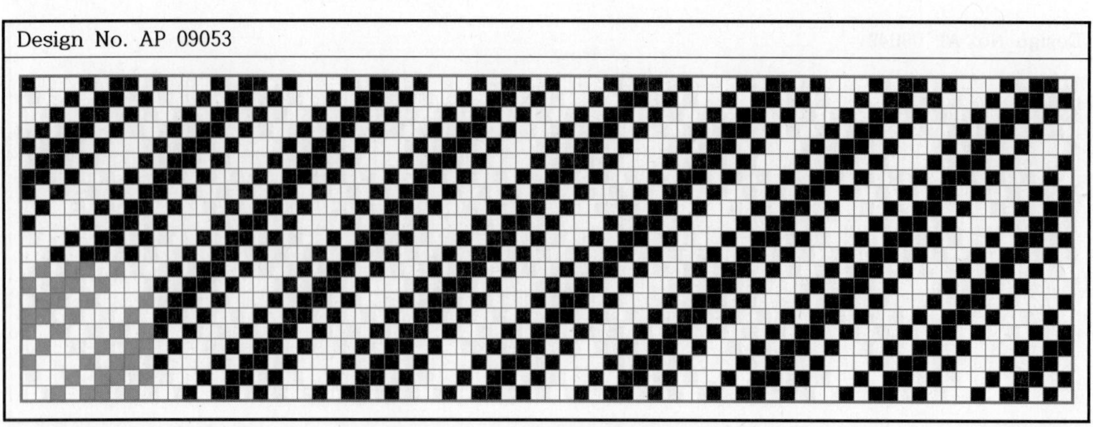

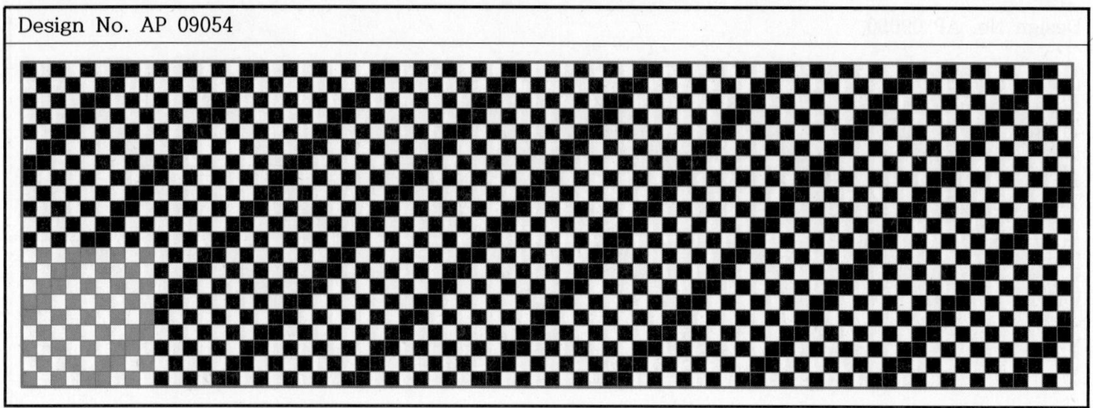

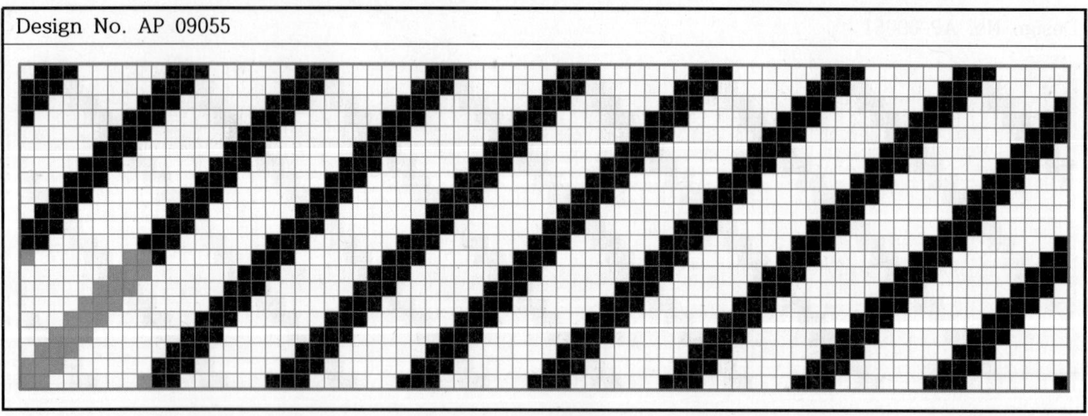

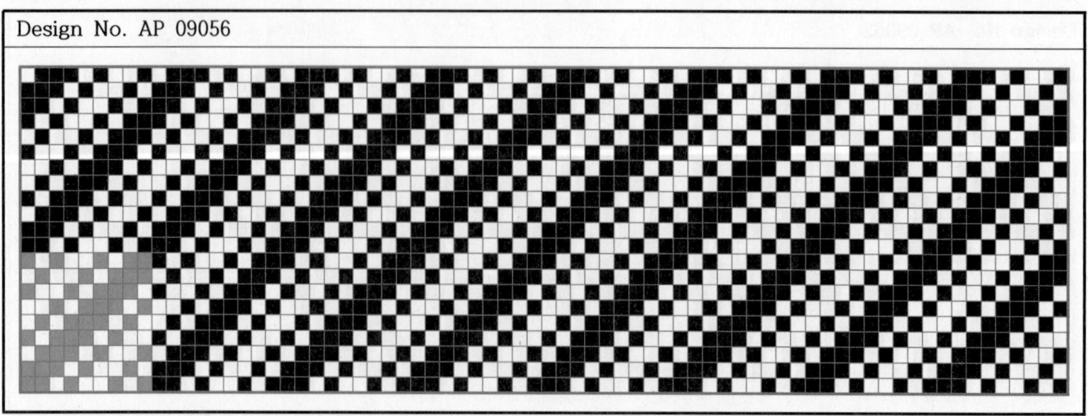

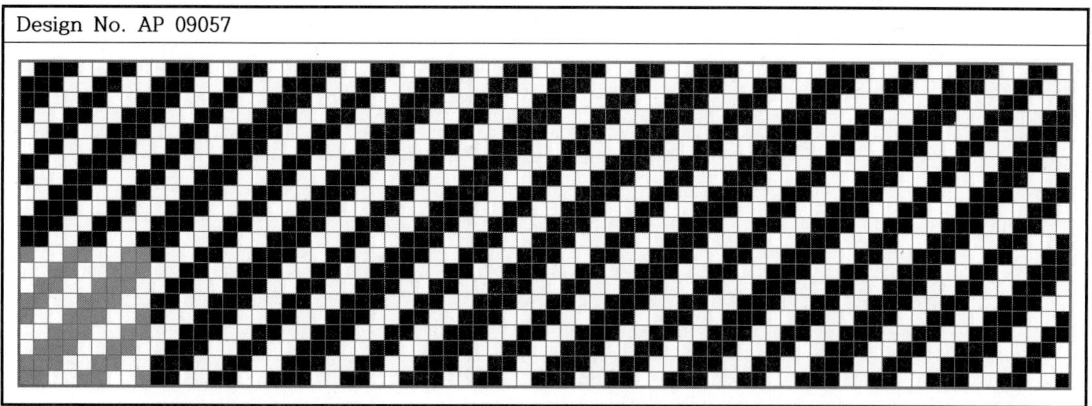

Design No. AP 09058

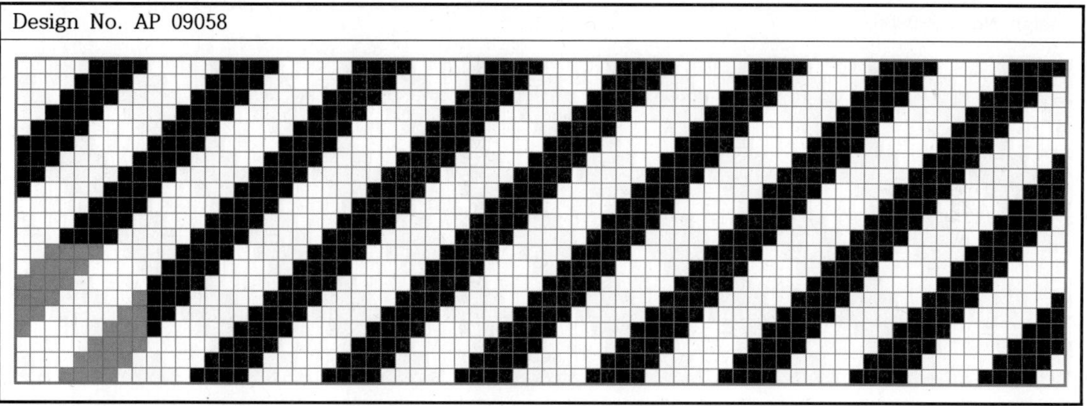

Design No. AP 09059

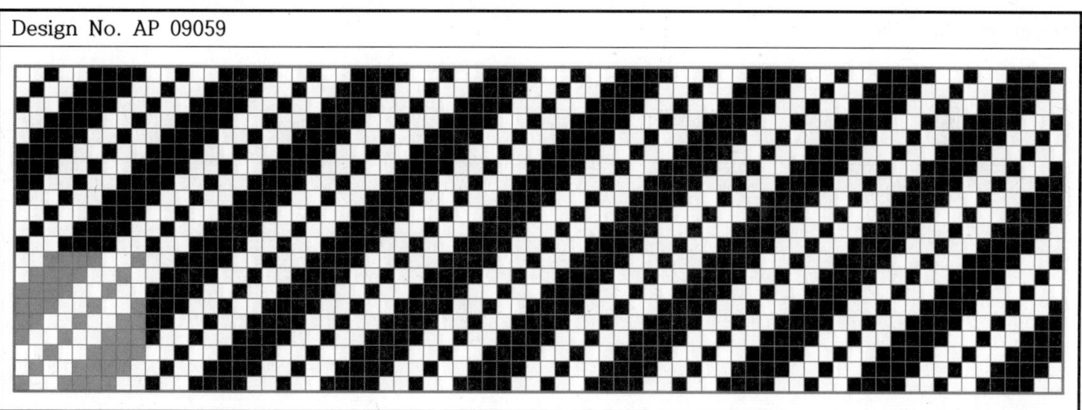

Design No. AP 09060

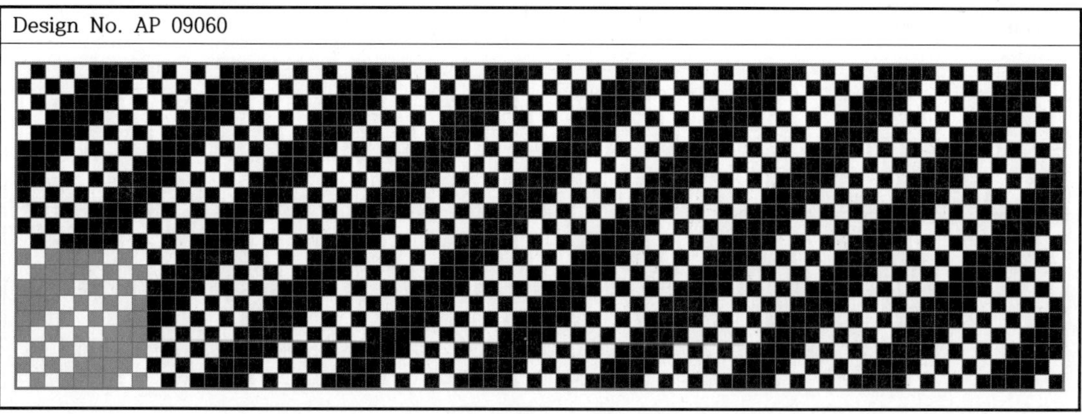

Design No. AP 09061

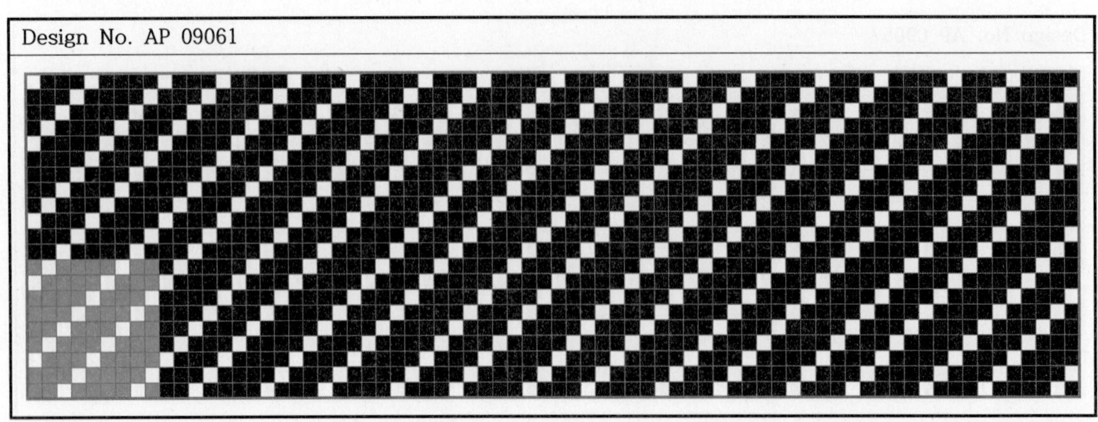

Design No. AP 09062

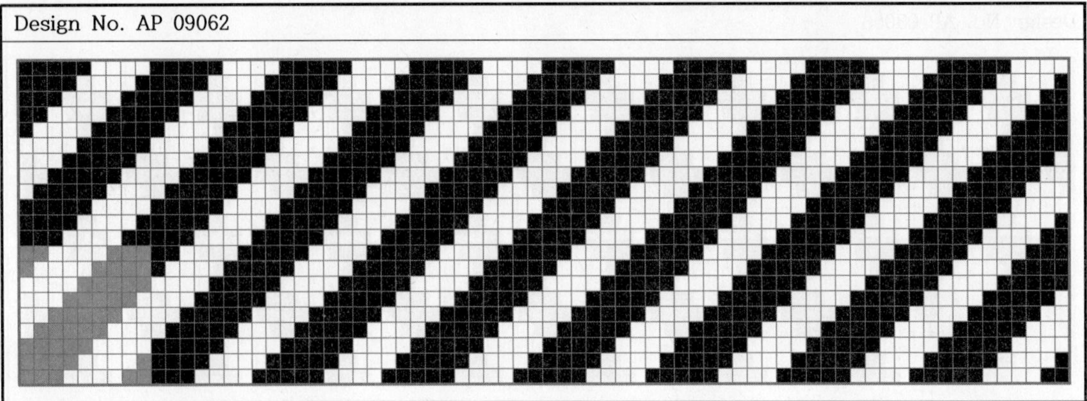

Design No. AP 09063

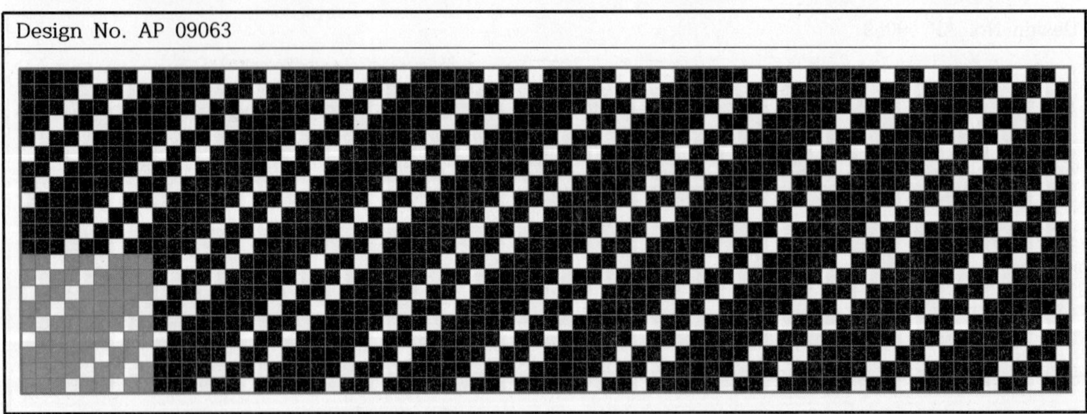

Design No. AP 09064

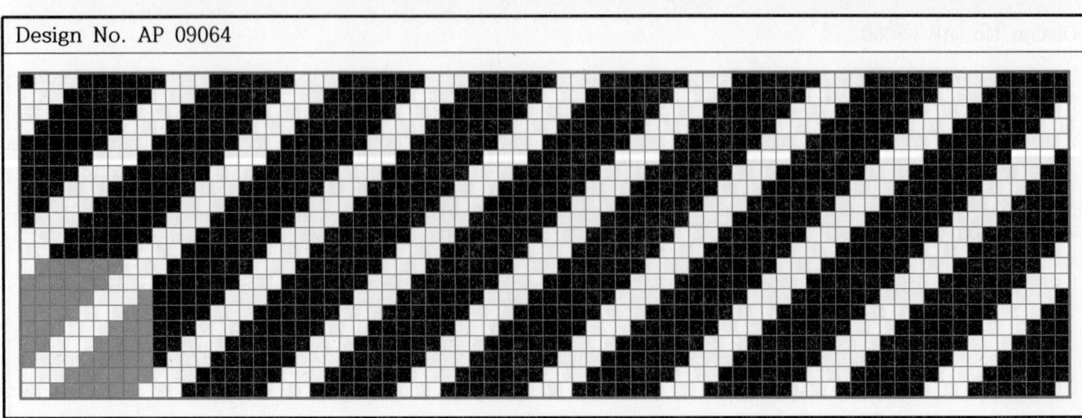

Design No. AP 09065

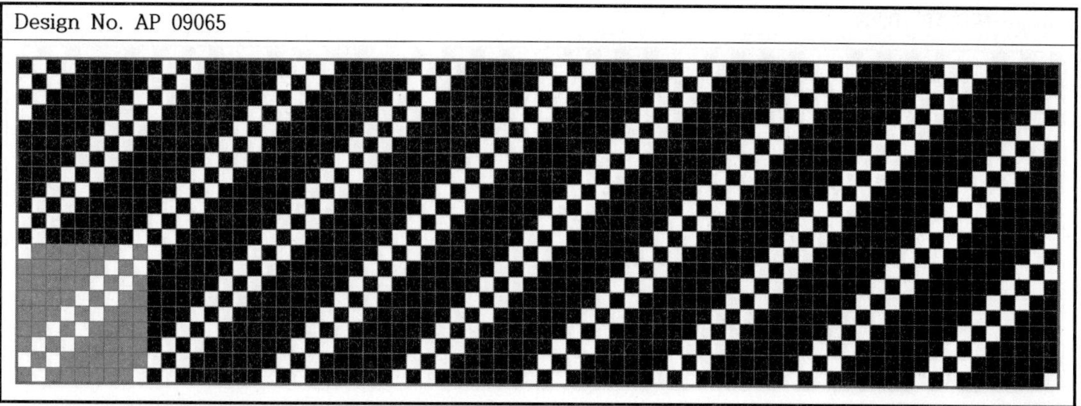

Design No. AP 10066

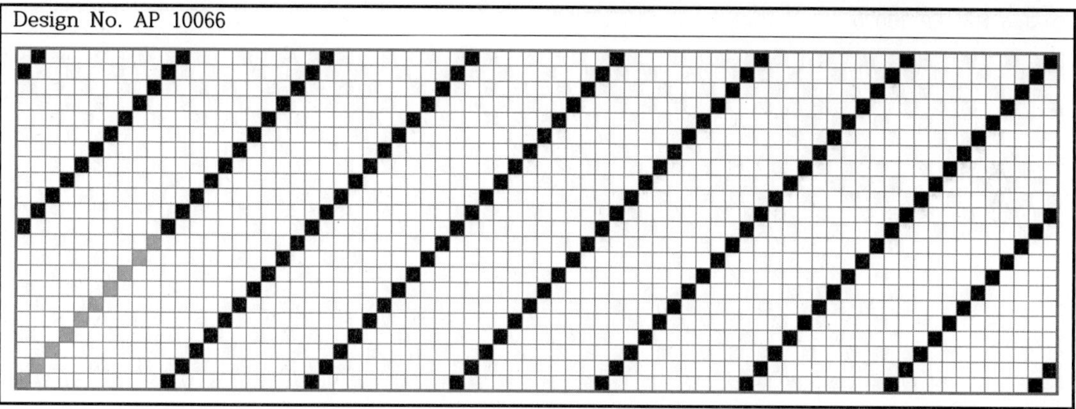

Design No. AP 10067

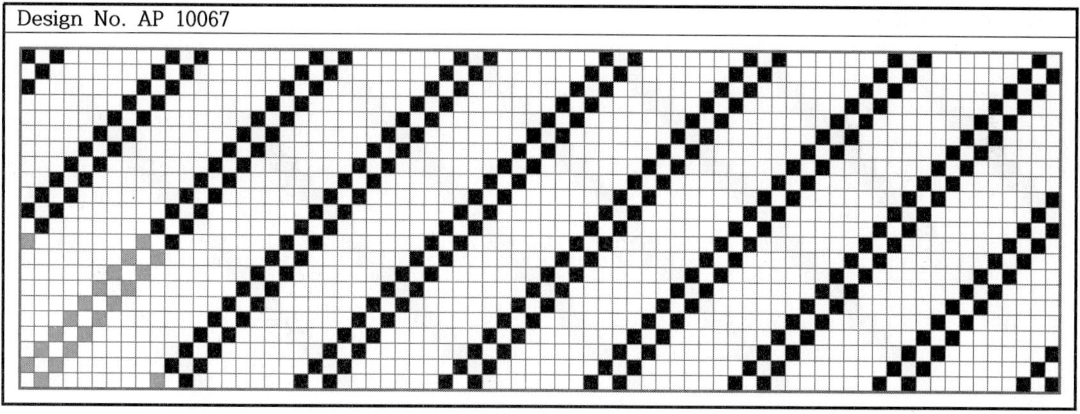

Design No. AP 10068

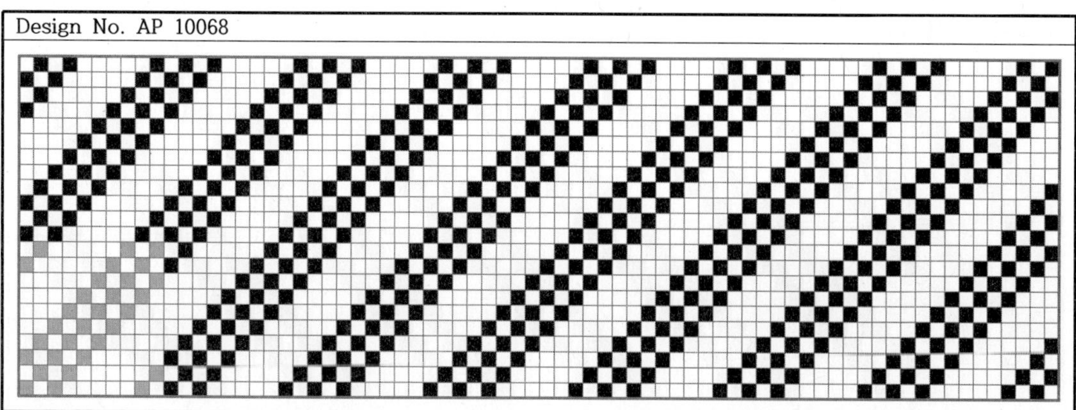

Design No. AP 10069
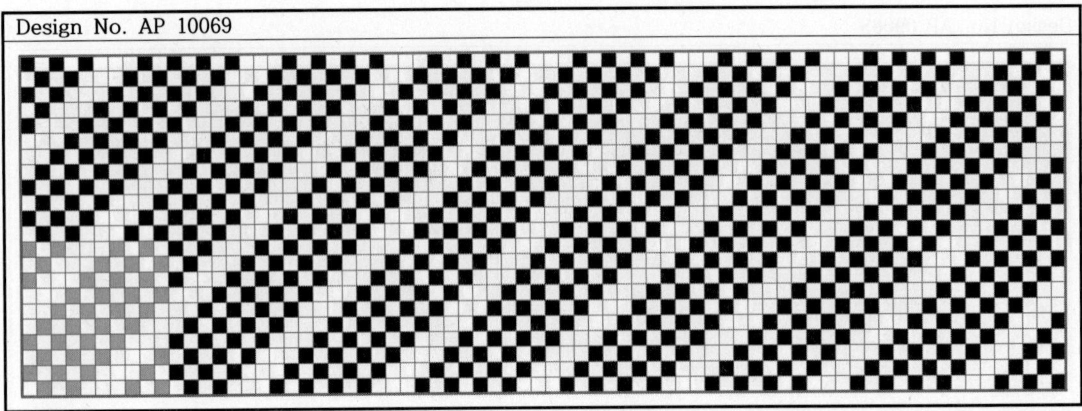

Design No. AP 10070
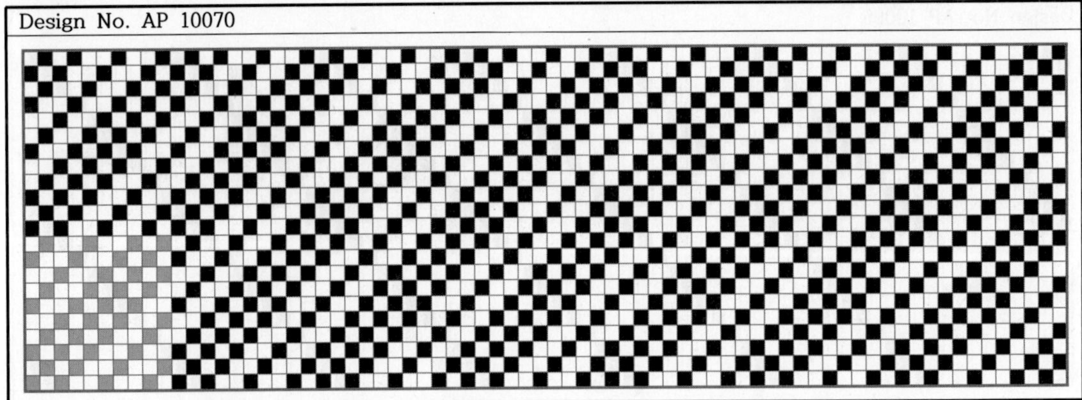

Design No. AP 10071
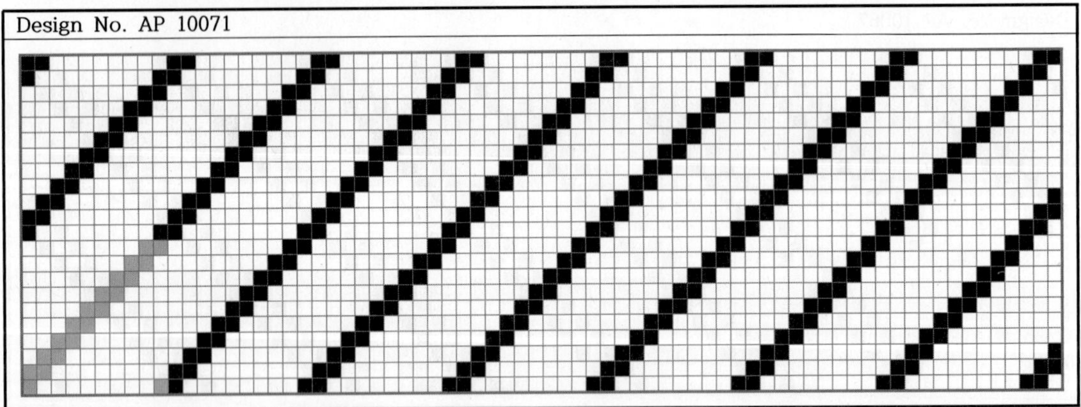

Design No. AP 10072
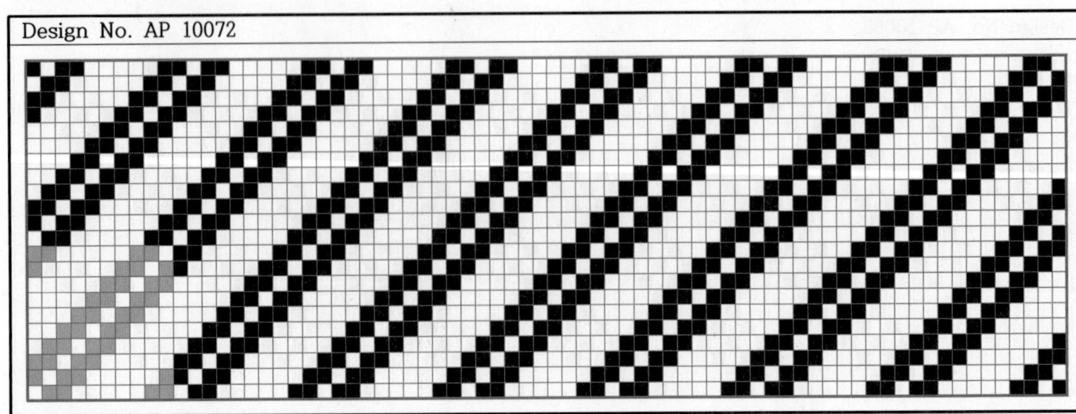

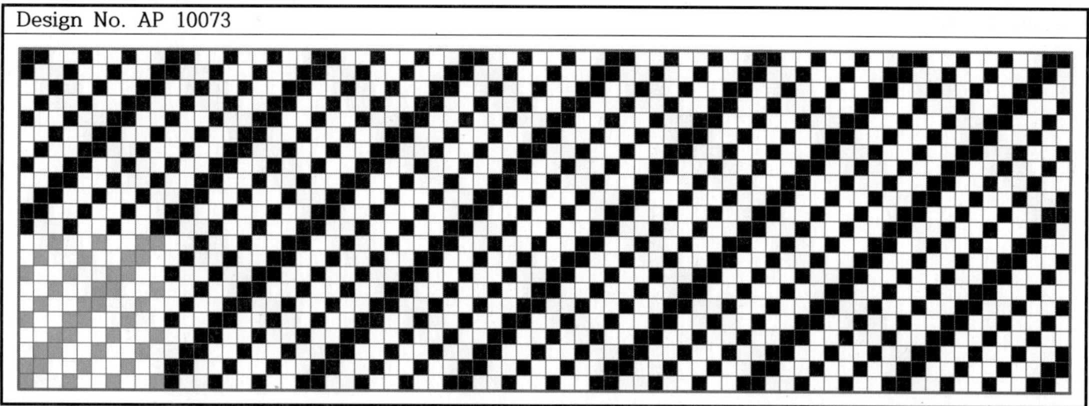

Design No. AP 10073

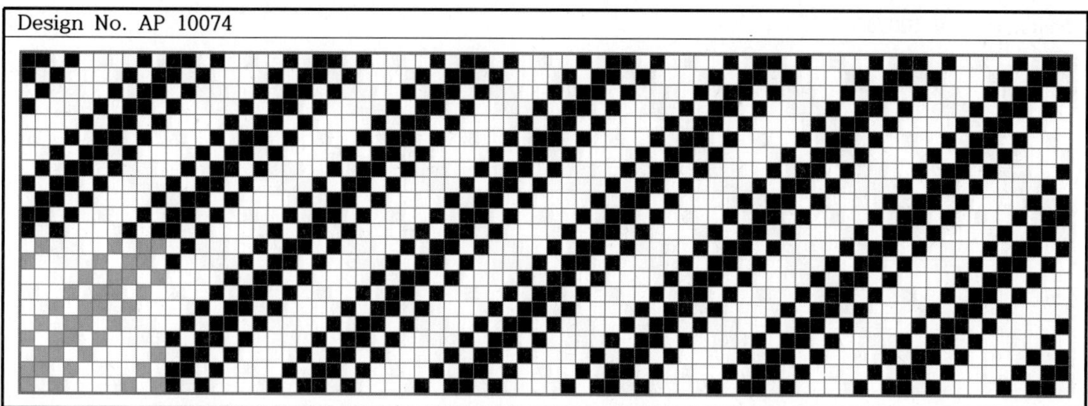

Design No. AP 10074

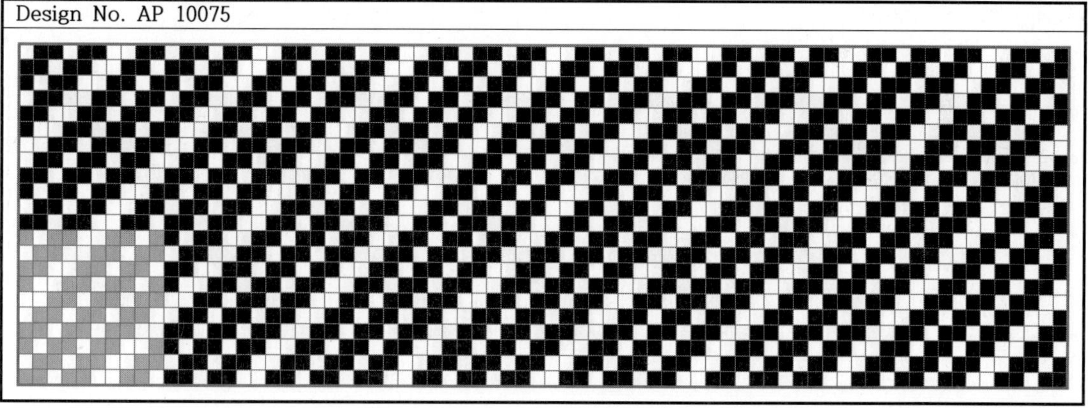

Design No. AP 10075

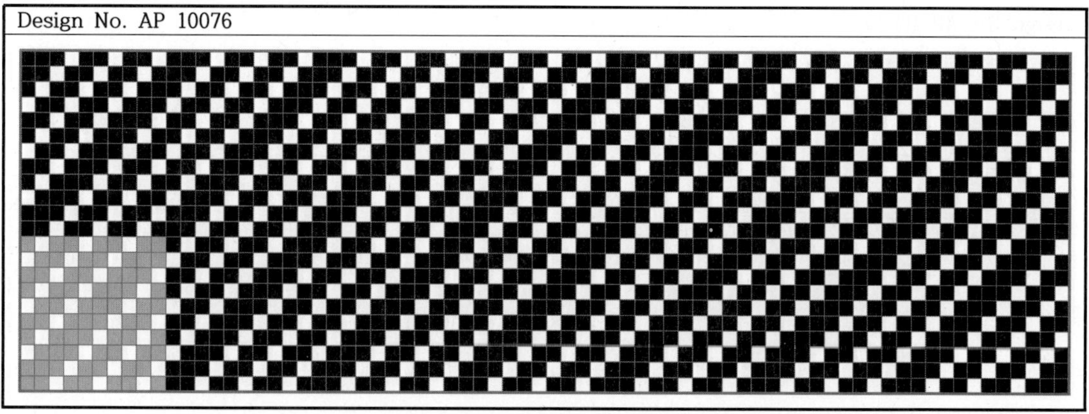

Design No. AP 10076

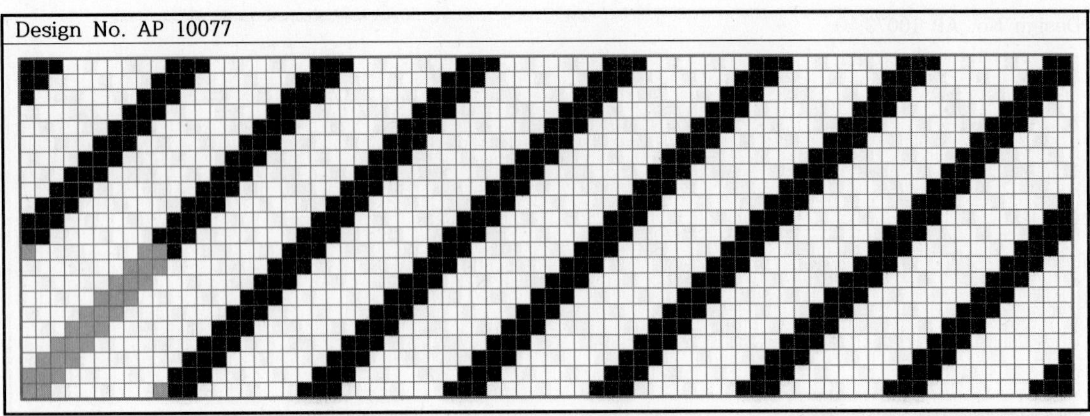

Design No. AP 10077

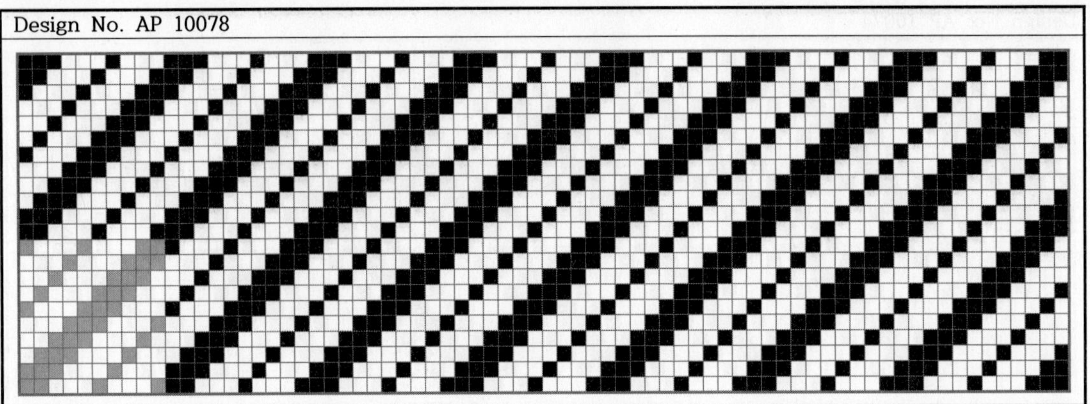

Design No. AP 10078

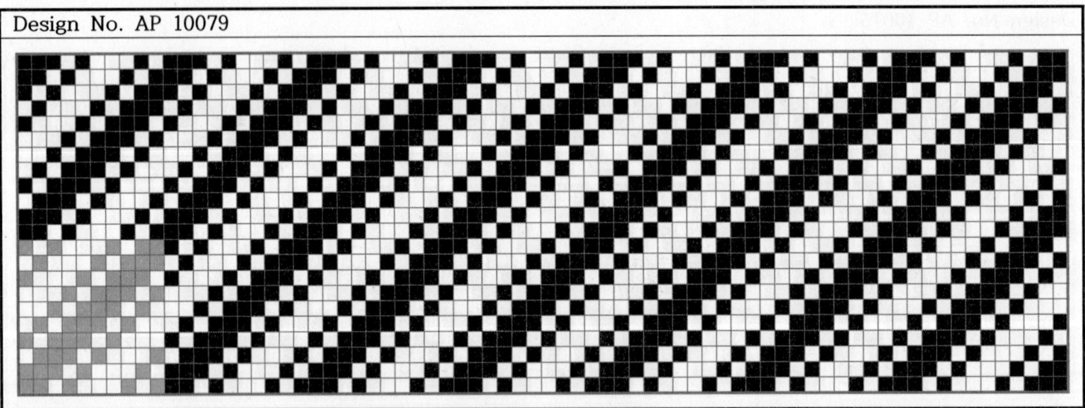

Design No. AP 10079

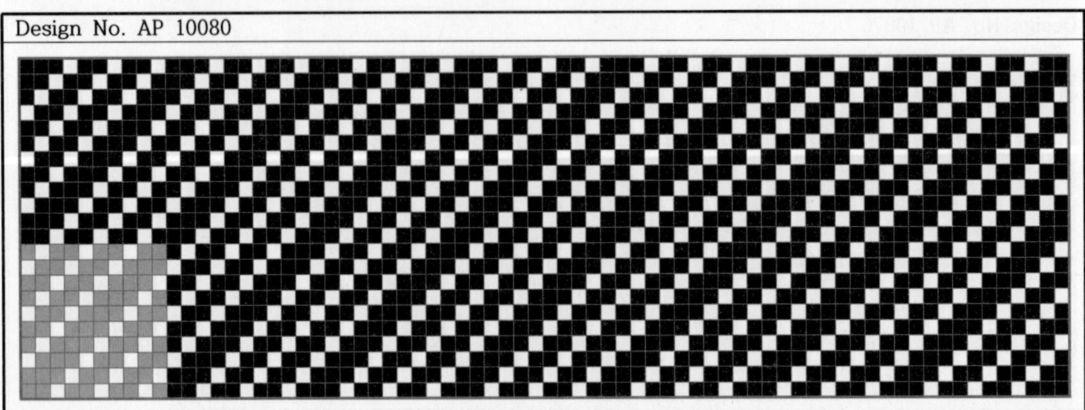

Design No. AP 10080

Design No. AP 10081

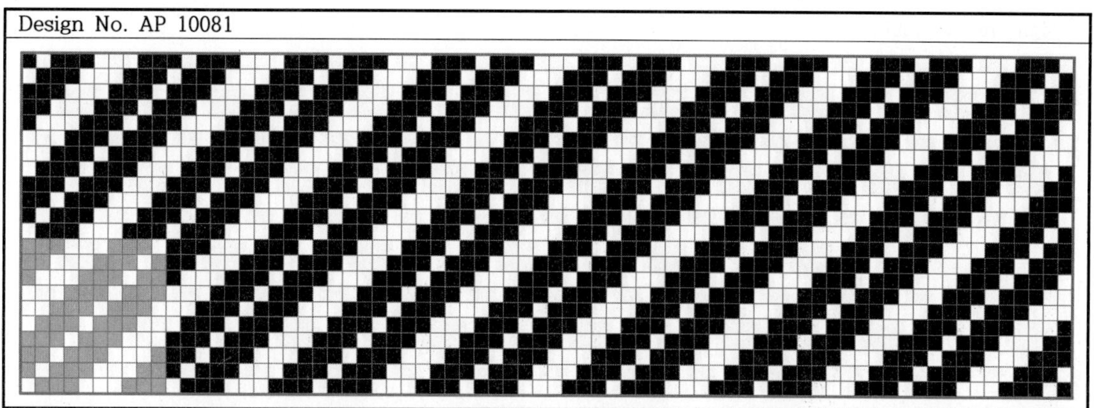

Design No. AP 10082

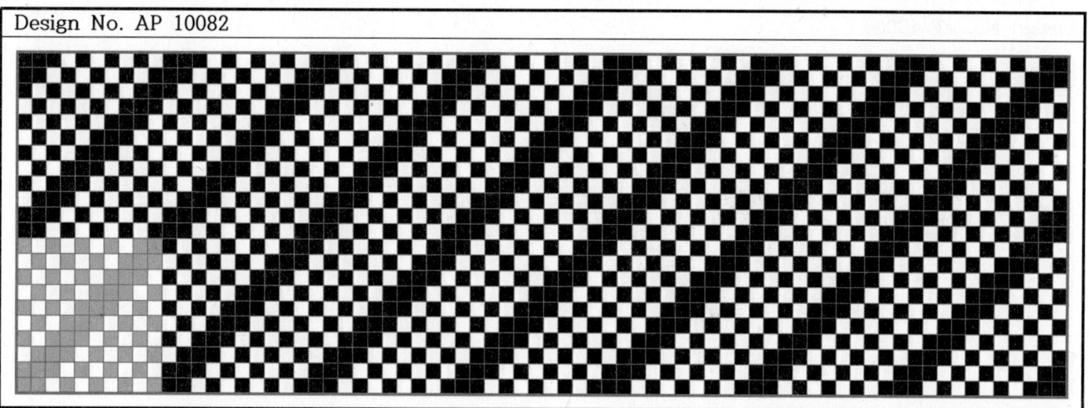

Design No. AP 10083

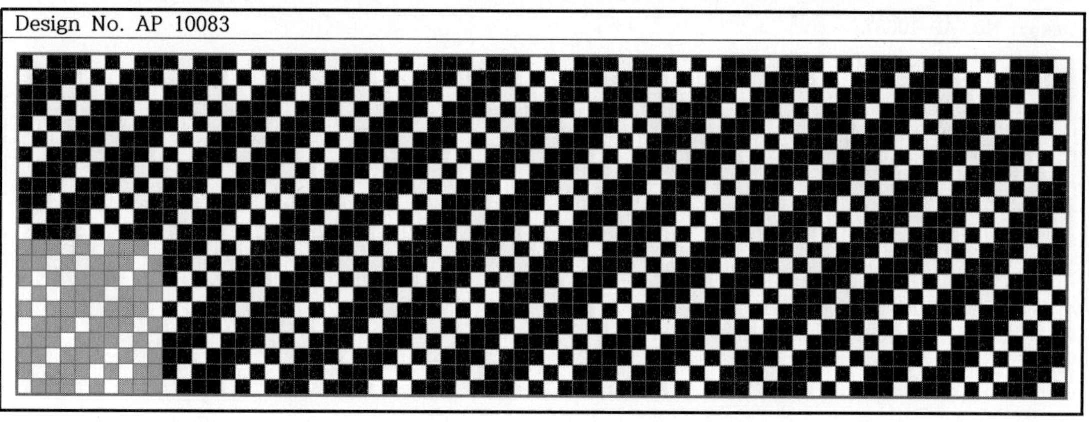

Design No. AP 10084

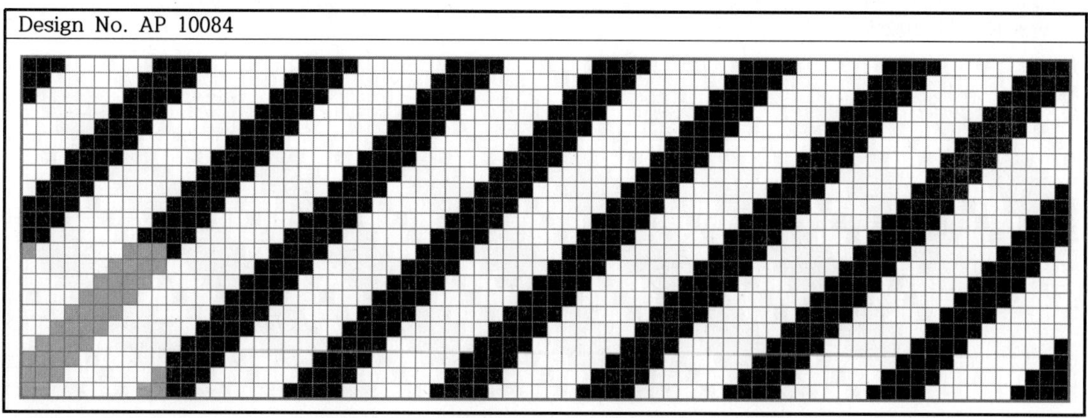

Design No. AP 10085

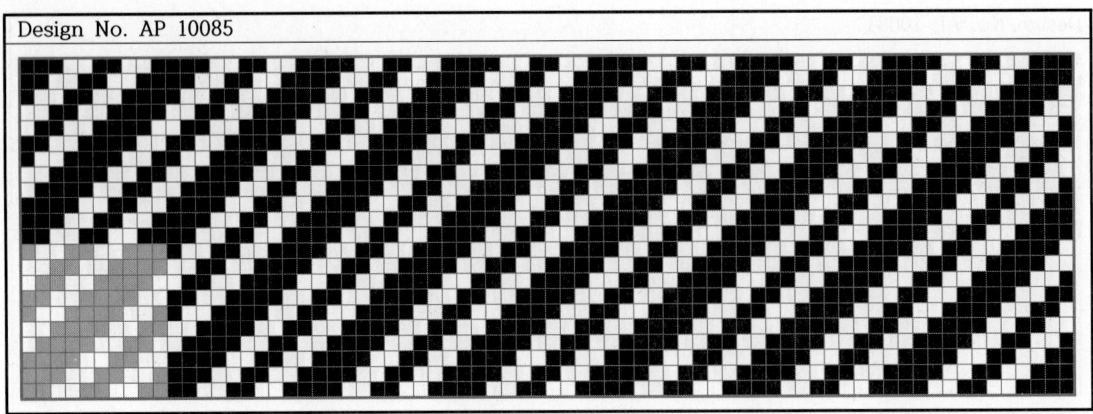

Design No. AP 10086

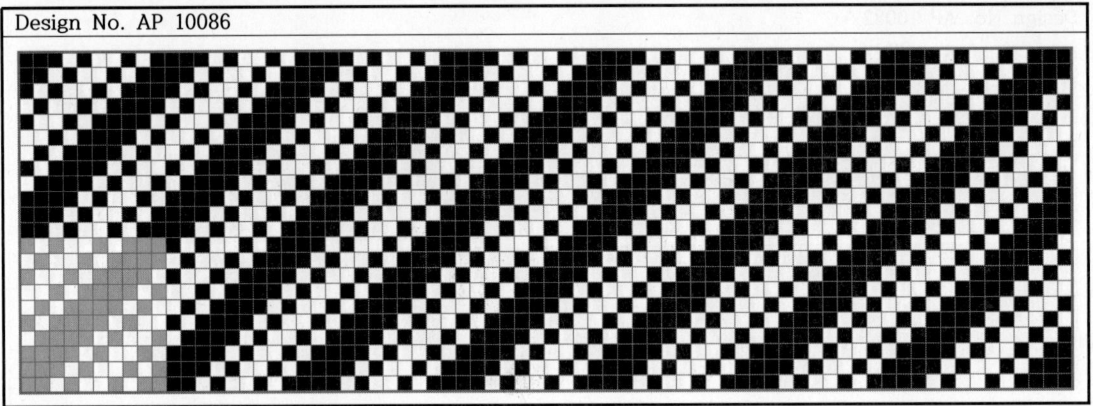

Design No. AP 10087

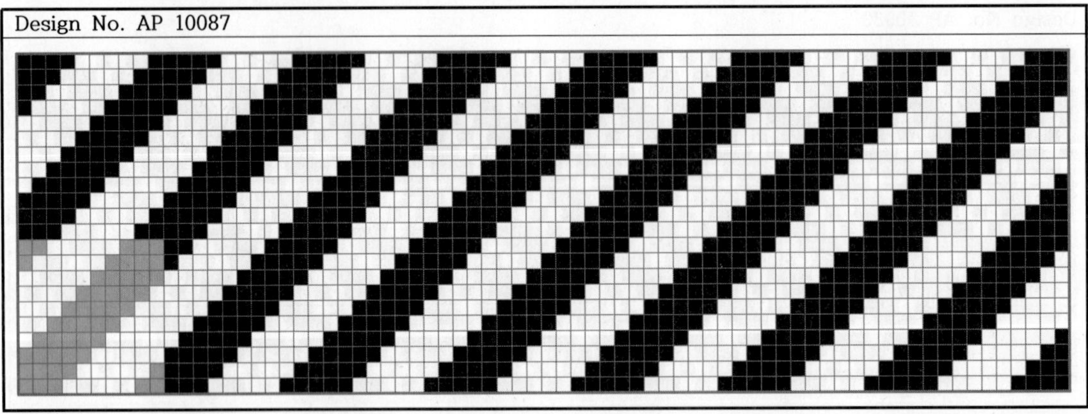

Design No. AP 10088

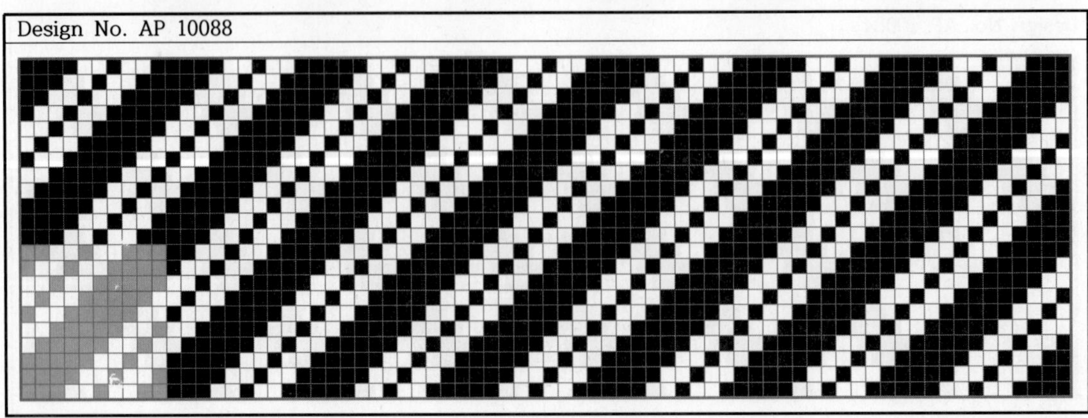

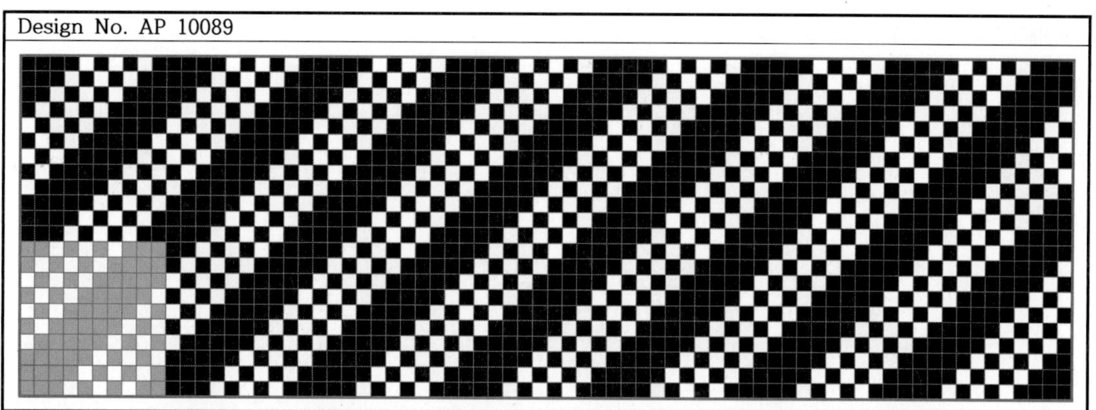

Design No. AP 10089

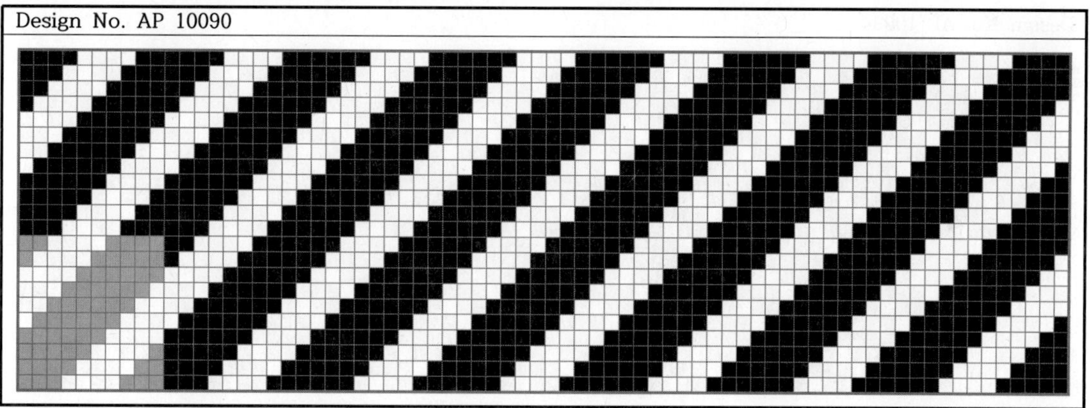

Design No. AP 10090

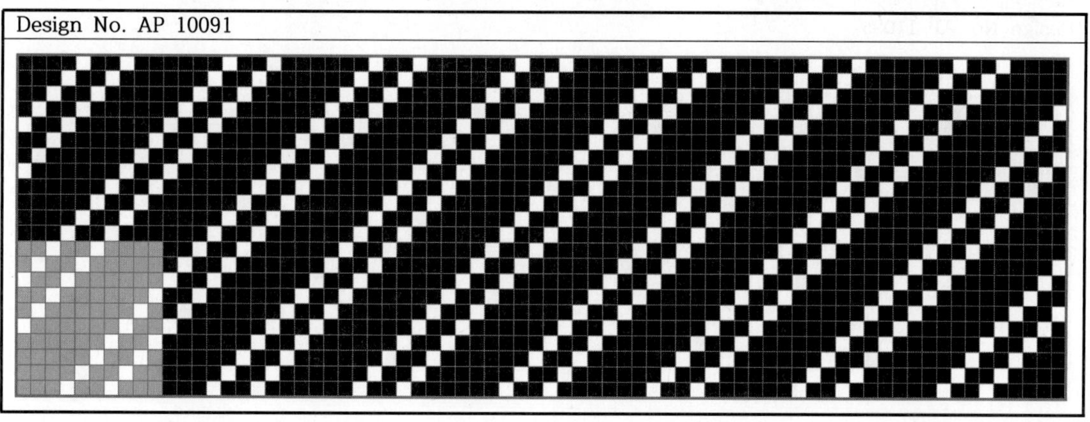

Design No. AP 10091

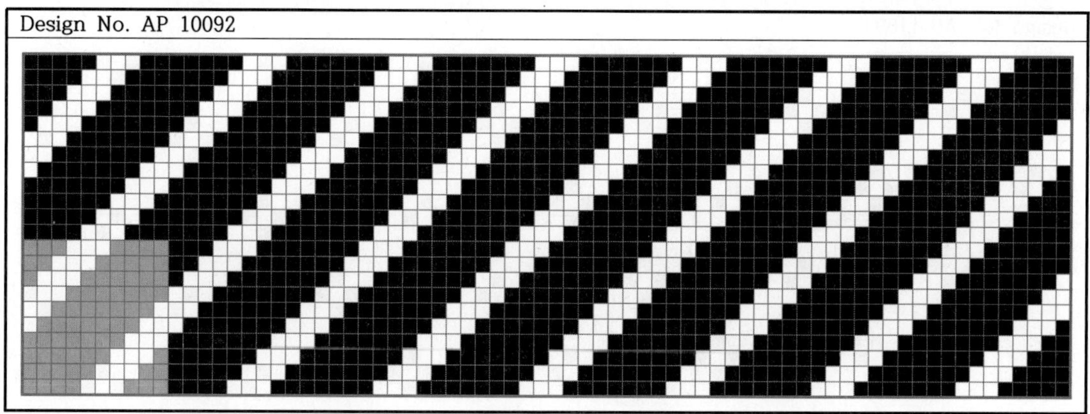

Design No. AP 10092

Design No. AP 10093

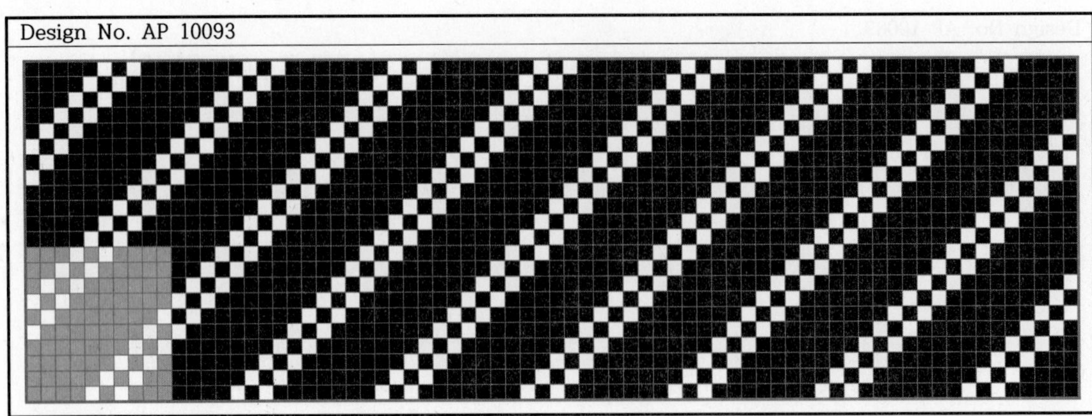

Design No. AP 10094

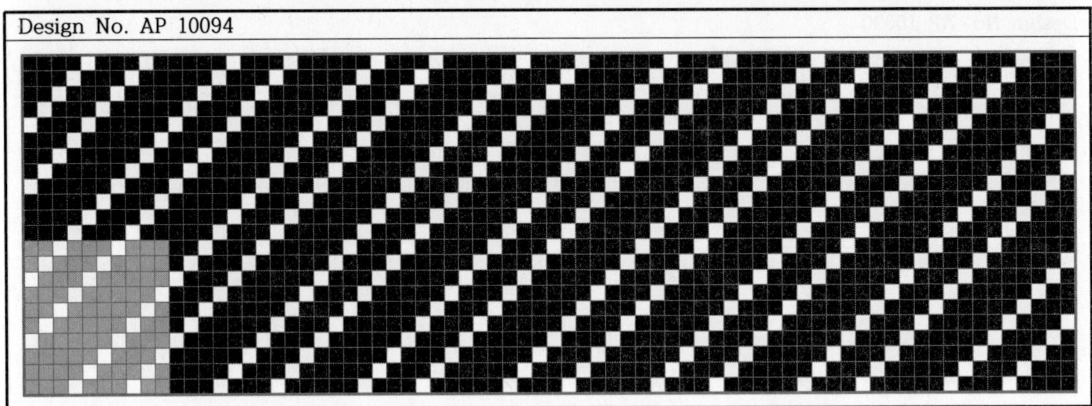

Design No. AP 11095

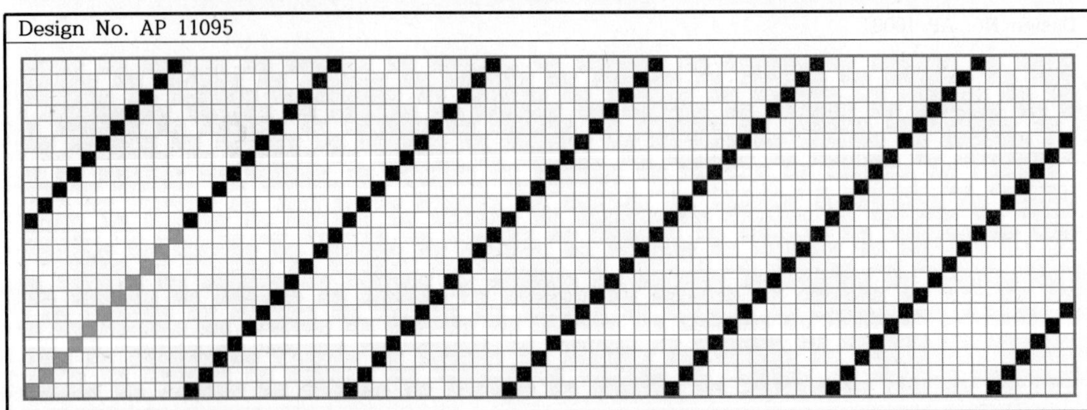

Design No. AP 11096

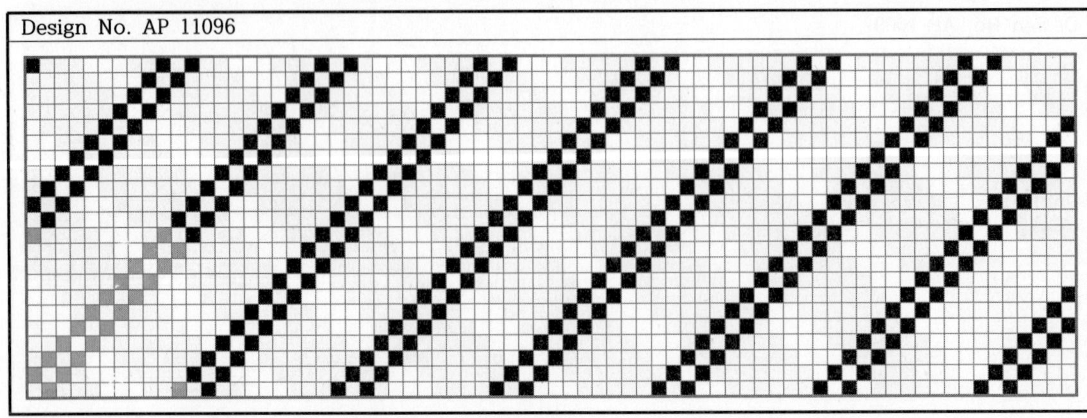

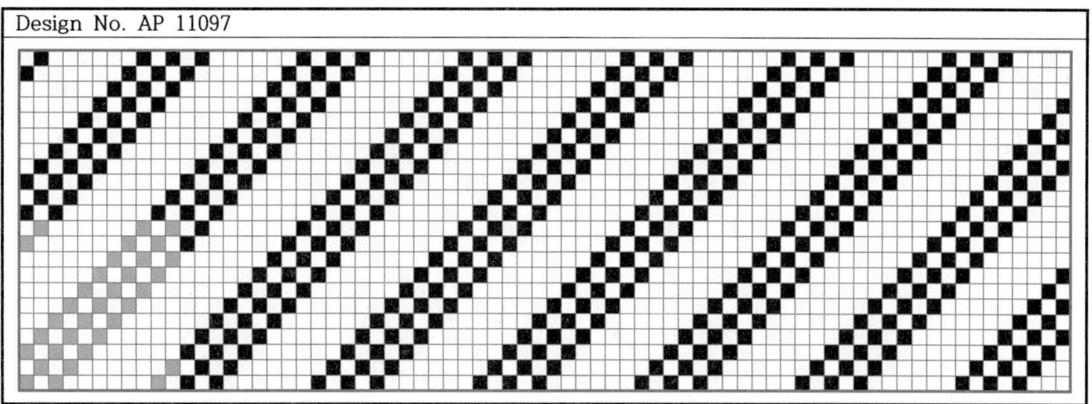

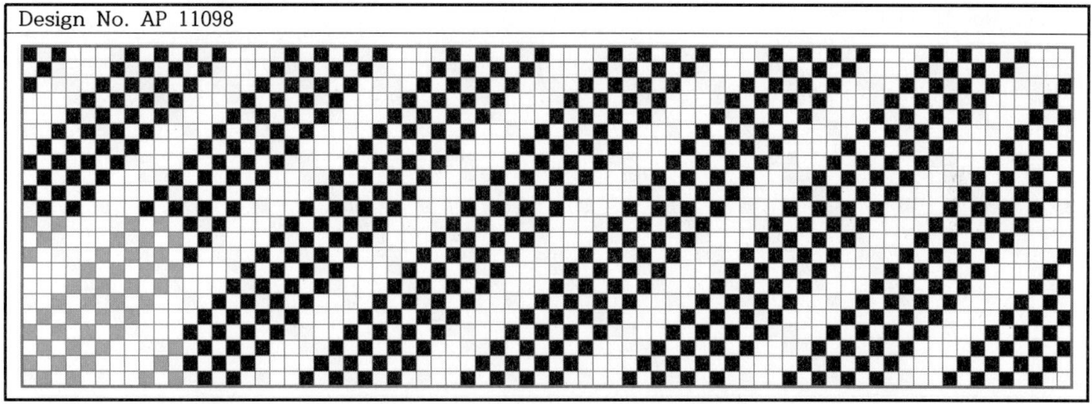

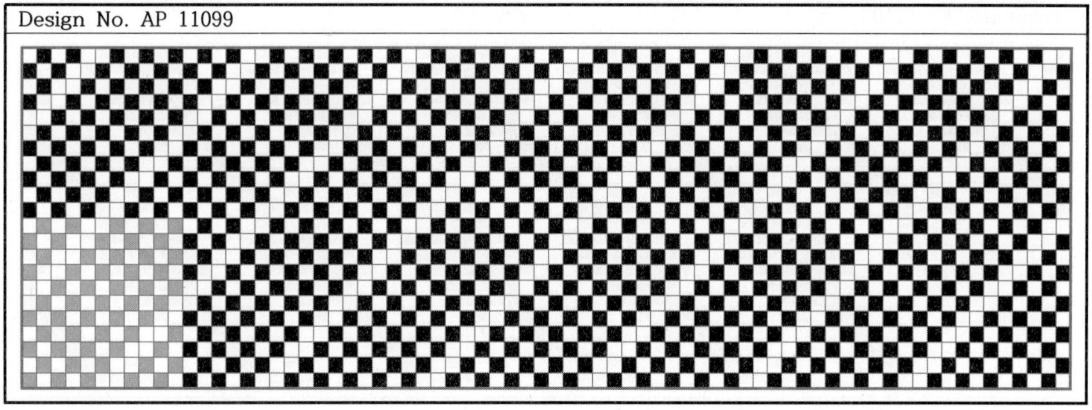

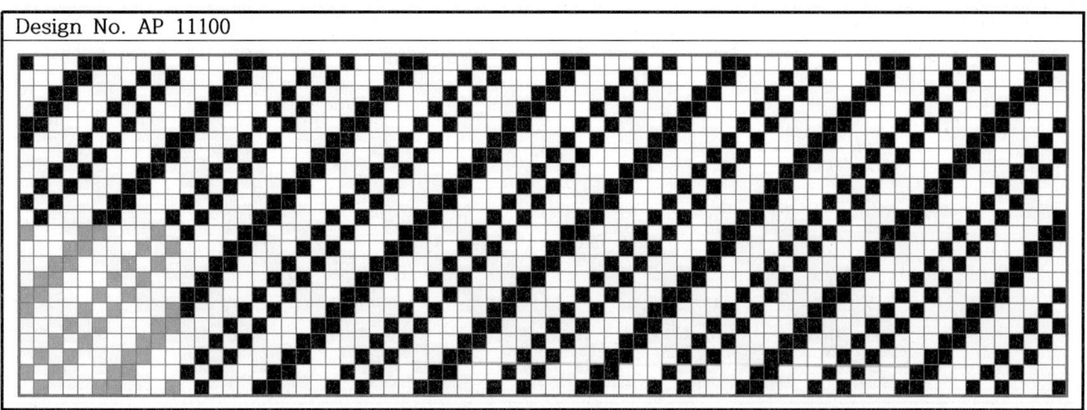

Design No. AP 11101

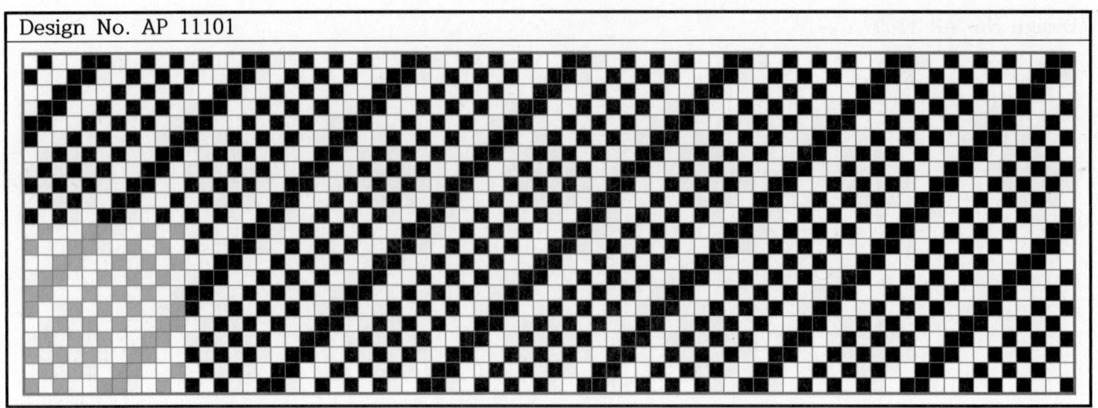

Design No. AP 11102

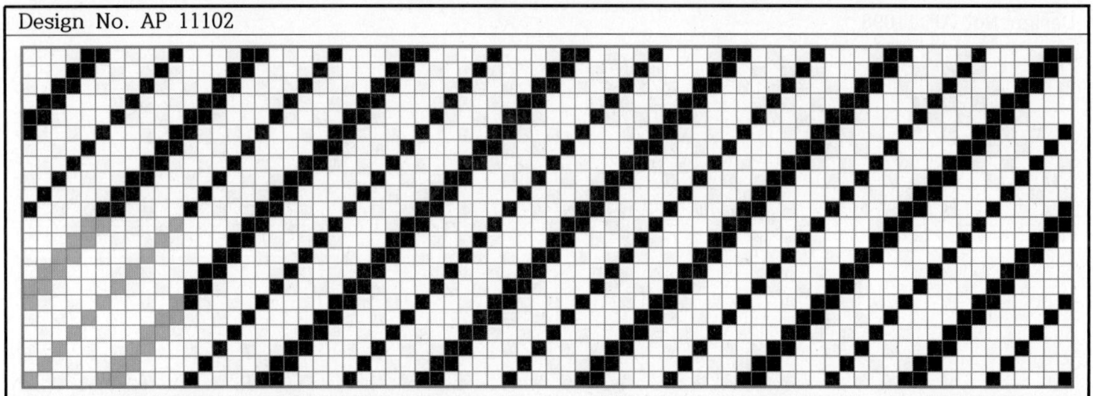

Design No. AP 11103

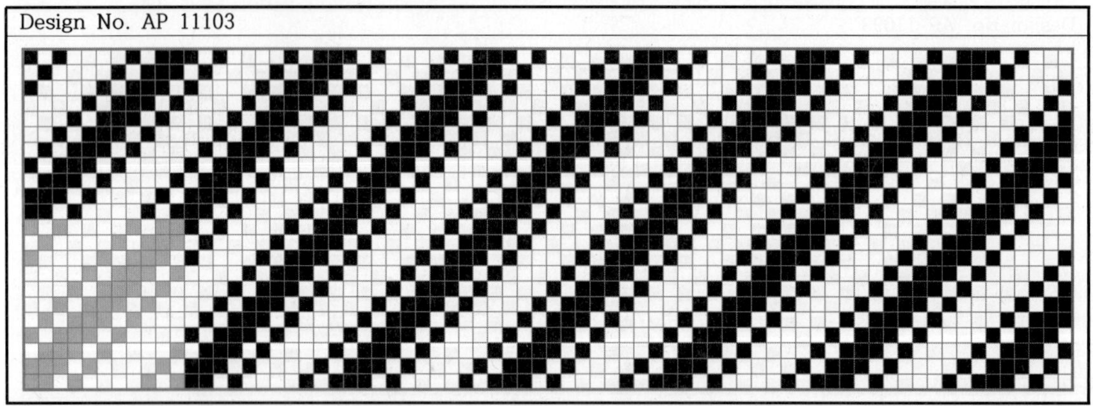

Design No. AP 11104

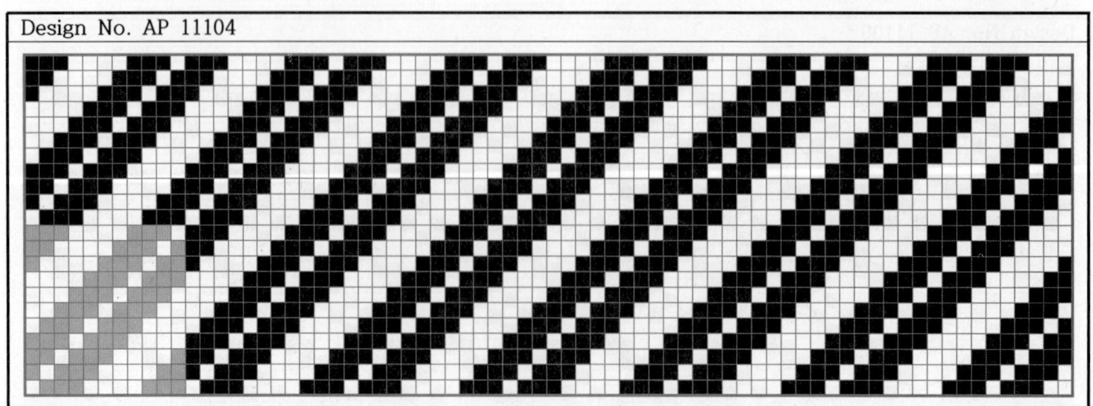

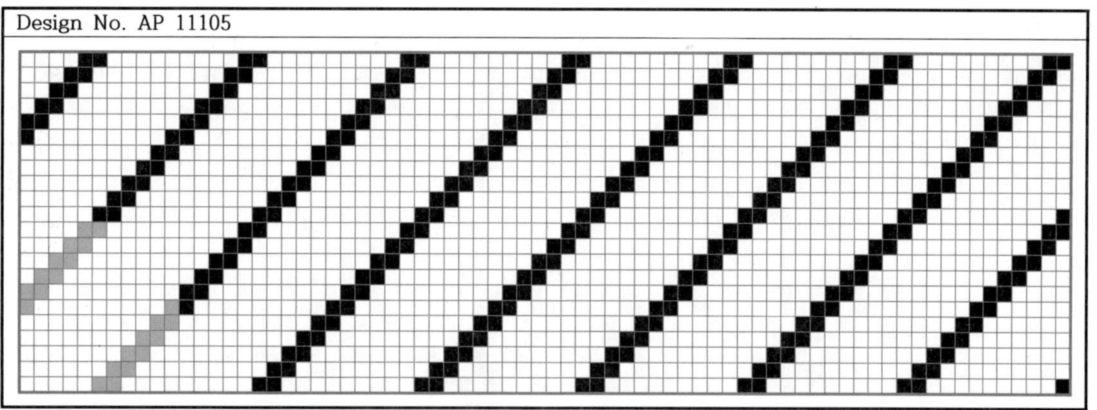

Design No. AP 11105

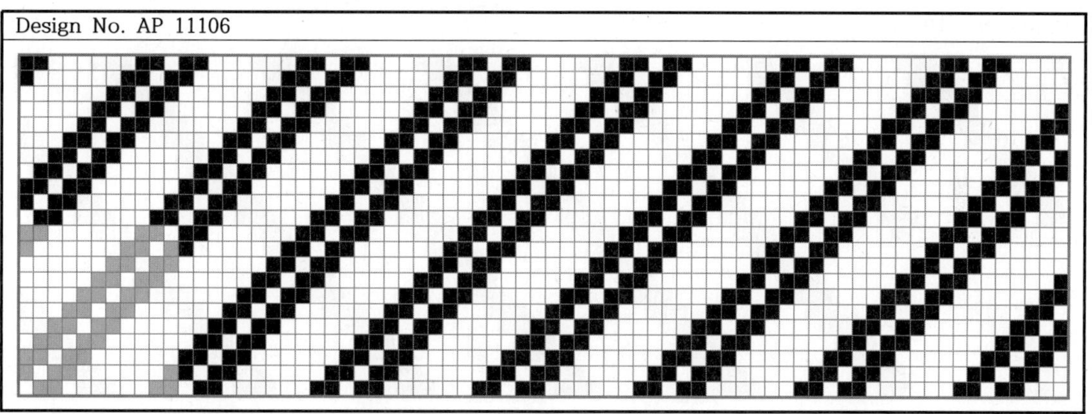

Design No. AP 11106

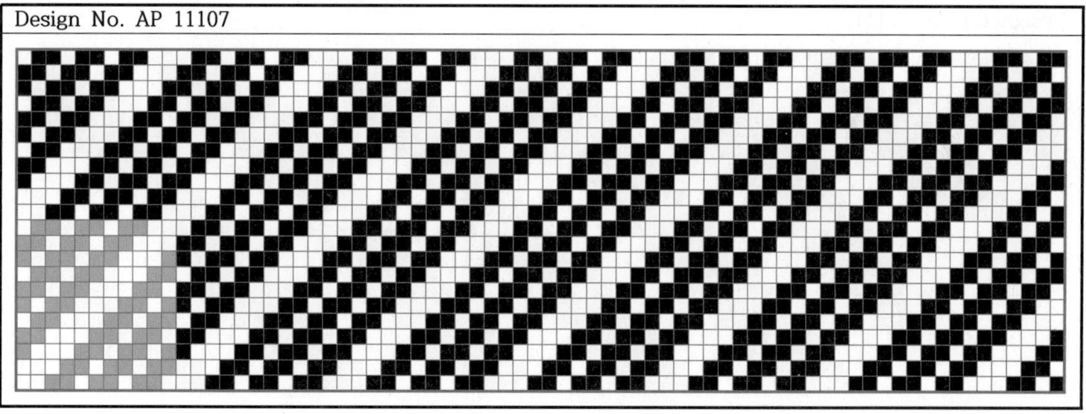

Design No. AP 11107

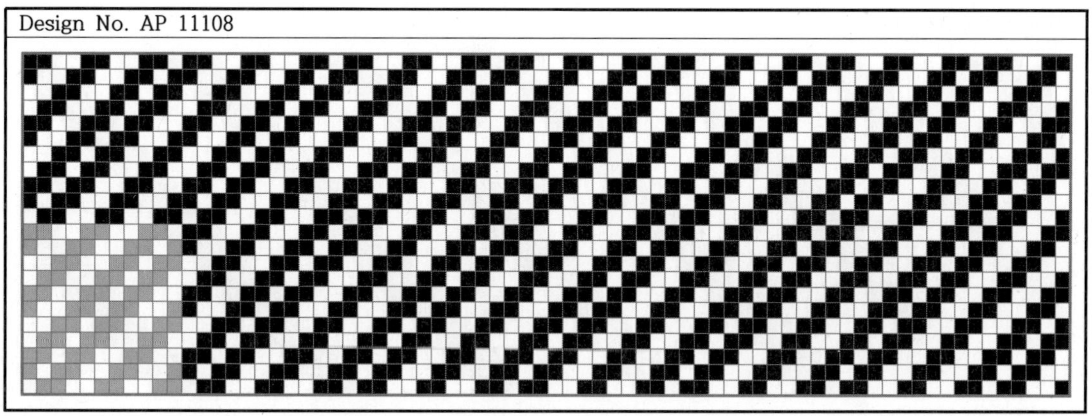

Design No. AP 11108

Design No. AP 11109

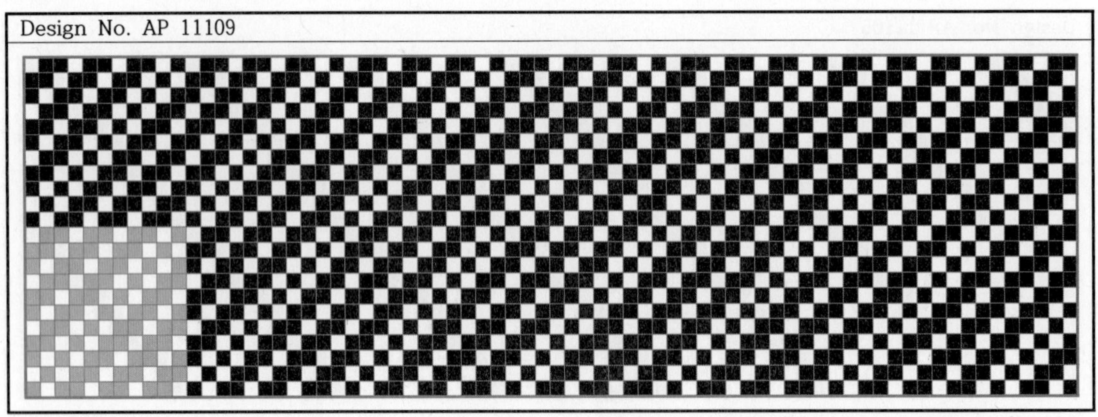

Design No. AP 11110

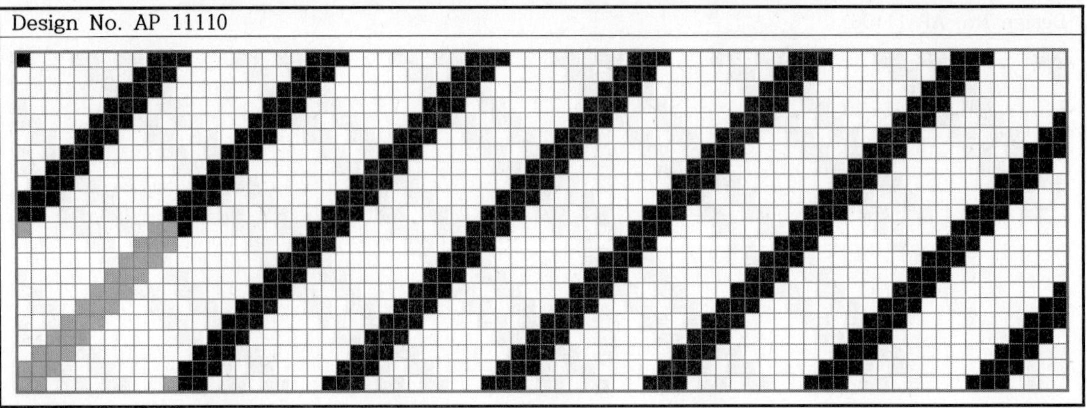

Design No. AP 11111

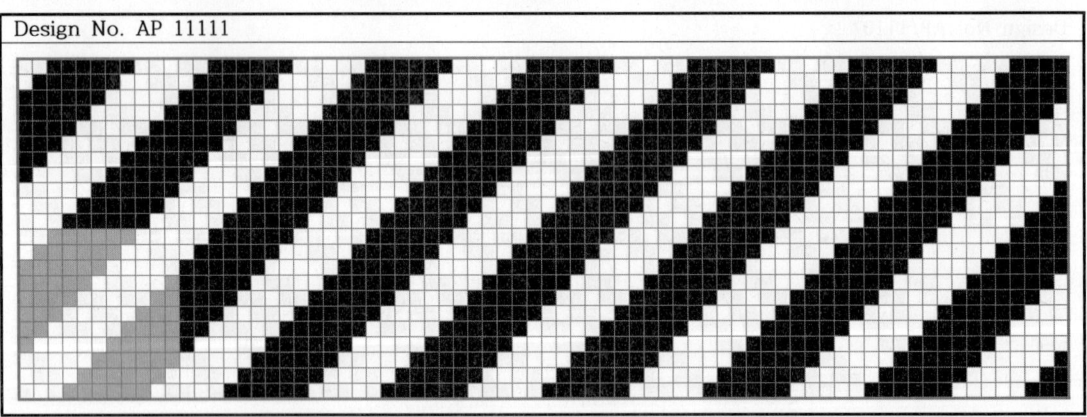

Design No. AP 11112

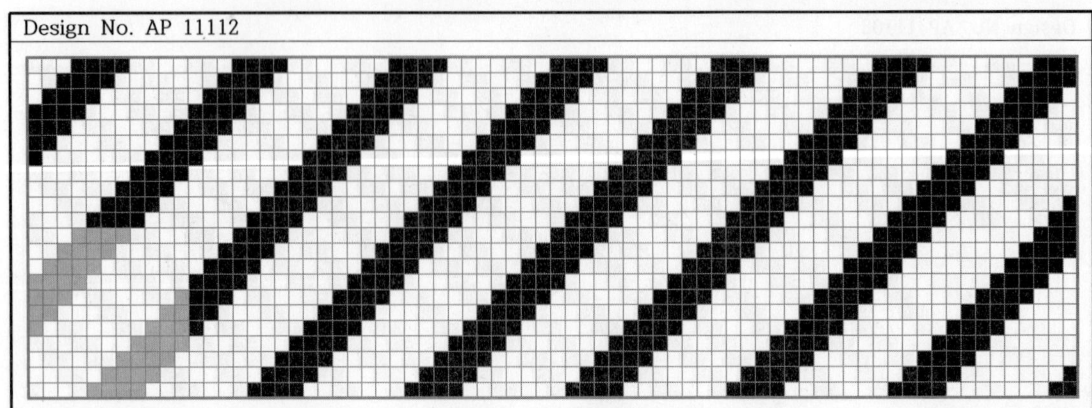

Design No. AP 11113

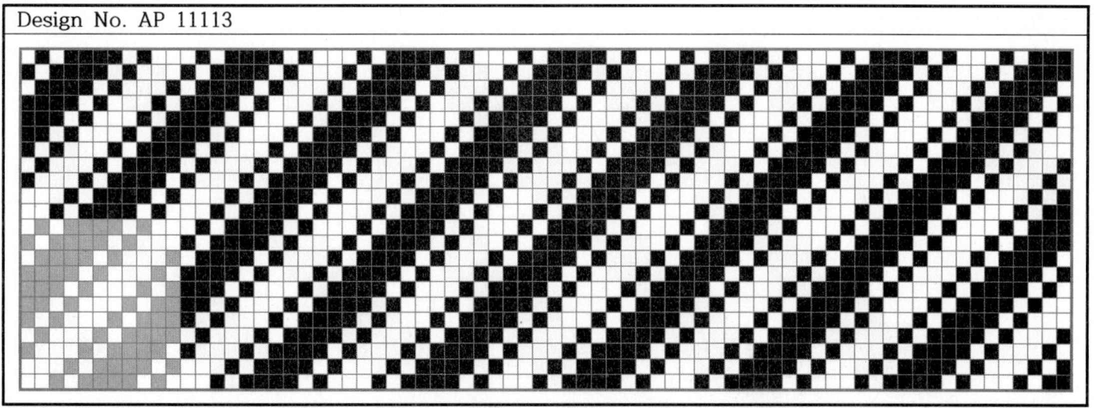

Design No. AP 11114

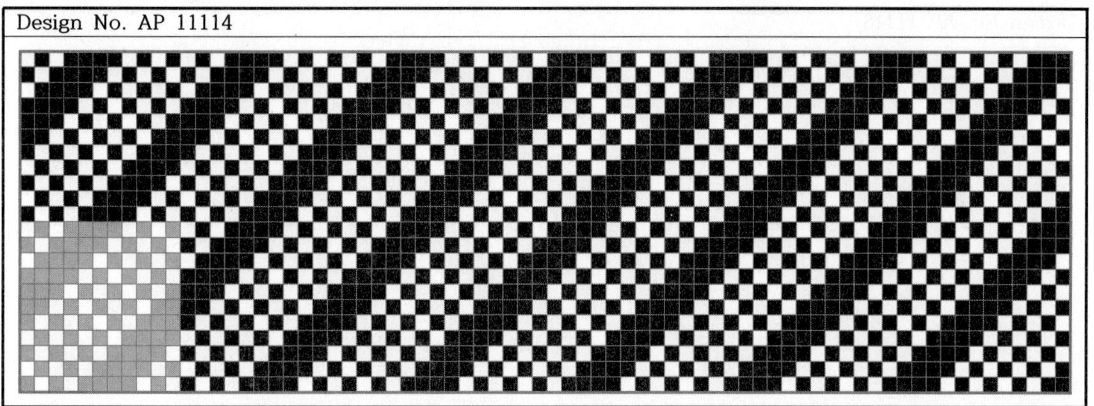

Design No. AP 11115

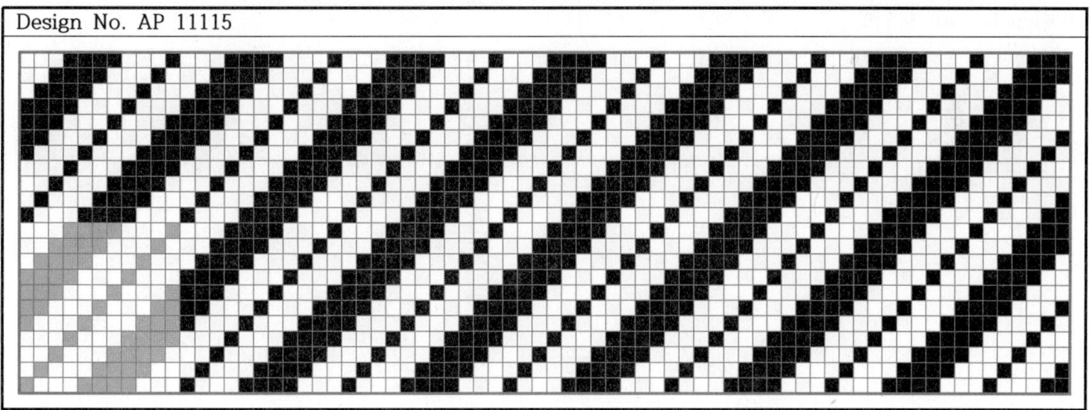

Design No. AP 11116

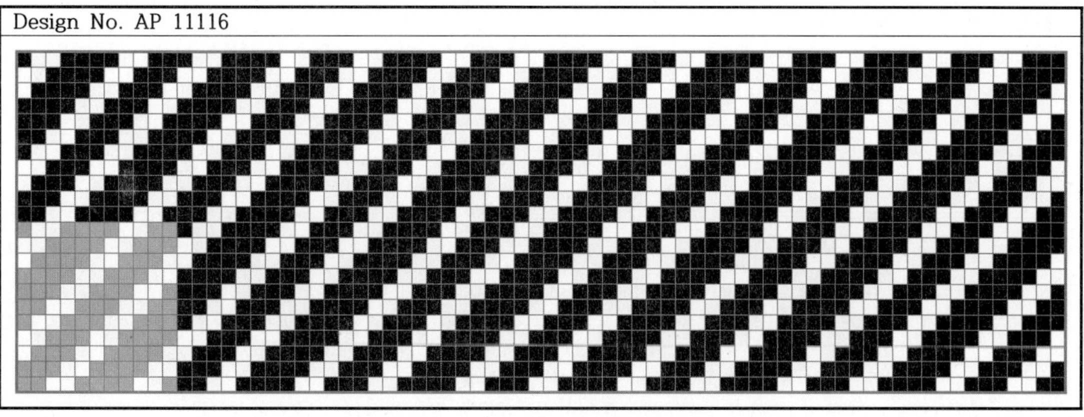

Design No. AP 11117

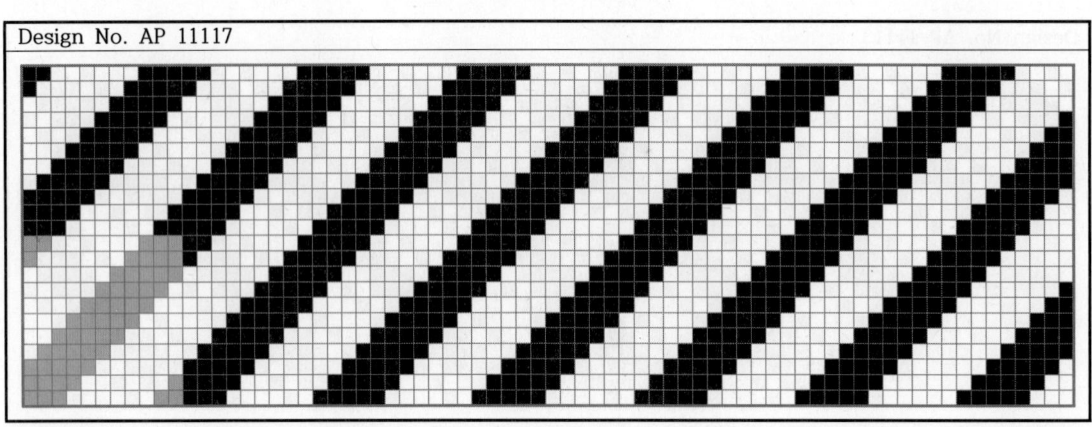

Design No. AP 11118

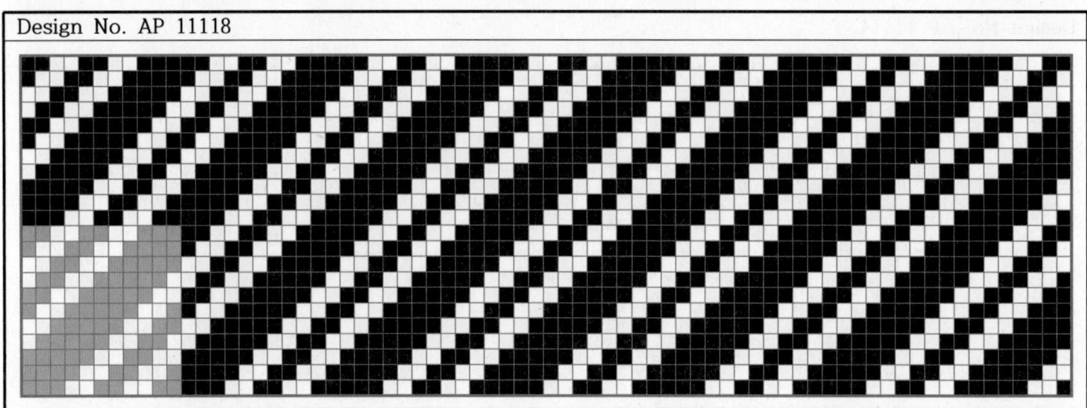

Design No. AP 11119

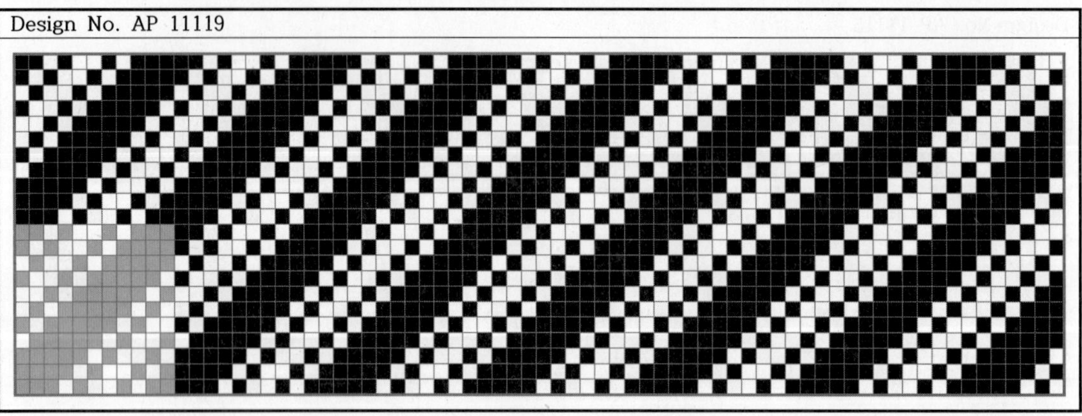

Design No. AP 12120

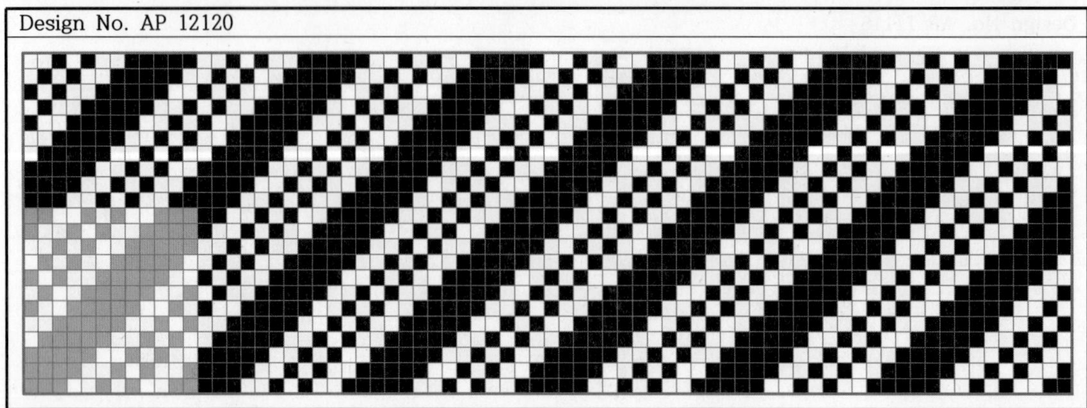

Design No. AP 12121

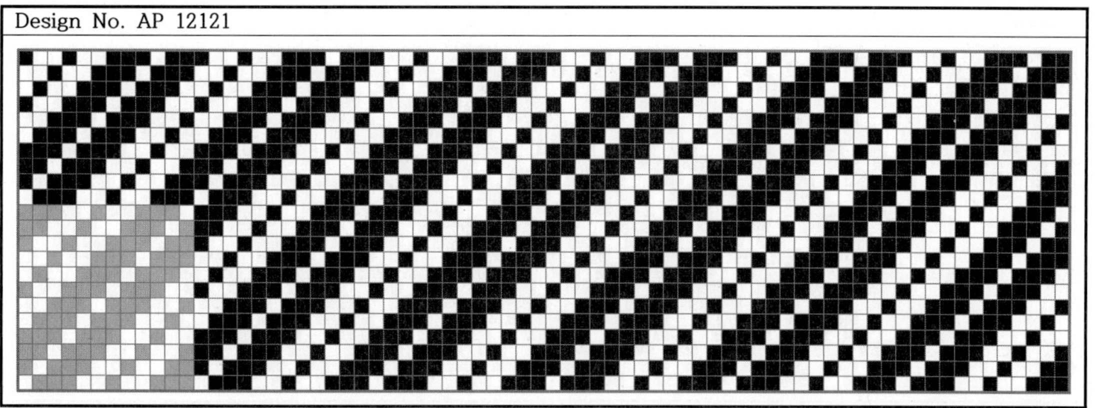

Design No. AP 12122

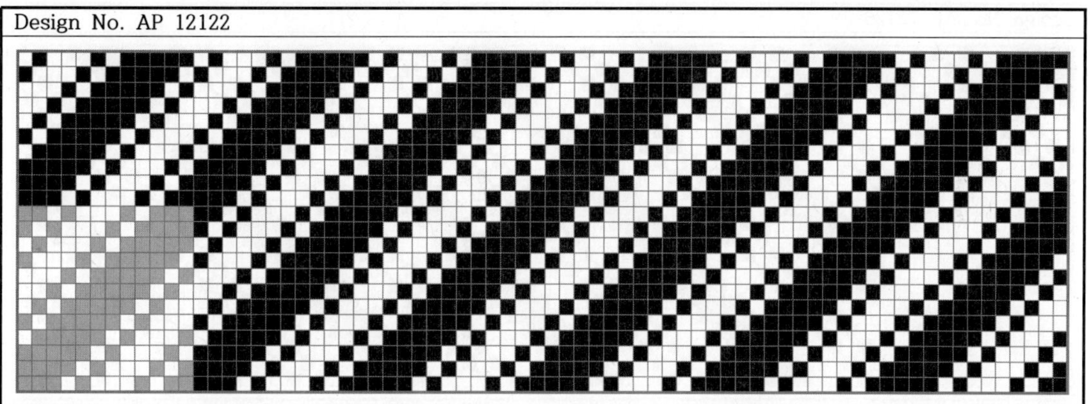

Design No. AP 12123

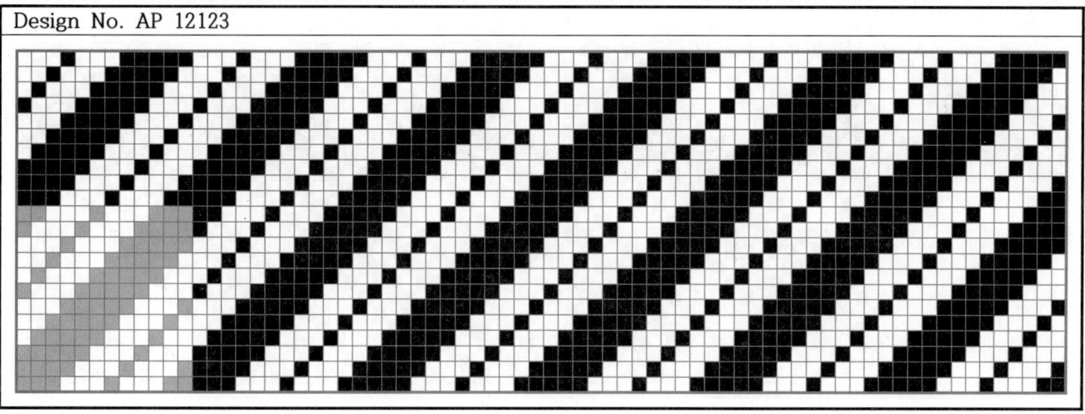

Design No. AP 12124

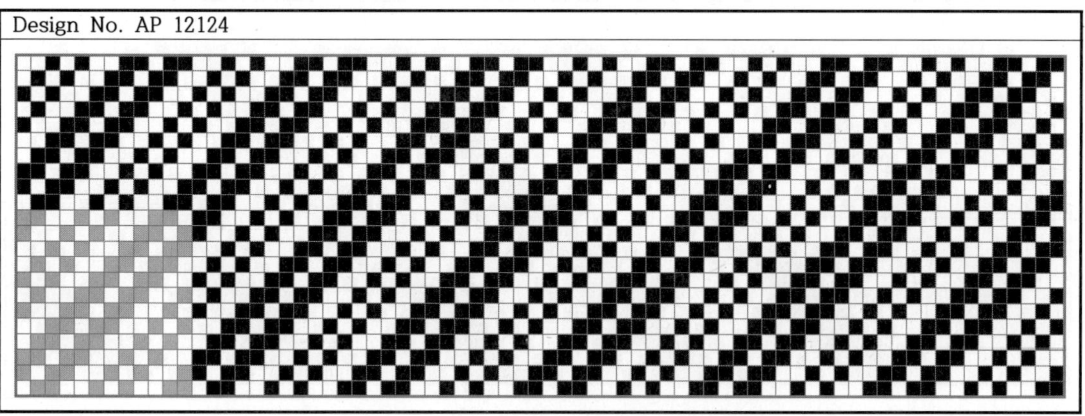

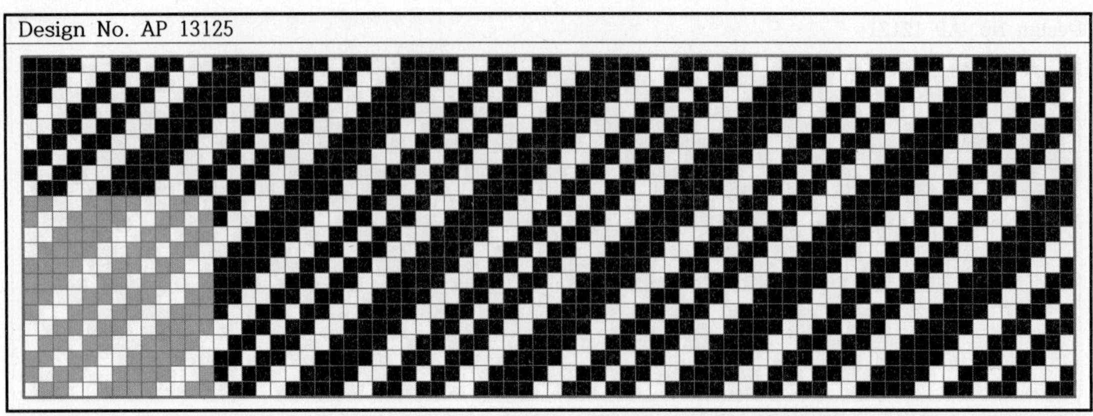

Design No. AP 13125

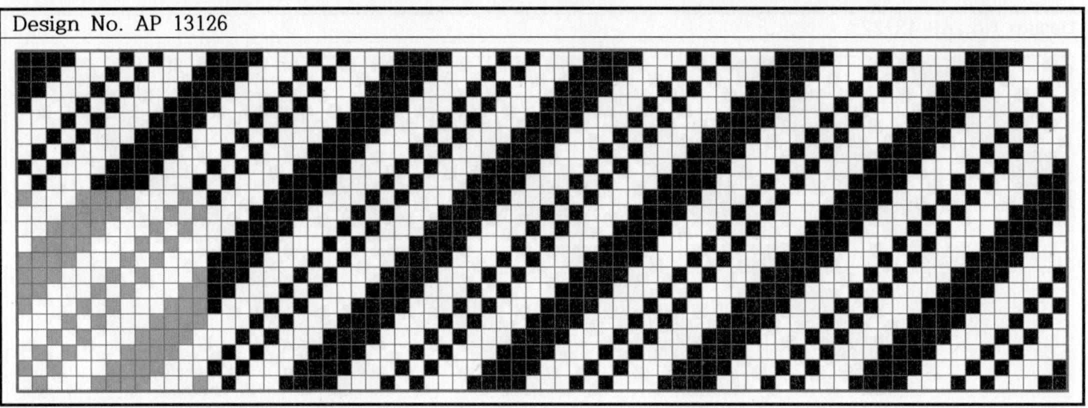

Design No. AP 13126

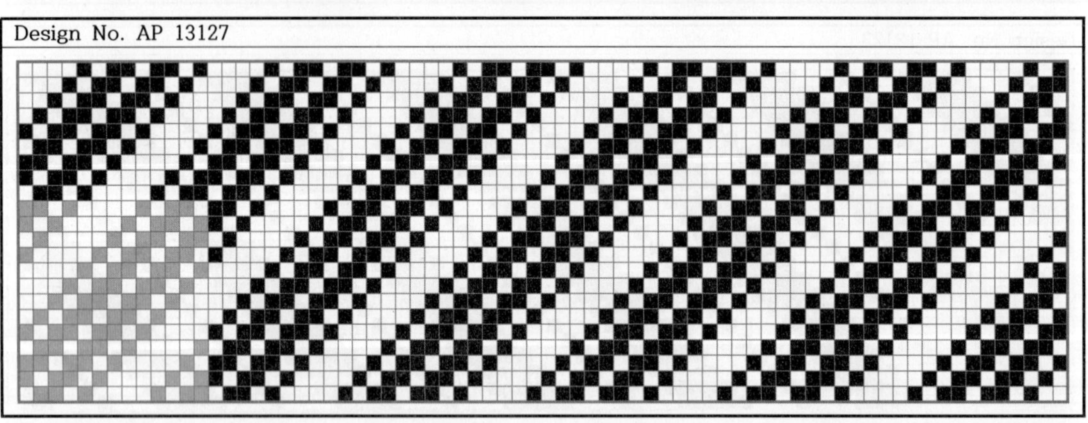

Design No. AP 13127

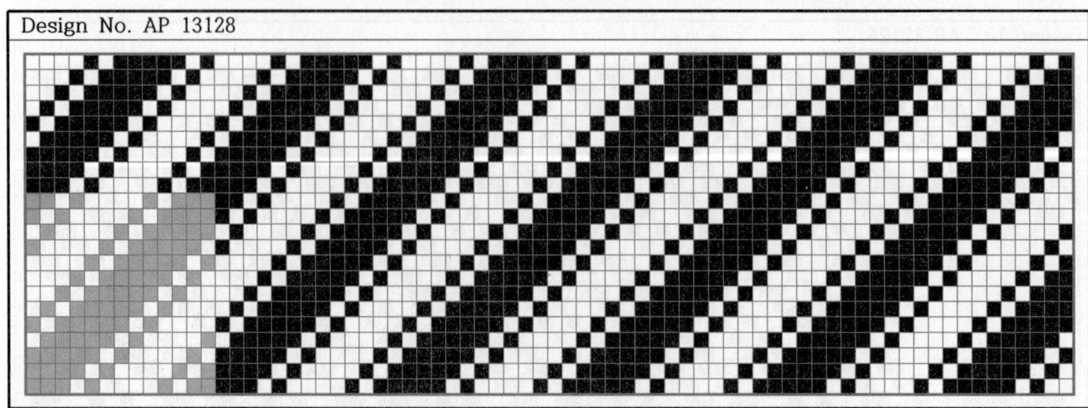

Design No. AP 13128

Design No. AP 13129

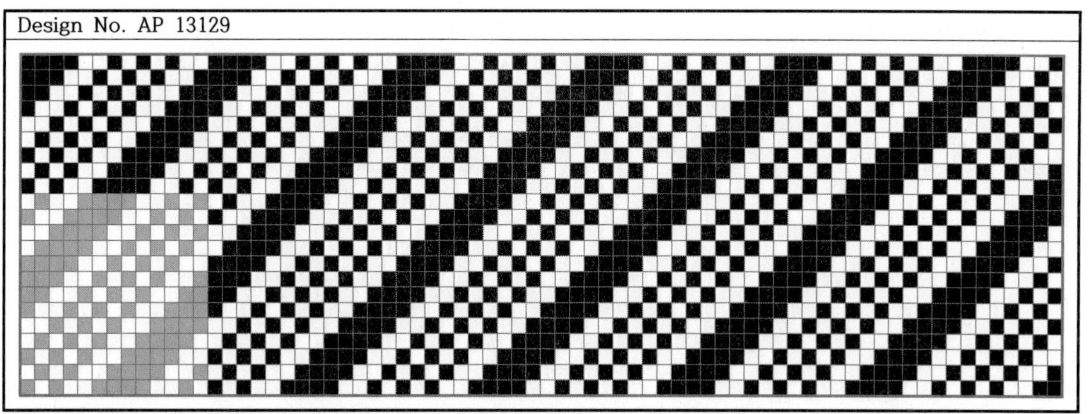

Design No. AP 14130

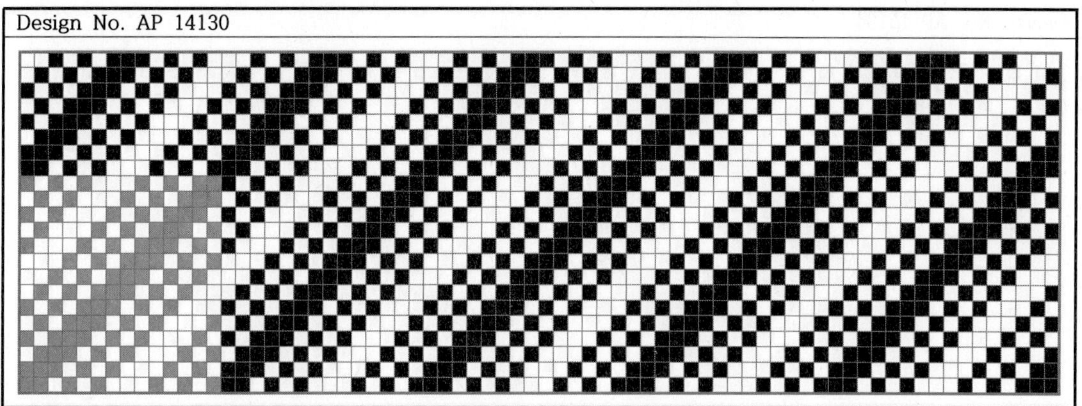

Design No. AP 14131

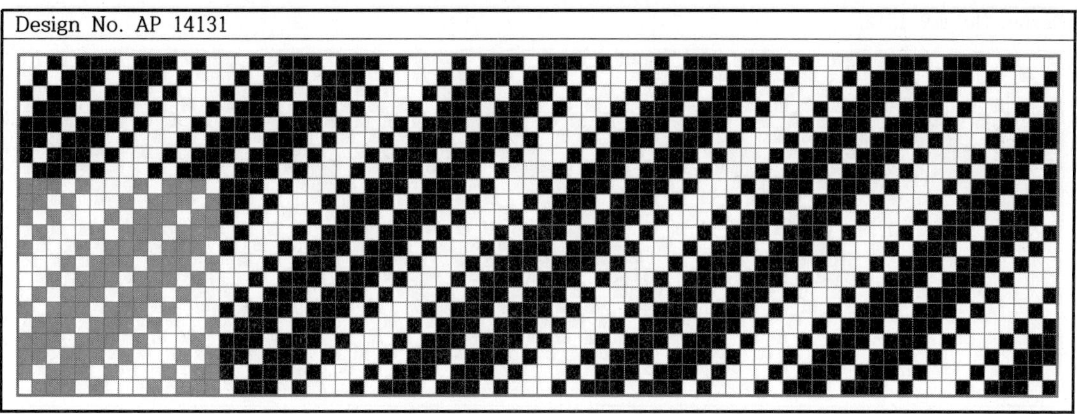

Design No. AP 14132

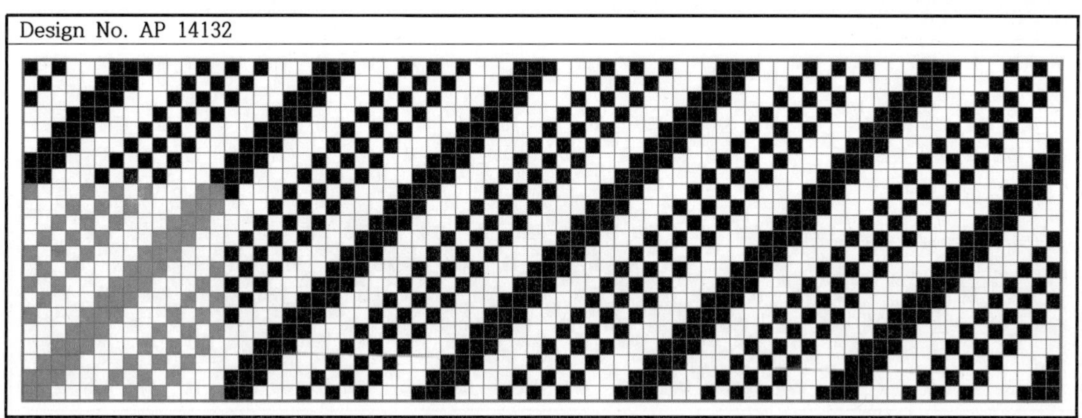

Design No. AP 14133

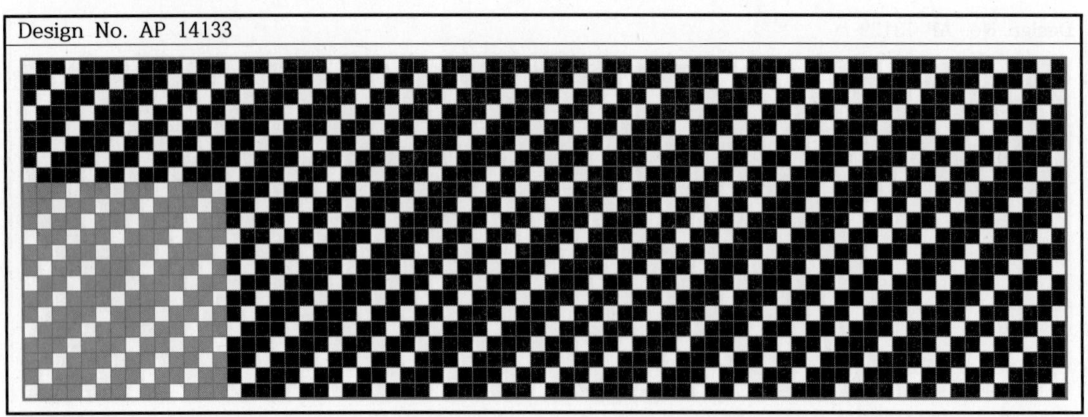

Design No. AP 15134

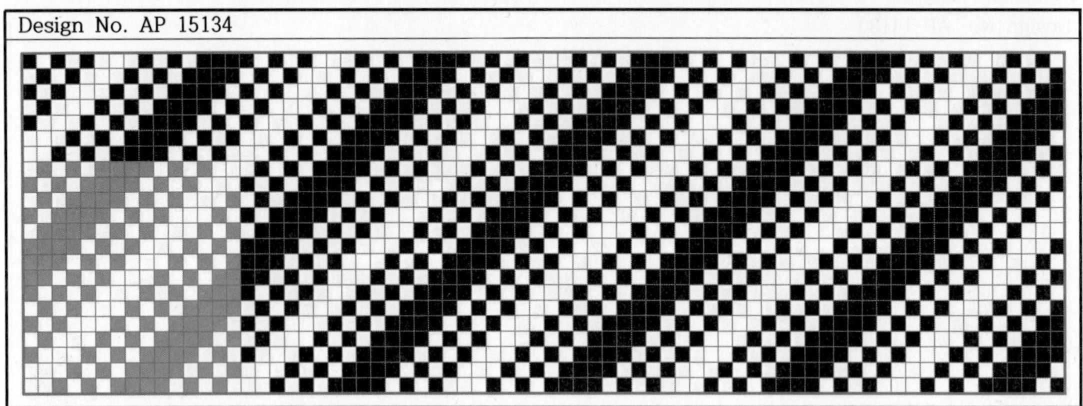

Design No. AP 15135

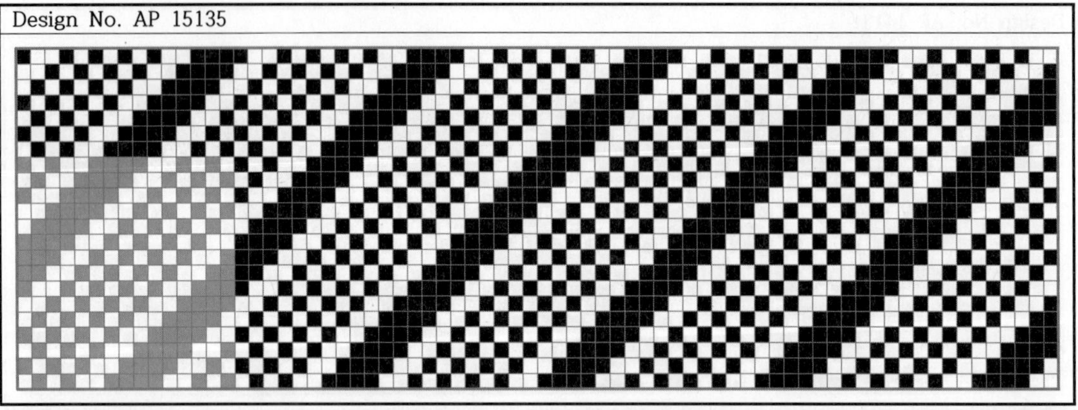

Design No. AP 15136

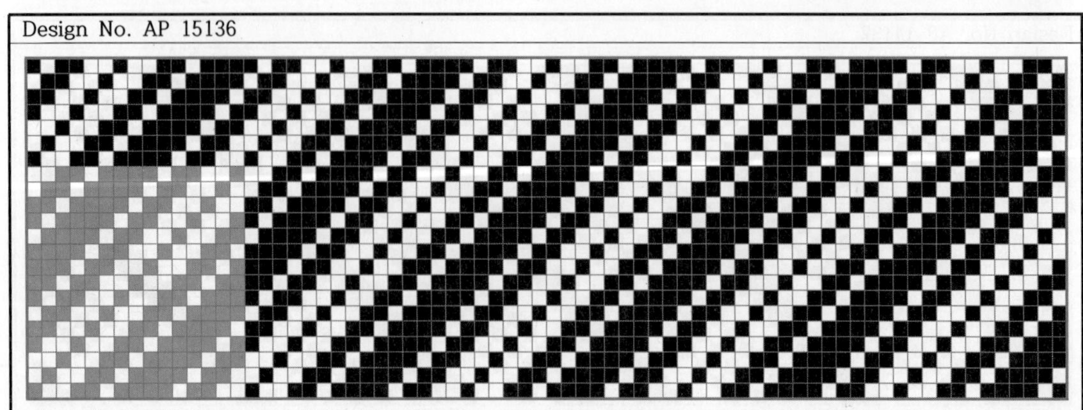

Design No. AP 15137

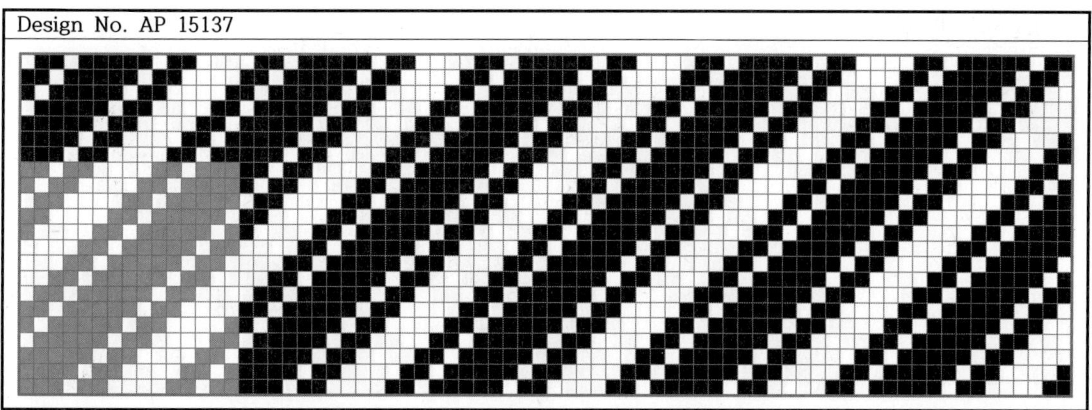

Design No. AP 16138

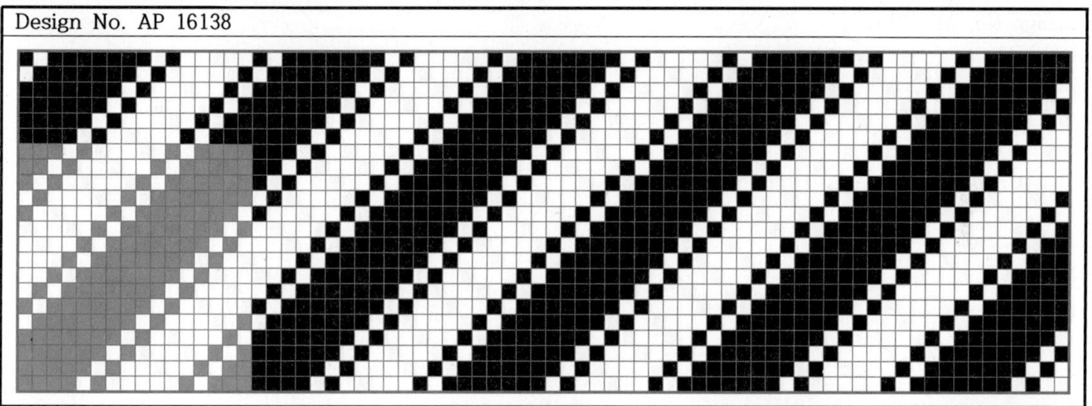

Design No. AP 16139

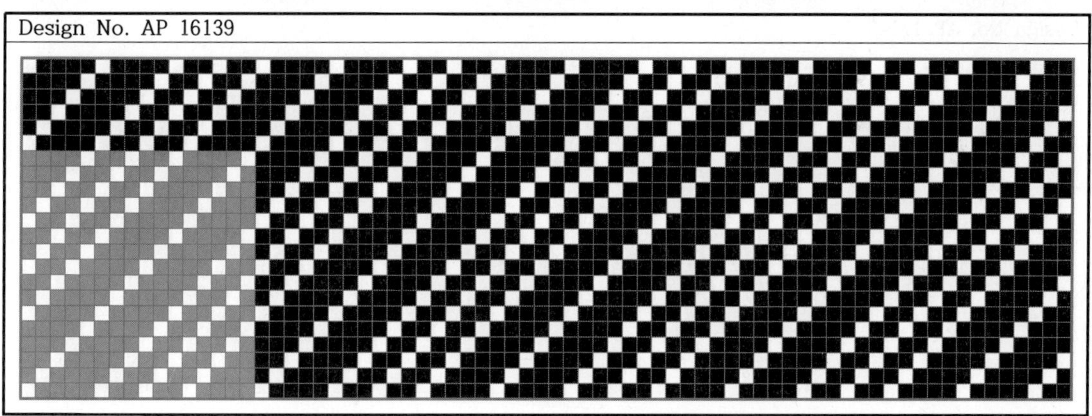

Design No. AP 16140

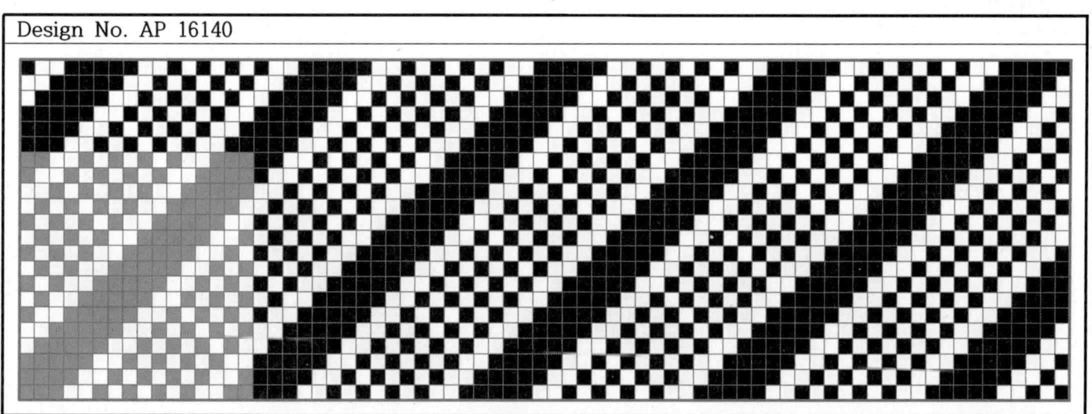

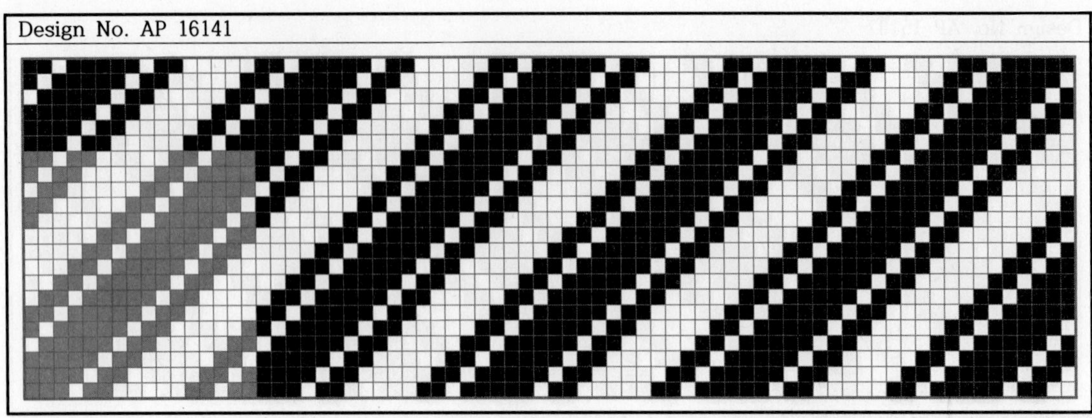

Design No. AP 16141

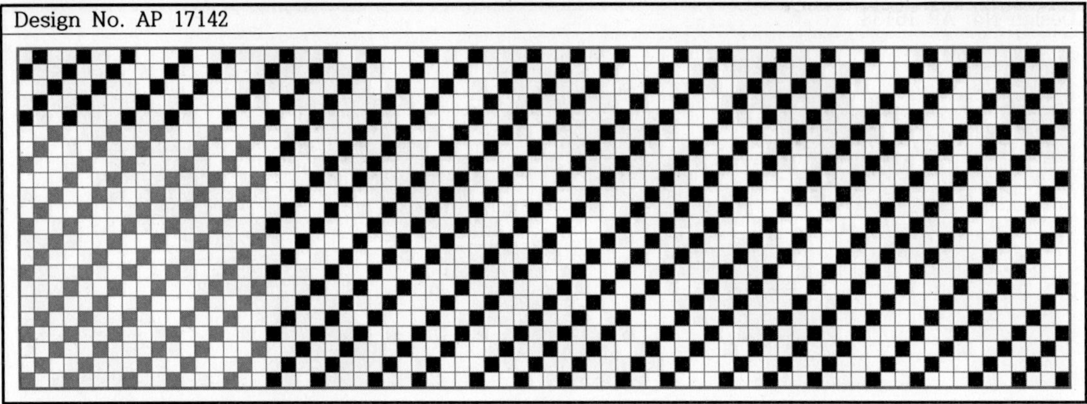

Design No. AP 17142

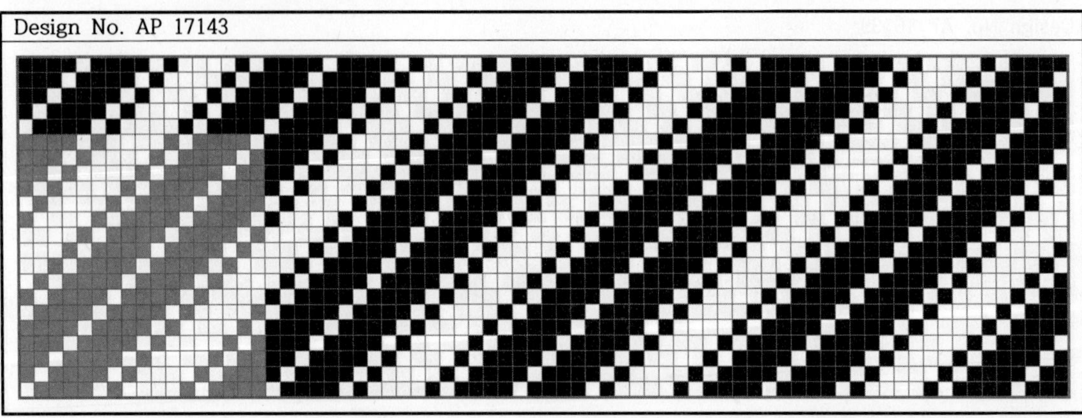

Design No. AP 17143

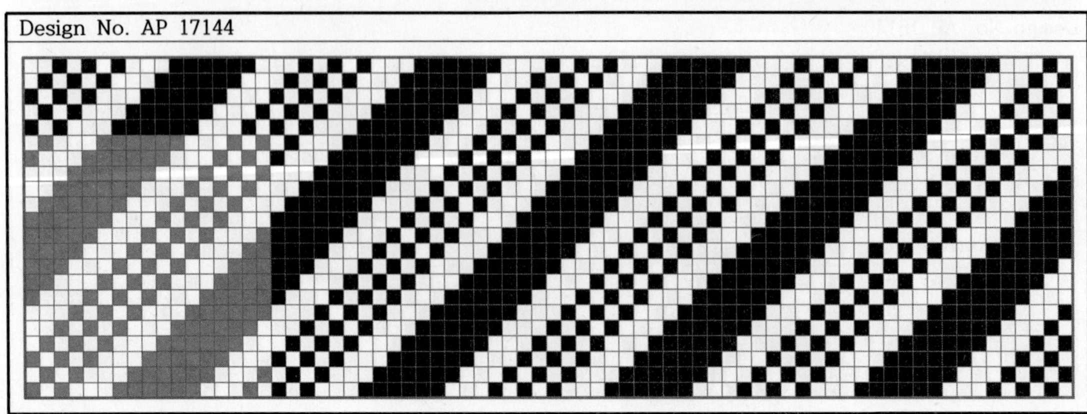

Design No. AP 17144

Design No. AP 17145

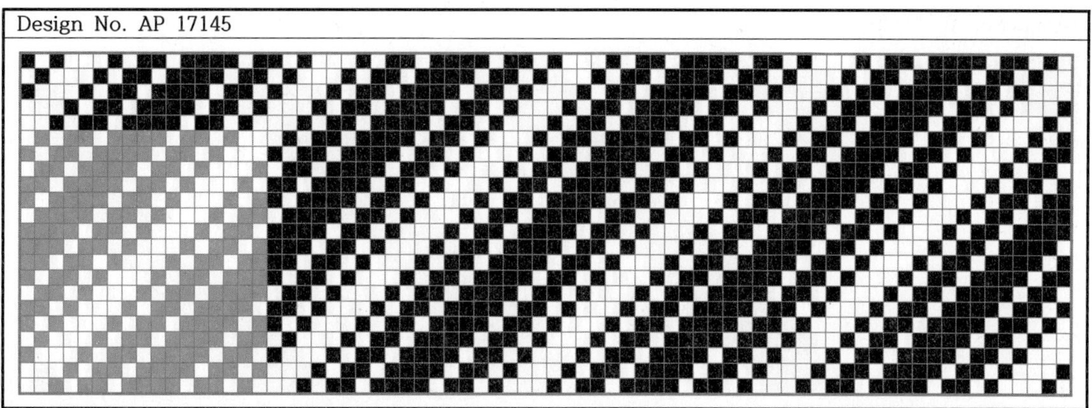

Design No. AP 17146

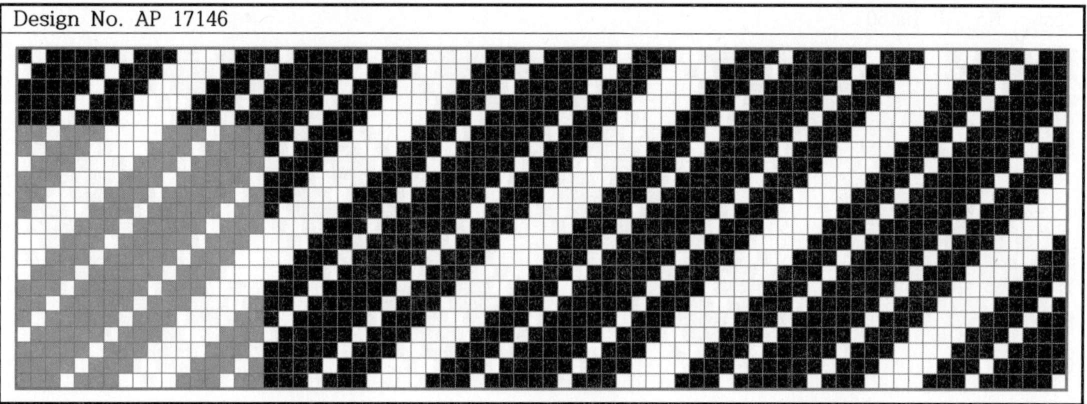

Design No. AP 18147

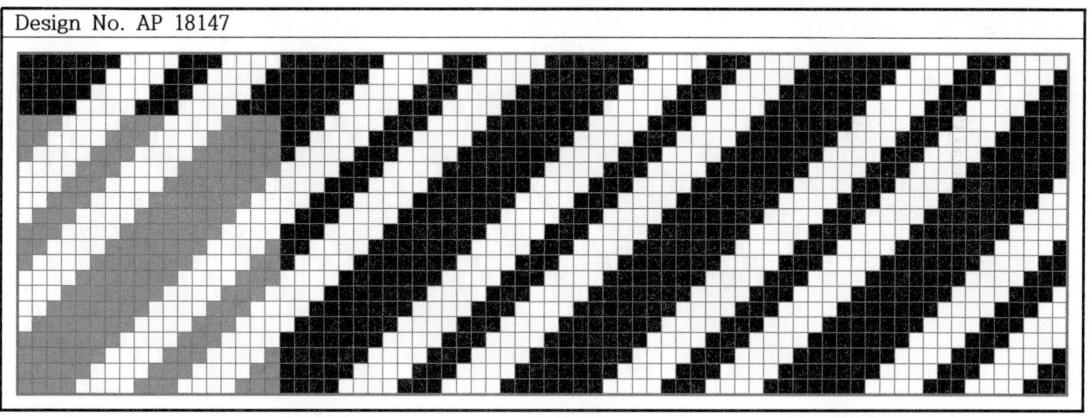

Design No. AP 18148

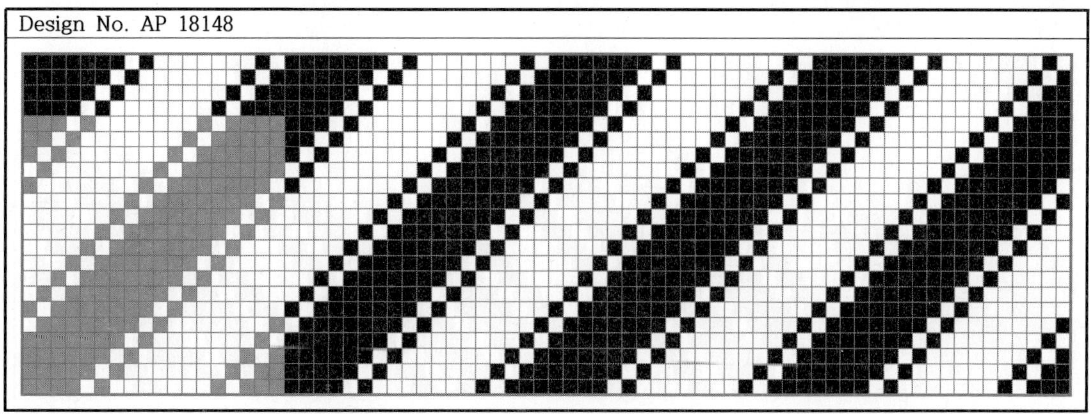

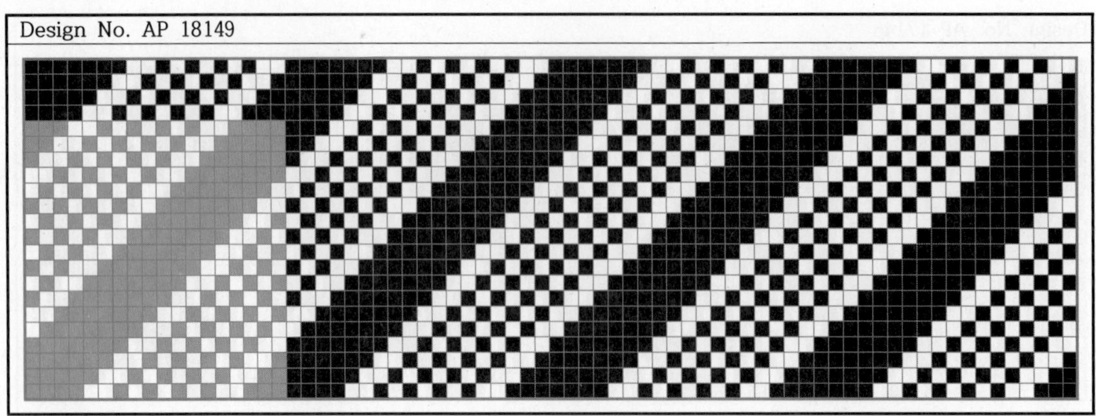

Design No. AP 18149

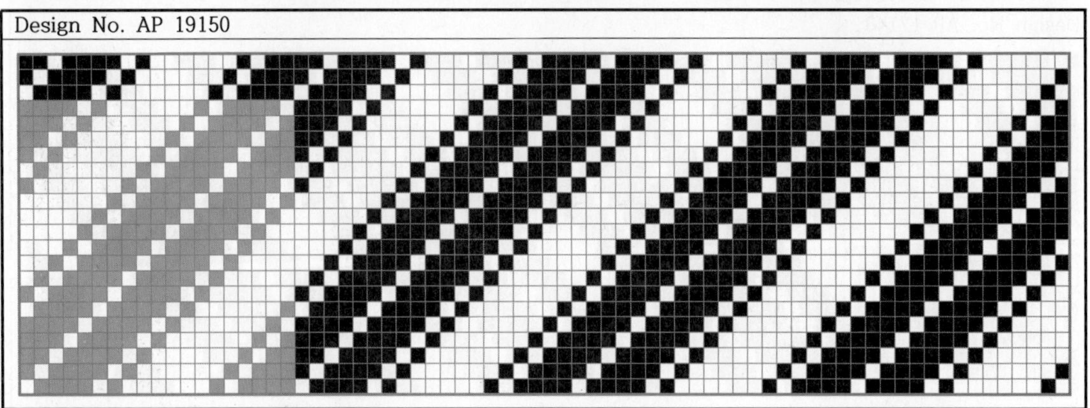

Design No. AP 19150

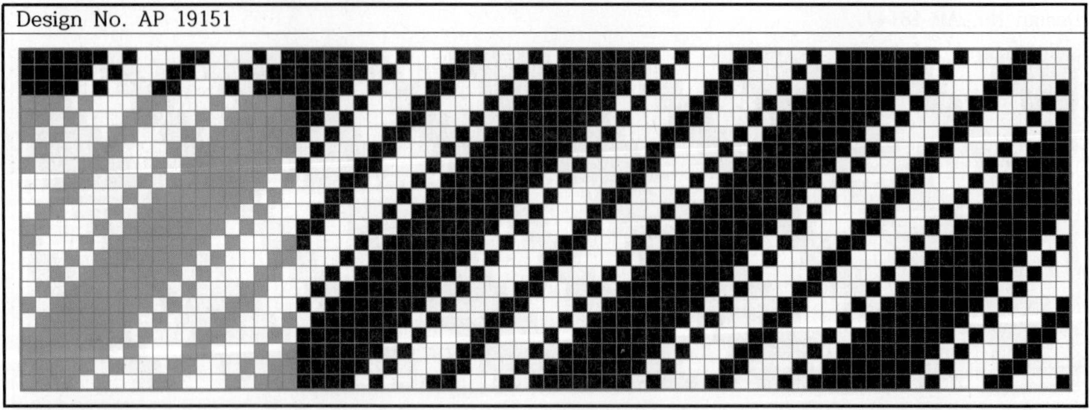

Design No. AP 19151

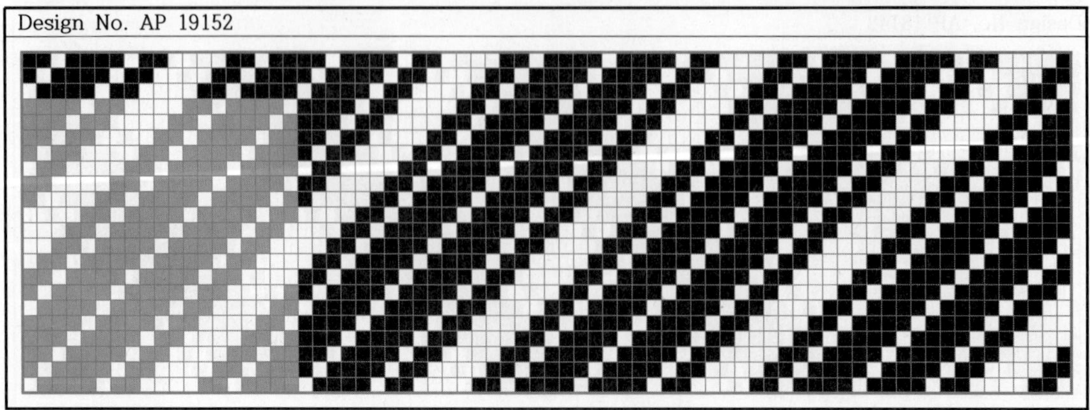

Design No. AP 19152

Design No. AP 20153
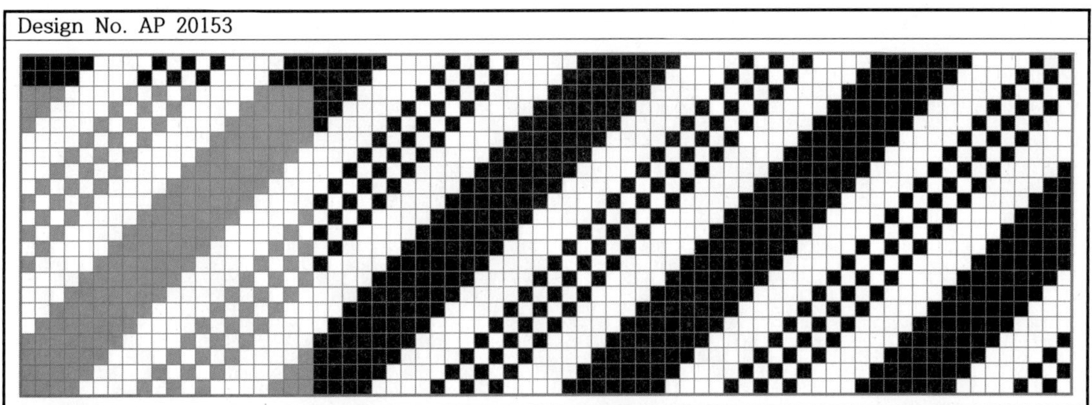

Design No. AP 20154
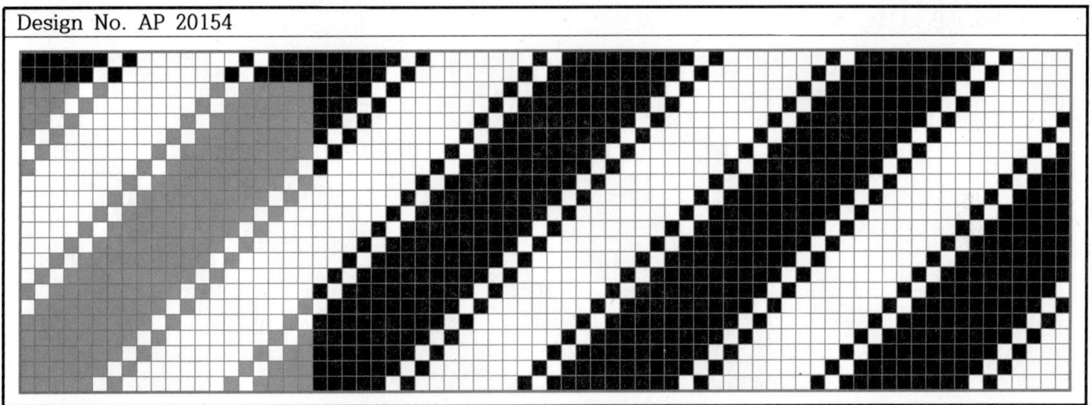

Design No. AP 20155
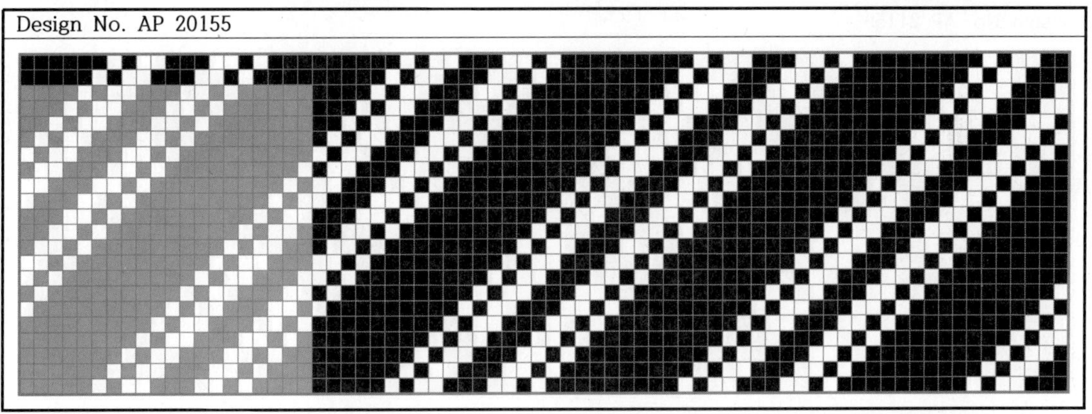

Design No. AP 20156
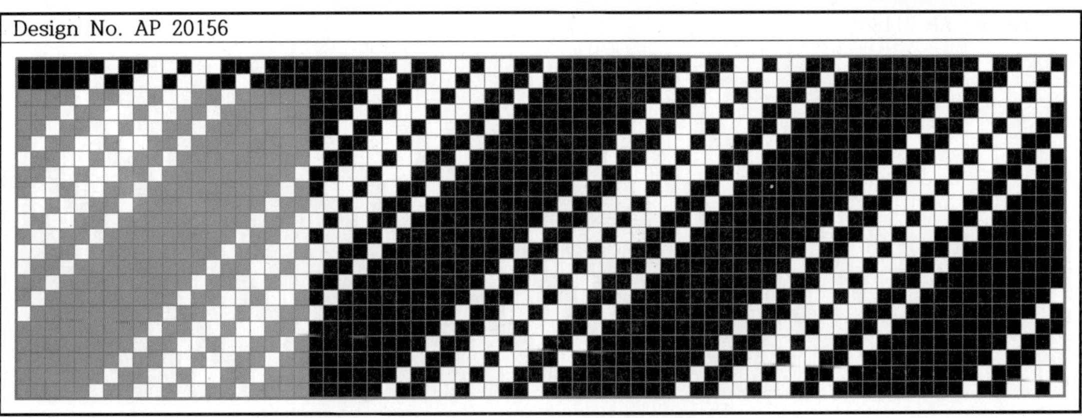

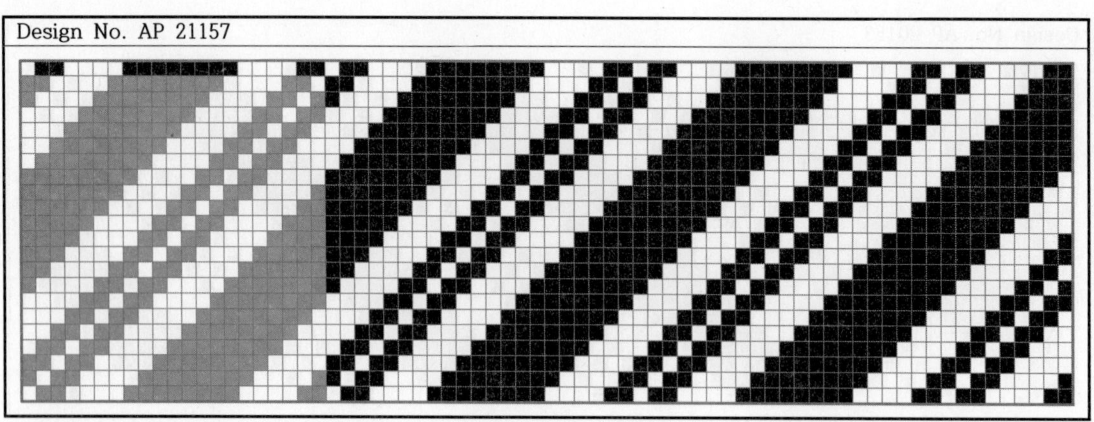

Design No. AP 21157

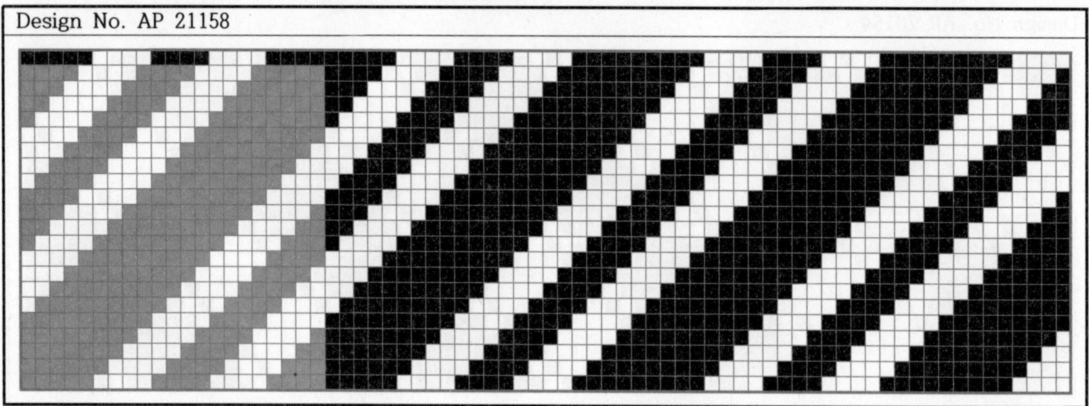

Design No. AP 21158

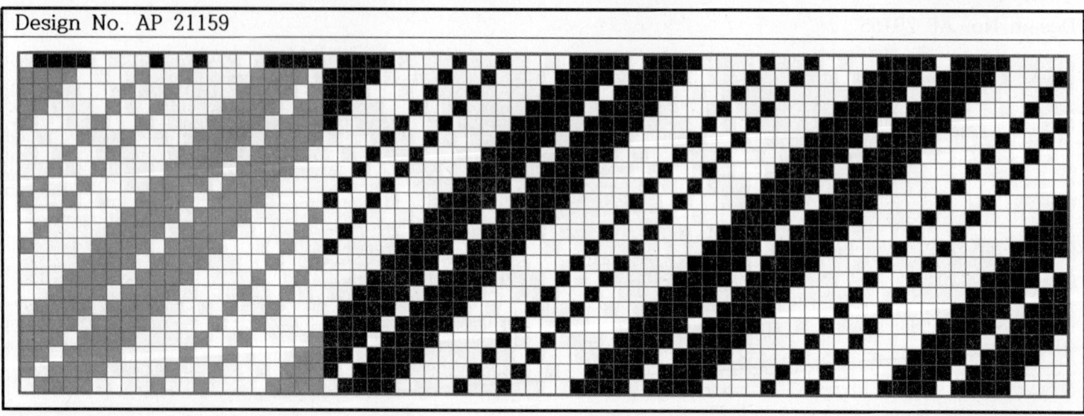

Design No. AP 21159

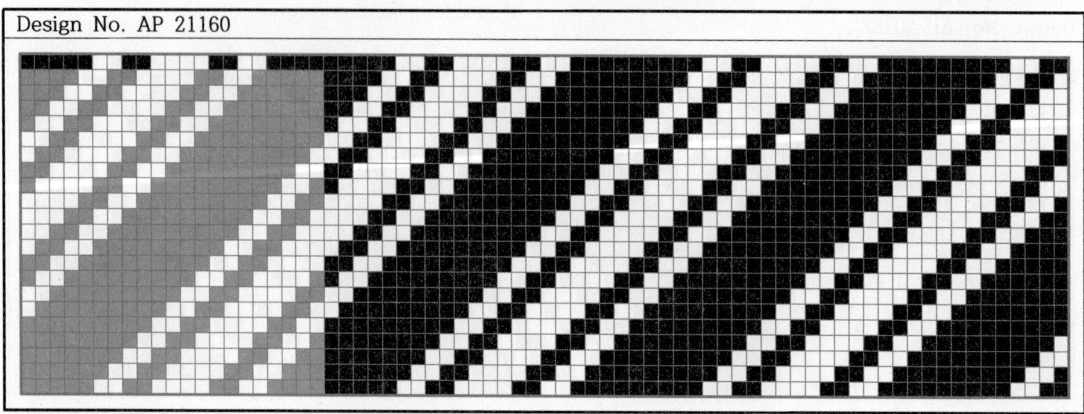

Design No. AP 21160

Design No. AP 21161

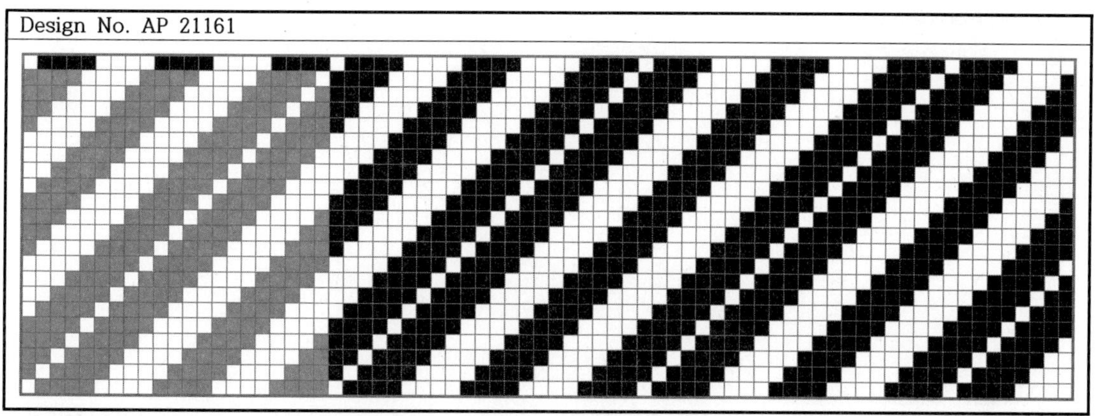

Design No. AP 21162

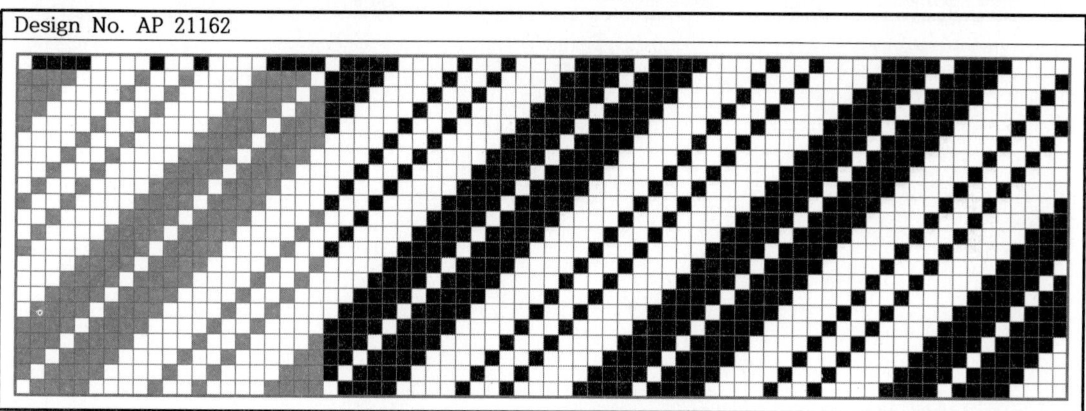

Design No. AP 21163

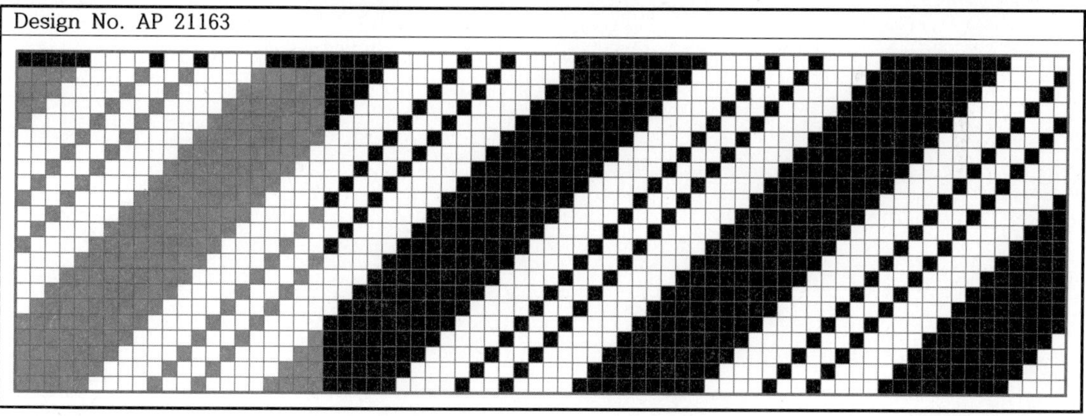

Design No. AP 22164

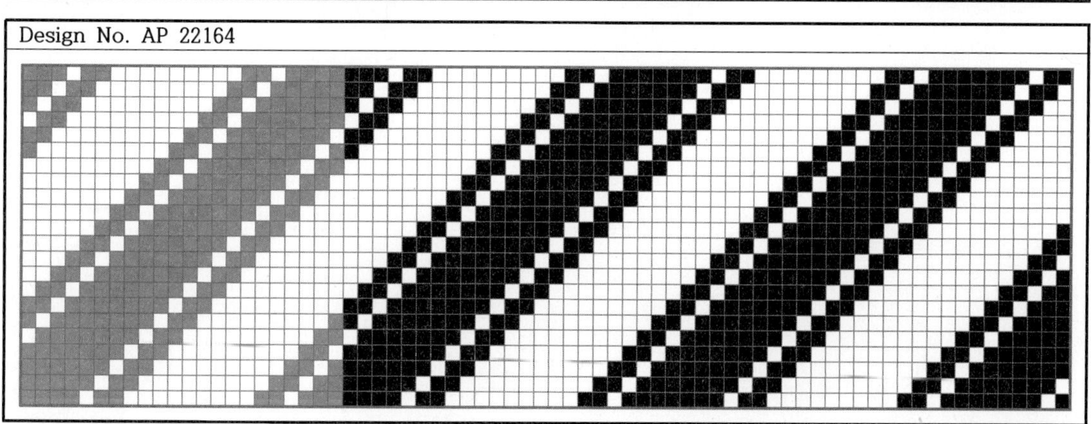

새로운 디자인

인 쇄	2018년 04월 15일
발 행	2018년 04월 25일
지은이	류 문 호
발행인	임 정 희
펴낸곳	노바출판사 (제25100-2017-14호)
	대구광역시 달서구 용산로 88 (102/606)
	warered@naver.com
	blog.naver.com/warered
	Tel 053-556-7387. Hp 010-3790-1548
	출판등록: 제25100-2017-14호
인쇄처	(주) 신흥인쇄
	Tel 053-425-2120. Fax 053-427-2820
ISNI	0000-0004-6363-2902
ISBN	979-11-961529-8-7 (13500)
정 가	**37,000** 원

이 도서의 국립중앙도서관 출판예정도서목록(CIP)은 서지정보유통지원시스템 홈페이지 (http://seoji.nl.go.kr)와 국가자료공동목록시스템(http://www.nl.go.kr/kolisnet)에서 이용하실 수 있습니다.(CIP제어번호: CIP2018011227)